新工科·普通高等教育电气工程、自动化系列教材

传感与检测技术

第3版

主　编　程丽平　刘瑞国　袁照平
副主编　刘传玺　朱　蕾　娄　伟
参　编　姜海燕　刘秀杰　纪兆毅　李莉娜

机械工业出版社

本书是在第2版的基础上修订而成的。本书系统介绍了传感器与检测技术基础、传统传感器原理及应用、新型传感器原理及应用、信号的转换与调理、抗干扰技术、自动检测系统的设计及应用、智能传感器与现场总线智能传感器和虚拟仪器技术。

本书体系结构完整、内容丰富、叙述简明，注重理论联系实际，突出应用；编写力求做到系统性、先进性、实用性有机结合，以生产现场典型应用实例为基础，把新技术、新成果融入传统知识中。本书可作为自动化、电气工程及其自动化、电子信息工程、测控技术与仪器等专业本科生的教材，也可作为其他相关专业学生的教材或参考书。

本书配有免费电子课件，欢迎选用本书作教材的教师登录 http://www.cmpedu.com 注册后下载。

图书在版编目（CIP）数据

传感与检测技术/程丽平，刘瑞国，袁照平主编. —3版. —北京：机械工业出版社，2024.7

新工科·普通高等教育电气工程、自动化系列教材

ISBN 978-7-111-75927-0

Ⅰ.①传… Ⅱ.①程… ②刘… ③袁… Ⅲ.①传感器-高等学校-教材 Ⅳ.①TP212

中国国家版本馆 CIP 数据核字（2024）第 105863 号

机械工业出版社（北京市百万庄大街22号 邮政编码100037）

策划编辑：张振霞　　责任编辑：张振霞

责任校对：王小童　李可意　景　飞　　封面设计：王　旭

责任印制：常天培

北京科信印刷有限公司印刷

2024年9月第3版第1次印刷

184mm×260mm·19印张·466千字

标准书号：ISBN 978-7-111-75927-0

定价：59.80元

电话服务

客服电话：010-88361066

010-88379833

010-68326294

网络服务

机　工　官　网：www.cmpbook.com

机　工　官　博：weibo.com/cmp1952

金　书　网：www.golden-book.com

机工教育服务网：www.cmpedu.com

第3版前言

随着计算机技术、控制技术、通信技术的飞速发展，国内传感器技术及产业也得以快速发展，向着 MEMS 化、智能化、网络化、系统化的方向持续发展。为适应这种快速发展，并根据国家教材委员会的文件精神，编者对本书第 2 版的部分内容进行了修订。

本书自第 2 版出版以来，连续多次印刷，并获得了广大高校师生的认可。编者在深入了解用书教师或其他读者的使用意见后，对本书增加了新的内容，进一步完善了某些论述，并对相关内容进行了增、删、改，具体修改内容如下：

（1）党的二十大胜利召开，把科技自立自强作为我国现代化建设的基础性、战略性支撑，传感与检测技术也迎来了前所未有的机遇和挑战，因此编者对第一章做了相应的修改。

（2）对新型、智能传感器的应用领域进行了补充说明。

（3）删减了一些旧案例，增加了一些新案例。

（4）将现场总线技术内容调整为基于现场总线的智能传感器。

（5）对于一些传感器增加了相应的动图，学生可扫二维码查看，以便于更好地理解。增设了科技前沿阅读材料，扫二维码查看，可扩充学生的知识面。

（6）修正了书中的错误及论述不妥当之处。

本次修订充分听取了读者的意见，特别是使用本书作为教材的高等院校教师的建设性意见，也充分吸取了过去多年的教学经验和科研成果，特别是刘传玺、袁照平近几年的教学经验，刘瑞国、纪兆毅的科研成果。本次修订对编写人员做了部分调整，由程丽平、刘瑞国、袁照平任主编，刘传玺、朱蕾、娄伟任副主编，姜海燕、刘秀杰、纪兆毅、李莉娜参与了编写。全书由程丽平负责统稿，袁照平负责电子课件的制作。

本书在修订过程中，参考了一些相关教材和其他文献资料，在此向所有的参考文献的作者表示衷心的感谢！本书的修订还得到了山东科技大学、山东大学、山东农业大学、菏泽学院等院校领导和同志们的大力支持和帮助，以及有关同事的倾力相助，还有以不同形式参与本书成书的教师和朋友，在此一并表示感谢！

由于编者水平有限，书中难免存在错误和不足之处，恳请广大读者批评指正！

编　者

第2版前言

本书自 2011 年出版以来，受到了广大读者的欢迎和好评，已先后印刷了三次，许多院校选用本书作为教材。随着传感与检测新技术的迅速发展与应用，编写组调研后感到有必要对本书的部分内容进行更新与调整。

本次修订在内容方面对部分传感器的应用实例进行了调整更换，对智能传感器技术、现场总线技术、虚拟仪器技术等内容做了更为详细的介绍。在系统结构方面也做了一些调整，一是检测系统应用举例不再单列一章，将有关内容分散充实到其他章节中；二是鉴于生产现场中智能传感器技术与现场总线技术结合应用较普遍的现实情况，本次修订将智能传感器技术与现场总线技术从其他章节中抽出组合在一起单列一章，虚拟仪器技术自成一章。

本书内容共分为八章，第一章是传感器与检测技术基础，第二章是传统传感器原理及应用，第三章是新型传感器原理及应用，第四章是信号的转换与调理，第五章是抗干扰技术，第六章是自动检测系统的设计及应用，第七章是智能传感器与现场总线技术，第八章是虚拟仪器技术。

本次修订对编写组人员做了部分调整。由刘传玺、袁照平、程丽平任主编，刘瑞国、朱蕾、娄伟任副主编，姜海燕、刘秀杰、纪兆毅、李莉娜参加了编写。其中，刘传玺编写了第二章，袁照平编写了第一、七章，程丽平编写了第八章，刘瑞国编写了第四章，朱蕾编写了第六章，娄伟编写了第五章，姜海燕编写了第三章中的第一、二、三节，刘秀杰编写了第三章中的第四、五、六节，纪兆毅编写了第三章中的第七、八节，李莉娜编写了第三章中的第九、十节。全书由刘传玺统稿，袁照平校对并负责电子课件的制作。

本书在修订过程中，参考了一些相关教材和文献资料，在此向所有参考文献的作者表示衷心的感谢！同时，本书的编写还得到山东科技大学、淮海工学院、山东农业大学、菏泽学院等院校及有关部门领导和同志们的大力支持与帮助，在此一并表示感谢！

由于编者水平有限，错误和不妥之处在所难免，恳请广大专家和读者批评指正。

编　者

第1版前言

随着我国经济的飞速发展和教育改革的不断深化，我国高等教育已迅速进入大众化教育阶段。人才培养模式多样化已成为必然趋势，而其中，应用型人才是我国经济建设和社会发展需求最多的一大类人才。为促进自动化领域应用型人才的培养，我们组织部分院校从事一线教学的教师编写了本书。

“传感与检测技术”是一门理论与实践结合十分密切的专业技术课程，在整个学科系统中占有非常重要的地位。传感技术是科学实验和工业生产等活动中对信息进行获取的一种重要技术，而检测技术则是搭建对信息进行获取、传输、处理的检测系统的一系列技术的总称。本课程的重点是培养学生综合运用传感器技术、检测技术，分析解决生产现场工程实际问题的能力。

全书共分八章，第一章是传感器与检测技术的基础知识，包括传感器与检测系统的基本概念、特性，误差分析及数据处理；第二章是传统传感器原理及应用，包括电阻式传感器、电容式传感器、电感式传感器、磁电式传感器、压电式传感器、热电式传感器及常用流量计；第三章是新型传感器原理及应用，包括气敏传感器、湿敏传感器、感应同步器、磁栅式传感器、光栅式传感器、光电式传感器、光纤传感器、超声波传感器、红外辐射探测器、图像传感器，以及传感器的智能化与微型化；第四章是检测系统中信号的转换与调理，包括信号的放大与隔离、调制与解调、采样与滤波、信号的转换及线性化处理等；第五章是检测系统中的抗干扰技术；第六章是自动检测系统应用举例；第七章是自动检测系统的设计，包括设计原则、设计方法步骤及设计举例；第八章是现代检测技术的发展，包括现场总线技术及虚拟仪器简介。每章后面均附有习题与思考题。本书参考学时为60~80学时。

本书由刘传玺、毕训银、袁照平任主编，朱蕾、王以忠、娄伟任副主编，姜海燕、刘秀杰、纪兆毅、李莉娜参加了编写。其中刘传玺编写了第二章，毕训银编写了第四章，袁照平编写了第七、八章，朱蕾编写了第六章，王以忠编写了第一章，娄伟编写了第五章，姜海燕编写了第三章中的第一、二、三节，刘秀杰编写了第三章中的第四、五、六节，纪兆毅编写了第三章中的第七、八节，李莉娜编写了第三章中的第九、十、十一节。全书由刘传玺统稿，王进野主审，袁照平参与了校对，由袁照平、朱蕾负责电子课件的制作。

本书在编写过程中，参考了一些相关教材和其他文献资料，在此向所有参考文献的作者表示衷心的感谢。同时，本书的编写还得到山东科技大学、淮海工学院、山东农业大学、菏泽学院等院校及有关部门领导和同志们的大力支持与帮助，在此一并表示感谢。

本书在编写过程中，力求做到结构完整，内容充实，叙述简明，融系统性、先进性、实用性于一体。本书可作为高等院校自动化、电气工程及其自动化、电子信息工程、测控技术与仪器等专业本科生的教材，也可作为相关专业学生的教材或参考书。

由于编者水平有限，错误和不妥之处在所难免，恳请广大读者批评指正。

编　者

目录

第一章
传感器与检测技术基础

第一节 传 感 器

一、传感器的定义与组成

传感器是一种能把特定的被测信号按一定规律转换成某种可用信号输出的器件或装置，以满足信息的传输、处理、记录、显示和控制等要求。这里的“可用信号”是指便于处理、传输的信号，一般为电参数，如电压、电流、电阻、电容、频率等。在每个人的生活里，处处都在使用着各种各样的传感器。例如，空调遥控器所使用的是红外线传感器；电冰箱、微波炉、空调机温控所使用的是温度传感器；家庭使用的煤气灶、燃气热水器报警所使用的是气体传感器；家用摄像机、数码照相机、上网聊天摄像头所使用的是光电传感器；轿车所使用的传感器就更多，如速度、压力、油量、爆震传感器，角度、线性位移传感器等。这些传感器的共同特点是利用各种物理、化学、生物效应等实现对被测信号的感知。由此可见，在传感器中包含两个不同的概念：一是检测信号；二是能把检测信号转换成一种与之有对应函数关系的、便于传输和处理的物理量。

国家标准 GB/T 7665—2005《传感器通用术语》中，对传感器的定义作了这样的规定：“传感器是指能感受（或响应）规定的被测量并按一定的规律转换成可用输出信号的器件或装置”。

广义上说，传感器是指在测量装置和控制系统输入部分中起信号检测作用的器件或装置。

狭义上把传感器定义为能把外界非电信息转换成电信号输出的器件或装置。人们通常把传感器、敏感元件、换能器、转换器、变送器、发送器、探测器的概念等同起来。

传感器一般由敏感元件、转换元件和测量电路三部分组成，其组成框图如图 1-1 所示。

图 1-1 传感器的组成框图

敏感元件能直接感受被测量（如温度、压力等），并将其按一定的对应关系转换为某一物理量，如应变式压力传感器的弹性元件、电感式压力传感器的膜盒等都是敏感元件。转换元件的作用是将敏感元件输出的非电量信号直接转换为电信号，或直接将被测非电量信号转换为电信号，如应变式压力传感器中的应变片，作为转换元件将弹性元件的输出应变转换为电阻。测量电路的作用是将转换元件输出的电信号进行调理，使之便于显示、处理和传输。常用的测量电路有电桥、放大器滤波和调制解调电路等。

不同类型的传感器组成也不同。有的传感器只由一个转换元件组成，它直接将被测量转换为输出电量，如热电偶、光电池等。有些传感器由敏感元件和转换元件组成，没有测量电路。还有一些传感器由敏感元件、转换元件和测量电路组成，如电阻应变式压力传感器、电感式传感器和电容式传感器等。

二、传感器的分类

传感器的分类方法很多。同一原理的传感器可以测量多种物理量，如电阻式传感器可以测量位移、温度、压力、加速度等；而同一种物理量又可以采用不同类型的传感器进行测量，如压力可用电容式、电阻式、光纤式等传感器来进行测量。目前，传感器的主要分类方法见表 1-1。

表 1-1　传感器的主要分类方法

分类法	类型	说明
按基本效应分	物理型、化学型、生物型	分别以转换中物理效应、化学效应等分类
按构成原理分	结构型 物性型	以其转换元件结构参数变化实现信号转换 以其转换元件物理特性变化实现信号转换
按能量关系分	能量转换型 能量控制型	传感器的输出量直接由被测量能量转换而得 传感器的输出量由外源供给，但受被测量控制
按工作原理分	电容式、应变式等	以传感器对信号的转换原理命名
按输入量分	位移、温度、压力式等	以被测量命名
按输出量分	模拟式 数字式	输出量为模拟信号 输出量为数字信号

三、传感器的选用原则

如何根据具体的测量目的、测量对象以及测量环境合理地选用传感器，是在进行某个物理量的测量时首先要解决的问题。当传感器确定之后，与之相配套的测量方法和测量设备也就随之确定了。测量结果的成败，在很大程度上取决于传感器的选用是否合理。选用传感器时要考虑的因素很多，但选用时不一定能满足所有要求，应根据被测参数的变化范围、传感器的性能指标、环境等要求选用，侧重点有所不同。具体来讲，可以从以下几个方面考虑：

1）根据测量对象与环境确定传感器的类型。要进行一次具体的测量工作，首先要考虑采用何种原理的传感器，这需要分析多方面的因素之后才能确定。因为，即使是测量同一物理量，也有多种原理的传感器可供选用，究竟哪一种原理的传感器更为合适，则需要根据被测量的特点和传感器的使用条件考虑以下一些具体问题：量程的大小；被测位置对传感器体积的要求；测量方式是接触式还是非接触式；信号的获取方法是有线传输或非接触测量；传感器的来源是国产还是进口，亦或是自行研制；价格能否承受。在考虑上述问题之后就能确定选用何种类型的传感器，然后再考虑传感器的具体性能指标。

2）灵敏度的选择。通常，在传感器的线性范围内，传感器的灵敏度越高越好。因为只有灵敏度高时，与被测量变化对应的输出信号的值才会比较大，有利于信号处理。但要注意的是，传感器的灵敏度高，与被测量无关的外界噪声也容易混入，也会被系统放大，影响测量精度。因此，要求传感器本身应具有较高的信噪比，尽量减少从外界引入干扰信号。

传感器的灵敏度是有方向性的。当被测量是单向量，且对其方向性要求较高时，应选择其他方向灵敏度小的传感器；如果被测量是多维向量，则要求传感器的交叉灵敏度越小越好。

3）频率响应特性。传感器的频率响应特性决定了被测量的频率范围，必须在允许频率范围内保持不失真的测量条件，实际上传感器的响应总有一定延迟，因此希望延迟时间越短越好。

传感器的频率响应越高，可测的信号频率范围就越宽，而由于受到结构特性的影响，机械系统的惯性较大，因此频率低的传感器可测信号的频率较低。

在动态测量中，应根据信号的特点（稳态、瞬态、随机等）、响应特性来选择传感器，以免产生过大的误差。

4）线性范围。传感器的线性范围是指输出与输入成直线关系的范围。从理论上讲，在此范围内，灵敏度保持定值。传感器的线性范围越宽，其量程越大，并且能保证一定的测量精度。在选择传感器时，在传感器的种类确定以后首先要看其量程是否满足要求。

但实际上，任何传感器都不能保证绝对的线性，其线性度也是相对的。当所要求的测量精度比较低时，在一定的范围内，可将非线性误差较小的传感器近似看作是线性的，这会给测量带来极大的方便。

5）稳定性。传感器使用一段时间后，其性能保持不变的能力称为稳定性。影响传感器长期稳定性的因素除传感器本身的结构外，主要是传感器的使用环境。因此，要使传感器具有良好的稳定性，传感器必须具有较强的环境适应能力。

在选择传感器之前，应对其使用环境进行调查，并根据具体的使用环境选择合适的传感器，或采取适当的措施，减小环境的影响。

传感器的稳定性有定量指标，超过使用期限后，在使用前应重新进行标定，以确定传感器的性能是否发生变化。

在某些要求传感器能长期使用而不能轻易更换或标定的场合，对所选用的传感器稳定性要求会更严格，要能够经受住长时间的考验。

6）精度。精度是传感器的一个重要的性能指标，它是关系到整个检测系统测量精度的一个重要环节。传感器的精度越高，其价格越昂贵。因此，传感器的精度只要满足整个检测系统的精度要求即可，不必选得过高。这样就可以在满足同一测量目的的诸多传感器中选择比较便宜和简单的传感器。

如果测量的目的是定性分析，则选用重复精度高的传感器即可，不宜选用绝对量值精度高的传感器；如果是为了定量分析，必须获得精确的测量值，则需选用精度等级能满足要求的传感器。

为了提高测量精度，平时正常显示值要在满刻度的50%左右来选定测量范围（或刻度范围）。总之，应从传感器的基本工作原理出发，注意被测对象可能产生的负载效应，所选择的传感器，应既能适应被测物理量，又能满足量程、测量结果的精度要求，同时还要具有高可靠性、强通用性，有尽可能高的静态性能和动态性能以及较强的适应环境的能力，还应具有较高的性价比和良好的经济性。

四、传感技术的现状和发展

现代信息技术的四大核心技术主要包括计算机技术、控制技术、传感技术和通信技术。近几十年来，我国传感技术取得了较快发展，有力地带动了我国测试与控制等多学科领域的进步。传感技术的发展趋势及重点研究开发有以下几个方面。

1. 新型敏感材料

敏感元件材料是传感技术的重要基础，大多数传感器是利用某些材料的物理效应、化学效应和生物功能等达到测量目的，因此研究具有新功能、新效应的新材料，用以制成敏感元件和转换元件有着非常重要的意义。重点开发的新型敏感材料主要有以硅材料为主的半导体材料、化合物半导体材料、石英晶体和石英玻璃（非晶态的 SiO_2）精密陶瓷材料、氧化锌（ZnO）薄膜、铁电聚合物、传感型合金材料及复合材料等。

2. 微细加工技术

微细加工技术即微米加工技术，是开发新型微型传感器的工艺技术，目前大致分为三类：

1）硅微机械加工技术，如硅集成电路工艺技术、刻蚀技术、薄膜技术及固相键合工艺技术等。

2）以激光精密加工为主体的超精密机械加工技术。

3）X 射线深层光刻电铸成形技术，这种技术不但可用于加工各种金属、陶瓷和塑料材料的三维结构，而且可实现重复精度很高的大批量生产。

3. 传感器开发

1）新型传感器：有用于汽车电喷系统、空调排污和自动驾驶系统的车载传感器，用于水质检测、大气污染和工业排污的测控传感器，用于检测食品卫生和诊断各种疾病的生物、化学传感器，用于航天系统的小型化、低功耗、高精度、高可靠性的航天传感器，用于机器人的具有视觉、听觉、嗅觉、触觉功能的仿生传感器。

2）智能化传感器：随着微电子技术、光电子技术的迅猛发展，加工工艺的逐步成熟，新型敏感材料不断被开发出来。在高新技术的渗透下，尤其是计算机硬件和软件技术的渗入，使微处理器和传感器得以结合，产生了具有一定数据处理能力，并能自检、自校、自补偿的新一代传感器——智能传感器。智能传感器的出现是传感技术的一次革命，对传感器的发展产生了深远的影响。随着科学技术的发展，未来的智能传感器将利用信息融合技术、模糊理论等更高级信息处理技术，使传感器具有分析、判断、自适应、自学习的功能，可以完成特征检测、图像识别、多维检测等复杂任务。

3）网络传感器：随着网络通信技术逐步走向成熟并渗透到各行各业，各种高可靠、低功耗、低成本、微体积的网络接口芯片被开发出来，当微电子机械加工技术将网络接口芯片与智能传感器集成起来并使通信协议固化到智能传感器的 ROM 中时，就产生了网络传感器。为了解决现场总线的多样性问题，IEEE1451.2 工作组建立了智能传感器接口模块（Smart Transducer Interface Module，STIM）标准，该标准描述了传感器网络适配器或微处理器之间的硬件和软件接口，是 IEEE1451 网络传感器标准的重要组成部分，为传感器与各种网络连接提供了条件和方便。

新型数字化、智能化、网络化的传感器相互结合，已广泛应用于航天、潜海、工业、民用等领域。如神舟飞船用到的传感器就有几十种，如温度、压力、湿度、陀螺、雷达、图像、加速度传感器等，加起来总共有几千个。

第二节　检测技术

一、检测技术的含义、地位和作用

随着人类社会进入信息时代，以信息的获取、转换、显示和处理为主要内容的检测技术已经发展成为一门完整的学科，在促进生产发展和科技进步的广阔领域内发挥着重要作用。其主要应用领域如下：

1）检测技术是产品检测和质量控制的重要手段。借助于检测工具对产品进行质量评价是检测技术重要的应用领域。但传统的检测方法只能将产品区分为合格品和废品，起到产品验收和废品剔除的作用。这种被动检测方法，对废品的出现并没有预先防止的能力。在传统检测技术基础上发展起来的主动检测技术或称之为在线检测技术，使检测和生产加工同时进行，能够及时地用检测结果对生产过程主动地进行控制，使之适应生产条件的变化或自动地调整到最佳状态。这样，检测的作用已经不只是单纯检查产品的最终结果，而且要掌握和干预造成这些结果的原因，从而进入质量控制的领域。

2）检测技术在大型设备安全经济运行监测中应用广泛。电力、石油、化工、机械等行业的一些大型设备通常在高温、高压、高速和大功率状态下运行，保证这些设备安全运行对国民经济具有重大意义。为此，通常设置故障监测系统对温度、压力、流量、转速、振动和噪声等多种参数进行长期动态监测，以便及时发现异常情况，加强故障预防，达到早期诊断的目的。这样做可以避免严重的突发事故，保证设备和人员安全，提高经济效益。即使设备发生故障，也可以从监测系统提供的数据中找出故障原因，缩短检修周期，提高检修质量。另外，在日常运行中，这种连续监测可以及时发现设备故障前兆，采取预防性检修。随着计算机技术的发展，这类监测系统已经发展为故障自诊断系统，可以采用计算机来处理检测信息，从而进行分析、判断，及时诊断出设备故障并自动报警或采取相应的对策。

3）检测技术和装置是自动化系统中不可缺少的组成部分。任何生产过程都可以看作是由“物流”和“信息流”组合而成，反映物流的数量、状态和趋向的信息流则是人们管理和控制物流的依据。人们为了有目的地进行控制，首先必须通过检测获取有关信息，然后才能进行分析判断以便实现自动控制。所谓自动化，就是用各种技术工具与方法代替人来完成检测、分析、判断和控制工作。一个自动化系统通常由多个环节组成，分别完成信息获取、信息转换、信息处理、信息传送及信息执行等功能。在实现自动化的过程中，信息的获取与转换是极其重要的环节，只有精确、及时地将被控对象的各项参数检测出来并转换成易于传送和处理的信号，整个系统才能正常工作。因此，自动检测与转换是自动化系统中不可缺少的组成部分。

4）检测技术的完善和发展推动着现代科学技术的进步。人们在自然科学各个领域内从事的研究工作，一般是利用已知的规律对观测、试验的结果进行概括、推理，从而对所研究的对象取得定量的概念并发现它的规律性，然后上升到理论。因此，现代化检测手段所达到的水平在很大程度上决定了科学研究的深度和广度。检测技术达到的水平越高，提供的信息越丰富、越可靠，科学研究取得突破性进展的可能性就越大。此外，理论研究的一些成果，也需通过实验或观测来加以验证，这同样离不开必要的检测手段。从另一方面看，现代化生产和科学技术的发展也不断地对检测技术提出新的要求，从而成为促进检测技术向前发展的动力。例如，为了探索7000m以上深海沉积物的物体形态、化学成分、力学特性等，基于永磁体力平衡传导非接触原理研制的磁力驱动式沉积物贯入强度测量装置，搭载蛟龙号载人潜水艇，完成了6650m深海的测试，为后续实现万米级深渊测量研究打下了基础。

检测技术与现代化生产和科学技术的密切关系，使它成为一门十分活跃的技术学科，几乎渗透到人类的一切活动领域，发挥着越来越大的作用。

二、工业检测技术的内容

工业检测涉及的内容广泛，常见的工业检测见表1-2。

表1-2　常见的工业检测

被测量类型	被测量	被测量类型	被测量
热工量	温度、热量、比热容、热流、热分布、压力（压强）、压差、真空度、流量、流速、物位、液位、界面	物体的性质和成分量	（气体、液体、固体的）化学成分、浓度、黏度、湿度、密度、酸碱度、浊度、透明度、颜色
机械量	直线位移、角位移、速度、加速度、转速、应力、应变、力矩、振动、噪声、质量（重量）	状态量	工作机械的运动状态（起、停等）、生产设备的异常状态（超温、过载、泄漏、变形、磨损、堵塞、断裂等）
几何量	长度、厚度、角度、直径、间距、形状、平行度、同轴度、表面粗糙度、硬度、材料缺陷	电工量	电压、电流、功率、电阻、阻抗、频率、脉宽、相位、波形、频谱、磁场强度、电场强度、材料的磁性能

显然，在实际工业生产中，需要检测的量远不止表1-2所列的项目。而且，随着自动化、现代化的发展，工业生产将对检测技术提出越来越多的新要求。本书只介绍基本非电量的检测技术。

三、检测系统的基本结构和类型

检测系统规模的大小及其复杂程度与被测量的多少、被测量的性质以及被测对象的特性有着非常密切的关系。一个完整的检测过程一般包括信息的提取、转换、存储、传输、显示和分析处理等。图1-2所示为涵盖各种功能模块的检测系统的组成框图，包括传感器、模拟信号调理电路、底层显示和信号分析与处理部分，以及将处理信号传送给控制器、数据显示、其他检测系统或上位机系统的通信接口和总线部分等，但并不是所有的检测系统都包括以上几个部分。

传感器的作用和地位如前所述，传感器的输出信号必须经过适当的调整，使之与后续测试环节相适应，因为大多数传感器输出的电信号很微弱，需要进一步放大，有的还要进行阻抗变换。而且，有些传感器输出的是电参量，需要转换为电量。传感器输出信号中混杂有干扰噪声，需要消除噪声，提高信噪比；如果检测仅关注部分频段的信号，则有必要从输出信号中分离出所需要的频率成分；当采用数字式仪器、仪表和计算机时，模拟输出信号还要转换为数字信号等。常见的信号调整环节有电桥、放大器、滤波器、调制解调器等。

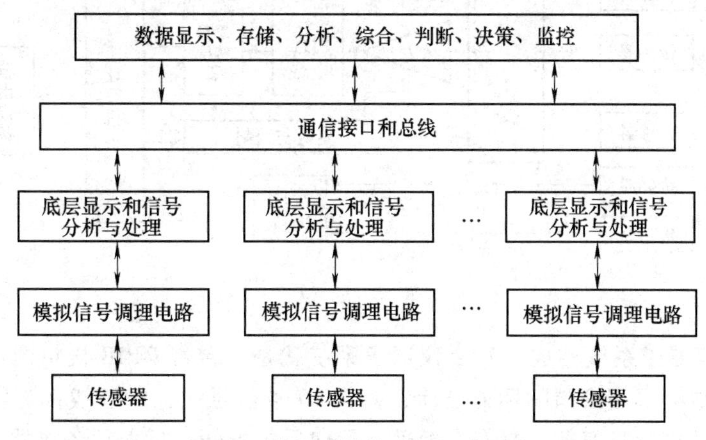

图 1-2　检测系统的一般组成框图

信号分析与处理是现代检测系统中不断被注入新内容的部分，已逐渐成为检测系统的研究重点。常见的检测只是将传感器获得的信号进行放大和变换，以进行显示和传输，而分析与处理往往需要人工完成。以计算机为基础的信息处理技术，使得现代检测系统能解决过去常规检测无法解决的问题，使得复杂系统的实时控制得以实现，真正实现了检测的自动化和智能化。

一个大型检测系统是由许多测量子系统或测量节点组成的，通信接口和总线能实现子系统与上位机之间以及子系统与子系统之间的信息交换。总线的意义，更多的是指一种规范、一种结构形式，而接口多指完成通信的硬件系统。

现代检测系统大致可分为三类，即基本型、标准接口型和闭环控制型。基本型检测系统主要完成对被测参量的测量任务，对测量准确度要求较高；标准接口型检测系统集多种功能于一体，是计算机技术与仪器技术高度发展深层次结合的必然产物，并产生虚拟仪器的概念，使得设计高度自动化和智能化的现代检测系统成为现实。

（一）基本型

以计算机为终端的基本型现代检测系统如图 1-3 所示。现场被测信号经模拟传感器和数字传感器接收并变换成模拟信号、数字信号或开关信号输出，再经相应的调理电路送入计算机，借助计算机丰富的软、硬件资源对被测信号进行实时处理，实现智能化自动检测的目的。这种检测系统在非电量电测技术中已获得广泛应用。

（二）标准接口型

检测系统由各个功能模块组合在一起，模块之间的信号传输形式有专门接口和标准接口两种类型。专门接口型的接口由于其电气参数、接口形式和通信协议等不统一，各个模块之间的信息传输互连问题十分麻烦，系统设计缺乏灵活性，故一般只用在特殊场合或专用检测系统中，应用范围比较窄。标准接口型系统由模块（台式仪器或插件板）组合而成，所有模块的对外接口都按规定标准设计。组成系统时，若模块是台式仪器，则用标准的无源电缆将各模块接插连接起来；若为插件板，则只要各插件板插入标准机箱即可，非常方便灵活。

1）GPIB 总线系统：GPIB（General Purpose Interface Bus）由一台 PC、一块 GPIB 接口卡

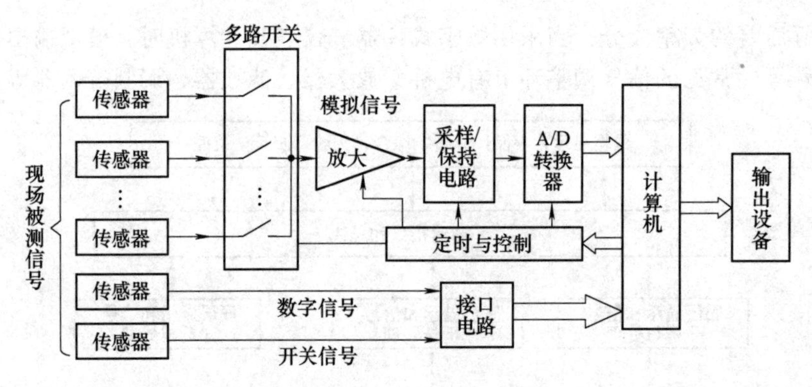

图 1-3　基本型现代检测系统

和若干台 GPIB 仪器子系统构成。每个仪器子系统就是一台带 GPIB 接口的仪器。该接口在功能、电气和机械上都是按国际标准设计，内含 16 条信号线，每条线都有特定的用途，即使不同厂商的产品也相互兼容，具有互换性，组建系统方便，拆散后各仪器子系统可单独使用。一块 GPIB 接口卡可带 14 台仪器。

2）VXI 总线系统：VXI(VMEbus Extensions for Instrumentation）为 VME 总线在仪器领域的扩展。其中，VME 总线是一种结合 GPIB 仪器和数据采集板（Date Acquisition，DAQ）的最先进技术发展起来的高速、多厂商、开放式工业总线标准。VXI 是机箱式结构，一个插件相当于一台仪器或特定功能的器件，多个模块共存于一个机箱，组成一个测试系统，即插即用，结构紧凑，小巧轻便，集多功能于一体。系统组建者可像插放或更换书架上的书籍一样，灵活方便地插放或更换模块，随时构成所需的各种测试系统。

3）PXI 总线系统：PXI(PCI extensions for Instrumentation）是 Compact PCI 在仪器领域的扩展。PXI 采用了不少现存工业标准，以较低价格获取大量可用的元件。最重要的是，通过保持与工业标准 PC 软件的兼容性，PXI 允许工业用户使用他们所熟悉的软件工具和环境。基于 PXI 的检测系统将成为主流测试平台之一。

4）串口仪器：它是基于串行数据传输的标准接口型仪器，如基于 RS232C、RS485 和 USB 接口的仪器。

（三）闭环控制型

生产过程的自动控制是人们长期探索的生产方式，可通过对关键参数实时在线检测并控制这些参数按预定的规律变化，来达到维持生产的正常进行和高产优质的目的。闭环控制型的现代检测系统是指应用在闭环控制系统中的检测系统。图 1-4 所示为典型的生产过程控制系统中的检测系统结构框图。图中，现代检测系统的主要任务是获取参数变换的定量数值，为控制器及时提供反馈信息，使控制器按照一定的控制规律输出控制信号给执行器，这样才能保证被控制的参数保持在希望的设定值或按预定的规律变化。

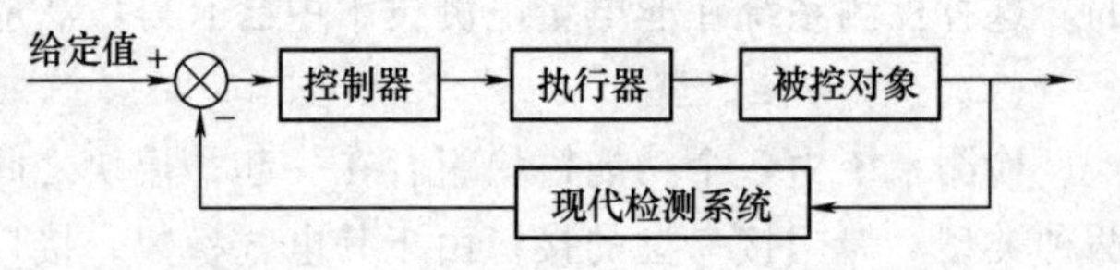

图 1-4　典型的生产过程控制系统中的检测系统结构框图

生产过程的自动控制大体上可归纳为实时数据采集、实时判断决策和实时控制。闭环控制系统中的现代检测系统可完成实时数据采集和实时判断决策这两种功能。基于现场总线的智能仪表和设备是现代检测系统应用于大规模、现代化生产的主要形式。

四、检测技术的现状和发展

科学技术的快速发展为检测技术的发展创造了非常好的条件，同时也向检测技术提出了更新更高的要求，尤其是计算机技术、微电子技术和信息处理技术的巨大进步，使检测技术得到了空前的发展。小型化、数字化、智能化、网络化以及软件多功能化成为仪器仪表研发的主导方向，智能传感器和虚拟化仪器正逐渐替代传统的仪器仪表，应用于各行各业。随着现代科学技术的进步，检测技术的发展主要表现在以下几个方面：

1）传感器水平的提高。利用新材料、新工艺和新发现的生物、物理、化学效应开发出的新型传感器，提高了传感器的性能和适应性，实现了传感器的微型化和集成化。传感器与微型计算机结合，产生了智能传感器，它能自动选择量程和增益，自动校准与实时校准，进行非线性校正、漂移等误差补偿和复杂的计算处理，完成自动故障监控和过载保护等。

2）检测方法的推进。光电、超声波、微波、射线技术促进了非接触式检测技术的发展，光纤、光放大器和滤波器等光元件的发展使信号的传输和处理不再局限于电信号，而是可以采用光的检测方法。随着检测技术的发展，人们对检测系统的要求不再满足于对单一参数的测量，而是希望对系统中的多个参数进行融合测量，即采用多传感器融合技术，对系统中的多个参数进行单次测量，然后通过一定的算法对数据进行处理，分别得到各个参数。多传感器信息融合技术因其立体化的多参数测量性能而广泛地应用于军事、地质科学、机器人、智能交通、医学等领域。

在生产过程中，为了确保生产的安全环保，往往需要实时检测和优化控制系统的稳定性能指标、产品质量指标以及排放物的性质和量值，但由于技术和经济方面的原因，这些指标和参数大多数难以通过传感器或仪器仪表进行直接测量。软测量技术是一种能够满足上述生产过程检测和优化控制需要的新方法。软测量技术是选择与被测变量（无法直接测量）相关的一组可测变量，建立一种以可测变量为输入量、被测变量为输出量的数学模型，通过计算机求解该数学模型，从而得到被测变量的估计量。所开发的软测量数学模型和相应的计算机软件一般称为软测量估计器和软测量仪表。软测量技术为生产的优化过程提供了新的有用信息，由于生产过程的复杂性，软测量技术并不能替代新型的传感器，往往需要二者的相互结合，才能不断发展。

3）检测仪器与计算机技术集成。检测的基本任务是获得有用信息，传统方法是借助专门的仪器仪表及测量装置，通过适当的方法和必要的信息分析处理技术，对传感器输出的信号进行处理，然后求取与被测对象有关的信息。计算机技术和人工智能技术的发展，以及与检测技术的深层次结合，导致了新一代仪器仪表和检测系统，即虚拟仪器、现场总线仪表和智能检测系统的出现。可以说，现代检测系统是以计算机为信息处理核心，加上各种检测装置和辅助应用设备、并/串通信接口以及相应的智能化软件，组成的用于检验、测试、测量、计量、探测和用于闭环控制的检测环节等用途的专门设备。

总之，传感器的应用无处不在，直接关系到一个国家的国防、经济和社会安全。目前，我国与国外传感技术还有一定的差距，传感技术也是当前中国亟需突破的重点产业之一，相信通过对生物智能传感器等前沿关键技术的联合攻关，抢占产业发展主导权，能加速缩小这个差距。

第三节　传感器与检测系统的基本特性

传感器作为检测系统的重要组成部分，与检测系统一样，基本特性包括静态特性和动态特性。传感器的静态特性是指在稳态信号作用下，传感器输出量与输入量之间的关系特性；衡量传感器静态特性的主要指标是灵敏度、线性度、迟滞性、重复性和稳定性等。传感器的动态特性反映传感器对于随时间变化的输入量的响应特性。在静态测试中，由于传感器输入量不随时间变化，因而测量和记录传感器的输出、输入量不受时间限制；在实际工作中，大量的被测信号是随时间变化的动态信号，此时不但要测量传感器输入、输出信号幅值的变化，而且要测量和记录动态信号变化过程的波形参数，这就要求传感器具有较好的动态响应特性。

由于传感器与检测系统的基本特性很相似，所以本节主要讨论检测系统的基本特性，即检测系统的静态特性和动态特性。

一、检测系统的静态特性

对于一个检测系统，必须在使用前进行标定和定期校验，即在规定的标准工作条件下，由高精度输入发生器给出一系列数值已知、准确、不随时间变化的输入量 $x_i(i=1,2,\cdots,n)$，用高精度测量仪器测定被校验的检测系统对应的输出量 $y_i(i=1,2,\cdots,n)$，从而可以获得由 x_iy_i 数值列出的数表、绘制的曲线或求得数学表达式来表征被校验检测系统的输出与输入的关系，这种关系称为检测系统的静态特性。简而言之，检测系统的静态特性是指在稳态信号作用下，输出量与输入量之间的关系特性，又称为“刻度特性”“标准特性”或“校准特性”。各个标定点输出量的数值为 y_i，又称为刻度值、校准值或标定值。

衡量检测系统静态特性的主要指标是灵敏度、线性度、迟滞性、重复性和稳定性等。

（一）灵敏度和灵敏阈

灵敏度是指检测系统在稳态下输出增量与输入增量的比值，对于线性检测系统，其灵敏度是拟合直线的斜率，如图 1-5a 所示，即

$$K_\Delta=\frac{\Delta y}{\Delta x} \tag{1-1}$$

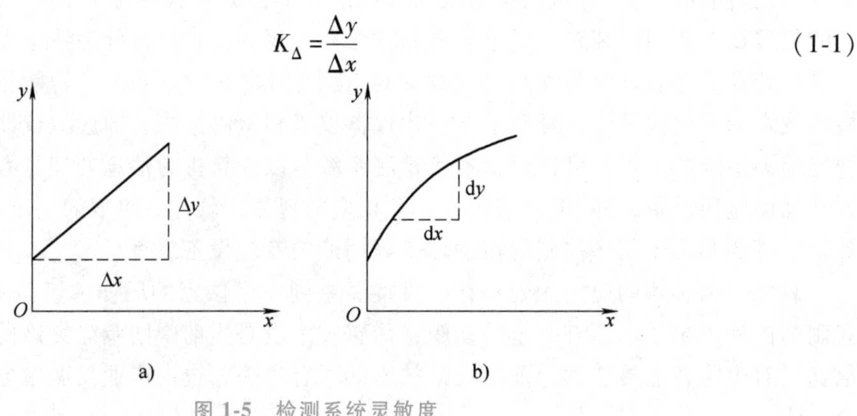

图 1-5　检测系统灵敏度

对于线性检测系统，其灵敏度是一个常数。

对于非线性检测系统，其灵敏度不是常数，如图 1-5b 所示，即

$$K_d=\frac{dy}{dx} \tag{1-2}$$

如果检测系统输入量和输出量的量纲相同，则灵敏度可理解为放大倍数。

一个检测系统必须具有足够的灵敏度，以便准确地测量微小变化。但灵敏度过高，一方面因输出受到上限的限制，所以量程必然会减小；另一方面也可能导致输出与输入关系的不稳定。

由于检测系统的某个环节可能会存在死区，如传递角位移的齿轮之间的啮合间隙、传递力机构中的静摩擦力等，因此并非任何微小输入量的变化都能够转化为输出量的变化，只有当输入量的变化大于某个限值以后，才会引起输出量的变化。这个限值称为检测系统的灵敏阈。灵敏阈的单位与系统输入量的单位相同，它衡量了系统的分辨能力。

（二）线性度

线性度又称为非线性误差，是指检测系统实际的输入-输出特性曲线与拟合直线之间最大偏差和满量程输出的百分比，即

$$\gamma_L=\frac{\Delta L_{max}}{y_{max}-y_{min}}\times 100\% \tag{1-3}$$

式中，ΔL_{max} 为非线性最大偏差；$y_{max}-y_{min}$ 为量程范围。

如图 1-6 所示，由于线性度是以拟合直线为基准线而得出的，所以选取的拟合直线不同，其线性度也不同。拟合直线的选取有多种方法，如拟合直线通过实际特性曲线的起点和满量程点，称为端基拟合直线，由此得到的线性度称为端基线性度；连接理论曲线坐标零点和满量程输出点的直线称为理论拟合直线，由此得到的线性度称为理论线性度。

（三）迟滞性

迟滞性也称为“滞后量”或“滞环”，是指检测系统在全量程范围内，输入量在正（输入量增大）、反（输入量减小）行程期间二者的静态特性曲线不一致的程度。也就是说，对应同一大小的输入信号，检测系统正、反行程的输出信号大小不相等。如图 1-7 所示，迟滞性的大小采用引用误差形式表示，即

$$\delta_H=\frac{|\Delta H_m|}{y_{FS}}\times 100\% \tag{1-4}$$

式中，ΔH_m 为同一输入量对应正、反行程输出量的最大偏差；y_{FS} 为检测系统的满刻度值。

迟滞性产生的原因是由于系统内部存在着不可避免的缺陷，如轴承摩擦、灰尘积塞、间隙不当、元件磨蚀等，其大小一般由实验确定。

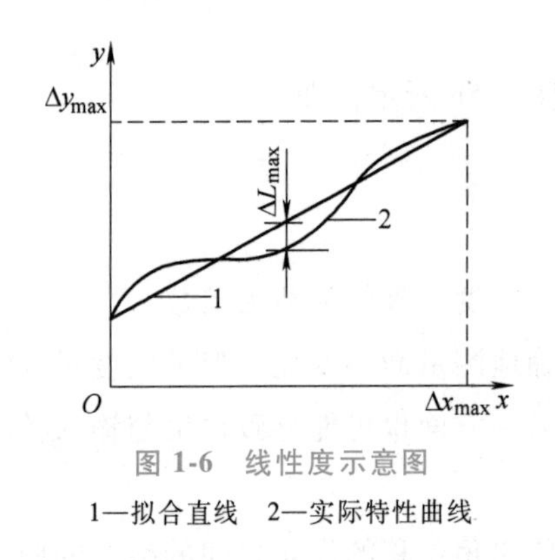

图 1-6　线性度示意图

1—拟合直线　2—实际特性曲线

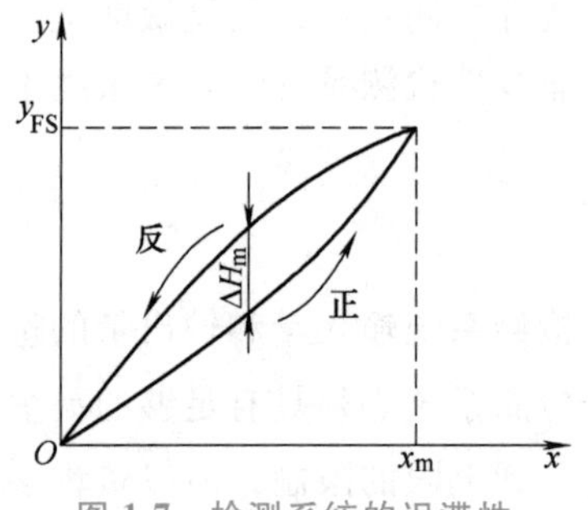

图 1-7　检测系统的迟滞性

（四）重复性

重复性是指检测系统在输入量按同一方向做全量程连续多次测试时所得输入-输出特性曲线的不重合程度。它是反映系统精密度的一个指标，产生的原因与迟滞性基本相同，重合性越好，误差越小。重复性采用引用误差形式表示，如图 1-8 所示，用正、反行程标准偏差的 2～3 倍值与满量程输出值 y_{FS} 的百分比表示，即

$$\delta_R = \frac{|\Delta y_{Rm}|}{y_{FS}} \times 100\% \tag{1-5}$$

式中，Δy_{Rm} 为同一输入量按同一方向（正或反行程）变化所对应输出量的最大偏差。

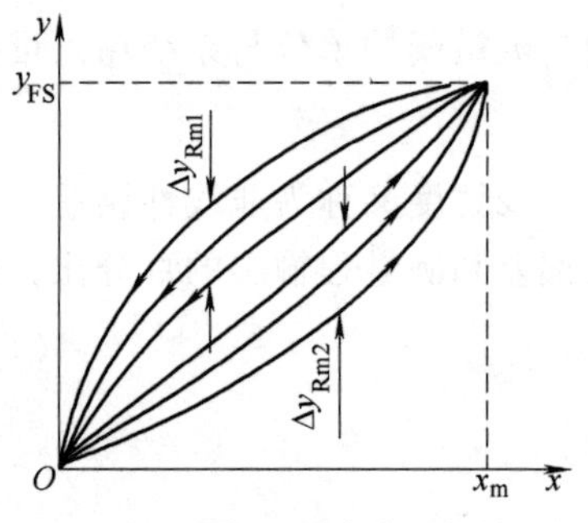

图 1-8　检测系统的重复性

（五）稳定性

稳定性包含稳定度和环境影响量两个方面。稳定度是指检测装置在所有条件恒定不变的情况下，在规定时间内能维持其示值不变的能力，一般用示值的变化量和时间长短的比值来表示。例如，某仪表示值电压在所有条件不变的情况下，在 8h 内的最大变化量为 1.3mV，其稳定度可写成 1.3mV/8h。环境影响量是指由于外界环境因素的变化而引起的仪表示值变化的变化量。造成环境影响量的因素有温度、湿度、气压、电源电压或频率、电磁场等。表示环境影响量时要同时写出示值偏差及造成这一偏差的影响因素的大小。例如，温度每变化 1℃引起示值变化为 0.3mV，其环境影响量可表示为 0.3mV/℃；又如，电源电压变化±5%时，引起示值变化为 0.02mA，可表示为 0.02mA/±5%V。检测系统的稳定性越好，其抗干扰能力越强。

二、检测系统的动态特性

在实际工程测量过程中，大多数被测量是随时间变化的动态信号。此时不但要检测系统的输入、输出信号幅值变化，而且要测量和记录动态信号变化过程的波形参数，这就要求测量具有较好的动态响应特性。检测系统的动态特性反映了其测量动态信号的能力。

描述检测系统动态特性的数学模型一般有微分方程、传递函数和频率特性三种形式。由于检测系统的动态特性是由其本身固有属性决定的，因此对于线性检测系统而言，只要知道其中一种数学模型，就可以推导出其他两种形式的数学模型。

（一）检测系统的数学模型

1. 微分方程

检测系统的动态特性可用常系数线性微分方程来描述，即

$$a_n\frac{\mathrm{d}^n y}{\mathrm{d}t^n}+a_{n-1}\frac{\mathrm{d}^{n-1} y}{\mathrm{d}t^{n-1}}+\cdots+a_1\frac{\mathrm{d}y}{\mathrm{d}t}+a_0 y=b_m\frac{\mathrm{d}^m x}{\mathrm{d}t^m}+b_{m-1}\frac{\mathrm{d}^{m-1} x}{\mathrm{d}t^{m-1}}+\cdots+b_1\frac{\mathrm{d}x}{\mathrm{d}t}+b_0 x \tag{1-6}$$

式中，a_n，a_{n-1}，…，a_1，a_0 和 b_m，b_{m-1}，…，b_1，b_0 分别为与检测系统结构有关的常数。

理论上讲，式（1-6）是可以求解的，但对于一个多阶的复杂系统，直接求解式（1-6）是很困难的，为了简化求解过程，通常利用拉普拉斯变换将式（1-6）变为传递函数，或利用傅里叶变换将其变为频率响应函数，通过求解传递函数或频率响应函数来分析检测系统的动态特性。

实际上，虽然工程中检测系统的种类和形式很多，但其结构常数 b_i 中除 $b_0 \neq 0$ 外，其余项 $b_1=b_2=\cdots=b_m=0$，故式（1-6）可改写成

$$a_n\frac{\mathrm{d}^n y}{\mathrm{d}t^n}+a_{n-1}\frac{\mathrm{d}^{n-1} y}{\mathrm{d}t^{n-1}}+\cdots+a_1\frac{\mathrm{d}y}{\mathrm{d}t}+a_0 y=b_0 x \tag{1-7}$$

而且，几乎所有检测系统都可以简化为一阶或二阶（高阶可以分解成若干个低阶）系统，因而掌握一阶和二阶检测系统的动态特性，就等于对各种检测系统的动态特性有了基本的了解。

2. 传递函数

初始条件为零时，系统输出量 $y(t)$ 的拉普拉斯变换 $Y(s)$ 与系统输入量 $x(t)$ 的拉普拉斯变换 $X(s)$ 的比值称为检测系统的传递函数。

对式（1-6）两边分别进行拉普拉斯变换，得

$$(a_n s^n+a_{n-1}s^{n-1}+\cdots+a_1 s+a_0)Y(s)=(b_m s^m+b_{m-1}s^{m-1}+\cdots+b_1 s+b_0)X(s)$$

整理，得

$$H(s)=\frac{Y(s)}{X(s)}=\frac{(b_m s^m+b_{m-1}s^{m-1}+\cdots+b_1 s+b_0)}{(a_n s^n+a_{n-1}s^{n-1}+\cdots+a_1 s+a_0)} \tag{1-8}$$

传递函数不能确定系统的物理结构，与测量信号无关，只表示系统的传输、转换特性。

3. 频率特性

初始条件为零时，系统的输出量 $y(t)$ 的傅里叶变换 $Y(\mathrm{j}\omega)$ 与输入量 $x(t)$ 的傅里叶变换 $X(\mathrm{j}\omega)$ 的比值称为检测系统的频率响应特性，简称为频率特性。

对于稳定的线性定常检测系统，取 $S=\mathrm{j}\omega$，则式（1-8）变为

$$H(\mathrm{j}\omega)=\frac{Y(\mathrm{j}\omega)}{X(\mathrm{j}\omega)}=\frac{b_m(\mathrm{j}\omega)^m+b_{m-1}(\mathrm{j}\omega)^{m-1}+\cdots+b_1\mathrm{j}\omega+b_0}{a_n(\mathrm{j}\omega)^n+a_{n-1}(\mathrm{j}\omega)^{n-1}+\cdots+a_1\mathrm{j}\omega+a_0} \tag{1-9}$$

式（1-9）可用指数形式表示，即

$$H(\omega)=A(\omega)\mathrm{e}^{\mathrm{j}\varphi(\omega)} \tag{1-10}$$

式中，$A(\omega)$ 为系统的幅频特性；$\varphi(\omega)$ 为系统的相频特性。

$A(\omega)$ 和 $\varphi(\omega)$ 可表示为

$$A(\omega)=\left|\frac{Y(\omega)}{X(\omega)}\right|=|H(\omega)|,\quad \varphi(\omega)=\arg H(\omega) \tag{1-11}$$

（二）常见检测系统的数学模型

常见的检测系统都是一阶或二阶的，任何高阶系统都可以等效为若干个一阶和二阶系统的串联或并联。因此，分析并了解一阶和二阶系统的特性是分析和了解高阶复杂系统特性的基础。

1. 一阶系统

图 1-9 所示的质量为零的弹簧-阻尼机械系统、电容-电阻组成的 RC 电路、单容水槽都是一阶系统。

不论是热力学、电学系统，还是力学系统，只要它们是一阶系统，就可以由通式表示为

$$\tau \frac{\mathrm{d}y}{\mathrm{d}t}+y=Kx \tag{1-12}$$

式中，y 为系统的输出量；x 为系统的输入量；τ 为时间常数；K 为放大倍数。

一阶系统的传递函数为

$$H(s)=\frac{K}{\tau s+1} \tag{1-13}$$

一阶系统的频率特性为

$$H(\omega)=\frac{K}{\mathrm{j}\omega\tau+1} \tag{1-14}$$

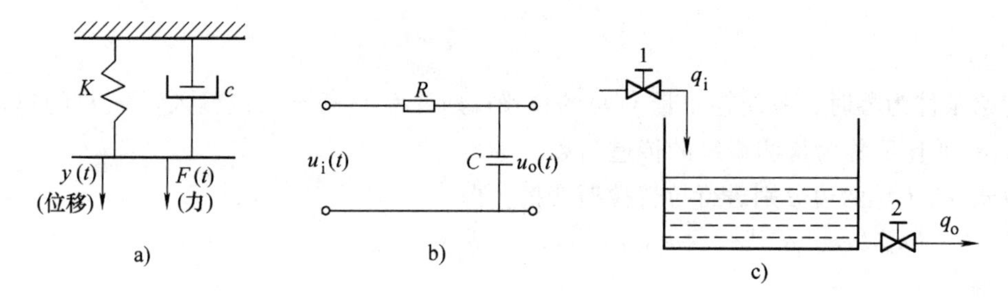

图 1-9　一阶系统举例

a）弹簧-阻尼机械系统　b）电容-电阻组成的 RC 电路　c）单容水槽液位变化

2. 二阶系统

图 1-10 所示均为二阶系统。

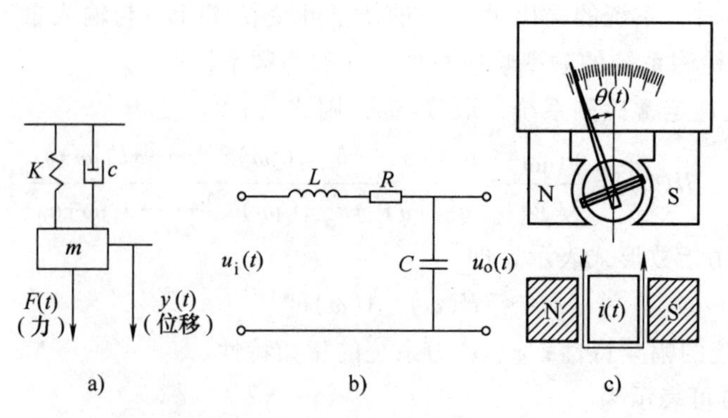

图 1-10　二阶系统举例

a）质量-弹簧-阻尼器二阶系统　b）电感-电容-电阻组成的 RLC 电路　c）磁电系指针式仪表

无论是热力学、电学系统，还是力学系统，只要它们是二阶系统，就可以由标准形式的二阶微分方程来表示，即

$$\frac{1}{\omega_0^2}\frac{d^2y}{dt^2}+\frac{2\xi}{\omega_0}\frac{dy}{dt}+y=Kx \tag{1-15}$$

式中，ω_0 为系统的固有角频率；ξ 为阻尼比；K 为静态灵敏度。其中：

力学系统

$$\omega_0=\sqrt{\frac{k}{m}},\ \xi=\frac{C}{2\sqrt{mk}},\ K=\frac{1}{k}$$

式中，C 为阻尼系数。

电学系统

$$\omega_0=\frac{1}{\sqrt{LC}},\ \xi=\frac{R}{2}\sqrt{\frac{C}{L}},\ K=1$$

二阶系统的传递函数为

$$H(s)=\frac{K}{\frac{1}{\omega_0^2}s^2+\frac{2\xi}{\omega_0}s+1} \tag{1-16}$$

二阶系统的频率特性为

$$H(\omega)=\frac{K}{\left[1-\left(\frac{\omega}{\omega_0}\right)^2\right]+j2\xi\frac{\omega}{\omega_0}} \tag{1-17}$$

（三）检测系统的动态特性分析

根据前面的分析可知，一阶系统的特性参数是时间常数 τ，二阶系统的特性参数是固有角频率 ω_0 与阻尼比 ξ。如果知道这些特性参数的值，就可以建立系统的数学模型，再通过适当的数学运算，就可以计算出系统对任一输入信号的输出响应。尽管这些特性参数取决于系统本身的固有特性，可以由理论设定，但最终必须由实验测定，称为动态标定。为了便于统一比较和容易获取，标定时通常选定两种输入形式，即时域阶跃响应特性和频域频率特性。

1. 检测系统的时域特性

检测系统的时域特性是研究系统对所加激励信号的瞬态响应特性。常用的激励信号有阶跃函数、斜坡函数和冲激函数，最典型的是阶跃函数。下面以阶跃信号激励为例，分析一阶和二阶检测系统的动态特性。

（1）一阶检测系统的时域特性

设一阶检测系统的传递函数为

$$H(s)=\frac{k}{\tau s+1} \tag{1-18}$$

当输入一个单位阶跃信号时，系统的输出信号为

$$y(t)=k\left(1-e^{-\frac{t}{\tau}}\right) \tag{1-19}$$

相应的响应曲线如图 1-11 所示。由图可见，一阶检测系统存在惯性，阶跃响应不能立即复现输入的阶跃信号，而是从零开始按指数规律上升，输出信号初始上升斜率为 $1/\tau$。若系统保持初始响应速度不变，则经历 τ 时刻输出即可达到稳态值，但实际响应速度随时间的增加而变慢。理论上系统的响应只有在 t 趋于无穷大时才能达到稳态值，实际上当 $t=4\tau$ 时其输出值已达到稳态值的 98.2%，即与稳态响应输出误差小于 2%，可以认为已达到稳态。显然，时间常数 τ 是衡量一阶检测系统动态响应速度的重要参数，τ 越小，响应速度越快，检测系统的惯性越小。

根据检测系统的输出特性曲线，可以选择以下几个特征时间点作为其时域动态性能指标：

1）时间常数 τ：输出 $y(t)$ 由零上升到稳态值 y_s 的 63%所需的时间。

2）调节时间 t_s：输出 $y(t)$ 由零上升并保持在与稳态值 y_s 的偏差的绝对值在±2%或±5%范围内所需的时间。

3）延迟时间 t_d：输出 $y(t)$ 由零上升到稳态值 y_s 的一半所需的时间。

4）上升时间 t_r：输出 $y(t)$ 由 $10\%y_s$ 上升到 $90\%y_s$ 所需的时间。

对于一阶检测系统，时间常数是非常重要的性能指标，显然时间常数越大，系统到达稳态的时间就越长，其动态性能就越差。因此，应尽可能减小时间常数，以减小系统的动态误差。

（2）二阶检测系统的时域特性

设二阶检测系统的传递函数为

$$H(s)=\frac{Y(s)}{X(s)}=\frac{\omega_0^2}{s^2+2\xi\omega_0 s+\omega_0^2} \tag{1-20}$$

当输入为单位阶跃函数时，系统的输出与固有角频率 ω_0 及阻尼比 ξ 密切相关。固有频率 ω_0 由系统结构参数决定，ω_0 越大，检测系统响应速度越快；当 ω_0 为常数时，系统响应速度取决于阻尼比 ξ。图 1-12 所示为二阶检测系统的单位阶跃响应曲线，阻尼比直接影响系统输出信号的振荡次数及超调量。$\xi=0$ 时，为临界阻尼，超调量为 100%，产生等幅振荡；$\xi>1$ 时，为过阻尼，无超调，也无振荡，但达到稳态所需的时间比较长；$\xi<1$ 时，为欠阻尼，产生衰减振荡，输出达到稳态值所需的时间随 ξ 的增加而减小；$\xi=1$ 时，达到稳态输出所需的时间最短。工程中通常取 ξ 为 0.6～0.8，此时最大超调量为 2.5%～10%，其稳态响应时间也较短。

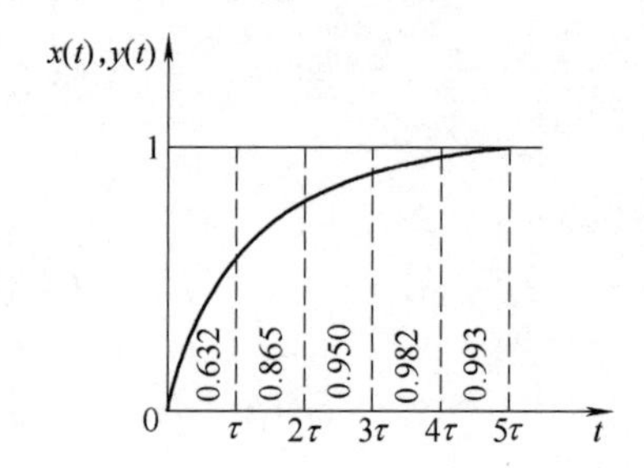

图 1-11　一阶检测系统的单位阶跃响应曲线

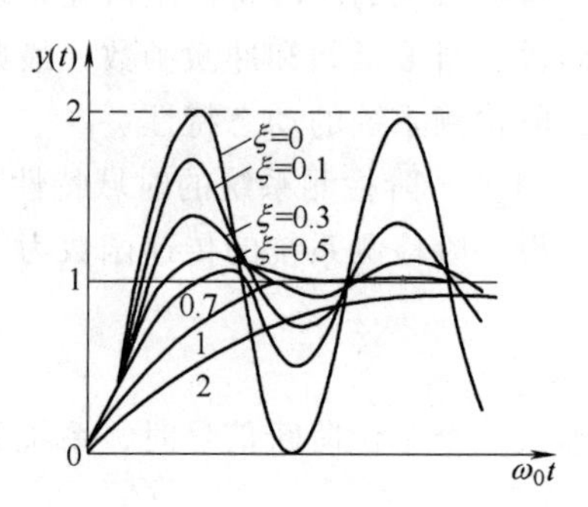

图 1-12　二阶检测系统的单位阶跃响应曲线

图 1-13 所示为二阶检测系统性能指标的单位阶跃响应曲线，二阶系统的主要性能指标如下：

1）上升时间 t_r：传感器输出从稳定值的 10%上升到稳定值的 90%所需时间。

2）延迟时间 t_d：传感器输出达到稳态值的 50%所需时间。

3）峰值时间 t_p：响应曲线达到超调量的第一个峰值所需要的时间。

4）调节时间 t_s：响应曲线达到并永远保持在一个允许误差范围内所需的最短时间。用稳态值的百分数（通常取 5%或 2%）作误差范围。

5）超调量 σ：输出响应的最大值 $y(t_p)$ 与终值 $y(\infty)$ 之差的百分比，即

$$\sigma=\frac{y(t_p)-y(\infty)}{y(\infty)}\times 100\%$$

式中，$y(t_p)$ 为输出的最大值；$y(\infty)$ 为输出的稳态值。

对于二阶检测系统，上升时间和峰值时间评价系统的响应速度；调节时间是同时反映响应速度和阻尼程度的综合性指标；超调量用于评价系统的阻尼程度。

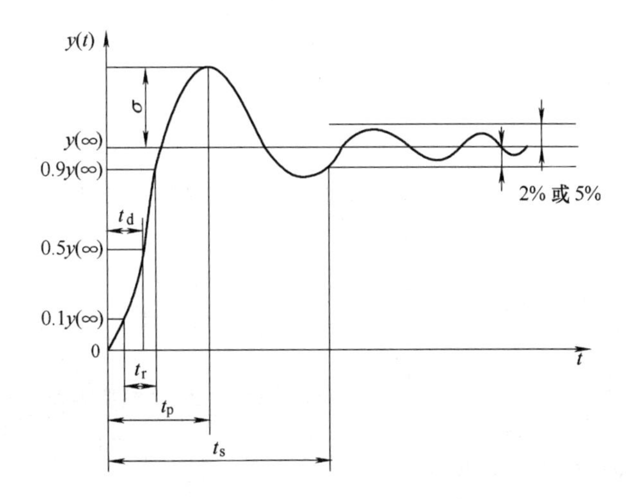

图 1-13　表示二阶检测系统性能指标的单位阶跃响应曲线

2. 检测系统的频域特性

如果系统输入的激励信号为正弦信号，则按系统的频率响应特性研究其动态特性。

（1）一阶检测系统的频域响应

由式（1-18）可知，当取 $j\omega$ 代替式中 s 时，即得到一阶检测系统的频率响应特性表达式

$$H(j\omega)=\frac{1}{\tau(j\omega)+1} \tag{1-21}$$

相应的幅频特性和相频特性为

$$A(\omega)=\frac{1}{\sqrt{1+(\omega\tau)^2}},\quad \varphi(\omega)=-\arctan(\omega\tau) \tag{1-22}$$

一阶检测系统频率响应特性曲线如图 1-14 所示。

由以上分析可见，时间常数 τ 越小，频率响应特性越好；当 $\omega\tau\ll 1$ 时，$A(\omega)\approx 1$，$\varphi(\omega)\approx 0$，表明系统输出与输入呈线性关系，且相位差很小，输出能真实地反映输入的变化规律。

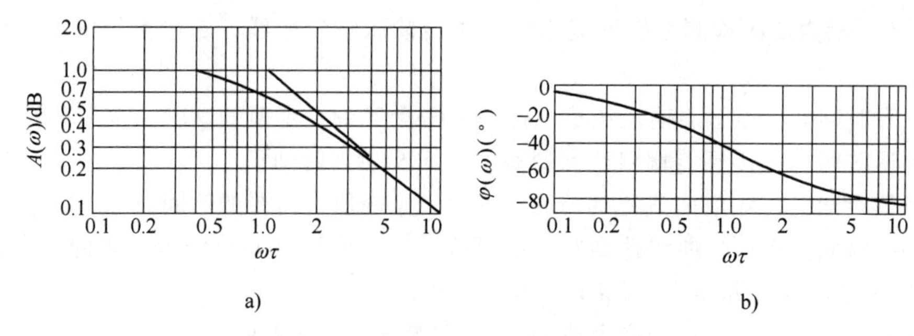

图 1-14　一阶检测系统频率响应特性曲线

a）幅频特性　b）相频特性

（2）二阶检测系统的频域特性

由式（1-20）可知，当取 $\mathrm{j}\omega$ 代替式中 s 时，即得到二阶检测系统的频率响应特性表达式

$$H(\mathrm{j}\omega)=\frac{1}{1-\left(\dfrac{\omega}{\omega_0}\right)^2+2\mathrm{j}\xi\dfrac{\omega}{\omega_0}} \tag{1-23}$$

相应的幅频特性和相频特性为

$$A(\omega)=\frac{1}{\sqrt{\left[1-\left(\dfrac{\omega}{\omega_0}\right)^2\right]^2+\left(2\xi\dfrac{\omega}{\omega_0}\right)^2}},\quad \varphi(\omega)=-\arctan\frac{2\xi\dfrac{\omega}{\omega_0}}{1-\left(\dfrac{\omega}{\omega_0}\right)^2} \tag{1-24}$$

二阶检测系统频率响应特性曲线如图 1-15 所示。由上述分析可知，二阶检测系统频率响应特性的好坏主要取决于系统的固有频率 ω_0 和阻尼比 ξ，当 $\xi<1$、$\omega_0\gg\omega$ 时，$A(\omega)\approx1$、$\varphi(\omega)$很小，幅频特性平直，输出与输入呈线性关系，此时检测系统的输出能真实地再现输入信号。因此设计检测系统时，通常使其阻尼比 $\xi<1$，固有频率 ω_0 至少应大于被测信号频率 ω 的 3~5 倍。若被测信号为多频谐波信号时，系统的固有频率理论上应高于输入信号谐波中最高频率 $\omega_{\max}$ 的 3~5 倍；考虑到在整个频谱内，频率越高，幅值越小，灵敏度越低，因而固有频率的选择应根据测量需要综合考虑。

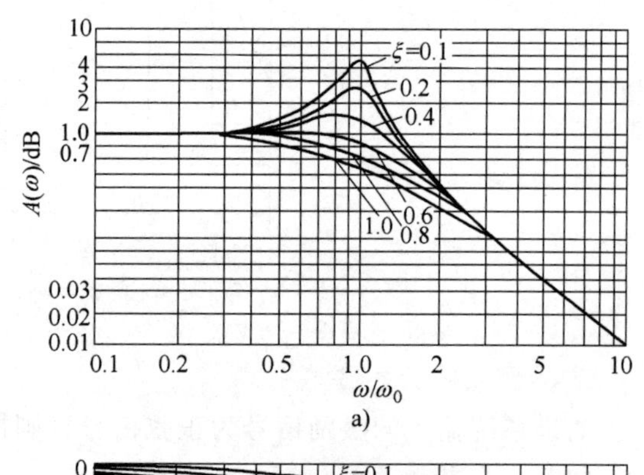

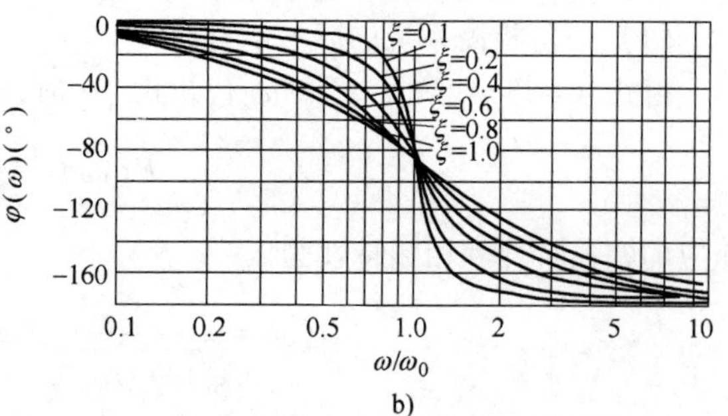

图 1-15　二阶检测系统频率响应特性曲线

a）幅频特性　b）相频特性

（3）频域特性指标

衡量检测系统对正弦信号激励响应的频域特性指标主要有：

1）通频带：使系统输出量保持在一

定值（幅频特性曲线上相对于幅值衰减 3dB）内所对应的频率范围。

2）工作频带：系统输出幅值误差为±5%（或±10%）时所对应的频率范围。

3）相位误差：在工作频带范围内输出量的相位偏差应小于 5°（或 10°）。

第四节　测量误差及处理方法

一、测量误差的概念

测量误差是指检测结果与被测量的客观真值的差值。在检测过程中，被测对象、检测系统、检测方法和检测人员都会受到各种因素的影响。有时，对被测量的转换也会改变被测对象原有的状态，造成测量误差。由误差公理可知：任何实验结果都是有误差的，误差自始至终存在于一切科学实验和测量之中，被测量的真值是永远难以得到的。但是，通过改进检测装置和检测手段，并通过对测量误差进行分析处理，可以使测量误差处于允许的范围内。

测量的目的是希望通过测量求取被测量的真值。在分析测量误差时，采用的被测量真值是指在确定条件下被测量客观存在的实际值。判断真值的方法有三种：一是理论设计和理论公式的表达值，称为理论真值，如三角形内角之和为 180°；二是由国际计量学确定的基本的计量值，称为约定真值，如在标准条件下水的冰点和沸点分别是 0℃ 和 100℃；三是精度高一级或几级的仪表与精度低的仪表相比，把高一级仪表的测量值称为相对真值。相对真值在测量中的应用最为广泛。

二、误差的表示方法

检测系统（仪器）的基本误差通常有以下几种表示形式。

（一）绝对误差

检测系统的测量值（即示值）X 与被测量的真值 X_0 之间的代数差值 Δx 称为检测系统测量值的绝对误差，即

$$\Delta x = X - X_0 \tag{1-25}$$

式（1-25）中，真值 X_0 可为约定真值，也可是由高精度标准仪器所测得的相对真值。绝对误差 Δx 说明了系统示值偏离真值的大小，其值可正可负，具有和被测量相同的量纲。

在标定或校准检测系统样机时，常采用比较法，即对于同一被测量，将标准仪器（具有比样机更高的精度）的测量值作为近似真值 X_0 与被校检测系统的测量值 X 进行比较，它们的差值就是被校检测系统测量示值的绝对误差。如果它是一恒定值，即为检测系统的“系统误差”。该误差可能是系统在非正常工作条件下使用而产生的，也可能是其他原因所造成的附加误差。此时对检测仪表的测量示值应加以修正，修正后才可得到被测量的实际值 X_0，即

$$X_0 = X - \Delta x = X + C \tag{1-26}$$

式（1-26）中，数值 C 称为修正值或校正量。修正值与示值的绝对误差数值相等，但符号相反，即

$$C = -\Delta x = X_0 - X \tag{1-27}$$

计量使用的标准仪器常由高一级的标准仪器定期校准，检定结果附带有示值修正表，或

修正曲线 $C=f(x)$。

（二）相对误差

检测系统测量值（即示值）的绝对误差 Δx 与被测量真值 X_0 的比值，称为检测系统测量值（示值）的相对误差 δ，常用百分数表示，即

$$\delta=\frac{\Delta x}{X_0}\times 100\%=\frac{X-X_0}{X_0}\times 100\% \tag{1-28}$$

这里的真值可以是约定真值，也可以是相对真值（工程上），在无法得到本次测量的约定真值和相对真值时，常在被测量（已消除系统误差）没有发生变化的条件下重复多次测量，用多次测量的平均值代替相对真值。用相对误差通常比用绝对误差更能说明不同测量的精确程度，一般来说相对误差值越小，其测量精度就越高。

在评价检测系统的精度或测量质量时，有时利用相对误差作为衡量标准也不很准确，例如，用任一确定精度等级的检测仪表测量一个靠近测量范围下限的小量，计算得到的相对误差通常比测量接近上限的大量（如 2/3 量程处）得到的相对误差大得多。因此，需引入引用误差的概念。

（三）引用误差

检测系统测量值的绝对误差 Δx 与系统量程 L 的比值，称为检测系统测量值的引用误差 γ。γ 通常仍以百分数表示，即

$$\gamma=\frac{\Delta x}{L}\times 100\% \tag{1-29}$$

比较式（1-28）和式（1-29）可知：在 γ 的表示式中用量程 L 代替了真值 X_0，使用起来虽然更为方便，但引用误差的分子仍为绝对误差 Δx，当测量值为检测系统测量范围的不同数值时，各示值的绝对误差 Δx 也可能不同。因此，即使是同一检测系统，其测量范围内的不同示值处的引用误差也不一定相同。为此，可以取引用误差的最大值，既能克服上述的不足，又能更好地说明检测系统的测量精度。

（四）最大引用误差（或满度最大引用误差）

在规定的工作条件下，当被测量平稳增加或减少时，在检测系统全量程中所有测量引用误差（绝对值）的最大者，或者说所有测量值中最大绝对误差（绝对值）与量程的比值的百分数，称为该系统的最大引用误差，用符号 γ_{max} 表示，即

$$\gamma_{max}=\frac{|\Delta x_{max}|}{L}\times 100\% \tag{1-30}$$

最大引用误差是检测系统基本误差的主要形式，故也常称为检测系统的基本误差。它是检测系统最主要的质量指标，能很好地表征检测系统的测量精度。

（五）精度等级

工业检测仪器（系统）常以最大引用误差作为判断精度等级的尺度。人为规定：取最大引用误差百分数的分子作为检测仪器（系统）精度等级的标志，也就是用最大引用误差去掉正负号和百分号后的数字来表示精度等级，精度等级用符号 G 表示。

为统一和方便使用，国家标准 GB 776—1976《电测量指示仪表通用技术条件》规定，测量指示仪表的精度等级 G 分为 0.1、0.2、0.5、1.0、1.5、2.5、5.0 七个等级，这也是工业检测仪器（系统）常用的精度等级。检测仪器（系统）的精度等级由生产厂商根据其最

大引用误差的大小并以选大不选小的原则就近套用上述精度等级得到。

三、误差的分类

为了便于误差的分析和处理，可以按误差的规律性将其分为三类，即系统误差、随机误差和粗大误差。

（一）系统误差

在相同的条件下，对同一物理量进行多次测量，如果误差按照一定规律出现，则把这种误差称为系统误差（System Error），简称系差。系统误差可分为定值系统误差（简称定值系差）和变值系统误差（简称变值系差），数值和符号都保持不变的系统误差称为定值系差，数值和符号均按照一定规律变化的系统误差称为变值系差。变值系差按其变化规律又可分为线性系统误差、周期性系统误差和按复杂规律变化的系统误差。如图 1-16 所示，曲线 1 为定值系统误差，曲线 2 为线性系统误差，曲线 3 为周期性系统误差，曲线 4 为按复杂规律变化的系统误差。

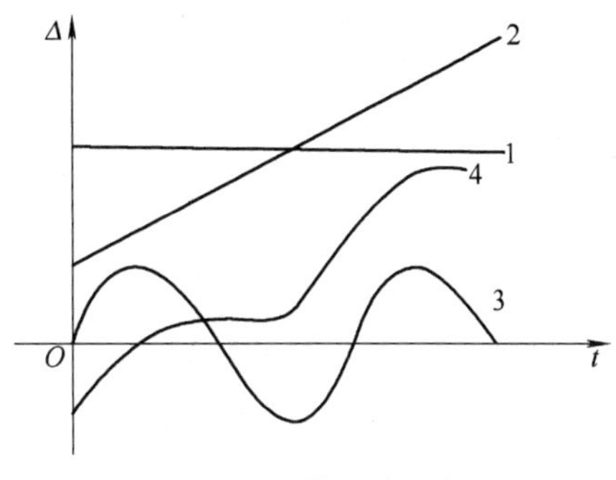

图 1-16 系统误差示意图

系统误差的来源包括仪表制造、安装或使用方法不正确，测量设备的基本误差、读数方法不正确以及环境误差等。系统误差是一种有规律的误差，故可以通过理论分析采用修正值或补偿校正等方法来减小或消除。

（二）随机误差

当对某一物理量进行多次重复测量时，若误差出现的大小和符号均以不可预知的方式变化，则该误差为随机误差（Random Error）。随机误差产生的原因比较复杂，虽然测量是在相同条件下进行的，但测量环境中温度、湿度、压力、振动、电场等总会发生微小变化，因此，随机误差是大量对测量值影响微小且又互不相关的因素所引起的综合结果。随机误差就个体而言并无规律可循，但其总体却服从统计规律。总的来说，随机误差具有下列特性：

1）对称性：绝对值相等、符号相反的误差在多次重复测量中出现的可能性相等。

2）有界性：在一定测量条件下，随机误差的绝对值不会超出某一限度。

3）单峰性：绝对值小的随机误差比绝对值大的随机误差在多次重复测量中出现的机会多。

4）抵偿性：随机误差的算术平均值随测量次数的增加而趋于零。

随机误差的变化通常难以预测，因此也无法通过实验方法确定、修正和清除。但是通过多次测量比较可以发现，随机误差服从某种统计规律（如正态分布、均匀分布、泊松分布等）。

（三）粗大误差

明显超出规定条件下的预期值的误差称为粗大误差（Abnormal Error）。

粗大误差一般是由操作人员粗心大意、操作不当或实验条件没有达到预定要求就进行实验等造成的，如读错、测错、记错数值，以及使用有缺陷的测量仪表等。含有粗大误差的测量值称为坏值或异常值，所有的坏值在数据处理时均应剔除掉。

（四）测量精度

测量精度是从另一角度评价测量误差大小的量，它与误差大小相对应，即误差大，精度低；误差小，精度高。测量精度可细分为准确度、精密度和精确度。

1）准确度：表明测量结果偏离真值的程度，它反映系统误差的影响，系统误差小，则准确度高。

2）精密度：表明测量结果的分散程度，它反映随机误差的影响，随机误差小，则精密度高。

3）精确度：反映测量中系统误差和随机误差综合影响的程度，简称精度。精度高，说明准确度与精密度都高，意味着系统误差和随机误差都小。

测量的准确度与精密度的区别如图 1-17 所示，若靶心为真实值，图中黑点为测量值，则图 1-17a 表示准确却不精密的测量，图 1-17b 表示精密却不准确的测量，图 1-17c 表示既准确又精密的测量。一般来说，在工程测量中，占主要地位的是系统误差，应力求准确度高，所以人们习惯上又把精度称为准确度。而在精密测量中，由于已经采取一定的措施（如改进测量方法、改善测量条件）减小或消除了系统误差，因而随机误差是主要的。

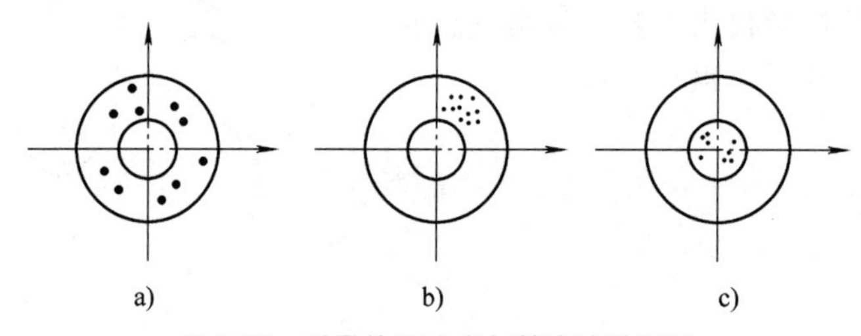

图 1-17　测量的准确度与精密度的区别

四、误差处理

（一）随机误差及其处理

随机误差与系统误差的来源和性质不同，所以处理的方法也不同。由于随机误差是由一系列随机因素引起的，因而随机变量可以用来表达随机误差的取值范围及概率。若有一非负函数 $f(x)$，其对任意实数有分布函数 $F(x)$

$$F(x)=\int_{-\infty}^{x} f(x)\mathrm{d}x \tag{1-31}$$

称 $f(x)$ 为 x 的概率分布密度函数。且有

$$P\{x_1 < x < x_2\} = F(x_2) - F(x_1) = \int_{x_1}^{x_2} f(x)\mathrm{d}x \tag{1-32}$$

式（1-32）为误差在（x_1，x_2）之间的概率，在检测系统中，只有系统误差减小到可以忽略的程度后才可对随机误差进行统计处理。

1. 随机误差的正态分布规律

实践和理论证明，大量的随机误差服从正态分布规律。正态分布曲线如图 1-18 所示。

图 1-18 中的横坐标表示随机误差 $\Delta x = x_i - x_0$，纵坐标为误差的概率密度 $f(\Delta x)$。应用概率论方法可导出

$$f(\Delta x)=\frac{1}{\sigma\sqrt{2\pi}}\exp\left[-\frac{1}{2}\frac{\Delta x^2}{\sigma^2}\right] \quad (1\text{-}33)$$

式中，特征量 σ 称为标准差，$\sigma=\sqrt{\frac{\sum \Delta x_i^2}{n}}$，其中 n 为测量次数，$n\to\infty$。

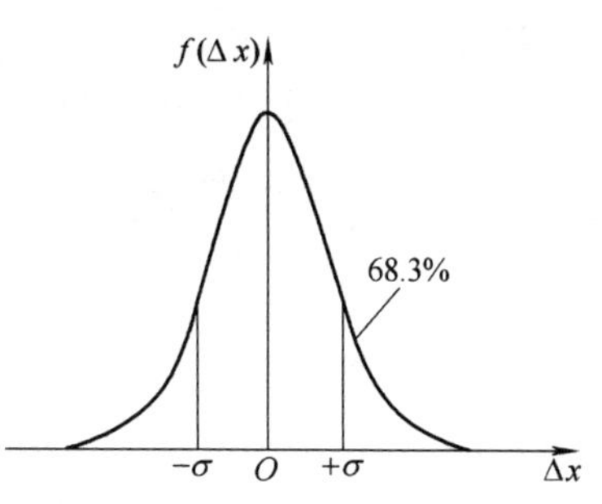

图 1-18 随机误差的正态分布曲线

2. 真实值与算术平均值

设对某一物理量进行多次直接测量，测量值分别为 x_1，x_2，x_i，…，x_n，各次测量值的随机误差为 $\Delta x_i=x_i-x_0$。将随机误差相加得

$$\sum_{i=1}^{n}\Delta x_i=\sum_{i=1}^{n}(x_i-x_0)=\sum_{i=1}^{n}x_i-nx_0$$

两边同除以 n 得

$$\frac{1}{n}\sum_{i=1}^{n}\Delta x_i=\frac{1}{n}\sum_{i=1}^{n}x_i-x_0 \quad (1\text{-}34)$$

用 $\bar{x}$ 代表测量列的算术平均值

$$\bar{x}=\frac{1}{n}(x_1+x_2+x_n)=\frac{1}{n}\sum_{i=1}^{n}x_i \quad (1\text{-}35)$$

式（1-34）改写为

$$\frac{1}{n}\sum_{i=1}^{n}\Delta x_i=\bar{x}-x_0$$

根据随机误差的抵偿特征，即 $\lim\limits_{n\to\infty}\frac{1}{n}\sum_{i=1}^{n}\Delta x_i=0$，于是 $\bar{x}\to x_0$。

可见，当测量次数很多时，算术平均值趋于真实值，也就是说，算术平均值受随机误差影响比单次测量小，且测量次数越多，影响越小。因此可以用多次测量的算术平均值代替真实值，并称为最可信数值。

3. 随机误差的估算

（1）标准差

标准差 σ 定义为

$$\sigma=\sqrt{\sum_{i=1}^{n}(x_i-x_0)^2/n}$$

它是在一定测量条件下随机误差最常用的估计值。其物理意义为随机误差落在（$-\sigma$，$+\sigma$）区间的概率为 68.3%。区间（$-\sigma$，$+\sigma$）称为置信区间，相应的概率称为置信概率。显然，置信区间扩大，则置信概率提高。置信区间取（-2σ，$+2\sigma$）、（-3σ，$+3\sigma$）时，相应的置信概率 $P(2\sigma)=95.4\%$、$P(3\sigma)=99.7\%$。

定义 3σ 为极限误差，其概率含义是在 1000 次测量中只有三次测量的误差绝对值会超过 3σ。由于在一般测量中次数很少超过几十次，因此，可以认为测量误差超出 $\pm 3\sigma$ 范围的概率是很小的，故称为极限误差，一般可作为可疑值取舍的判定标准。

图 1-19 所示为不同 σ 时的 $f(\Delta x)$ 曲线。σ 值越小，曲线陡且峰值高，说明测量值的随

机误差集中，小误差占优势，各测量值的分散性小，重复性好。反之，σ 值越大，曲线较平坦，各测量值的分散性大，重复性差。

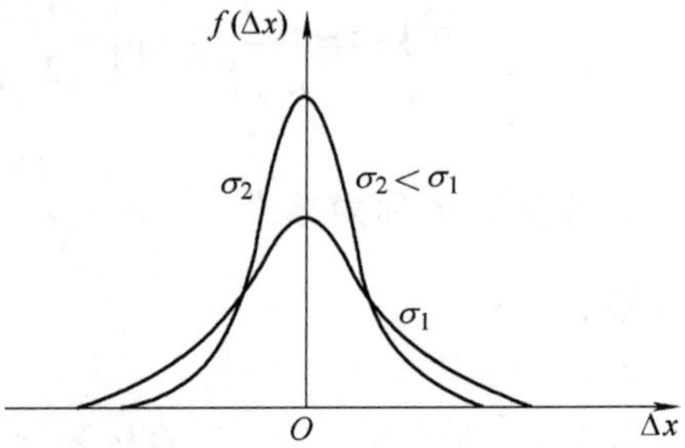

图 1-19　不同 σ 的概率密度曲线

（2）单次测量值的标准差的估计

由于真值未知时，随机误差 Δx_i 不可求，可用各次测量值与算术平均值之差——剩余误差

$$v_i=x_i-\bar{x} \tag{1-36}$$

代替误差 Δx_i 来估算有限次测量的标准差，得到的结果就是单次测量的标准差，用 $\hat{\sigma}$ 表示，它只是 σ 的一个估算值。由误差理论可以证明单次测量的标准差的计算式为

$$\hat{\sigma}=\sqrt{\frac{\sum_{i=1}^{n}(x_i-\bar{x})^2}{n-1}}=\sqrt{\frac{\sum_{i=1}^{n}v_i^2}{n-1}} \tag{1-37}$$

这一公式称为贝塞尔公式。

同理，按 v_i^2 计算的极限误差为 $3\hat{\sigma}$，$\hat{\sigma}$ 的物理意义与 σ 相同。当 $n\to\infty$ 时，有 $n-1\to n$，则 $\hat{\sigma}\to\sigma$。在一般情况下，对于 $\hat{\sigma}$ 和 σ 的符号并不加以严格的区分，但是 n 较小时，必须采用贝塞尔公式计算 $\hat{\sigma}$ 的值。

（3）算术平均值的标准差的估计

在测量中用算术平均值作为最可信赖值，它比单次测量得到的结果可靠性高。由于测量次数有限，因此 $\bar{x}$ 也不等于 x_0。也就是说，$\bar{x}$ 还是存在随机误差的，可以证明，算术平均值的标准差 $S(\bar{x})$ 是单次测量值的标准差 $\hat{\sigma}$ 的 $1/\sqrt{n}$ 倍，即

$$S(\bar{x})=\frac{\hat{\sigma}}{\sqrt{n}}=\sqrt{\frac{\sum_{i=1}^{n}v_i^2}{n(n-1)}} \tag{1-38}$$

式（1-38）表明，在 n 较小时，增加测量次数 n，可明显减小测量结果的标准差，提高测量的精密度。但随着 n 的增大，减小的程度越来越小；当 n 增大到一定数值时，$S(\bar{x})$ 就几乎不变了。

（二）粗大误差的判别与坏值的舍弃

在重复测量得到的一系列测量值中，如果包含有粗大误差的坏值，必然会歪曲测量结果。因此，必须剔除坏值后，才可进行相关的数据处理，从而得到符合客观情况的测量结果。但是，也应当防止无根据地随意丢掉一些误差大的测量值。对怀疑为坏值的数据，应当加以分析，尽可能找出产生坏值的明确原因，然后再决定取舍。实在找不到产生坏值的原因，或不能确定哪个测量值是坏值时，可以按照统计学的异常数据处理法则，判别坏值并加以舍弃。其基本思路是给定一个置信概率，然后确定相应的置信区间，凡超出此区间的误差被认为是粗大误差，相应的测量值就是坏值，应予以剔除。

统计判别法的准则很多，在这里介绍两种判别粗大误差的准则。

1. 拉依达准则（$3\hat{\sigma}$ 准则）

设对被测量进行等精度测量，得到 x_1，x_2，…，x_n，算出其算术平均值 $\bar{x}$ 及剩余误差

$v_i=x_i-\bar{x}(i=1,2,\cdots,n)$，并按贝塞尔公式算出标准误差 σ，若某个测量值 x_b 的剩余误差满足下式：

$$|v_b|=|x_b-\bar{x}|>3\sigma \tag{1-39}$$

则认为 x_b 是含有粗大误差的坏值，应予剔除。

使用此准则时应当注意，在计算 $\bar{x}$、v_b 和 σ 时，应当使用包含坏值在内的所有测量值。按照式（1-39）剔除坏值后，应重新计算 $\bar{x}$ 和 σ，再用拉依达准则检验现有的测量值，看有无新的坏值出现。重复进行，直到检查不出新的坏值时为止。此时，所有测量值的剩余误差均在 3σ 范围之内。

拉依达准则简便，易于使用，因此得到广泛应用。但它是在重复测量次数 $n\to\infty$ 的前提下建立的，不适合测量次数 $n\leqslant10$ 的情况。因为当 $n\leqslant10$ 时，残差小于 3σ 的概率很大。

2. 格罗布斯（Grubbs）准则

当测量数据中某数据 x_i 的残差满足

$$|v_i|>g(\alpha,n)\hat{\sigma} \tag{1-40}$$

则该测量数据含有粗大误差，应予以剔除。

式（1-40）中，$g(\alpha,n)$为格罗布斯准则鉴别系数，与测量次数 n 和显著性水平 α 有关，见表 1-3。显著性水平 α 一般取 0.05 或 0.01，置信概率 $P=1-\alpha$；$\hat{\sigma}$ 为测量数据的误差估计值。

应当注意，剔除一个粗大误差后应重新计算测量数据的平均值和标准差，再进行判别，反复检验直到粗大误差全部剔除为止。

表 1-3 格罗布斯准则的 $g(\alpha,n)$ 数值表（摘录）

n	$\alpha=0.01$	$\alpha=0.05$	n	$\alpha=0.01$	$\alpha=0.05$
3	1.155	1.153	17	2.785	2.475
4	1.492	1.462	18	2.821	2.504
5	1.749	1.672	19	2.854	2.532
6	1.944	1.822	20	2.884	2.557
7	2.097	1.938	21	2.912	2.580
8	2.221	2.032	22	2.939	2.603
9	2.323	2.110	23	2.963	2.624
10	2.410	2.176	24	2.987	2.644
11	2.485	2.234	25	3.009	2.663
12	2.550	2.285	30	3.103	2.745
13	2.607	2.331	35	3.178	2.811
14	2.659	2.371	40	3.240	2.866
15	2.705	2.409	45	3.292	2.914
16	2.747	2.443	50	3.336	2.956

例 1-1 对某一加工工件的尺寸进行了 15 次重复测量，测量的数据为 20.42、20.43、20.40、20.43、20.42、20.43、20.39、20.30、20.40、20.43、20.42、20.41、20.39、20.39、20.40。试判定测量数据中是否存在粗大误差（$P=99\%$）。

解 测量数据的平均值为

$$\bar{x}=\frac{1}{n}\sum_{i=1}^{15}x_i=20.404$$

测量数据的标准偏差为

$$\hat{\sigma}=\sqrt{\frac{1}{n-1}\sum_{i=1}^{n}v_i^2}=\sqrt{\frac{0.01496}{14}}\approx 0.033$$

第 8 个数据的残差 $|v|=0.104>3\sigma=0.099$，根据拉依达准则可以判定，数据 20.30 为异常值，应当剔除。剔除该数据后，重新计算平均值和标准偏差，得

$$\bar{x}'=20.404$$

$$\hat{\sigma}'=\sqrt{\frac{0.003374}{13}}\approx 0.016$$

这时剩余数据的残差 $|v|=<3\sigma=0.048$，即剩余数据不再含有粗大误差。

根据已知的置信概率 $P=99\%$，也可用格罗布斯准则判定，结果相同。

（三）系统误差的判别与消除

系统误差是产生测量误差的主要原因，消除或减小系统误差是提高测量精度的主要途径。目前，对系统误差的研究虽已引起人们的重视，但它涉及对测量设备和测量对象的全面分析，并和测量者的测量知识、实际经验和测量技术的发展密切相关。系统误差产生的原因十分复杂，通常单个因素引起的系统误差容易发现和消除，但多个因素综合引起的系统误差往往难以判断。尤其是随机误差与系统误差同时存在的情况下，在测量过程中是否发生随机误差对系统误差的影响，也是很难估计的。因此，研究系统误差的特征和规律，采用新的有效的方法去发现、减少或消除系统误差，已成为误差理论的重要课题之一。

1. 系统误差的判别

为了消除或削弱系统误差，首先要判断系统误差是否存在，然后再设法消除。在测量过程中产生系统误差的原因很复杂，发现和判断系统误差的方法也有很多种，但目前还没有适用于发现各种系统误差的普遍方法。

（1）实验对比法

实验对比法是通过改变产生系统误差的条件，在不同的条件下测量，从而发现系统误差。例如，当一台仪表进行多次重复测量某一被测量时，不能有效地发现系统误差，可以采用高一级精度的仪表进行同样的测量，通过对比可以发现系统误差是否存在。

（2）残差观察法

根据测量的各个残差的大小和符号的变化规律，直接由误差数据或误差曲线图来判断是否存在系统误差，这种方法主要适用于判断有规律的系统误差。图 1-20 所示为一组残差曲线。图 1-20a 中，残差大体正、负相同，且无显著变化规律，因此不存在系统误差；图 1-20b 中，残差有规律地增加或减少，因此可以认为存在线性变化的系统误差；图 1-20c 中，残差有规律地由正变负，又由负变正，且周期性变化，因此认为存在周期性的系统误差；图 1-20d 中，根据残差变化规律，可以认为既存在线性系统误差，也存在周期性系统误差。

（3）马利科夫判据

当测量次数较多时，可采用马利科夫判据来判断是否存在系统误差。设对某一被测量进行 n

次测量，依次得到一组测量值 x_1，x_2，…，x_n，相应的残差为 v_1，v_2，…，v_n。将前面一半以及后一半数据的残差分别求和，然后取其差值。

当 n 为偶数时，有

$$M = \sum_{i=1}^{k} v_i - \sum_{i=k+1}^{n} v_i \qquad \left(k = \frac{n}{2}\right) \tag{1-41}$$

当 n 为奇数时，有

$$M = \sum_{i=1}^{k} v_i - \sum_{i=k+1}^{n} v_i \qquad \left(k = \frac{n+1}{2}\right) \tag{1-42}$$

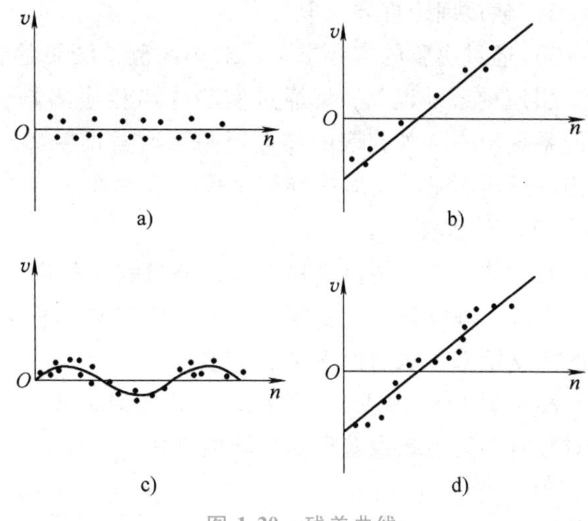

图 1-20 残差曲线

当 M 趋近于零时，测量值中不存在系统误差；当 $|M| \geqslant |v_i|$ 时，测量值中存在系统误差；当 $0<|M|<|v_i|$ 时，不能确定测量值中是否存在系统误差。

（4）阿卑-赫梅特准则

阿卑-赫梅特准则可用来判断测量数据中是否存在周期性的系统误差。当随机误差很显著时，周期性系统误差很难从测量数据或残差的变化规律中发现。

阿卑-赫梅特准则将残差按测量顺序排列，并依次两两相乘，然后取和的绝对值，如果

$$B = \left| \sum_{i=1}^{n-1} v_i v_{i+1} \right| > \sqrt{n-1}\,\sigma^2 \tag{1-43}$$

则可以判断测量数据中存在周期性系统误差。式中，σ 为标准误差。

2. 系统误差的消除

（1）从系统误差的来源上消除

从系统误差的来源上消除系统误差是最基本的方法。这种方法要求实验人员对整个测量过程有一个全面仔细的分析，弄清楚可能产生系统误差的各种因素，然后在测量过程中予以消除。例如，选择精度等级高的仪器设备来消除仪器的基本误差；在规定的工作条件下，使用正确调零、预热来消除仪器设备的附加误差；选择合理的测量方法，设计正确的测量步骤来消除方法误差和理论误差；提高测量人员的测量素质，改善测量条件（如选择智能化、数字化的仪器仪表）来消除人为误差等。

（2）引入修正值法

由于系统误差服从于某一确定的规律，可引入修正值来减小系统误差，尤其采用智能仪表或智能测试系统时，引入修正值法是很容易实施的。引入修正值法是在测量前或测量过程中，求取某类系统误差的修正值，在测量数据处理时手动或自动地将测量值和修正值相加，这样就可以从测量数据或结果中消除或减弱该类系统误差。

设某类系统误差的修正值为 C，x 为测量值，则不含该类系统误差的测量值 A_1 为

$$A_1 = x + C$$

修正值可以通过如下三种途径求取：

1）从相关资料中查取，如从仪器仪表的检定证书中获取。

2）通过理论推导求取。

3）通过实验的方法求取，对影响测量结果的各种因素（如温度、湿度、电源电压变化等）引起的系统误差，可通过实验作出相应的修正曲线或表格，供测量时使用。对不断变化的系统误差（如仪表的零点误差、增益误差等）可采用现测现修正的方法。智能仪表中采用的三步测量、实时校准就是采用这种方法。

（3）对称法

对称法是消除测量结果随某影响量线性变化的系统误差的有效方法。这种方法是在测量过程中，合理设计测量步骤以获取对称数据，配以相应的数据处理程序，以得到与该影响无关的测量结果，从而消除系统误差。

图 1-21 所示为某线性系统误差，若选定某一时刻（图中 t_3）为中心，则对应此中点的两对称时刻的系统误差算术平均值都相等，即

$$\frac{\delta_1+\delta_5}{2}=\frac{\delta_2+\delta_4}{2}=\delta_3 \tag{1-44}$$

利用这一特点，在实施测量时，取各对称点两次测量值的算术平均值作为这一时间段的实际值，就可消除线性系统误差。即使是一个以比较复杂规律变化的系统误差，也可以将其分段作线性系统误差处理，因而对称法是消除系统误差的有效方法。

（4）替代法

替代法是比较测量法的一种，是在相同的测量条件下，先将被测量接入测量装置中，调节测量装置使之处于某一状态，然后用与被测量相同的同类标准量代替被测量介入测量装置中，调节标准量，使测量装置的指示值与被测量接入时相同，此时标准器具的读数等于被测量。用电桥测量被测量 R_x 的原理（替代法）如图 1-22 所示。

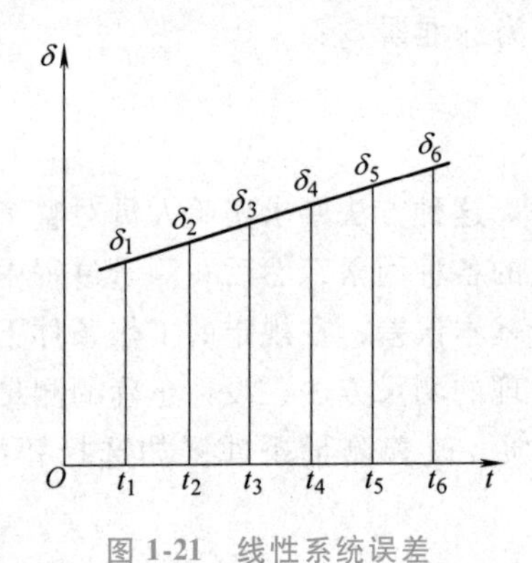

图 1-21　线性系统误差

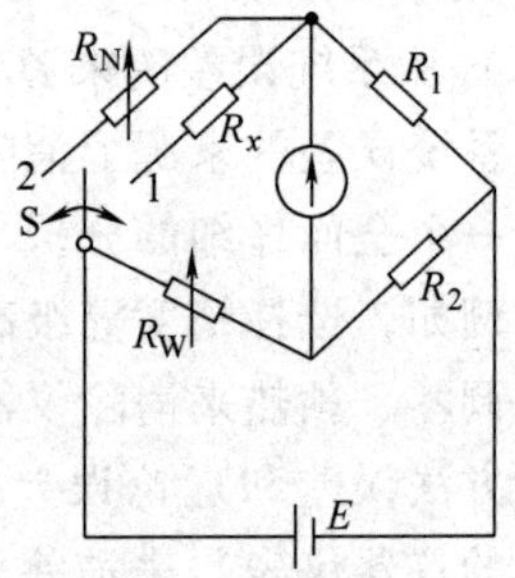

图 1-22　替代法

1）开关 S 接端点“1”，调电位器 R_W 使电桥平衡，即被测量 $R_x=\frac{R_1}{R_2}R_W$。

2）开关 S 换接至端点“2”，调标准器具 R_N（电位器不变）使电桥平衡，此时标准器具读数为 $R_N=\frac{R_1}{R_2}R_W$，即 $R_x=R_N$。

由替代法引起的测量误差与检测系统电路无关，仅与标准器具 R_N 的准确度有关。显然，标准器具准确度越高，被测量误差就越小，从而减小检测系统引起的系统误差。

（5）半周期法

对于周期性系统误差，可以相隔半个周期进行一次测量，如图 1-23 所示。取两次读数的算术平均值，即可有效地减小周期性系统误差。因为相差半周期的两次测量，其误差在理论上具有大小相等、符号相反的特征，所以这种方法在理论上能很好地减小和消除周期性系统误差。

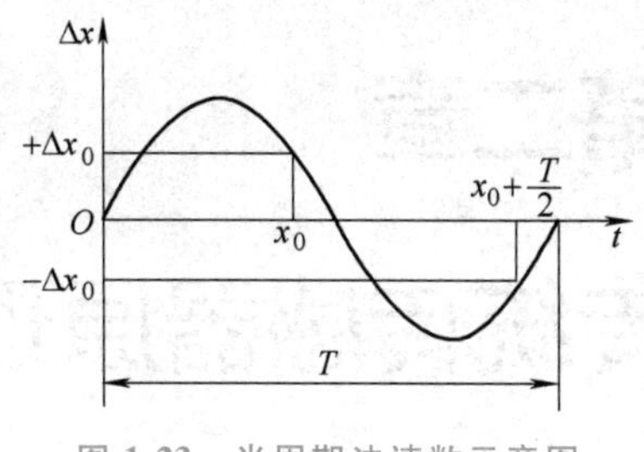

图 1-23　半周期法读数示意图

习题与思考题

1-1　检测系统由哪几部分组成？说明各部分的作用。

1-2　什么是测量误差？测量误差有几种表示方法？各有什么用途？

1-3　试比较下列测量的优劣：

（1）$x_1=65.98\text{mm}\pm0.02\text{mm}$

（2）$x_2=0.488\text{mm}\pm0.004\text{mm}$

（3）$x_3=0.0098\text{mm}\pm0.0012\text{mm}$

（4）$x_4=1.98\text{mm}\pm0.04\text{mm}$

1-4　检定 2.5 级的量程为 100V 的电压表，发现 50V 刻度点的示值误差 2V 为最大误差，问该电压表是否合格？

1-5　若测量 10V 左右的电压，手头上有两块电压表，其中一块量程为 150V、0.5 级，另一块是 15V、2.5 级，问选哪一块电压表测量更准确？

1-6　用测量范围为-50~150kPa 的压力传感器测量 140kPa 压力时，传感器测得的压力为 142kPa，求该值的绝对误差、相对误差和引用误差。

1-7　有三台测温仪表，量程均为 0~600℃，精度等级分别为 2.5 级、1.5 级和 1.0 级，现要测量 500℃ 的温度，要求相对误差不超过 2.5%，选用哪台仪表合理？

1-8　什么叫系统误差？产生系统误差的原因是什么？可采取哪些方法发现和消除系统误差？

1-9　什么叫随机误差？服从正态分布的随机误差有哪些特性？

1-10　什么叫粗大误差？粗大误差的判别与坏值舍弃的方法有哪些？

1-11　对某量进行 15 次测量，测得数据为 28.53、28.52、28.50、28.52、28.53、28.53、28.50、28.49、28.49、28.51、28.53、28.52、28.49、28.40、28.50。若这些测得值已消除系统误差，试判断该测量中是否含有粗大误差的测量值。

第二章

传统传感器原理及应用

第一节　电阻式传感器

传统传感器检测原理直观动图

电阻式传感器是把被测量，如位移、力、压力、力矩等非电量的变化转换为电阻值的变化，然后通过测量该电阻值实现检测非电量的一种传感器。电阻式传感器种类较多，本节介绍电位器式传感器和电阻应变式传感器。

一、电位器式传感器

电位器式传感器主要用来测量位移，通过其他敏感元件（如膜片、膜盒、弹簧管等）将非电量（如力、位移、形变、速度、加速度等）的变化量变换成与之有一定关系的电阻值的变化，通过对电阻值的测量达到对非电量测量的目的。

（一）线绕电位器式位移传感器

线绕电位器式位移传感器的核心是线绕电位器。该类传感器主要由触点机构和电阻器两部分组成。由于触点的存在，为了保证测量精度，要求被测量有一定的输出功率。

设电源电压为 U_i，电刷沿着电阻器移动 x，输出电压为 U_o，则产生相应变化，并有

$$U_o = f(x) \tag{2-1}$$

这样，电位器就将输入的位移量 x 转换成相应的电压 U_o 输出。

图 2-1a 所示为线性位移式传感器，它的骨架截面积处处相等，且由材料均匀的导线按照等节距绕制而成，此时电位器单位长度上的电阻值处处相等，x_{max} 是其总长度，总电阻为 R_{max}，当电刷行程为 x 时，对应于电刷移动量 x 的电阻值 R_x 为

$$R_x = \frac{x}{x_{max}} R_{max} \tag{2-2}$$

若把它作为分压器使用，且假定加在电位器 A、B 端之间的电压为 U_{max}，则输出电压为

$$U_x = \frac{R_x}{R_{max}} U_{max} \tag{2-3}$$

图 2-1b 所示为线性角度式传感器。若将其作为电阻器使用，则电阻与角度的关系为

$$R_\alpha = \frac{\alpha}{\alpha_{max}} R_{max} \tag{2-4}$$

若作为分压器使用，则有

$$U_\alpha=\frac{\alpha}{\alpha_{\max}}U_{\max} \tag{2-5}$$

线性线绕电位器理想的输入、输出关系遵循式（2-2）~式（2-5）。

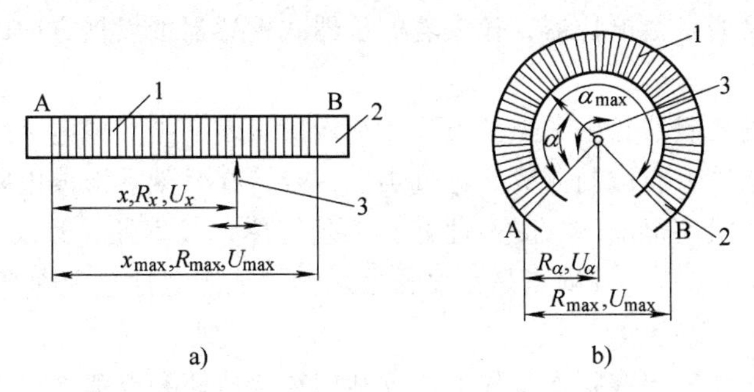

图 2-1　线性线绕电位器式传感器示意图

a）位移式　b）角度式

1—电阻丝　2—骨架　3—滑臂

图 2-2 所示是线性线绕电位器示意图。因为

$$R_{\max}=2\frac{\rho}{A}(b+h)n$$

$$x_{\max}=nl$$

所以其电阻灵敏度为

$$K_R=\frac{R_{\max}}{x_{\max}}=\frac{2\rho(b+h)}{Al} \tag{2-6}$$

电压灵敏度为

$$K_U=\frac{U_{\max}}{x_{\max}}=\frac{2\rho(b+h)}{Al}I \tag{2-7}$$

式中，ρ 为导线电阻率（$\Omega\cdot$m）；A 为导线截面积（m^2）；n 为线绕电位器总匝数；h、b 分别为骨架的高与宽（m）；l 为绕线节距（m）。

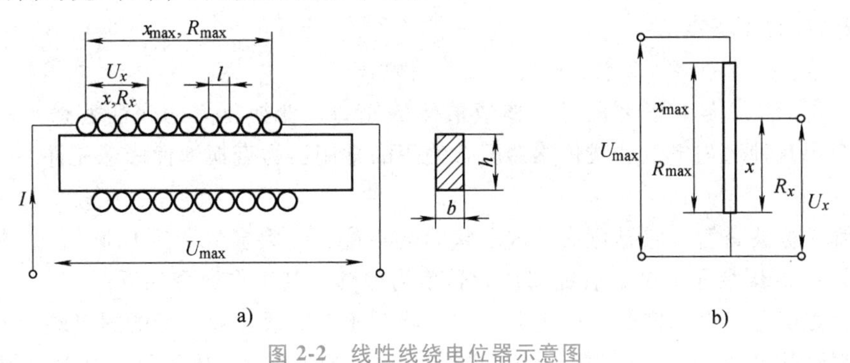

图 2-2　线性线绕电位器示意图

a）结构　b）原理

由式（2-6）和式（2-7）可以看出，线性线绕电位器的电阻灵敏度和电压灵敏度除了与电阻率 ρ 有关，还与骨架尺寸 h 和 b、导线截面积 A、绕线节距 l 等参数有关；电压灵敏度与流过电位器的电流 I 的大小有关系。

当有直线位移或角位移发生时，电位器的电阻值就会改变，如果外接测量电路，就可以测量出电阻变化，从而通过数学公式变换求得位移量。

（二）非线绕电位器式位移传感器

非线绕电位器又叫函数电位器，代表着电位器式传感器的发展方向，主要有以下几种。

1. 合成膜电位器

合成膜电位器的变阻器是由电阻液喷涂在绝缘骨架表面上形成电阻膜而制成的。电阻液由石墨、炭黑、树脂等材料配制而成，经过烘干聚合，在骨架上形成电阻膜。这种电位器的优点是：分辨力高、阻值范围广、耐磨性好、工艺简单、成本低，其线性度为1%左右，修刻后可以提高到0.1%左右。其缺点是：接触电阻大，抗潮湿性差和噪声较大。

2. 金属膜电位器

金属膜电位器是在玻璃或胶木基片上，分别用高温蒸镀和电镀方法，涂覆一层金属膜或金属复合膜。用于制作金属膜的合金有铑锗、铂铜、铂铑锰等，而复合膜则是由一层金属膜和一层氧化物膜合成，如铑膜和氧化锡膜加氧化钛膜等。使用金属复合膜的目的在于提高膜层的阻值和耐磨性，金属合金膜阻值高，而金属氧化膜耐磨性好。

金属膜电位器的优点是：电阻温度系数可达$(0.5\sim1.5)\times10^{-4}/℃$，工作温度可以在150℃以上，分辨力高，摩擦力矩小。其缺点是：功率小，耐磨性差，阻值不高（1~2kΩ）。

3. 导电塑料电位器

导电塑料电位器又称为实心电位器，它的电阻元件是由塑料粉及导电材料（金属合金、石墨、炭黑等）粉压制而成。导电塑料电位器优点是：耐磨性好，寿命长，其电刷可以允许较大的接触力，适于在振动、冲击等恶劣条件下工作。其缺点是：接触电阻大，容易受温度和湿度影响，精度不高。

4. 光电电位器

光电电位器是一种新型的无接触式电位器，以光束代替传统的电刷。光电电位器的优点是：无摩擦和磨损，提高了仪器精度、寿命和可靠性，阻值范围宽（500Ω~2MΩ），分辨力远远高于一般电位器。其缺点是：输出阻抗较高而且需要匹配；光束所照射的光导材料中有一定电阻，相当于提高了接触电阻；输出电流较小；结构复杂；工作温度目前最高才能达到150℃；线性度也不够高。

（三）电位器式传感器常用的压力变换弹性敏感元件

在工业生产中，经常需要测量气体或液体的压力，变换压力的弹性敏感元件形式有很多，在此介绍几种可与电位器式传感器配合使用的常用压力变换弹性敏感元件。

1. 弹簧管

弹簧管又称波登管，它是弯成各种形状的空心管子（大多数弯成C形），一端固定、一端自由，如图2-3a所示。弹簧管能将压力转换为位移，其工作原理如下：

弹簧管截面形状多为椭圆形或更复杂的形状，压力p通过弹簧管的固定端导入弹簧管的内腔，弹簧管的另一端（自由端）由盖子密封，并借助盖子与传感器的传感元件相连。在压力作用下，弹簧管的截面力图变成圆形，截面的短轴力图伸长，长轴缩短，截面形状的改变导致弹簧管趋向伸直，一直到与压力的作用相平衡为止（见图2-3a的虚线）。由此可见，利用弹簧管可以把压力转换为位移。C形弹簧管灵敏度较低，但过载能力较强，因此常作为测量较大压力的弹性敏感元件。

2. 波纹管

波纹管是一种表面上有许多同心环波形皱纹的薄壁圆管，它的一端与被测压力相通，另一端密封，如图 2-3b 所示。

波纹管在压力作用下将产生伸长或缩短，所以利用波纹管可以把压力变换成位移。波纹管的灵敏度比弹簧管高得多。在非电测量中，波纹管的直径一般为 12~160mm，被测压力范围约为 $10^2 \sim 10^6$Pa。

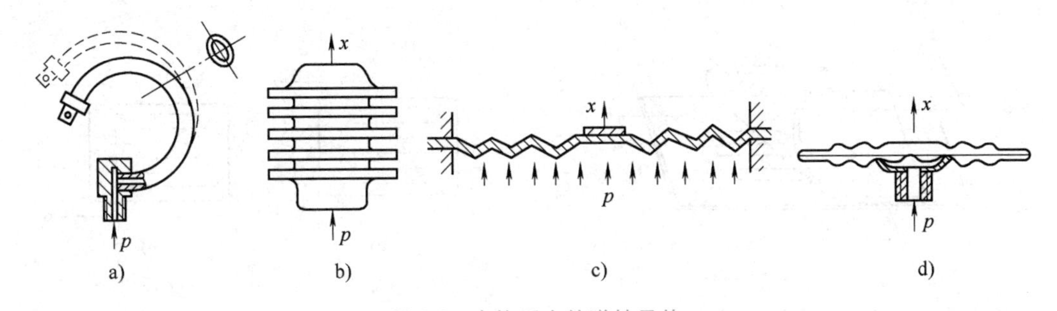

图 2-3　变换压力的弹性元件

a）弹簧管　b）波纹管　c）波纹膜片　d）波纹膜盒

3. 波纹膜片和膜盒

波纹膜片是一种压有同心波纹的圆形薄膜，如图 2-3c 所示。为了便于和传感元件相连接，在膜片中央留有一个光滑的部分，有时还在中心上焊接一块圆形金属片，称为膜片的硬心。当膜片四周固定，两侧面存在压差时，膜片将弯向压力低的一侧，因此能够将压力变换为位移。波纹膜片比平膜片柔软得多，因此是一种用于测量较小压力的弹性敏感元件。

为了进一步提高灵敏度，常把两个膜片焊在一起，制成膜盒，如图 2-3d 所示。它中心的位移量为单个膜片的 2 倍。由于膜盒本身是一个封闭的整体，所以密封性好，周边不需固定，给安装带来方便，它的应用比波纹膜片广泛得多。

膜片的波纹形状可以有多种形式，图 2-3c 所示为锯齿波纹，有时也采用正弦波纹。波纹的形状对膜片的输出特性有影响。在一定的压力下，正弦波纹膜片给出的位移最大，但线性较差；锯齿波纹膜片给出的位移最小，但线性较好；梯形波纹膜片的特性介于上述两者之间。膜片的厚度通常为 0.05~0.5mm。

二、电阻应变式传感器

电阻应变式传感器是一种利用电阻应变片将应变或应力转换为电阻值的传感器，可以用于测量应变、力、压力、位移、加速度、力矩等参数，具有动态响应快、测量精度高、使用简便等优点。

根据敏感元件的材料形状不同，电阻应变式传感器的应变片可分为金属应变片和半导体应变片两种。金属应变片有金属丝式、金属箔式和金属薄膜式；半导体应变片有扩散型、体型和薄膜型。

电阻应变式传感器主要由电阻应变片（金属应变片和半导体应变片）、弹性敏感元件和测量电路三部分组成。

（一）金属应变片

金属应变片是由绕成栅状的高阻金属丝、栅状金属箔构成的，敏感元件用黏合剂贴在两张胶片或纸片（基片）之间制成，结构如图 2-4 所示。

1. 金属丝电阻应变片

金属丝电阻应变片是由丝栅状的电阻丝组成的敏感元件，有圆角线栅式和直角线栅式两种，如图 2-5 所示。

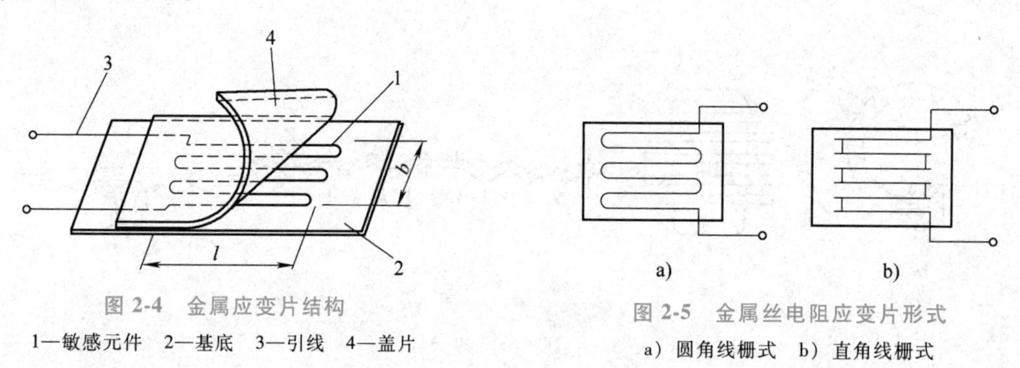

图 2-4 金属应变片结构

1—敏感元件 2—基底 3—引线 4—盖片

图 2-5 金属丝电阻应变片形式

a）圆角线栅式 b）直角线栅式

电阻丝在外力作用下发生机械变形时，其阻值发生变化，此种现象称为电阻应变效应。根据这种效应，可将应变片用特制胶水粘固在被测材料表面，被测材料在外力作用下产生的应变就会传递到应变片上，使应变片的阻值发生变化，通过测量应变片电阻值的变化就可得知被测量的大小。金属丝电阻为

$$R=\rho\frac{L}{A} \tag{2-8}$$

式中，A 为电阻丝截面积，$A=\pi r^2$，r 为电阻丝半径。

当金属丝电阻发生变形时，其长度 L、截面积 A、电阻率 ρ 均发生变化，从而引起电阻 R 的变化，电阻的增量为

$$\mathrm{d}R=\frac{\rho}{\pi r^2}\mathrm{d}L-2\frac{\rho L}{\pi r^3}\mathrm{d}r+\frac{L}{\pi r^2}\mathrm{d}\rho=R\left(\frac{\mathrm{d}L}{L}-2\frac{\mathrm{d}r}{r}+\frac{\mathrm{d}\rho}{\rho}\right) \tag{2-9}$$

电阻的相对变化为

$$\frac{\mathrm{d}R}{R}=\frac{\mathrm{d}L}{L}-2\frac{\mathrm{d}r}{r}+\frac{\mathrm{d}\rho}{\rho} \tag{2-10}$$

式中，$\frac{\mathrm{d}L}{L}$为电阻丝轴向相对变形，或称纵向应变，记为 ε_L；$\frac{\mathrm{d}r}{r}$为电阻丝径向相对变形，或称横向应变，记为 ε_r；$\frac{\mathrm{d}\rho}{\rho}$为电阻率相对变化量，记为 ε_ρ。

纵向应变$\frac{\mathrm{d}L}{L}$与横向应变$\frac{\mathrm{d}r}{r}$间存在着比例关系，其比例系数为电阻丝材料的泊松比 μ，两者符号相反，其数学关系式为

$$\frac{\mathrm{d}r}{r}=-\mu\frac{\mathrm{d}L}{L}=-\mu\varepsilon_L \tag{2-11}$$

电阻丝电阻率相对变化$\frac{\mathrm{d}\rho}{\rho}$与电阻丝轴向所受正应力 σ 有关，即

$$\frac{\mathrm{d}\rho}{\rho}=\lambda\sigma=\lambda E\varepsilon_L \tag{2-12}$$

式中，E 为电阻丝材料的弹性模量；λ 为压阻系数，与材质有关。

将式（2-11）、式（2-12）代入式（2-10）得

$$\frac{\mathrm{d}R}{R}=\varepsilon_L+2\mu\varepsilon_L+\lambda E\varepsilon_L=(1+2\mu+\lambda E)\varepsilon_L \tag{2-13}$$

式（2-13）中，$(1+2\mu)\varepsilon_L$ 项是由电阻丝几何尺寸的改变所引起的，对于同一电阻材料，$(1+2\mu)$ 是常数。$\lambda E\varepsilon_L$ 项是由应变改变造成电阻率的变化而引起的，对于金属电阻丝来说，λE 很小。这样，式（2-13）可简化为

$$\frac{\mathrm{d}R}{R}\approx(1+2\mu)\varepsilon_L=K\varepsilon_L \tag{2-14}$$

式中，K 为金属电阻丝电阻的灵敏系数，$K=\dfrac{\mathrm{d}R/R}{\mathrm{d}L/L}=1+2\mu$。

由式（2-14）可以看出，电阻相对变化率与应变成正比，它们之间呈线性关系。灵敏系数 K 值主要取决于泊松比 μ。对于大多数金属材料，$\mu=0.3\sim0.5$。

根据式（2-14），只要能测出电阻应变片的$\dfrac{\mathrm{d}R}{R}$值，就可以知道应变片的应变值 ε_L。再由材料的应力和应变的概念，即可求得被测材料的应变和应力等。

金属丝式应变片根据基底不同可分为纸基、胶基、纸浸胶基和金属基等。金属丝直径在 0.02~0.05mm 之间，最常见的为 0.025mm。阻值一般在 50~1000Ω 之间，常用的阻值为 120Ω。最大工作电流为 10~50mA，引线为直径 0.15~0.3mm 的镀银或镀锡铜丝或铜线。

2. 金属箔式应变片

金属箔式应变片的敏感栅是由很薄的金属箔片通过光刻和腐蚀工艺制成的。箔栅厚度为 0.003~0.01mm。箔片材料为康铜、镍铬合金等。为适应不同场合，其敏感栅制成不同的形状，如图 2-6 所示。

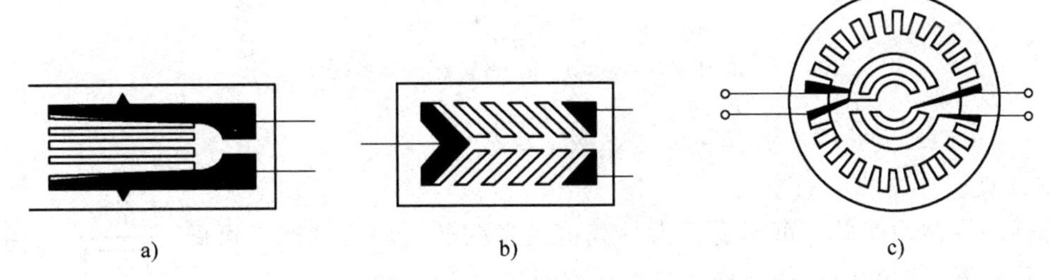

图 2-6　金属箔式应变片形式

a）普通型　b）测量转矩型　c）测量流体压力的圆膜片型

金属箔式应变片灵敏系数高（为 2~4），测量范围大，最大工作电流为 75~100mA，应变片刚度大，便于小型化和大批量生产。

（二）半导体应变片

半导体应变片最简单的结构如图 2-7 所示。半导体应变片的工作原理是基于半导体材料的压阻效应。压阻效应是指单晶半导体材料（如 P-Si、N-Si）沿某方向受到外力作用时，其

电阻率 ρ 发生变化导致电阻值变化的现象。

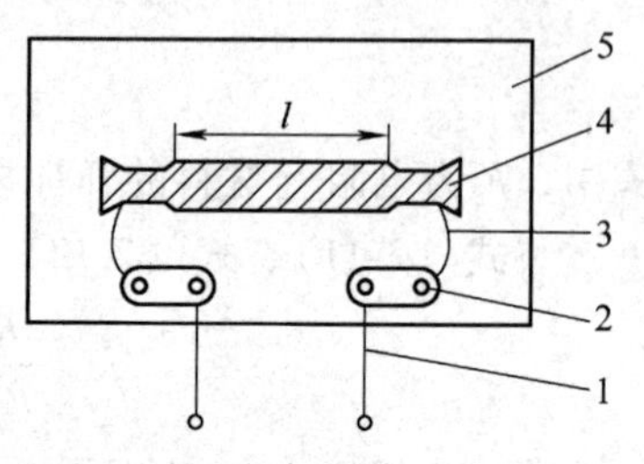

图 2-7　半导体应变片（体型）
1—外引线　2—焊接板　3—内引线
4—P-Si　5—胶膜衬底

半导体材料具有一些特殊的性质，如在压力、温度、光辐射作用下及掺杂质后，电阻率 ρ 发生很大变化。

单晶半导体在外力作用下，原子点阵排列规律发生变化，导致载流子迁移率及载流子浓度发生变化，从而引起电阻率的变化。式（2-13）中，$(1+2\mu)\varepsilon_L$ 项是由几何尺寸变化引起的，$\lambda E\varepsilon_L$ 是由电阻率变化引起的，对于半导体而言，后者远远大于前者，它是半导体应变片电阻变化的主要部分。因此，式（2-13）可写成

$$\frac{\mathrm{d}R}{R}=\lambda E\varepsilon_L \tag{2-15}$$

式中，λ 为沿 L 向的压阻系数（m^2/N）；E 为半导体材料的弹性模量（Pa）；ε_L 为沿 L 向的应变。

半导体应变片灵敏度为

$$K=\frac{\mathrm{d}R/R}{\varepsilon_L}=\lambda E \tag{2-16}$$

半导体应变片的 K 值比金属电阻应变片大 50~70 倍。

目前国产的半导体应变片大都采用 P 型和 N 型硅材料制作，其结构有体型、薄膜型和扩散型，如图 2-8 所示。

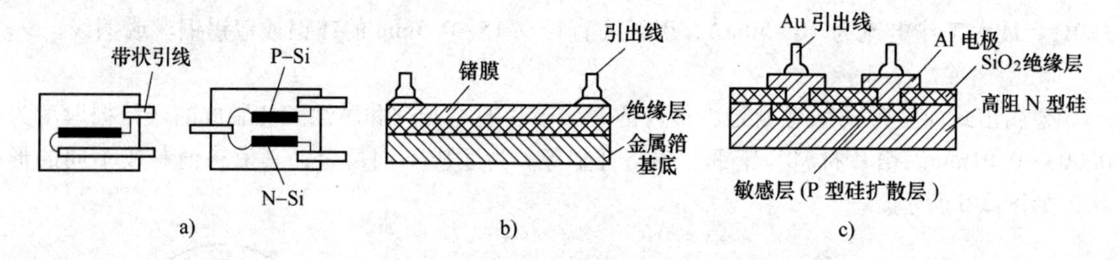

图 2-8　半导体应变片结构类型
a）体型（粘贴式）　b）薄膜型　c）扩散型

（三）电阻应变式传感器常用弹性敏感元件

1. 弹性圆柱（实心或空心）

弹性圆柱结构简单，可承受较大的载荷，当粘贴上应变片时，可做成测力传感器。弹性圆柱的结构及受力示意图如图 2-9 所示。

在轴向力 F（通常为压缩力）的作用下，在与轴线成 α 角的截面上所产生的应力和应变为

$$\sigma_\alpha=\frac{F}{A}(\cos^2\alpha-\mu\sin^2\alpha) \tag{2-17}$$

$$\varepsilon_\alpha=\frac{F}{AE}(\cos^2\alpha-\mu\sin^2\alpha) \tag{2-18}$$

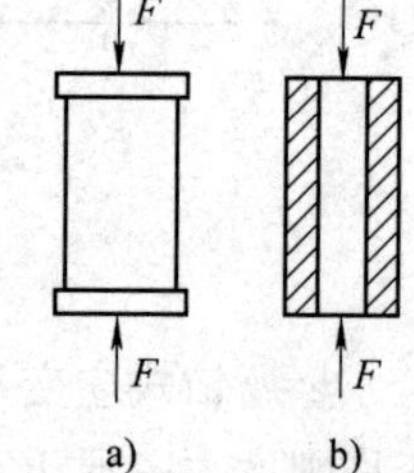

图 2-9　弹性圆柱
a）实心圆柱
b）空心圆柱

式中，F 为沿圆柱轴向的作用力（N）；E 为材料的弹性模量（Pa）；μ 为材料的泊松比；A 为圆柱的横截面积（cm^2）；α 为截面与圆柱轴线的夹角。

当 $\alpha=0$ 时，力 F 在轴向产生的应力和应变为

$$\sigma=\frac{F}{A},\ \varepsilon=\frac{F}{AE}$$

而当 $\alpha=90°$时，力 F 在轴向产生的应力和应变为

$$\sigma=-\mu\frac{F}{A},\ \varepsilon=-\mu\frac{F}{AE}$$

对于空心圆柱，上述表达式仍然适用。空心圆柱优于实心圆柱之处在于，在相同的截面积或重量情况下，圆柱的直径可以做得大一些，从而可提高圆柱的抗弯强度。但圆柱壁也不宜太薄，否则可能会引起受压时圆柱失稳。

2. 等截面梁

等截面梁结构如图 2-10 所示。弹性体为一端固定的悬臂梁，力作用在自由端，距力作用点为 l_0处上下表面沿 l 方向贴片 R_1、R_2、R_3 及 R_4。此时 R_1 与 R_4 受拉，R_2 与 R_3 则受压。

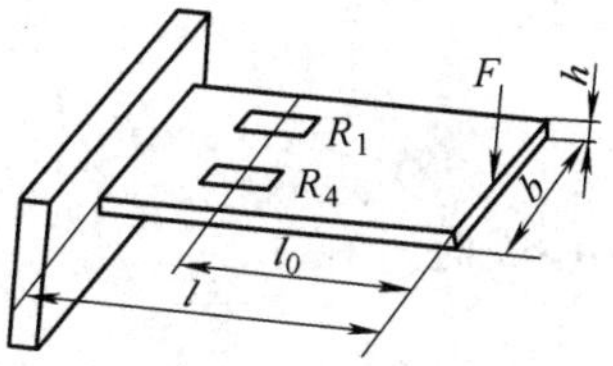

贴片处的应变为

$$\varepsilon=\frac{6l_0}{bh^2}\frac{F}{E} \tag{2-19}$$

图 2-10 等截面梁结构

式中，b 为梁宽；h 为梁厚。

由这种梁构成的传感器可测小至几十克重的压力。其结构简单，加工容易，易粘贴，灵敏度高。但作用力过大时，使自由端挠度过大，造成作用力与梁不垂直，精度下降。

3. 等强度梁

等截面梁贴片位置由 l_0 决定，不精确的贴片将带来误差，而图 2-11 所示等强度梁则对沿 l 方向贴片位置要求不严格。贴片处应变为

$$\varepsilon=\frac{6l}{b_0h^2}\frac{F}{E} \tag{2-20}$$

式中，b_0 为大端宽度；l 为力作用点到固定端距离；h 为梁厚。

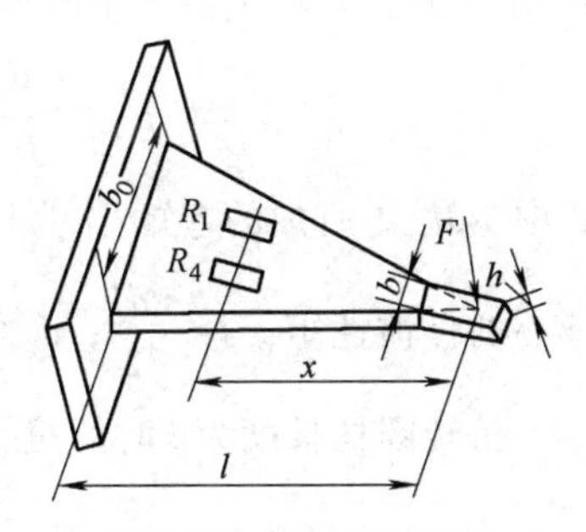

图 2-11 等强度梁结构

4. 双端固定梁

图 2-12a 所示为双端固定梁。应变片 R_1、R_2、R_3、R_4 贴在中间位置。梁的尺寸：长度为 l、宽度为 b、厚度为 h。梁贴片处应变为

$$\varepsilon=\frac{3l}{4bh^2}\frac{F}{E} \tag{2-21}$$

这种梁在相同力作用下的挠度比悬臂梁小，过载时易产生非线性误差，梁的两端固定必须牢固，为防止工作过程中因滑动产生误差，往往采用图 2-12b 所示梁和固定部做成的一体结构。

5. 薄壁圆环

圆环式弹性体结构简单。如图 2-13 所示，薄壁圆环厚度为 h，外径为 R，宽度为 b。应

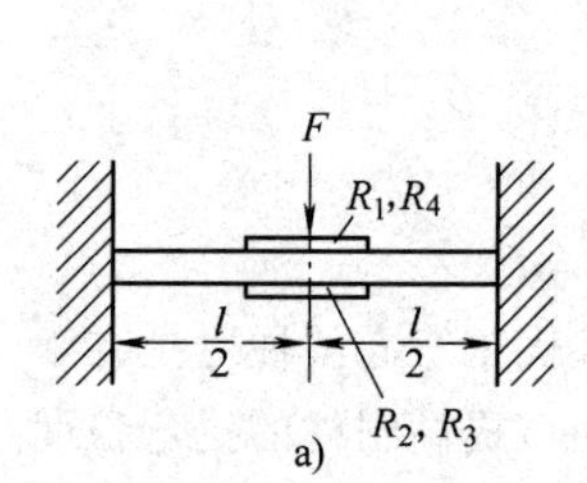

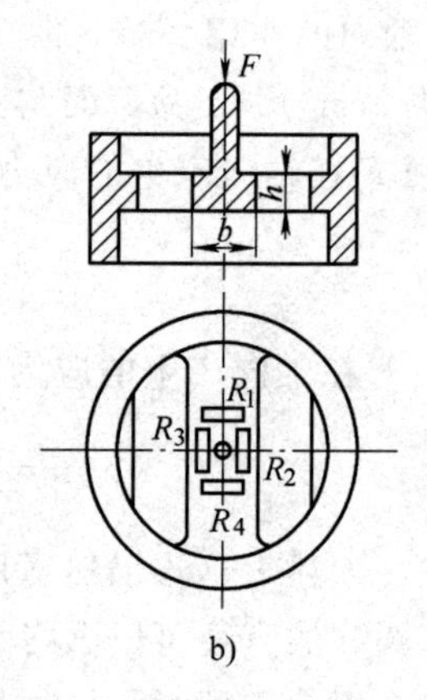

图 2-12 双端固定梁

变片 R_1、R_4 贴在外表面，R_2、R_3 贴在内表面。贴片处应变为

$$\varepsilon=\left(1-\frac{2}{\pi}\right)\frac{\left(R-\frac{h}{2}\right)}{bh^2}\frac{F}{E} \tag{2-22}$$

当 $R \gg h$ 时，有

$$\varepsilon \approx \frac{1.08R}{bh^2}\frac{F}{E}$$

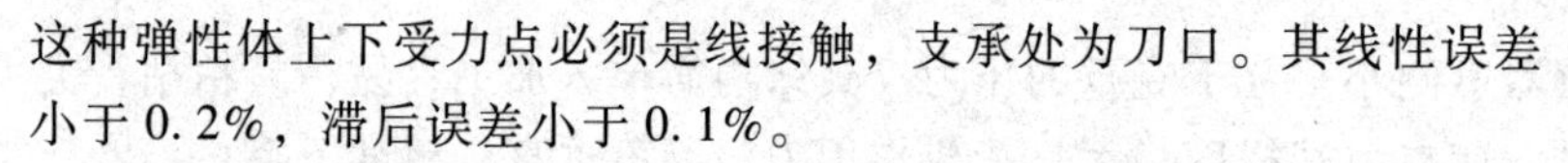

这种弹性体上下受力点必须是线接触，支承处为刀口。其线性误差小于 0.2%，滞后误差小于 0.1%。

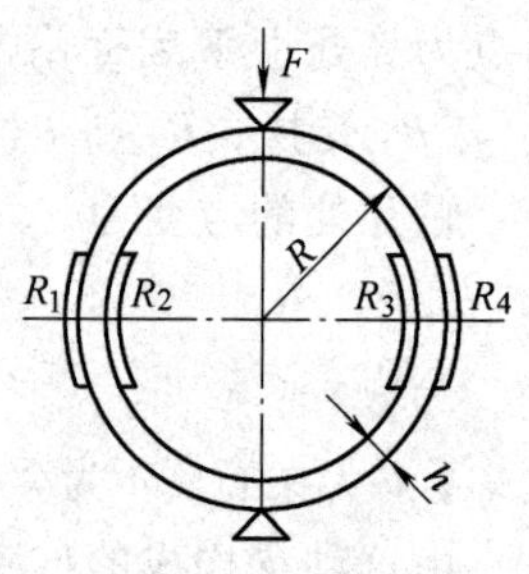

图 2-13 薄壁圆环

6. 扭转圆柱

扭转圆柱如图 2-14 所示。

在力矩测量中常用到扭转圆柱。当圆柱承受弯矩 M_t 作用时，在柱表面产生的最大剪切应力为

$$\tau_{max}=\frac{M_t}{J/r} \tag{2-23}$$

式中，M_t 为所加的弯矩；r 为柱的半径；J 为横截面对圆心的极惯性矩，$J=\frac{\pi d^4}{32}$，d 为柱的直径。

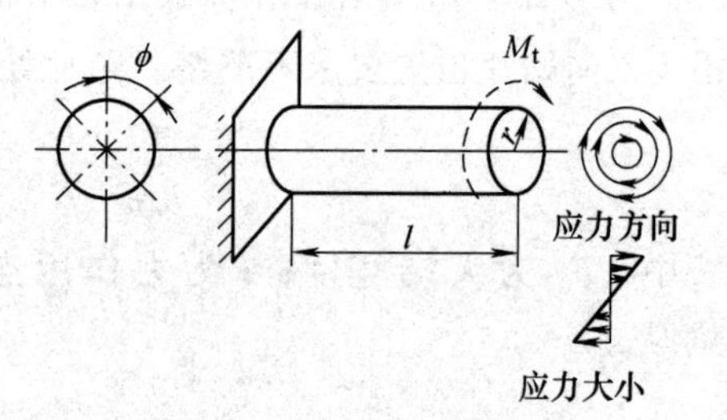

图 2-14 扭转圆柱

扭转圆柱长度为 l 时的扭转角为

$$\phi=\frac{M_t}{GJ}l \tag{2-24}$$

式中，G 为扭转圆柱材料的剪切弹性模量，而 GJ 则称为抗扭刚度。

在与轴线成 45°的方向上所出现的最大垂直应力 σ_{max} 将在数值上等于最大剪切应力 τ_{max}，即有

$$\sigma_{max}=\tau_{max}$$

因而这时的最大应变为

$$\varepsilon_{max}=\frac{\sigma_{max}}{E}=\frac{rM_t}{EJ} \tag{2-25}$$

（四）电阻应变片的选择、粘贴及温度补偿

1. 电阻应变片的选择

选择应变片时，应遵循试验或应用条件（即应用精度、环境条件）为先，试件或弹性体材料状况次之的原则，选用与之匹配为最佳性价比的应变片。首先要确切了解各种应变片的型号、代号的含义和应用特点，根据应力测试和传感器精度要求，对照应变片系列表选择相应的应变片。

在选择应变片时，可参照下列步骤进行：

1）类型和结构形式的选择：按照使用目的、要求、对象及环境条件等，选择应变片类别和结构形式。例如，需用作在常温下测力传感器敏感元件的应变片，可选用箔式或半导体应变片，而测量未知主应力方向试件的应变或测量剪应变时，可选用多轴应变片。

2）敏感栅材料和基底材料的选用：根据使用温度、时间、最大应变量和精度等要求，选用合适的敏感栅和基底材料的应变片。

3）阻值的选择：应根据应变片的散热面积、导线电阻的影响、信噪比、功耗大小来选择。同时，应依据测量电路或仪器选定应变片的标准阻值。例如，对于应力分布试验、应力测试、静态应变测量、配用电阻应变仪等，应尽量选用与仪器相匹配的阻值，一般推荐选用120Ω、350Ω 的应变片；为了提高灵敏度，常用较高的供电电压和较小的工作电流，这时则选用 350Ω、500Ω 或 1000Ω 的应变片；用于传感器时，一般推荐选用 350Ω、1000Ω 的应变片。

4）尺寸的选择：需按照试件表面粗糙度、应力分布状态和粘贴面积大小等选择尺寸。

5）根据试件材料类型、工作温度范围、应用精度，选择温度自补偿系数或弹性模量自补偿系数。

6）根据弹性体的固有蠕变特性、实际测试的精度、工艺方法、防护胶种类、密封形式等选择蠕变补偿代号。

7）根据实际需要选择应变片的引线连接方式。

2. 应变片粘贴

粘贴包括弹性体贴片表面处理、贴片位置确定、贴应变片、干燥固化、质量检查、引线焊接与固定，以及防护与屏蔽等。粘贴好的应变片的防护结构如图 2-15 所示。

应变片粘贴工艺的主要步骤如下：

1）应变片的检查和筛选：包括外观检查和电阻值的检查与筛选。

2）试件贴片处的表面处理：为了能使应变片牢固地粘贴在试件表面，需要对粘贴表面进行机械和化学处理。处理范围约为应变片面积的 3~5 倍。

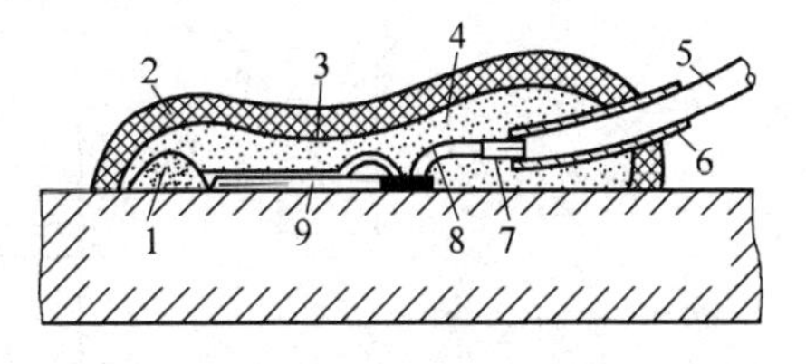

图 2-15　粘贴好的应变片的防护结构

1—硅胶　2—机械防护　3—屏蔽罩
4—密封混合物　5—电缆　6—橡胶管
7—绝缘　8—连线　9—应变片

3）底层处理：为使粘贴牢靠并具有高的绝缘电阻，在粘贴部位要先均匀地涂一层底胶。需要说明的是，涂底层胶并不是必要工序，只有在特殊要求情况

下（例如高温、高压）才进行本工序。

4）粘贴应变片：在处理好底层的弹性元件上，用无油圆珠笔或划针轻轻划好应变片的定位线；再经清洗和干燥后，将应变片表面用无水乙醇棉球擦洗干净，晾干后均匀地涂一薄层贴片胶；待胶液变稠后，将应变片准确粘贴在试件表面；再在应变片上盖一层聚四氟乙烯薄膜，用手指或小工具顺着应变片的轴向滚压3~4次，挤出多余胶液并排出胶层中的气泡，保证胶层薄而均匀；最后，在聚四氟乙烯薄膜上盖上耐温硅橡胶板，施加一定压力，用夹具夹紧，并按应变片粘贴胶使用说明书要求的温度、时间、压力放入干燥箱进行固化和稳定化处理。

5）粘接剂的固化处理：粘接好应变片的试件，应严格按照规范进行固化处理。固化的关键是温度、时间、压力及循环周期，应严格按照黏合剂的相应固化工艺规范加固。

6）引线的焊接处理及防护：应变片的电阻需要通过引线与外界的电路和仪器相连接，一般采用$\phi0.12$mm×7或$\phi0.18$mm×12等多股屏蔽导线。引出线和连接导线大多数采用锡焊连接。固定导线的方法可用胶布粘贴，也可用接线端子或打金属卡箍等。为了防止受潮和腐蚀物质的浸蚀，并防止机械损伤，应采取一定的保护措施。

3. 应变片的温度补偿

由于温度变化所引起的应变片电阻变化与试件（弹性敏感元件）应变所造成的电阻变化几乎有相同的数量级，如果不采取必要的措施抵消温度变化的影响，测量精度将无法保证。因此要对其进行温度补偿，主要有三种方法：桥路补偿、应变片自补偿和热敏补偿。

（1）桥路补偿

桥路补偿也称为补偿片法。应变片通常是作为平衡电桥的一个臂测量应变。如图2-16a所示，R_1为工作片，R_2为补偿片，R_3和R_4为固定电阻。R_1粘贴在试件上需要测量的位置，R_2粘贴在与R_1相同的材料上，并置于相同的环境温度下，如图2-16b所示。当温度变化时，由于R_1和R_2粘贴在相同的材料上且置于相同的环境温度中，所以由温度引起的阻值变化也相同，即$\Delta R_1=\Delta R_2$。这种补偿方法有两个特点：①两个应变片只有一个是工作片，利用率只有50%；②要求工作片与应变片处于同一温度场中，感受相同的温度，对于变化梯度较大的温度场来说，很难达到温度补偿的目的。因此，在结构允许的情况下，可以不另

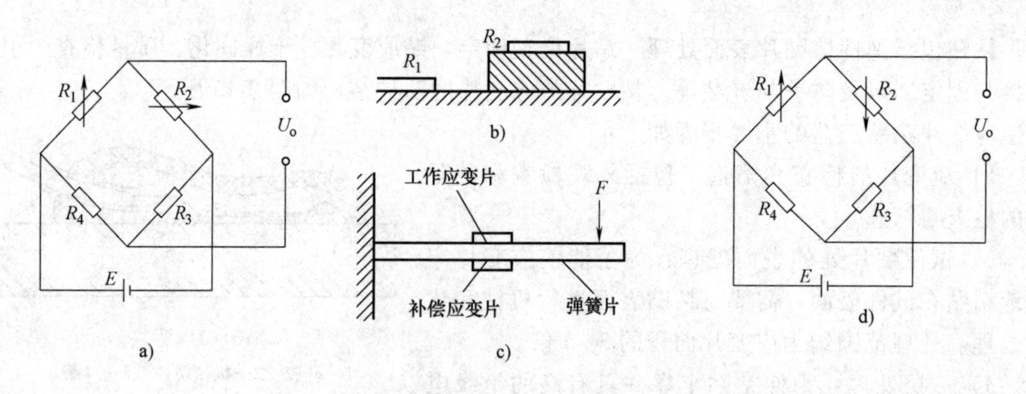

图2-16　桥路补偿法

a）桥路补偿　b）补偿块补偿　c）差动补偿法　d）对应补偿桥路

设补偿块，而将应变片直接粘贴在被测试件上，如图 2-16c 所示，这种方法又称为差动补偿法。将 R_1 和 R_2 分别接入电桥的相邻两臂，因温度变化引起的电阻变化 ΔR_1 和 ΔR_2 的作用相互抵消，这样就起到了温度补偿的作用，图 2-16d 所示为对应补偿桥路。

（2）应变片自补偿

粘贴在被测部位上的是一种特殊应变片，当温度变化时，产生的附加应变为零或者相互抵消，这种特殊的应变片称为温度自补偿应变片。下面介绍两种自补偿应变片。

1）选择式自补偿应变片。这种方法是首先确定被测试件材料，然后选择合适的应变片敏感栅材料制作温度自补偿应变片，使温度对弹性件的影响与对应变片的影响相互抵消，从而实现温度补偿。很显然，该方法中某一类温度自补偿应变片只能用于一种材料上，局限性很大。

2）双金属敏感栅自补偿应变片。图 2-17 所示为双金属敏感栅自补偿应变片。这种应变片也称为组合式自补偿应变片，它是利用两种电阻丝材料的电阻温度系数不同（一个为正，一个为负）的特性，将两者串联绕制成敏感栅。

若两段敏感栅 R_1 和 R_2 由于温度变化而产生的电阻变化为 ΔR_{1t} 和 ΔR_{2t}，大小相等且符号相反，则可以实现温度补偿。电阻 R_1 和 R_2 的比值关系可以由下式决定：

$$\frac{R_1}{R_2}=\frac{-\Delta R_{2t}/R_2}{\Delta R_{1t}/R_1} \tag{2-26}$$

（3）热敏补偿

图 2-18 所示为电阻应变片热敏电阻补偿法的电路。热敏电阻 R_t 处在与应变片相同的温度条件下，当应变片的灵敏度随温度升高而下降时，热敏电阻 R_t 的阻值下降，从而补偿由于应变片变化引起的输出下降。

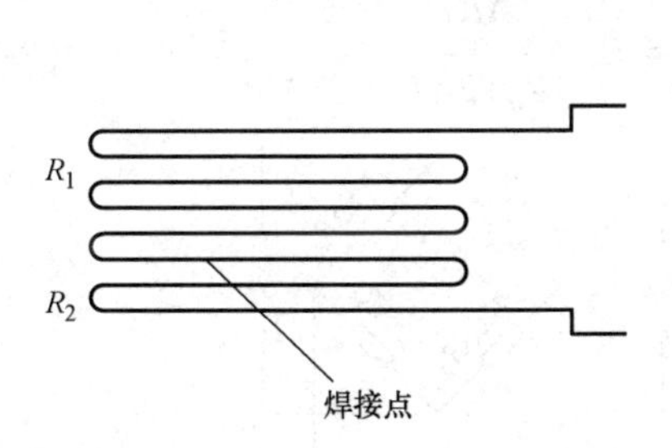

图 2-17 双金属敏感栅自补偿应变片

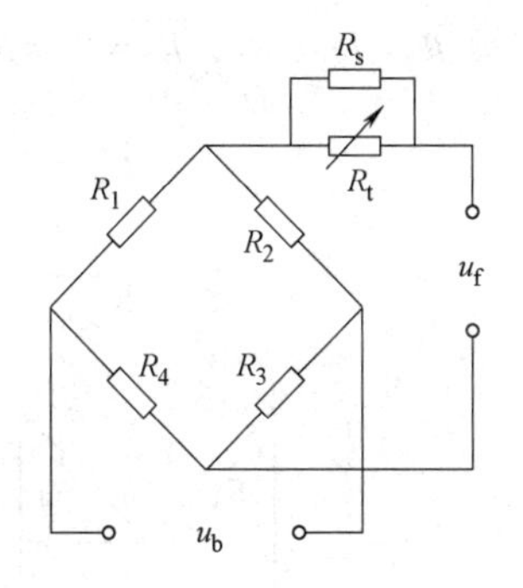

图 2-18 热敏电阻补偿法

（五）测量电路

利用电阻应变片和应变仪测定被测构件的表面应变，然后再根据应变与应力的关系式确定构件表面应力状态，这是最为常用的一种应力分析方法。

测量电路是将由构件的应变转换得到的应变片电阻值的变化，转换成电压或电流的变化，最后送入显示或记录仪来反映或记录构件材料应力大小的电路。常用的测量电路为电桥电路。

图 2-19 所示为直流电桥的基本形式，以电阻 R_1、R_2、R_3、R_4 作为四个桥臂，在 a、c 两端接入直流电源电压 U_i，b、d 两端为输出电压 U_o，R_L 为电桥输出负载。

根据基尔霍夫定律，可求得流过负载的电流 I_o 和输出电压 U_o 分别为

$$I_o=\frac{U_i(R_1R_4-R_2R_3)}{R_L(R_1+R_2)(R_3+R_4)+R_1R_2(R_3+R_4)+R_3R_4(R_1+R_2)} \tag{2-27}$$

$$U_o=\frac{U_i(R_1R_4-R_2R_3)}{(R_1+R_2)(R_3+R_4)+\frac{1}{R_L}[R_1R_2(R_3+R_4)+R_3R_4(R_1+R_2)]} \tag{2-28}$$

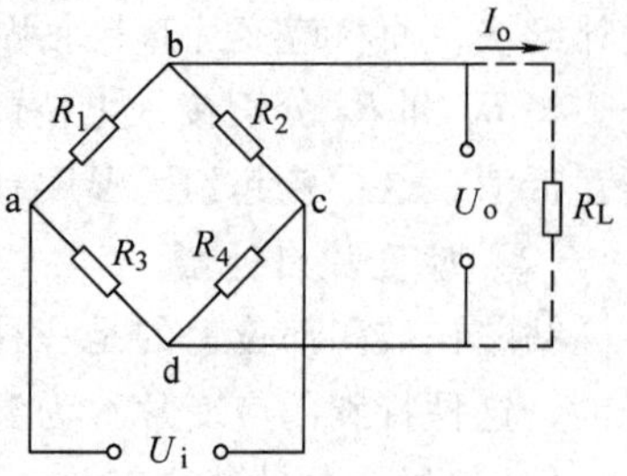

图 2-19　直流电桥的基本形式

可以看出，若要使输出为零，即电桥平衡，应满足

$$R_1R_4=R_2R_3 \tag{2-29}$$

所以，适当选择各桥臂电阻值，可使输出电压只与被测量引起的电阻值变化量有关。

当电桥输出端接输入电阻较大的仪表或放大器时，即 $R_L\to\infty$，流过负载的电流为零，则式（2-28）可简化为

$$U_o=U_i\frac{R_1R_4-R_2R_3}{(R_1+R_2)(R_3+R_4)} \tag{2-30}$$

在测试技术中，根据工作中电阻值参与变化的桥臂数可分为半桥式与全桥式连接。

1. 半桥单臂工作方式

半桥是指桥臂电阻左右对称，即 $R_1=R_2$，$R_3=R_4$；单臂是指工作中有一个桥臂电阻随被测量而变化。半桥单臂连接方式如图 2-20a 所示，R_1 为应变片，ΔR_1 为电阻 R_1 随被测量变化而产生的电阻增量，其余桥臂接固定电阻。根据式（2-30），此时输出电压为

$$U_o=U_i\frac{(R_1+\Delta R_1)R_4-R_2R_3}{(R_1+\Delta R_1+R_2)(R_3+R_4)}$$

设 $R_1=R_2=R_0$，$R_3=R_4=R_0'$，则输出电压为

$$U_o=U_i\frac{(R_0+\Delta R_1)R_0'-R_0R_0'}{(R_0+\Delta R_1+R_0)(R_0'+R_0')}=U_i\frac{\Delta R_1}{4R_0+2\Delta R_1} \tag{2-31}$$

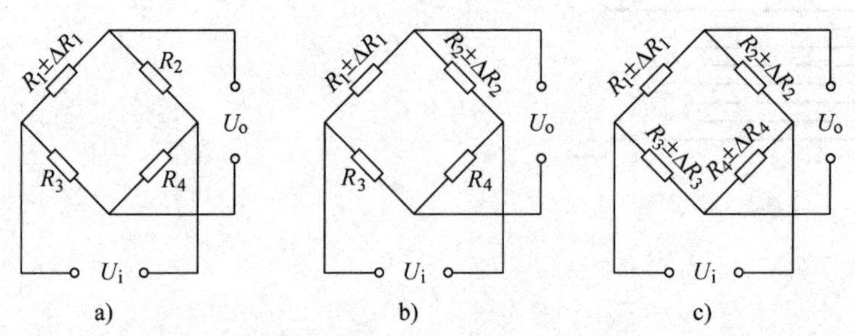

图 2-20　直流电桥的连接方法
a）半桥单臂　b）半桥双臂　c）全桥

因应变片承受的应变较小，即 $\Delta R_1\ll R_0$，忽略分母中 $2\Delta R_1$，根据式（2-14），式（2-31）可写成

$$U_o\approx\frac{U_i}{4}\frac{\Delta R_1}{R_1}=\frac{U_i}{4}K\varepsilon_L \tag{2-32}$$

式中，ε_L 为应变片的纵向应变（或横向应变），取决于应变片的粘贴方向。

可见，当 $\Delta R_1 \ll R_0$ 时，电桥的输出电压与应变值成正比。

2. 半桥双臂工作方式

半桥双臂连接方式如图 2-20b 所示。两个相邻桥臂 R_1、R_2 接应变片，R_3、R_4 为固定电阻。要求两桥臂应变极性相反（一个为拉应变，另一个为压应变）时，即将（$R_1+\Delta R_1$）（$R_2-\Delta R_2$）代入式（2-30），并且 $R_1=R_2=R_0$，$R_3=R_4=R_0'$，$\Delta R_1=\Delta R_2=\Delta R$。则电桥输出为

$$U_o=\frac{U_i}{2}\frac{\Delta R}{R}=\frac{U_i}{2}K\varepsilon_L \tag{2-33}$$

由式（2-33）可知，相邻两桥臂应变片处于差动工作状态，可以消除非线性误差。

3. 全桥工作方式

全桥连接方式如图 2-20c 所示。四个桥臂全部接应变片，其阻值都随被测量变化而变化，即 $R_1\pm\Delta R_1$、$R_2\pm\Delta R_2$、$R_3\pm\Delta R_3$、$R_4\pm\Delta R_4$。同理可以证明，当 $R_1=R_2=R_3=R_4=R_0$，$|\Delta R_1|=|\Delta R_2|=|\Delta R_3|=|\Delta R_4|=\Delta R$ 时，电桥输出为

$$U_o=U_i\frac{\Delta R}{R}=U_iK\varepsilon_L \tag{2-34}$$

显然，电桥接法不同，输出电压灵敏度不同。全桥接法输出电压灵敏度更高，可以获得较大的输出。同时，全桥接法还能起到温度补偿作用，所以应用较为广泛。

三、电阻式传感器的应用

（一）电位器式位移传感器的应用

电位器式位移传感器常用来测量几毫米到几十米的位移和几度到 360°的角度。

图 2-21 所示为我国研制的采用精密合成膜电位器的 CII—8 型拉线式大位移传感器。它可以用来测量飞行器级间分离时的相对位移、火车各车厢的分离位移、跳伞运动员起始跳落位移等。位移传感器主体装在一物体上，当两物体相对距离增大时，牵引头 1 带动排线轮 2 和传动齿轮 3 旋转，从而通过轴 4 带动电刷 5 沿电位器 6 的合成膜表面滑动，由电位器输出电信号，同时发条 7 的扭转力矩也增大；当两物体相对距离减小时，由于发条 7 扭转力矩的作用，通过主轴 4 带动排线轮 2 及传动齿轮 3、电刷 5 做反向运动，使与牵引头 1 相连的不锈钢丝绳回收到排线轮 2 的槽内。

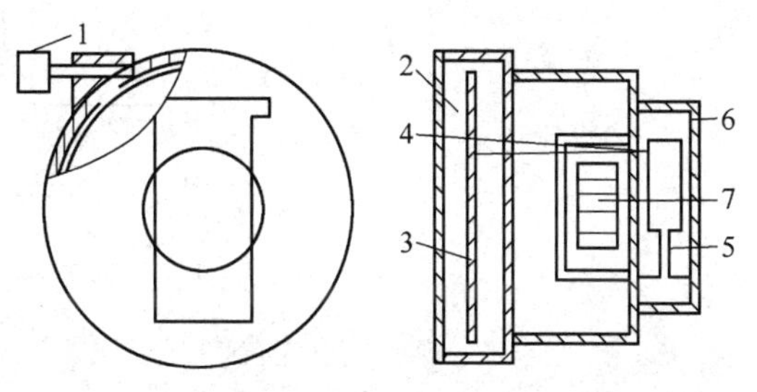

图 2-21　CII-8 型拉线式大位移传感器
1—牵引头　2—排线轮　3—传动齿轮
4—轴　5—电刷　6—电位器　7—发条

（二）电阻应变式传感器的应用

电阻应变式传感器的应用可分为两大类：一类是直接用来测定结构的应变或应力，即直接将应变片粘贴在被测物件的预定部位上，可以测得构件的拉应力、压应力、扭矩或弯矩等，为结构设计、应力校核或构件破坏的预测等提供可靠的实验数据；另一类是将应变片粘贴于弹性敏感元件上，作为测量力、位移、压力、加速度等物理参数的传感器，弹性元件在被测物理量的作用下，得到与被测量成正比的应变，然后由应变片转换为电阻的变化，再通过电桥转换为电压输出。

1. 电阻应变式测力仪

电阻应变式测力仪是目前应用较为普遍的一种测力仪，在车、铣、钻、磨等加工中均有采用。这种形式测力仪的优点是：灵敏度高，可测切削力的瞬时值；应用电补偿原理，可以消除切削分力的相互干扰，使测力仪结构大大简化。

图 2-22 所示为八角环式车削测力仪。从切削原理可知道，实际切削力几乎都需要二维或三维坐标表达。如切削外圆时，切削力 F 可分解为进给力 F_x、背向力 F_y、主切削力 F_z。车削测力仪的作用就是实现二维或三维切削力的精确测定。

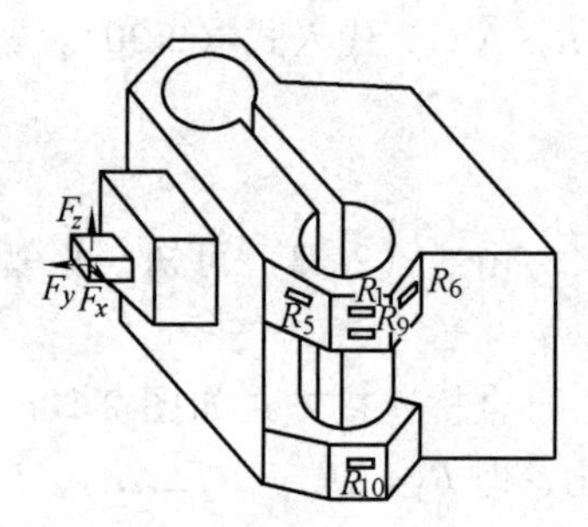

图 2-22　八角环式车削测力仪

当八角环式车削测力仪切削工件时，进给力 F_x 使四个环受到切向力；背向力 F_y 使四个环都受到压应力；而主切削力 F_z 则使上面环受到拉伸，下面环受到压缩。

八角环弹性元件实际上是由圆环演变而来的，如图 2-23 所示。在圆环上施加单向径向力 F_y 时，圆环各处的应变不同，其中在与作用力成 39.6°处（图中 B 点）应变等于零，称之为应变节点。在水平中心线上则有最大应变，因此，将应变片 $R_1 \sim R_4$ 贴在中心线上时，R_1 和 R_3 受张应力，R_2 和 R_4 受压应力。

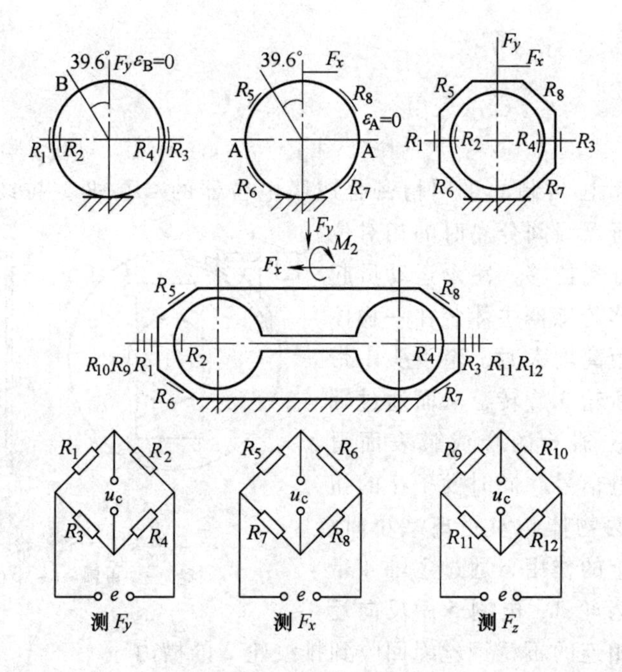

图 2-23　圆环与八角环

如果圆环一侧固定，另一侧受切向力，则应变节点在与着力点成 90°的地方（图中 A 点）。若将应变片贴在 39.6°处，则 R_5 和 R_7 受张应力，R_6 和 R_8 受压应力。

这样，当圆环上同时有 F_x 和 F_y 作用时，将应变片 $R_1 \sim R_4$，$R_5 \sim R_8$ 组成电桥，就可以互不干扰地测出 F_x 和 F_y。

由于圆环不易固定夹紧，实际上常采用八角环代替。当 h/r（h 为环的厚度，r 为环的平均半径）比较小时，八角环近似于圆环，F_y 作用下的应变节点在 39.6°处。随着 h/r 增大，此角度增大，当 $h/r=0.4$ 时，应变节点在 45°处，所以一般八角环应变片贴在 45°处。

八角环测力仪使用效果良好，目前被广泛采用。

2. 应变式位移传感器

用应变片可测量静直线位移以及与位移有关的物理量，构成应变式位移传感器。

图 2-24 所示为一种组合式位移传感器的工作原理。两个线性元件——悬臂梁和拉伸弹簧串联组合在一起，拉伸弹簧的一端与测量杆连接，当测量杆随试件由 A 到 B 产生 x 位移时，它带动拉伸弹簧，使悬臂梁部产生弯曲，在矩形截面悬臂梁的根部正反两面粘贴四只应变片，并构成全桥电路。悬臂梁的弯曲产生的应变与测量杆的位移呈线性关系，并由电桥的输出测得。结构如图 2-25 所示。

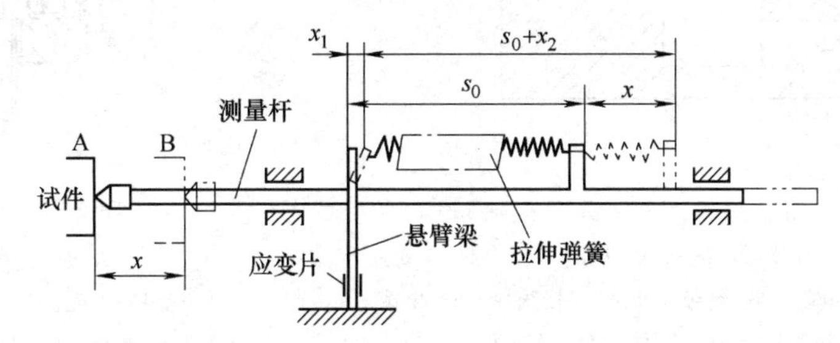

图 2-24　组合式位移传感器工作原理

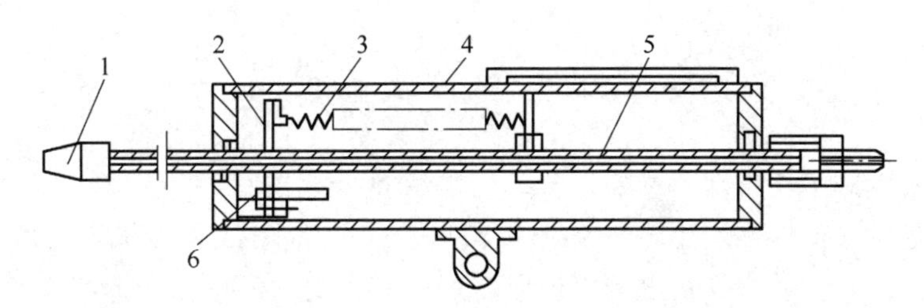

图 2-25　组合式位移传感器结构

1—测量头　2—悬臂梁　3—拉伸弹簧　4—外壳　5—测量杆　6—应变计

3. 应变式加速度传感器

应变式加速度传感器和其他加速度计一样，都是根据惯性原理，即通过质量块把运动物体的加速度转换成惯性力，该惯性力作用于应变梁，产生应变位移，再通过粘贴在应变梁上的应变片测出应变，从而得到所测的加速度。

图 2-26 所示为应变式加速度传感器的结构原理。在应变梁 2 的一端固定惯性质量块 1，在梁的上下粘贴应变片 4。为产生必要的阻尼，传感器腔内充满了硅油 3。测量时，传感器壳体 10 与被测对象刚性连接。当有加速度作用在壳体上时，由于梁的刚度很大，质量块产生的惯性力与加速度成正比。惯性力大小由梁上的应变片测出。保护块 11 使传感器在过载时不被破坏。这种传感器具有较好的低频响应特性，常用于低频振动测量。

测量大数值的加速度可采用图 2-27 所示结构的传感器。它主要由外壳 1、应变筒 2、应变片 4 以及螺钉 3 等构成惯性质量块。上下两个应变筒 2 的总长度比外壳稍短，因此在拧紧螺钉 3 时，应变筒就产生了预应力（该应力约为材料极限值的 1/2）。这就使得传感器成为差动式。应变片4粘贴在应变筒的外表面上。测量应变筒的变形，就可测得质量块所承受的加速度。这种类型的传感器可测量大数值的加速度，量程可达 $10^6 m/s^2$，固有频率可达16kHz。

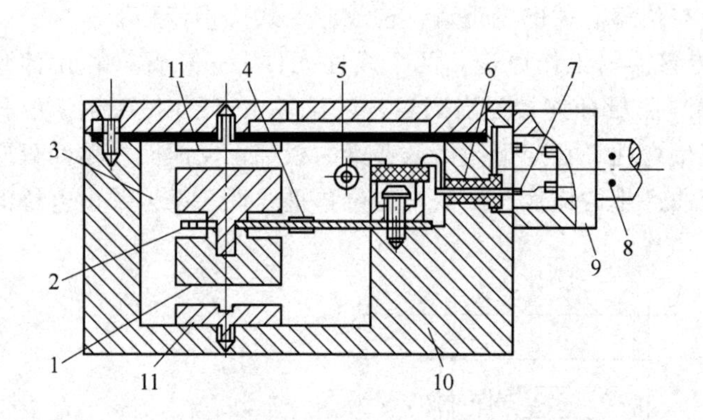

图2-26　应变式加速度传感器结构原理
1—质量块　2—应变梁　3—硅油（阻尼液）　4—应变片
5—温度补偿电阻　6—绝缘套管　7—接线柱　8—电缆
9—压线柱　10—壳体　11—保护块

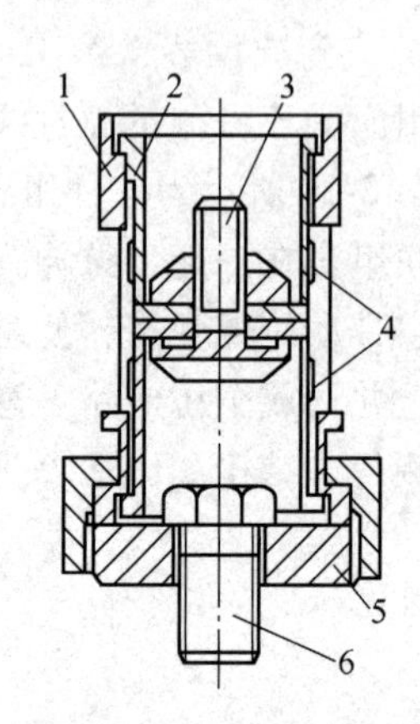

图2-27　大数值应变式加速度传感器的结构
1—外壳　2—应变筒　3—螺钉
4—应变片　5—支持垫圈　6—固定螺钉

第二节　电容式传感器

电容式传感器是将被测物理量变化转换为电容量变化的一种传感器。它具有结构简单、灵敏度高、动态响应特性好、适应性强、过载能力大及价格便宜等优点，可以用来测量压力、力、位移、振动、液位等物理量。但电容式传感器的泄漏电阻和非线性等缺点给其应用带来一定的局限。随着电子技术的发展，特别是集成电路的应用，这些缺点得到了克服，促进了电容式传感器的广泛使用。

一、电容式传感器的结构及原理

如图2-28所示，设两极板相互覆盖的有效面积为 $A(m^2)$，两极板间的距离为 $d(m)$，极板间介质的介电常数为 $\varepsilon(F/m)$，在忽略极板边缘影响的条件下，平板电容器的电容量为

$$C=\frac{\varepsilon A}{d} \tag{2-35}$$

由式（2-35）可以看出，ε、A、d 三个参数都直接影响着电容量 C 的大小，如果保持其中两个参数不变，使另外一个参数改变，则电容量将产生变化。如果变化的参数与被测量之间存在一定函数关系，那么被测量的变化就可以直接由电容量的变化反映出来。所以，电容式传感器可以分成变面积式、变间隙式、变介电常数式三种类型。

（一）变面积式电容传感器

图2-29所示为直线位移型电容式传感器的示意图。

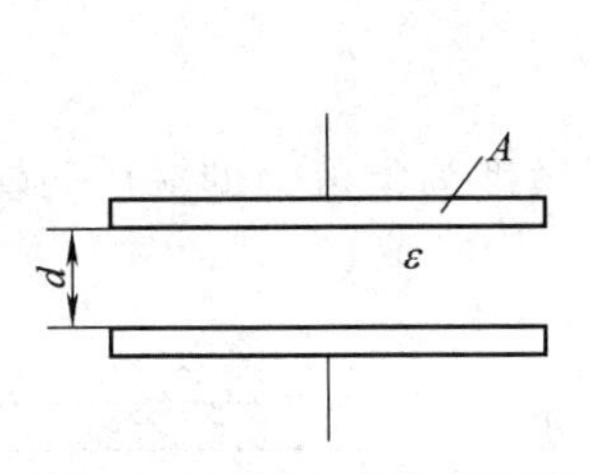

图 2-28 平板电容器示意图

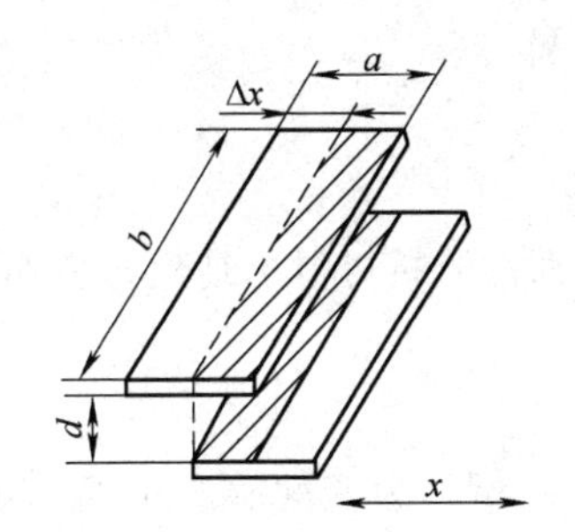

图 2-29 直线位移型电容式传感器示意图

当动极板移动 Δx 时，覆盖面积就发生了变化，电容量也随之改变，其值为

$$C=\frac{\varepsilon b(a-\Delta x)}{d}=C_0-\frac{\varepsilon b}{d}\Delta x \tag{2-36}$$

电容因位移而产生的变化量为

$$\Delta C=C-C_0=-\frac{\varepsilon b}{d}\Delta x=-C_0\frac{\Delta x}{a}$$

其灵敏度为

$$K=\frac{\Delta C}{\Delta x}=-\frac{\varepsilon b}{d}$$

可见，增加 b 或减少 d 均可提高传感器的灵敏度。变面积式电容传感器的几种派生形式如图 2-30 所示。

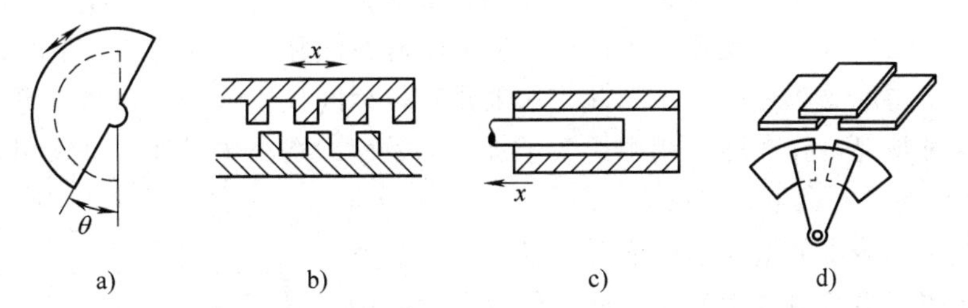

图 2-30 变面积式电容传感器的派生形式

a）角位移型 b）齿形极板型 c）圆筒型 d）差动型

图 2-30a 是角位移型电容式传感器。当动片中有一角位移时，两极板间覆盖面积就发生变化，从而导致电容量的变化，此时电容量为

$$C=\frac{\varepsilon A\left(1-\frac{\theta}{\pi}\right)}{d}=C_0-C_0\frac{\theta}{\pi} \tag{2-37}$$

图 2-30b 中极板采用了齿形极板，其目的是增加遮盖面积，提高灵敏度。当齿形极板的齿数为 n，移动 Δx 时，其电容量为

$$C=\frac{n\varepsilon b(a-\Delta x)}{d}=n\left(C_0-\frac{\varepsilon b}{d}\Delta x\right) \tag{2-38}$$

$$\Delta C=C-nC_0=-\frac{n\varepsilon b}{d}\Delta x$$

其灵敏度为

$$K=\frac{\Delta C}{\Delta x}=-n\frac{\varepsilon b}{d}$$

由前面的分析可得出结论，变面积式电容传感器的灵敏度为常数，即输出与输入呈线性关系。

（二）变间隙式电容传感器

图 2-31 所示为变间隙式电容传感器的原理。当活动极板因被测参数的改变而引起移动时，两极板的距离 d 发生变化，从而改变了两极板之间的电容量 C。

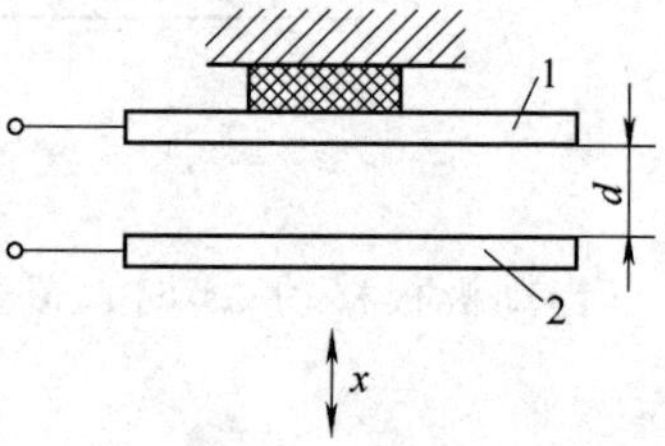

设极板面积为 A，其静态电容量为 $C_0=\varepsilon A/d$，当活动极板移动 x 后，其电容量为

图 2-31　变间隙式电容传感器原理

1—固定极板

2—与被测对象相连的活动极板

$$C=\frac{\varepsilon A}{d-x}=C_0\frac{1+\frac{x}{d}}{1-\frac{x^2}{d^2}} \tag{2-39}$$

当 $x \ll d$ 时，$1-\frac{x^2}{d^2}\approx 1$，则

$$C=C_0\left(1+\frac{x}{d}\right) \tag{2-40}$$

由式（2-39）可以看出，电容 C 与 x 不是线性关系，只有当 $x \ll d$ 时，才可认为是近似线性关系。同时还可看出，要提高灵敏度，应减小起始间隙 d。但当 d 过小时，又容易引起击穿，同时加工精度要求也高了。为此，一般是在极板间放置云母、塑料膜等介电常数高的物质来改善这种情况。在实际应用中，为了提高灵敏度，减小非线性，可采用差动式结构。

（三）变介电常数式电容传感器

当电容式传感器中的电介质改变时，其介电常数发生变化，从而引起电容量发生变化。此类传感器的结构形式有很多种，图 2-32 所示为介质面积变化的电容式传感器。这种传感器可用来测量物位或液位，也可测量位移。

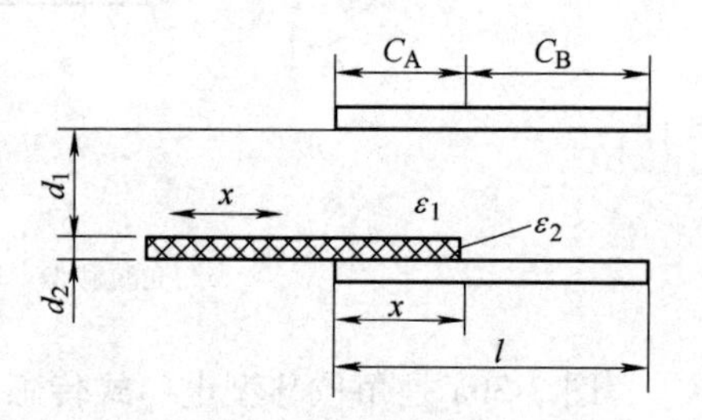

图 2-32　介质面积变化的电容式传感器

由图 2-32 可以看出，此时传感器的电容量为

$$C=C_A+C_B$$

式中

$$C_A=\frac{bx}{\frac{d_1}{\varepsilon_1}+\frac{d_2}{\varepsilon_2}} \qquad C_B=\frac{b(l-x)}{\frac{d_1+d_2}{\varepsilon_1}}$$

设极板间无 ε_2 介质时的电容量为

$$C_0=\frac{\varepsilon_1 bl}{d_1+d_2}$$

当 ε_2 介质插入两极板间时，则有

$$C=C_A+C_B=\frac{bx}{\frac{d_1}{\varepsilon_1}+\frac{d_2}{\varepsilon_2}}+\frac{b(l-x)}{\frac{d_1+d_2}{\varepsilon_1}}=C_0+C_0\frac{x}{l}\frac{1-\frac{\varepsilon_1}{\varepsilon_2}}{\frac{d_1}{d_2}+\frac{\varepsilon_1}{\varepsilon_2}} \tag{2-41}$$

式（2-41）表明，电容量 C 与位移 x 呈线性关系。

图 2-33 所示为液位传感器，电容量 C 等于空气介质间的电容量 C_1 和液体介质间的电容量 C_2 之和（因为 C_1 和 C_2 两电容是并联关系），所以可得

$$C=\frac{2\pi\varepsilon_0 h_1}{\ln(R/r)}+\frac{2\pi\varepsilon h_x}{\ln(R/r)}=\frac{2\pi\varepsilon_0(h-h_x)}{\ln(R/r)}+\frac{2\pi\varepsilon h_x}{\ln(R/r)} \tag{2-42}$$

式中，ε、ε_0 分别为被测物和空气的介电常数；h、h_x 分别为内外极筒重合部分的高度、被测液面的高度；r、R 分别为内极筒与外极筒的半径。

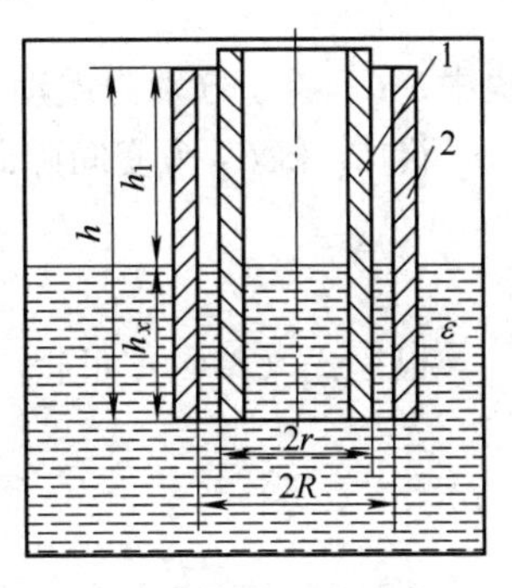

图 2-33 液位传感器
1—内极筒 2—外极筒

若令

$$\frac{2\pi\varepsilon_0 h}{\ln(R/r)}=A,\quad \frac{2\pi(\varepsilon-\varepsilon_0)}{\ln(R/r)}=B$$

则式（2-42）就变为 $C=A+Bh_x$，由此可见，电容量 C 与液位高度 h_x 呈线性关系。

应该注意的是，如果电极之间的被测介质导电，则在电极表面应涂覆绝缘层，以防止电极间短路。

二、电容式传感器的测量电路

电容式传感器将被测非电量变换为电容变化后，必须采用测量电路将其转换为电压、电流或频率信号。

（一）耦合式电感电桥电路

1. 紧耦合电感电桥

图 2-34 所示为用于差动电容式传感器测量的紧耦合电感臂电桥。其结构特点是两个电感桥臂互为紧耦合。当负载阻抗为无穷大时，电桥输出电压为

$$\dot{U}_o=\dot{U}\left[\frac{2\omega^2L(C+\Delta C)}{2\omega^2L(C+\Delta C)-1}-\frac{2\omega^2L(C-\Delta C)}{2\omega^2L(C-\Delta C)-1}\right] \tag{2-43}$$

若 ΔC 很小，则

$$\dot{U}_o=\dot{U}\frac{4\omega^2L\Delta C}{2\omega^2LC-1}$$

紧耦合电感电桥抗干扰性好，稳定性高，目前已广泛用于电容式传感器中。同时，它也很适合在较高载波频率的电感式和电阻式传感器中使用。

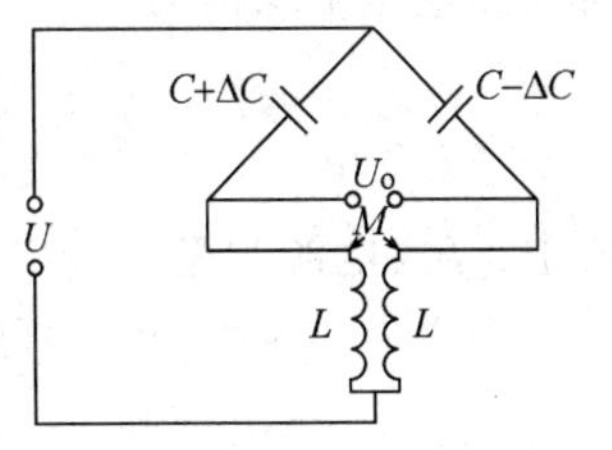

图 2-34 紧耦合电感臂电桥

2. 变压器电桥

电容式传感器所用的变压器电桥原理如图 2-35 所示，当负载阻抗为无穷大时，电桥的输出电压为

$$\dot{U}_{o}=\frac{\dot{U}}{2}\frac{Z_2-Z_1}{Z_1+Z_2}$$

以 $Z_1=\dfrac{1}{\mathrm{j}\omega C_1}$，$Z_2=\dfrac{1}{\mathrm{j}\omega C_2}$代入上式得

$$\dot{U}_{o}=\frac{\dot{U}}{2}\frac{C_1-C_2}{C_1+C_2} \tag{2-44}$$

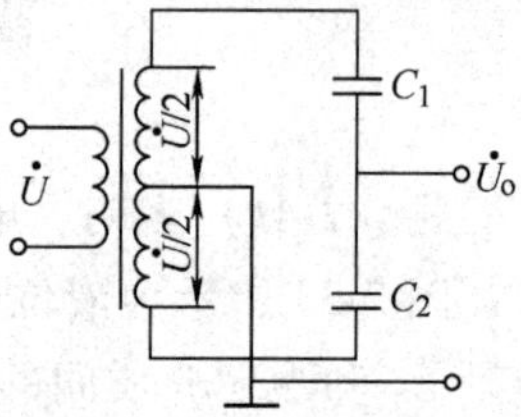

图 2-35　变压器电桥原理

式中，C_1、C_2 分别为差动电容式传感器的电容量。

设 C_1 和 C_2 为变间隙式电容传感器，则有

$$C_1=\frac{\varepsilon A}{d-\Delta d},\ C_2=\frac{\varepsilon A}{d+\Delta d}$$

根据式（2-44）可得

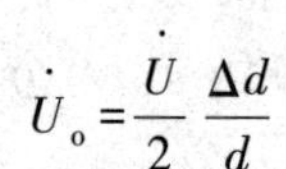

$$\dot{U}_{o}=\frac{\dot{U}}{2}\frac{\Delta d}{d}$$

由此可以看出，在放大器输入阻抗极大的情况下，输出电压与位移呈线性关系。

（二）双 T 电桥电路

如图 2-36 所示，C_1、C_2 为差动电容式传感器的电容，当单电容工作时，可以使其中一个为固定电容，另一个为传感器电容。R_L 为负载电阻，VD_1、VD_2 为理想二极管，R_1、R_2 为固定电阻。

当电源电压 u 为正半周时，VD_1 导通，VD_2 截止，C_1 充电；当电源电压 u 为负半周时，VD_1 截止，VD_2 导通，这时电容 C_2 充电，C_1 放电。电容 C_1 的放电回路分两路：一路是通过 R_1、R_L，另一路是通过 R_1、R_2、VD_2。这时流过 R_L 的电流为 i_1。

到了下一个正半周，VD_1 导通，VD_2 截止，C_1 又被充电，而 C_2 要放电。放电回路也分两路：一路通过 R_2、R_L，另一路通过 VD_1、R_1、R_2。这时 R_L 流过的电流为 i_2。

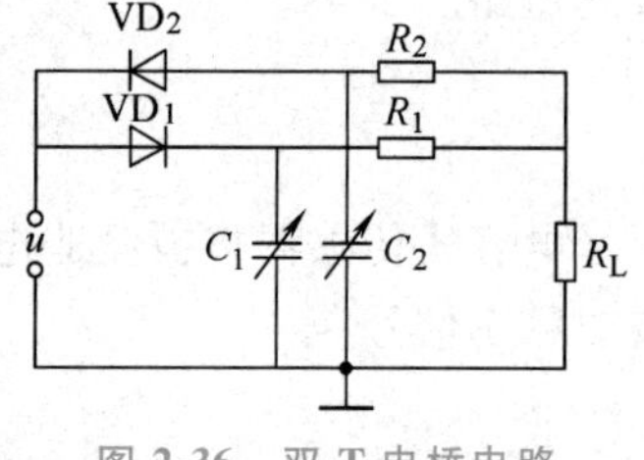

图 2-36　双 T 电桥电路

如果选择特性相同的二极管，且 $R_1=R_2$，$C_1=C_2$，则流过 R_L 的电流 i_1 和 i_2 的平均值大小相等，方向相反，在一个周期内流过负载电阻 R_L 的平均电流为零，R_L 上无平均电压输出。若 C_1 或 C_2 变化时，在负载电阻 R_L 上产生的平均电流将不为零，因而有信号输出。此时输出电压平均值为

$$\overline{U}_L=\overline{I}_L R_L\approx\frac{R(R+2R_L)}{(R+R_L)^2}R_L Uf(C_1-C_2) \tag{2-45}$$

式中，f 为电源频率。

当 $R_1=R_2=R$，R_L 为已知时，则

$$\frac{R(R+2R_L)}{(R+R_L)^2}R_L=K$$

K 为一常数，故式（2-45）又可写成

$$\overline{U}_L=KUf(C_1-C_2) \tag{2-46}$$

（三）运算放大器电路

运算放大器电路如图 2-37 所示。电容式传感器跨接在高增益运算放大器的输入端与输出端之间。运算放大器的输入阻抗很高，因此可认为它是一个理想运算放大器，其输出电压为

$$u_o = -u_i \frac{C_0}{C_x} \tag{2-47}$$

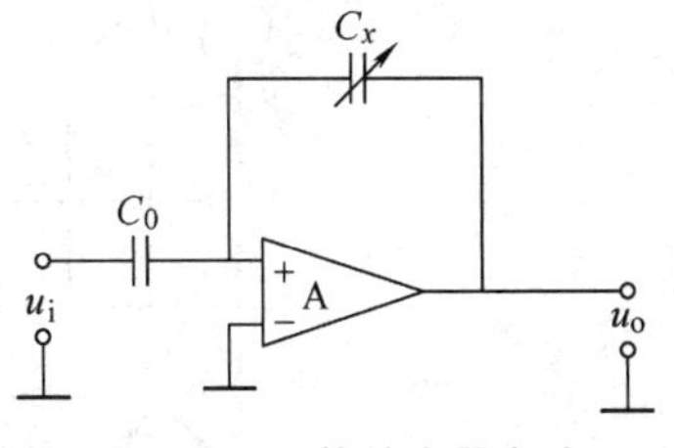

图 2-37 运算放大器电路

将 $C_x = \dfrac{\varepsilon A}{d}$ 代入式（2-47），则有

$$u_o = -u_i \frac{C_0}{\varepsilon A} d \tag{2-48}$$

式中，u_o 为运算放大器输出电压；u_i 为信号源电压；C_x 为传感器电容量；C_0 为固定电容器。

由式（2-48）可以看出，输出电压 u_o 与动极片位移 d 呈线性关系。

（四）脉冲调制电路

图 2-38 所示为差动脉冲宽度调制电路。这种电路根据差动电容式传感器电容 C_1 和 C_2 的大小控制直流电压的通断，所得方波与 C_1 和 C_2 有确定的函数关系。线路的输出端就是双稳态触发器的两个输出端。

当双稳态触发器的 Q 端输出高电平时，通过 R_1 对 C_1 充电，直到 M 点的电位等于参考电压 u_r 时，比较器 A_1 产生一个脉冲，使双稳态触发器翻转，Q 端（A）为低电平，$\overline{Q}$ 端（B）为高电平。这时二极管 VD_1 导通，C_1 放电至零，而同时 $\overline{Q}$ 端通过 R_2 向 C_2 充电。当 N 点电位等于参考电压 u_r时，比较器 A_2 产生一个脉冲，使双稳态触发器又翻转一次。这时 Q 端为高电平，C_1 处于充电状态，同时二极管 VD_2 导通，电容 C_2 放电至零。以上过程周而复始，在双稳态触发器的两个输出端产生一宽度受 C_1、C_2 调制的脉冲方波。图 2-39 所示为电路上各点的电压波形。

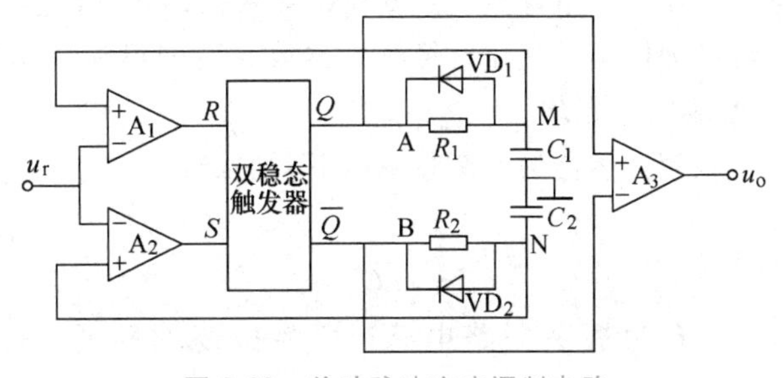

图 2-38 差动脉冲宽度调制电路

由图 2-39 看出，当 $C_1 = C_2$ 时，两个电容充电时间常数相等，两个输出脉冲宽度相等，输出电压的平均值为零。当差动电容传感器处于工作状态，即 $C_1 \neq C_2$ 时，两个电容的充电时间常数发生变化，T_1 正比于 C_2，T_2 正比于 C_2，这时输出电压的平均值不等于零。输出平均电压为

$$\overline{U}_o = \frac{T_1}{T_1 + T_2} U_1 - \frac{T_2}{T_1 + T_2} U_1 = \frac{T_1 - T_2}{T_1 + T_2} U_1 \tag{2-49}$$

当电阻 $R_1 = R_2 = R$ 时，有

$$\overline{U}_o = \frac{C_1 - C_2}{C_1 + C_2} U_1 \tag{2-50}$$

由此可见，输出平均电压与电容变化呈线性关系。

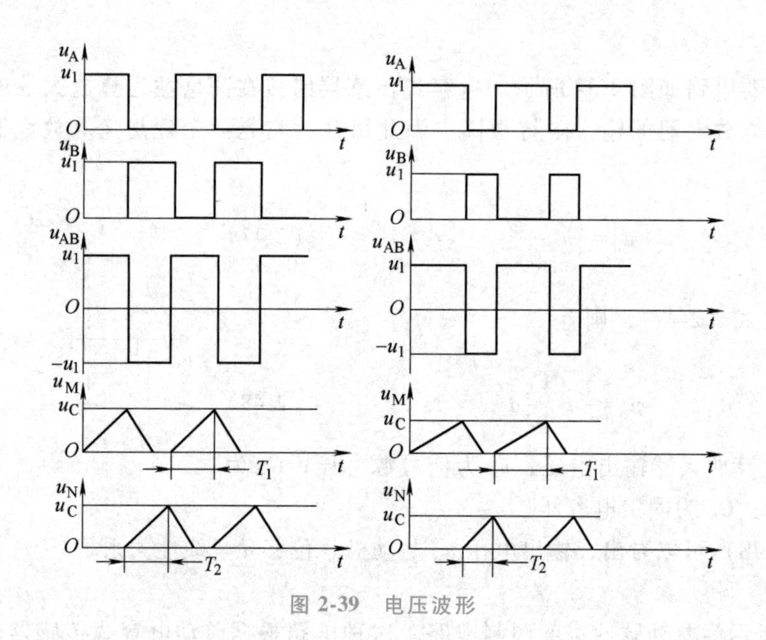

图 2-39　电压波形

（五）调频电路

调频电路是把电容式传感器与一个电感元件配合构成一个振荡器的谐振电路。当电容传感器工作时，电容量发生变化，导致振荡频率产生相应的变化。再通过鉴频电路将频率的变化转换为振幅的变化，经放大器放大后即可显示，这种方法称为调频法。图 2-40 所示为调频-鉴频电路原理。

调频振荡器的振荡频率由下式决定：

$$f=\frac{1}{2\pi\sqrt{LC}}$$

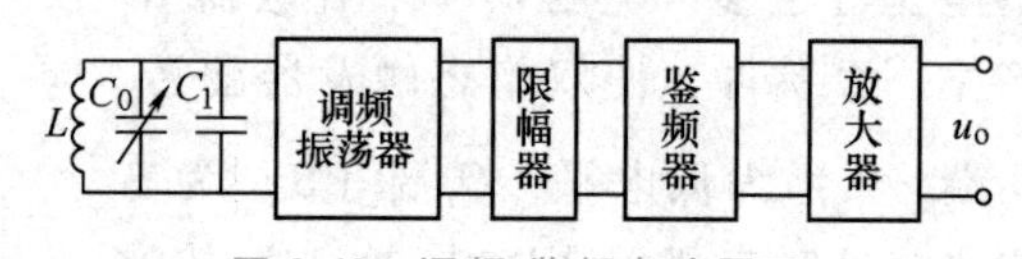

图 2-40　调频-鉴频电路原理

式中，L 为振荡回路电感；C 为振荡回路总电容。

振荡回路的总电容一般包括传感器电容 $C_0\pm\Delta C$、谐振回路中的固定电容 C_1 和传感器电缆分布电容 C_C。以变间隙式电容传感器为例，如果没有被测信号，则 $\Delta d=0$，$\Delta C=0$，这时 $C=C_1+C_0+C_C$，所以振荡器的频率为

$$f_0=\frac{1}{2\pi\sqrt{L(C_1+C_0+C_C)}} \tag{2-51}$$

式中，f_0 一般应选在 1MHz 以上。

当传感器工作时，$\Delta d\neq0$，则 $\Delta C\neq0$，振荡频率也相应改变 Δf，则有

$$f_0\mp\Delta f=\frac{1}{2\pi\sqrt{L(C_1+C_0+C_C+\Delta C)}} \tag{2-52}$$

振荡器输出的高频电压是一个受被测信号调制的调制波，其频率由式（2-52）决定。

三、电容式传感器的应用

随着电容式传感器应用问题的完善解决，它的应用优点十分明显：分辨力极高，能测量低达 $10^{-7}\mu F$ 的电容值或 $0.01\mu F$ 的绝对变化量和高达 100%～200%的相对变化量（$\Delta C/C$），

因此适合微信息检测；动电极质量小，可无接触测量；自身的功耗、发热和迟滞极小，可获得高的静态精度和好的动态特性；结构简单，不含有机材料和磁性材料，对环境（除高温外）的适应性较强；过载能力强。下面介绍电容式传感器的几种典型结构及其应用。

（一）电容式位移传感器

1. 电容式振动位移传感器

图 2-41 所示为电容式振动位移传感器应用示意图，其中传感器的一极是被测物体表面，这种传感器不仅可以测量振动的位移，而且可以测量转轴的回转精度和轴心的动态偏摆。

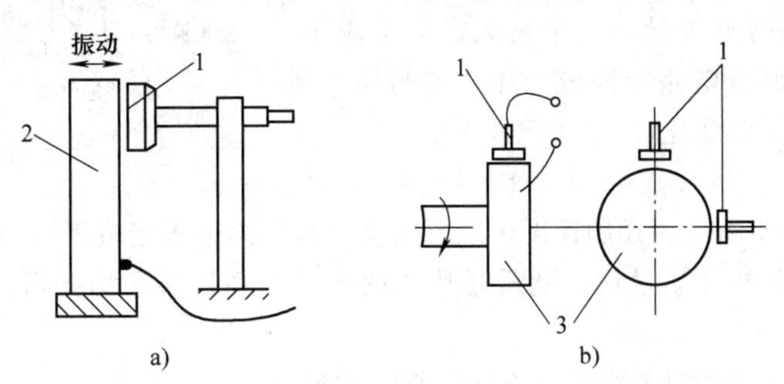

图 2-41　电容式振动位移传感器应用示意图

a）测量振动　b）测量回转精度

1—电容式传感器　2—被测振动物　3—被测轴

2. 电荷平衡式位移传感器

图 2-42 所示是电荷平衡式位移传感器结构示意图。这个系统安装在测头中，其主要原理是：一块接地的导电圆屏蔽板在两块静止不动的同轴圆筒电极间移动，从理论上来说，这时电容量 C_M 与屏蔽板的位置成比例。具有电容量为 C_R 的参考电容器也装在测头里，可变电容器和参考电容器具有一个共用电极，这个共用电极的输出连接到内置的前置放大器的输入端上。工作时，一个等幅的方波信号电压 U_R 加到可变电容器外层极上，一个幅值变化且与 U_R 反相的方波信号电压 U_M 施加到参考电容器上，方波信号电压 U_M 的幅值由反馈系统自动调整，以保证共用电极的信号为零。即

$$U_R C_M + U_M C_R = 0$$

$$U_M = -\frac{C_M U_R}{C_R} \tag{2-53}$$

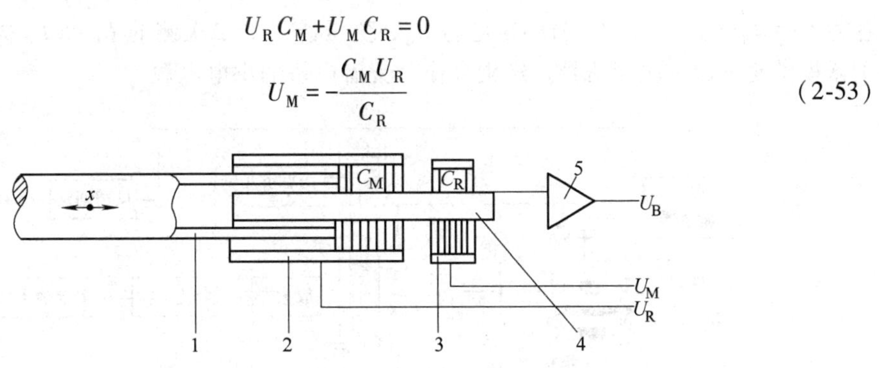

图 2-42　电荷平衡式位移传感器结构示意图

1—屏蔽板　2—测量电容器　3—参考电容器　4—共用电极　5—前置放大器

由此可见，U_M 与 C_M 成比例，即可变电压 U_M 与测头的位移 x 成比例，用模-数转换器可将电压量转变成数字量显示出来。这个系统的精度取决于电极的几何精度（圆柱精度在

1μm 以内）和电子部分的精度。该系统具有 0.1μm 的分辨力，测量范围为 10mm 的测头，其线性误差为 1μm。该系统已在类似于孔径测量仪等便携式测量工具中应用。

（二）电容式压力传感器

图 2-43 所示为差动电容式压力传感器结构。图中所示膜片为动电极，两个在凹形玻璃上的金属镀层为固定电极，构成差动电容器。

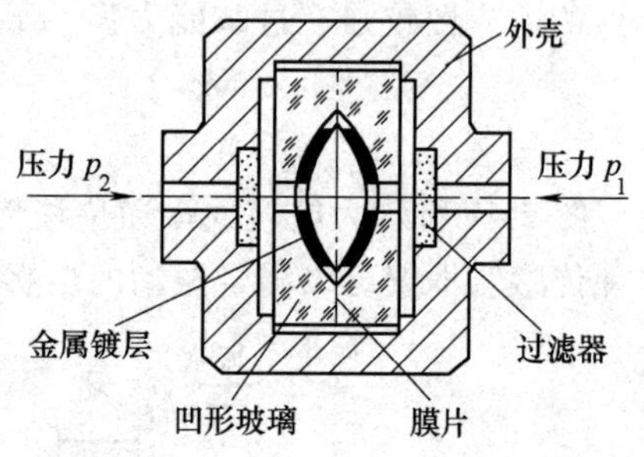

图 2-43　差动电容式压力传感器结构

当被测压力或压力差作用于膜片并产生位移时所形成的两个电容器的电容量，一个增大，一个减小。该电容值的变化经测量电路转换成与压力或与压力差相对应的电流或电压的变化。

（三）电容式加速度传感器

图 2-44 所示为差动电容式加速度传感器结构。它有两个固定极板（与壳体绝缘），中间有一用弹簧片支撑的导体质量块，此质量块的两个端面经过磨平抛光后作为可动极板（与壳体电连接）。

当传感器壳体随被测对象沿垂直方向作直线加速运动时，质量块在惯性空间中相对静止，两个固定电极将相对于质量块在垂直方向产生大小正比于被测加速度的位移。此位移使两电容的间隙发生变化，一个增加，一个减小，从而使 C_1、C_2 产生大小相等、符号相反的增量，此增量正比于被测加速度。

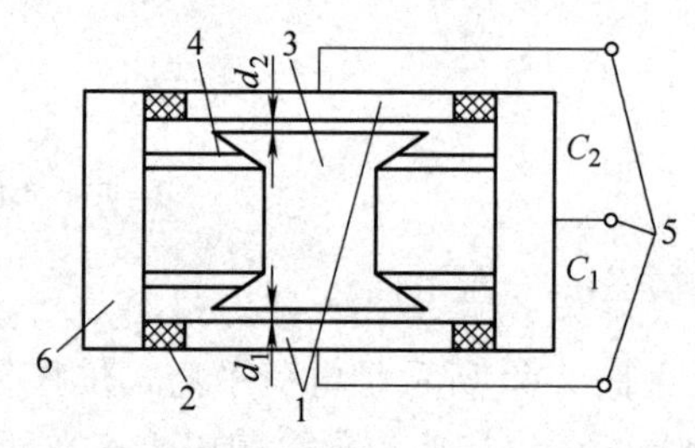

图 2-44　差动电容式加速度传感器结构

1—固定电极　2—绝缘垫　3—质量块
4—弹簧　5—输出端　6—壳体

电容式加速度传感器的主要特点是频率响应快和量程范围大，大多采用空气或其他气体做阻尼物质。

（四）电容式测厚传感器

图 2-45 所示为电容式测厚传感器在板材轧制装置中应用的工作原理。在被测带材的上、下两侧各置一块面积相等、与带材距离相等的极板，这样，极板与带材就构成了两个独立电容器 C_1 和 C_2。将两块极板用导线连接成一个电极，而带材就是电容的另一个电极，其总电容为 $C_x=C_1+C_2$。电容 C_x 与固定电容 C_0、变压器 T 的二次侧的 L_1 和 L_2 构成电桥，信号发生器提供变压器一次侧信号，经耦合作为交流电桥的供电电源。

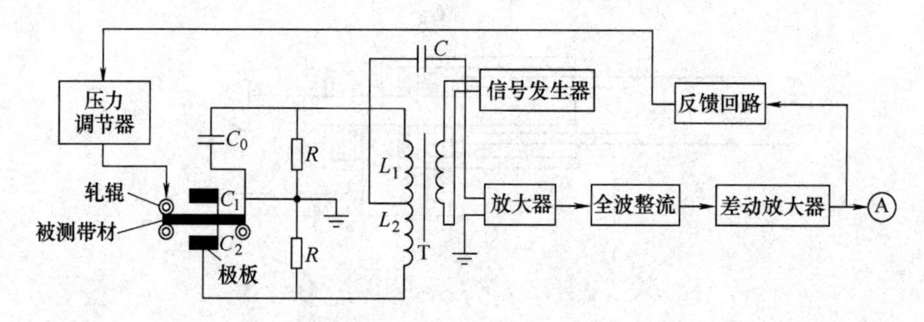

图 2-45　电容式测厚传感器应用的工作原理

当被轧制板材的厚度相对于要求值发生变化时，C_x 发生变化。若 C_x 增大，表示板材厚度变厚；反之，板材变薄。此时电桥输出信号也将发生变化，变化量经耦合电容 C 输出给放大器放大、整流，再经差动放大器放大后，一方面由指示仪表 A 读出此时的材板厚度，另一方面通过反馈回路将偏差信号传送给压力调节装置，调节轧辊与板材间的距离。经过不断调节，可使板材厚度控制在一定误差范围内。

这种电容式测厚传感器将测出的变化量与标定量进行比较，比较后的偏差量反馈控制轧制过程，以控制板材厚度，其中由电容传感器构成的电容测厚仪是关键设备。若采用频率变换型电容传感器检测厚度，对 0.5～1.0mm 厚度的薄钢板检测，误差可小于 0.3μm。

（五）电容式液位传感器

图 2-46 所示为飞机上使用的一种油量表，它采用了自动平衡电桥电路，由油箱液位电容式传感装置、交流放大器、两相伺服电动机、减速器和指针等部件组成。电容式传感器电容 C_x 接入电桥的一个臂，C_0 为固定的标准电容器，R_P 为调整电桥平衡的电位器，其电刷与指针同轴连接。

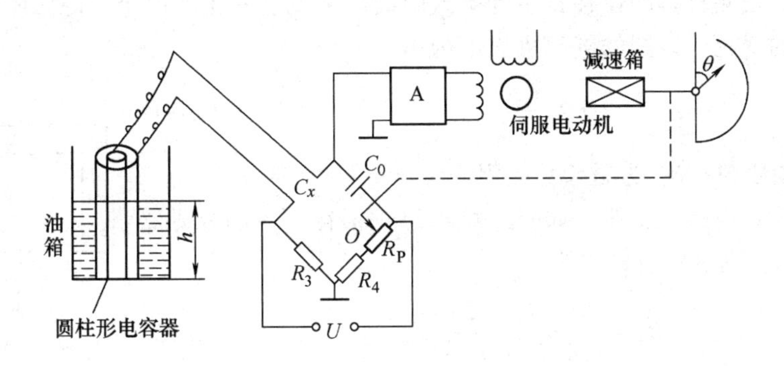

图 2-46　用于油箱液位检测的电容式液位传感器

当油箱无油时，电容式传感器有一起始电容 $C_x=C_{x0}$，令 $C_0=C_{x0}$，且 R_P 的滑动臂位于零点 O，即 $R_P=0$，相应指针也指在零位上，令 $C_{x0}/C_0=R_4/R_3$，使电桥处于平衡状态，输出为零，伺服电动机不转动。

当油箱中油量增加，液位上升至 h 处时，$C_x=C_{x0}+\Delta C_x$，ΔC_x 与 h 成正比，设 $\Delta C_x=k_1h$，此时电桥失去平衡，电桥输出电压经放大后驱动伺服电动机，经减速后一方面带动指针偏转 θ 角，以指示油量的多少；另一方面移动 R_P，使电桥重新恢复平衡。在新的平衡位置上有 $\dfrac{C_{x0}+\Delta C_x}{C_0}=\dfrac{R_4+R_P}{R_3}$，整理得 $R_P=\dfrac{R_3}{C_0}\Delta C_x=\dfrac{R_3}{C_0}k_1h$。因为指针与电位器滑动臂同轴连接，$R_P$ 和 θ 角之间存在确定的对应关系，设 $\theta=2k_2R_P$，则 $\theta=k_1k_2\dfrac{R_3}{C_0}h$。可见，$\theta$ 与 h 呈线性关系，因而可以从刻度盘上读出油位的高度 h。

第三节　电感式传感器

电感式传感器是一种利用待测工件运动使磁路磁阻变化，从而引起传感器线圈的电感（自感或互感）变化来检测非电量的机电转换装置。电感式传感器常用来检测位移、振动、力、应变、流量、比重等物理量。由于它结构简单，工作可靠，寿命长，并具有良好的性能与宽广的适用范围，适合在较恶劣的环境中工作，因而在计量技术、工业生产和科技研究领域得到了广泛应用。

电感式传感器的种类很多，按转换原理可分为自感式传感器、互感式传感器、电涡流式传感器等。

一、自感式传感器

（一）自感式传感器工作原理与结构

自感式传感器实质上是一个带气隙的铁心线圈，按磁路几何参数变化形式的不同，目前常用的自感式传感器有变间隙式、变面积式和螺线管式三种类型。

1. 变间隙式自感传感器

变间隙式自感传感器结构如图 2-47 所示。它由线圈、铁心和衔铁组成，工作时衔铁与被测物体连接，被测物体的位移将引起空气隙的厚度发生变化。由于气隙磁阻的变化，导致了线圈电感量的变化。线圈的电感可表示为

$$L=\frac{N^2}{R_{\mathrm{m}}} \tag{2-54}$$

式中，N 为线圈匝数；R_{m} 为磁路总磁阻。

对于变间隙式自感传感器，如果忽略磁路铁损耗，各部分磁路的截面积均为 A，则磁路总磁阻为

$$R_{\mathrm{m}}=\frac{l_1}{\mu_1 A}+\frac{l_2}{\mu_2 A}+\frac{2d}{\mu_0 A} \tag{2-55}$$

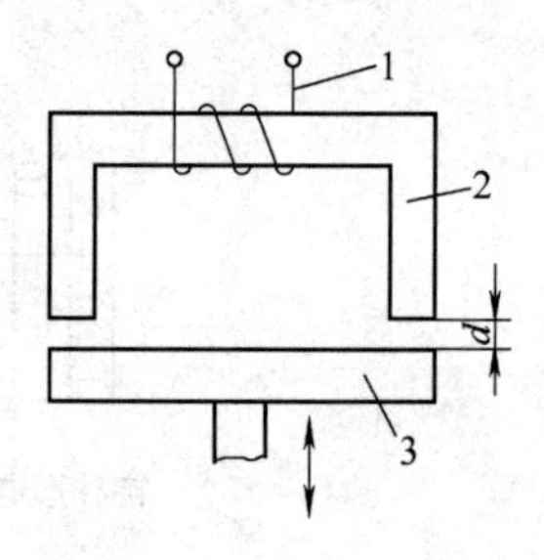

图 2-47　变间隙式自感传感器结构

1—线圈　2—铁心　3—衔铁

式中，l_1 为铁心磁路长度；l_2 为衔铁磁路长度；μ_1 为铁心磁导率；μ_2 为衔铁磁导率；μ_0 为空气磁导率；d 为空气隙厚度。

因此有

$$L=\frac{N^2}{R_{\mathrm{m}}}=\frac{N^2}{\dfrac{l_1}{\mu_1 A}+\dfrac{l_2}{\mu_2 A}+\dfrac{2d}{\mu_0 A}} \tag{2-56}$$

在铁心、衔铁的结构和材料确定后，式（2-56）分母中第一、二项为常数，在截面积一定的情况下，电感量 L 是气隙长度 d 的函数。

一般情况下，导磁体的磁阻与空气隙磁阻相比是很小的，因此线圈的电感量可近似地表示为

$$L=\frac{N^2\mu_0 A}{2d} \tag{2-57}$$

从式（2-57）可以看出，传感器的灵敏度随气隙的增大而减小。为了改善非线性，气隙的相对变化量要很小，但过小又影响测量范围，所以要兼顾考虑两个方面。

2. 变面积式自感传感器

若气隙厚度不变，铁心与衔铁之间相对覆盖面积随被测量的变化而改变，从而导致线圈的电感量发生变化，这种形式称为变面积式自感传感器，其结构与图 2-47 相同。

通过对式（2-57）的分析可知，线圈电感量 L 与气隙厚度是非线性的，但与磁通截面积 A 却是成正比的，是一种线性关系。其特性曲线如图 2-48 所示。

3. 螺线管式自感传感器

图 2-49 所示为螺线管式自感传感器结构。螺线管式自感传感器的衔铁随被测对象移动，线圈磁力线路径上的磁阻发生变化，线圈电感量也因此而变化。线圈电感量的大小与衔铁插入线圈的深度有关。

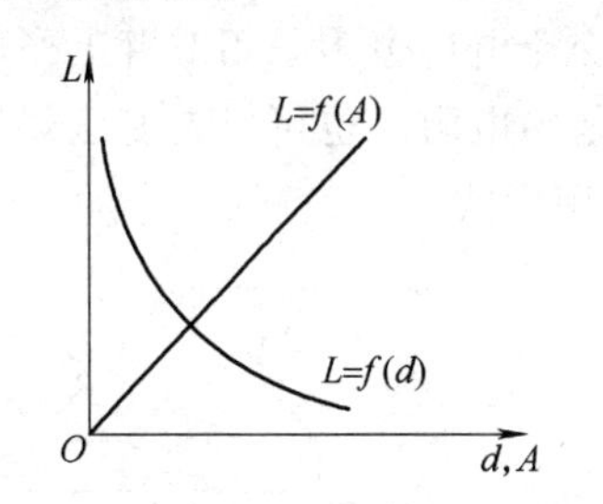

图 2-48　变面积式自感传感器特性曲线

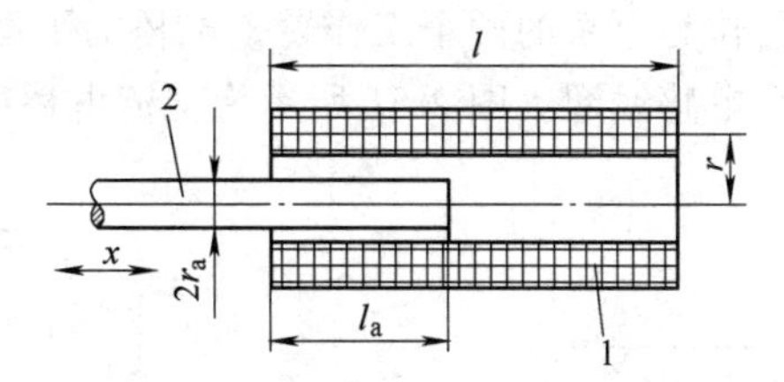

图 2-49　螺线管式自感传感器结构

1—线圈　2—衔铁

设线圈长度为 l，线圈的平均半径为 r，线圈的匝数为 N，衔铁进入线圈的长度为 l_a，衔铁的半径为 r_a，铁心的有效磁导率为 μ_m，则线圈的电感量 L 与衔铁进入线圈的长度 l_a 的关系可表示为

$$L=\frac{4\pi^2 N^2}{l^2}\left[lr^2+(\mu_m-1)l_a r_a^2\right] \tag{2-58}$$

通过以上三种形式的自感传感器的分析，可以得出以下几点结论：

1）变间隙式自感传感器灵敏度较高，但非线性误差较大，且制作装配比较困难。

2）变面积式自感传感器灵敏度较前者小，但线性较好，量程较大。

3）螺线管式自感传感器灵敏度较低，但量程大且结构简单易于制作，是使用最广泛的一种电感式传感器。

在实际使用中，常采用两个相同的传感器线圈共用一个衔铁，构成差动式自感传感器，这样可以提高传感器的灵敏度，减小测量误差。

图 2-50 所示为变间隙式、变面积式及螺线管式三种类型的差动式自感传感器。

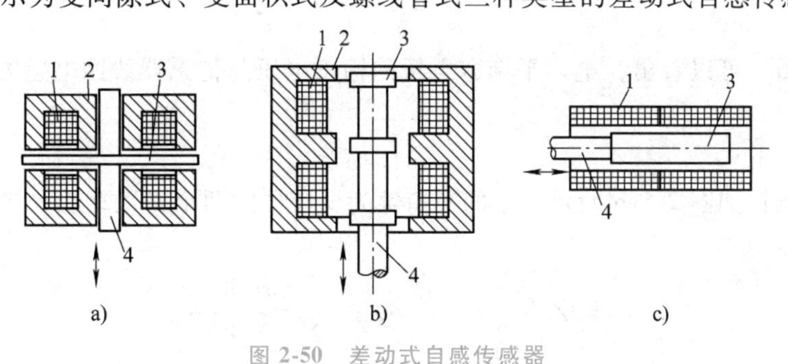

图 2-50　差动式自感传感器

a）变间隙式　b）变面积式　c）螺线管式

1—线圈　2—铁心　3—衔铁　4—导杆

差动式自感传感器的结构要求两个导磁体的几何尺寸及材料完全相同，两个线圈的电气参数和几何尺寸完全相同。

差动式结构除了可以改善线性、提高灵敏度外，还可以补偿温度、电源频率变化的影响，因而减小了外界影响造成的误差。

（二）自感式传感器的测量电路

交流电桥是自感式传感器的主要测量电路，它的作用是将线圈电感的变化转换成电桥电路的电压或电流输出。

由于差动式结构可以提高灵敏度，改善线性，所以交流电桥也多采用双臂工作形式。通常将传感器作为电桥的两个工作臂，电桥的平衡臂可以是纯电阻，也可以是变压器的二次绕组或紧耦合电感线圈。图 2-51 所示为交流电桥的几种常用形式。

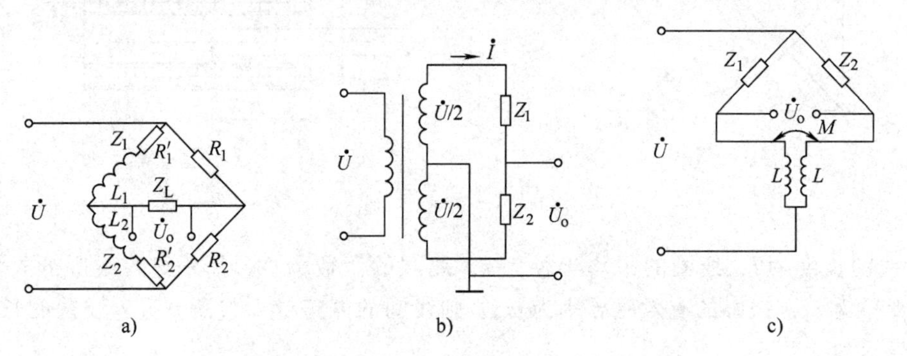

图 2-51　交流电桥的几种常用形式

a）电阻平衡臂电桥　b）变压器式电桥　c）紧耦合电感臂电桥

1. 电阻平衡臂电桥

电阻平衡臂电桥如图 2-51a 所示，Z_1、Z_2 为传感器阻抗。设 $R_1'=R_2'=R'$，$L_1=L_2=L$，则有 $Z_1=Z_2=Z=R'+j\omega L$，另有 $R_1=R_2=R$。由于电桥工作臂是差动形式，因此在工作时，$Z_1=Z+\Delta Z$ 和 $Z_2=Z-\Delta Z$；当 $Z_L\rightarrow\infty$ 时，电桥的输出电压为

$$\dot{U}_o=\frac{Z_1}{Z_1+Z_2}\dot{U}-\frac{R_1}{R_1+R_2}\dot{U}=\frac{2RZ_1-R(Z_1+Z_2)}{2R(Z_1+Z_2)}\dot{U}=\frac{\dot{U}}{2}\frac{\Delta Z}{Z} \tag{2-59}$$

当 $\omega L\gg R'$时，式（2-59）可近似为

$$\dot{U}_o\approx\frac{\dot{U}}{2}\frac{\Delta L}{L} \tag{2-60}$$

由式（2-60）可以看出，电阻平衡臂电桥的输出电压与传感器线圈电感的相对变化量是成正比的。

2. 变压器式电桥

变压器式电桥如图 2-51b 所示，它的平衡臂为变压器的两个二次绕组，当负载阻抗无穷大时，输出电压为

$$\dot{U}_o=\dot{I}Z_2-\frac{\dot{U}}{2}=\frac{\dot{U}}{Z_1+Z_2}Z_2-\frac{\dot{U}}{2}=\frac{\dot{U}}{2}\frac{Z_2-Z_1}{Z_2+Z_1} \tag{2-61}$$

由于是双臂工作形式，当衔铁下移时，$Z_1=Z-\Delta Z$，$Z_2=Z+\Delta Z$，则有

$$\dot{U}_o=\frac{\dot{U}}{2}\frac{\Delta Z}{Z} \tag{2-62}$$

同理，当衔铁上移时，则有

$$\dot{U}_o=-\frac{\dot{U}}{2}\frac{\Delta Z}{Z} \tag{2-63}$$

由式（2-62）和式（2-63）可见，输出电压反映了传感器线圈阻抗的变化，由于是交流信号，还要经过适当的电路处理才能判别衔铁位移的方向，采用带相敏整流的交流电桥是一个有效方法。

3. 紧耦合电感臂电桥

紧耦合电感臂电桥如图 2-51c 所示。它以差动自感传感器的两个线圈作为电桥工作臂，而紧耦合的两个电感作为固定臂组成电桥电路。采用这种测量电路可以消除与电感臂并联的分布电容对输出信号的影响，使电桥平衡稳定，另外简化了接地和屏蔽的问题。

二、互感式传感器

（一）互感式传感器工作原理与结构

互感式传感器主要包括衔铁、一次绕组和二次绕组等。一、二次绕组间的互感能随衔铁的移动而变化，即绕组间的互感随被测位移改变而变化。在使用时采用两个二次绕组反向串联，以差动方式输出。以互感式传感器中的差动变压器为例，其结构形式较多，有变间隙式、螺线管式和变面积式等，图 2-52 所示为几种差动变压器的结构示意图。在非电量测量中，应用最多的是螺线管式差动变压器，它可以测量 1~100mm 机械位移，并具有测量精度高、灵敏度高、结构简单、性能可靠等优点。

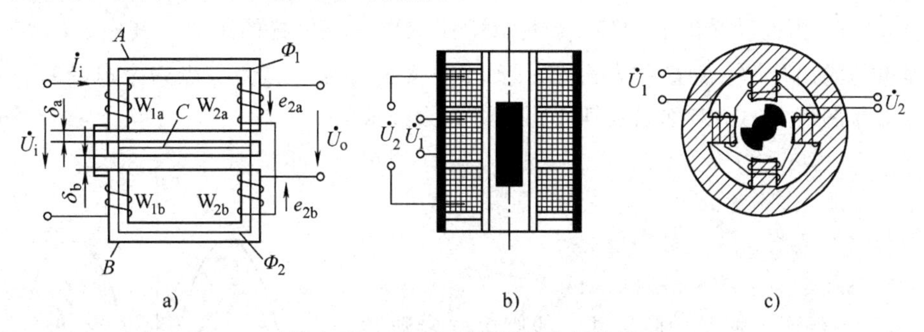

图 2-52　差动变压器的结构示意图

a）变间隙式差动变压器　b）螺线管式差动变压器　c）变面积式差动变压器

互感式传感器工作在理想情况下（忽略涡流损耗、磁滞损耗和分布电容等影响），其中差动变压器的等效电路如图 2-53 所示。图中 $\dot{U}_1$ 为一次绕组励磁电压；M_1、M_2 分别为一次绕组与两个二次绕组间的互感；L_1、R_1 分别为一次绕组的电感和有效电阻；L_{21}、L_{22} 分别为两个二次绕组的电感；R_{21}、R_{22} 分别为两个二次绕组的有效电阻。

当衔铁处于中间位置时，两个二次绕组互感相同，因而由一次侧励磁引起的感应电动势也相同。由于两个二次绕组反向串联，所以差动输出电动势为零。

当衔铁移向二次绕组 L_{21} 一边时，互感 M_1 大、M_2 小，因而二次绕组 L_{21} 内感应电动势 E_{21} 大于二次绕组 L_{22} 内感应电动势 E_{22}，这时差动输出电动势不为零。在传感器的量程内，衔铁移动越大，差动输出电动势就越大。

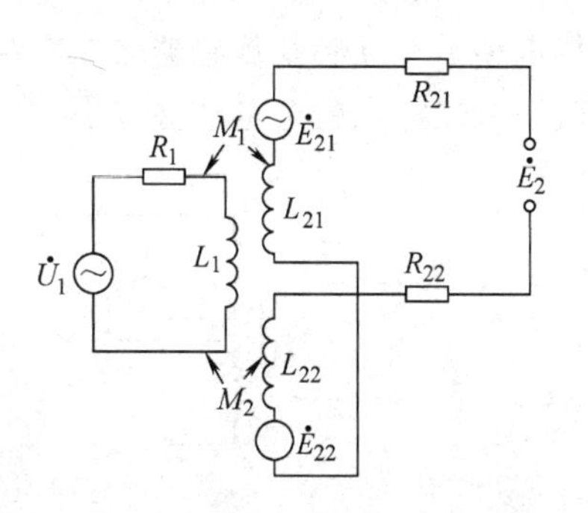

图 2-53　差动变压器的等效电路

同理，当衔铁移向二次绕组 L_{22} 一边时，移动差动输出电动势仍不为零，但由于移动方向改变，所以输出电动势反向。

由图 2-53 可以看出，一次绕组的电流为

$$\dot{I}_1=\frac{\dot{U}_1}{R_1+\mathrm{j}\omega L_1}$$

二次绕组的感应电动势为

$$\dot{E}_{21}=-\mathrm{j}\omega M_1\dot{I}_1$$
$$\dot{E}_{22}=-\mathrm{j}\omega M_2\dot{I}_1$$

由于二次绕组反向串联，所以输出总电动势为

$$\dot{E}_2=-\mathrm{j}\omega(M_1-M_2)\frac{\dot{U}_1}{R_1+\mathrm{j}\omega L_1} \tag{2-64}$$

其有效值为

$$E_2=\frac{\omega(M_1-M_2)U_1}{\sqrt{R_1^2+(\omega L_1)^2}} \tag{2-65}$$

差动变压器的输出特性曲线如图 2-54 所示。图中 $\dot{E}_{21}$、$\dot{E}_{22}$ 分别为两个二次绕组的输出感应电动势，$\dot{E}_2$ 为差动输出电动势，x 表示衔铁偏离中心位置的距离。其中，$\dot{E}_2$ 的实线部分表示理想的输出特性，而虚线部分表示实际的输出特性。$\dot{E}_0$ 为零点残余电动势，这是由互感式传感器制作上的不对称以及铁心位置等因素造成的。

零点残余电动势的存在使得传感器的输出特性在零点附近不灵敏，给测量带来误差，此值的大小是衡量互感式传感器性能好坏的重要指标。

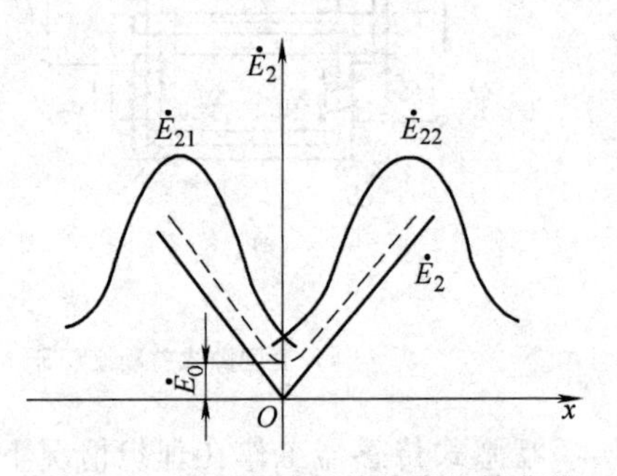

图 2-54　差动变压器的输出特性曲线

为了减小零点残余电动势，可采取以下方法：

1）尽可能保证传感器几何尺寸、线圈电气参数和磁路的对称。磁性材料要经过处理，消除内部的残余应力，使其性能均匀稳定。

2）选用合适的测量电路（如采用相敏整流电路），既可判别衔铁移动方向，又可改善输出特性，减小零点残余电动势。

3）采用补偿线路，减小零点残余电动势。图 2-55 所示为几种减小零点残余电动势的补偿电路。在互感式传感器的二次绕组串、并联适当数值的电阻和电容元件，当调整这些元件时，可使零点残余电动势减小。

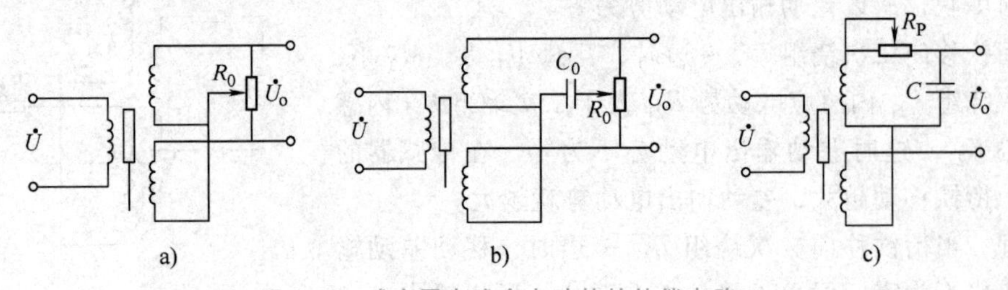

图 2-55　减小零点残余电动势的补偿电路

（二）互感式传感器的测量电路

差动变压器的输出电压可直接用交流电压表接在反向串联的两个二次绕组上测量，也可采用电桥电路来测量。但由于差动变压器输出的是交流电压，若用交流电压表直接测量，只能反映衔铁位移的大小，而不能反映移动的方向。另外，其测量值中仍包含零点残余电动势。为了达到能辨别移动方向及消除零点残余电动势的目的，实际测量时常采用差动相敏检波电路和差动整流电路。

1. 差动相敏检波电路

图 2-56a 所示是差动相敏检波电路原理。图中，VD_1、VD_2、VD_3、VD_4 为四个性能相同的二极管，以同一方向串联接成一个闭合回路，形成环形电桥。输入信号 u_2（变压器式传感器输出的调幅波电压）通过变压器 T_1 加到环形电桥的一个对角线上。参考信号 u_s 通过变压器 T_2 加到环形电桥的另一个对角线上。输出信号 u_o 从变压器 T_1 与 T_2 的中心抽头引出。图 2-56a 中，平衡电阻 R 起限流作用，以避免二极管导通通过变压器 T_2 的二次电流过大。R_L 为负载电阻。u_s的幅值要远大于输入信号 u_2 的幅值，以便有效控制四个二极管的导通状态，且 u_s 和差动变压器式传感器励磁电压 u_1 由同一振荡器供电，保证二者同频、同相（或反相）。

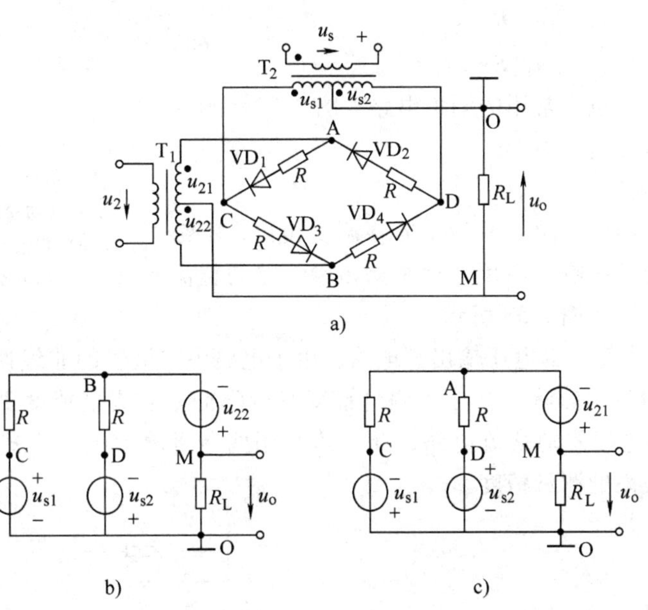

图 2-56　差动相敏检波电路

a）差动相敏检波电路原理图　b）u_2、u_s 均为正半周时的等效电路

c）u_2、u_s 均为负半周时的等效电路

根据变压器的工作原理，考虑到 O、M 分别为变压器 T_1、T_2 的中心抽头，则

$$u_{s1}=u_{s2}=\frac{u_s}{2n_2} \tag{2-66}$$

$$u_{21}=u_{22}=\frac{u_2}{2n_1}$$

式中，n_1、n_2 分别为变压器 T_1、T_2 的变压比。

当 $\Delta x>0$ 时，u_2 与 u_s 同频、同相。当 u_2 与 u_s 均为正半周时，VD_1、VD_2 截止，VD_3、VD_4 导通。采用电路分析的基本方法，可求得如图 2-56b 所示电路的输出电压 u_o 的表达式为

$$u_o=\frac{R_L u_{22}}{\frac{R}{2}+R_L}=\frac{R_L u_2}{n_1(R+2R_L)} \tag{2-67}$$

同理，当 u_2 与 u_s 均为负半周时，二极管 VD_3、VD_4 截止，VD_1、VD_2 导通。其等效电路如图 2-56c 所示。输出电压 u_o 表达式与式（2-67）相同。说明只要位移 $\Delta x>0$，不论 u_2 与 u_s 是正半周还是负半周，负载电阻 R_L 两端得到的电压 u_o 始终为正。

当 $\Delta x<0$ 时，u_2 与 u_s 为同频、反相。采用上述相同的分析方法不难得到当 $\Delta x<0$ 时，不论 u_2 与 u_s 是正半周还是负半周，负载电阻 R_L 两端得到的输出电压 u_o 表达式总是

$$u_o=-\frac{R_L u_2}{n_1(R+2R_L)} \tag{2-68}$$

此外，交流电桥也是常用的测量电路。图 2-57 所示为相敏检波电路的各点电压波形。

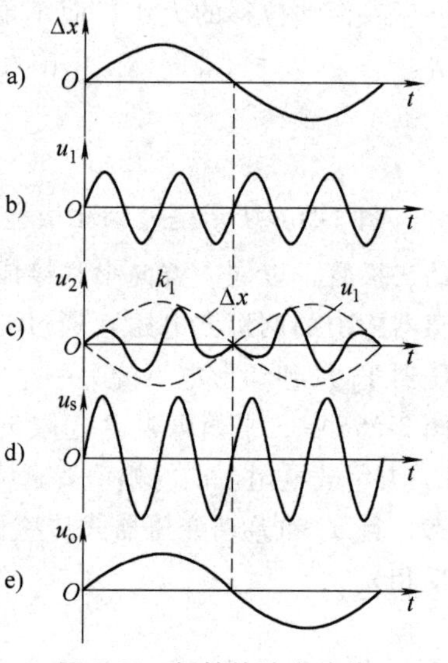

图 2-57　相敏检波电路的各点电压波形

a）被测位移变化波形

b）差动变压器励磁电压波形

c）差动变压器输出电压波形

d）相敏检波解调电压波形

e）相敏检波输出电压波形

2. 差动整流电路

差动整流电路结构简单，一般不需要调整相位，不考虑零点残余电动势的影响，适用于远距离传输。差动整流电路的两种典型电路如图 2-58 所示。

图 2-58a 所示为简单的电压输出型电路，由于电路中二极管的非线性以及二极管饱和压降与反向漏电流的不利影响，会导致测量精度有所降低。当测量精度要求较高时，可采用图 2-58b 所示的改进型差动整流电路，此电路采用两级运算放大器，提高了线性度和稳定性，因而可保证较高的测量精度。

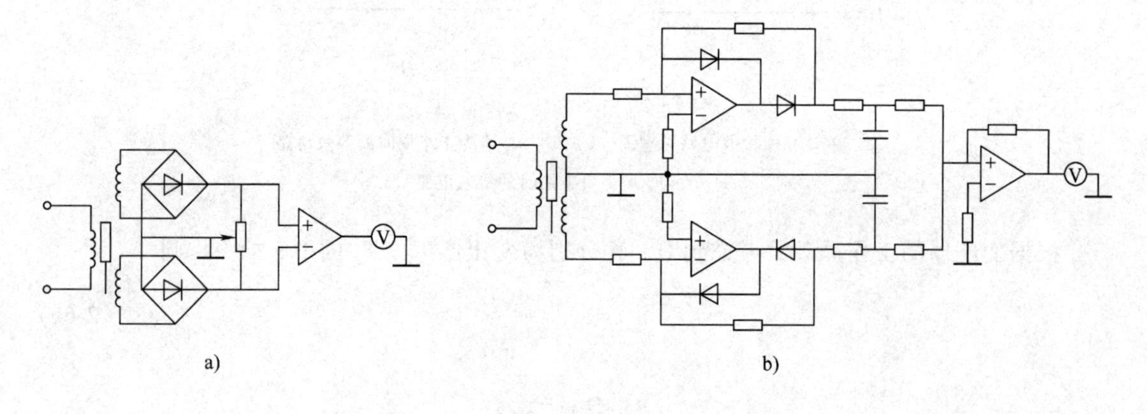

图 2-58　差动整流电路

a）简单的电压输出型电路　b）改进型差动整流电路

三、电涡流式传感器

（一）电涡流式传感器工作原理

当通过金属体的磁通发生变化时，就会在导体中产生感生电流，这种电流在导体中是自行闭合的，即所谓的电涡流。

在图 2-59 中，一个扁平线圈置于金属导体附近，当线圈中通过交变电流 $\dot{I}_1$ 时，线圈周围就产生一个交变磁场 H_1，置于这一磁场中的金属导体会产生电涡流 $\dot{I}_2$，电涡流也将产生一个新磁场 H_2，H_2 与 H_1 方向相反，因而抵消部分原磁场，使通电线圈的有效阻抗发生变化，这一物理现象称为涡流效应。

若把被测导体上形成的电涡流等效成一个短路环，就可以得到图 2-60 所示的等效电路。图中，R_1、L_1 为传感器线圈的电阻和电感。短路环可以认为是一匝短路线圈，其电阻为 R_2，电感为 L_2。线圈与导体间存在一个互感 M，它随线圈与导体间距的减小而增大。

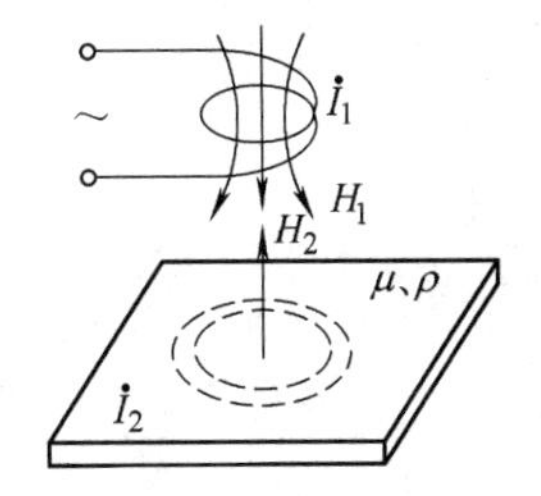

图 2-59 电涡流作用原理

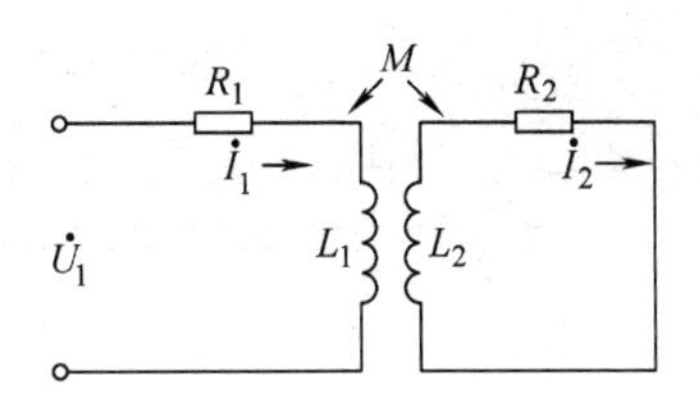

图 2-60 电涡流式传感器等效电路

根据等效电路可列出电路方程组为

$$R_1\dot{I}_1+\mathrm{j}\omega L_1\dot{I}_1-\mathrm{j}\omega M\dot{I}_2=\dot{U}_1$$

$$R_2\dot{I}_2+\mathrm{j}\omega L_2\dot{I}_2-\mathrm{j}\omega M\dot{I}_1=0$$

解上述方程组，可得 $\dot{I}_1$、$\dot{I}_2$。因此，传感器线圈的复阻抗为

$$Z=\frac{\dot{U}_1}{\dot{I}_1}=\left[R_1+\frac{\omega^2M^2}{R_2^2+(\omega L_2)^2}R_2\right]+\mathrm{j}\left[\omega L_1-\frac{\omega^2M^2}{R_2^2+(\omega L_2)^2}\omega L_2\right] \tag{2-69}$$

线圈的等效电感为

$$L=L_1-L_2\frac{\omega^2M^2}{R_2^2+(\omega L_2)^2} \tag{2-70}$$

由式(2-69)和式(2-70)可以看出，线圈与金属导体系统的阻抗或电感都是该系统互感二次方的函数。而互感是随线圈与金属导体间距离的变化而改变的。

一般地讲，线圈的阻抗变化与导体的电导率、磁导率、几何形状、线圈的几何参数、励磁电流频率以及线圈到被测导体间的距离有关。如果控制上述参数中一个参数改变，而其余参数恒定不变，则阻抗就成为这个变化参数的单值函数。若仅改变距离，则阻抗的变化就可以反映线圈到被测金属导体间距离的大小变化。

电涡流式传感器就是利用涡流效应将非电量变化转换成阻抗变化而进行测量的。

（二）电涡流式传感器的类型

1. 高频反射式电涡流传感器

高频反射式电涡流传感器的结构很简单，主要由一个固定在框架上的扁平线圈组成。线圈可以粘贴在框架的端部，也可以绕在框架端部的槽内。图 2-61 所示为 CZFI 型高频反射式电涡流传感器的结构。

电涡流式传感器的线圈与被测金属导体间是磁耦合，电涡流式传感器是利用这种耦合程度的变化来进行测量。因此，被测物体的物理性质，以及它的尺寸和形状都与总的测量装置特性有关。一般来说，被测物的电导率越高，传感器的灵敏度越高。

为了充分有效地利用电涡流效应，对于平板型的被测物体，其半径应大于线圈半径的 1.8 倍，否则灵敏度会降低。当被测物体是圆柱体时，其直径必须为线圈直径的 3.5 倍以上灵敏度才不受影响。

2. 低频透射式电涡流传感器

低频透射式电涡流传感器采用低频激励，具有较大的贯穿深度，适用于测量金属材料的厚度，图 2-62 所示为这种传感器的原理和输出特性曲线。

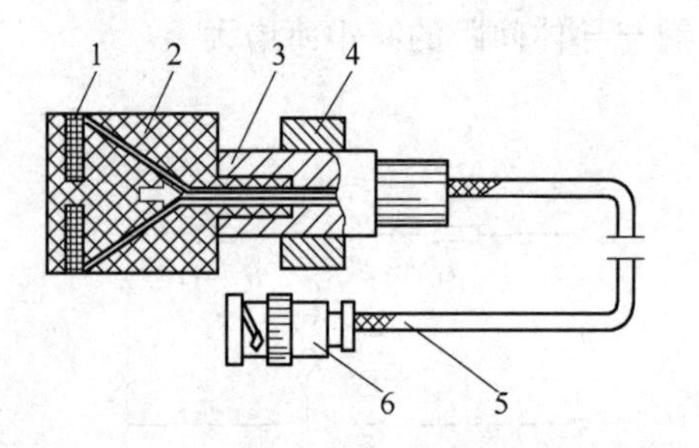

图 2-61　CZFI 型高频反射式电涡流传感器的结构

1—线圈　2—框架　3—衬套

4—支架　5—电缆　6—插头

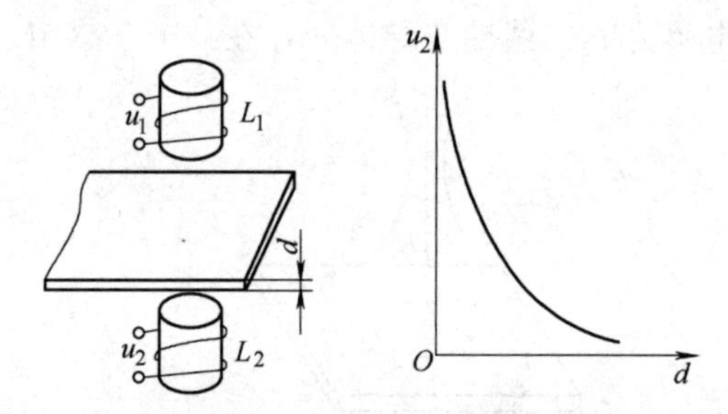

图 2-62　低频透射式电涡流传感器原理图及输出特性曲线

传感器包括发射线圈和接收线圈，分别位于被测材料的上、下侧。由振荡器产生的低频电压 u_1 加到发射线圈 L_1 的两端，于是在接收线圈 L_2 两端产生感应电压 u_2，它的大小与 u_1 的幅值、频率以及两个线圈的匝数、结构和两者的相对位置有关。若两线圈间无金属导体，则 L_1 的磁力线能够较多地穿过 L_2，在 L_2 上产生的感应电压 u_2 最大。如果在两个线圈之间设置一金属板，由于在金属板内产生的电涡流消耗了部分能量，使到达线圈 L_2 的磁力线减少，从而引起 u_2 的下降。金属板厚度越大，电涡流损耗越大，u_2 就越小。可见 u_2 的大小间接反映了金属板的厚度。线圈 L_2 的感应电压与被测厚度的增大按负幂指数的规律减小，即

$$u_2 \propto e^{-\frac{d}{l}} \tag{2-71}$$

式中，d 为金属板厚度；l 为贯穿深度，它与$\sqrt{\rho/f}$成正比，其中 ρ 为金属板的电阻率，f 为交变电磁场的频率。

为了较好地进行厚度测量，激励频率应选得较低，频率太高，贯穿深度小于被测厚度，不利于厚度测量。激励频率通常选 1kHz 左右。

一般地说，测薄金属板时，频率应略高些；测厚金属板时，频率应低些。在测量 ρ 较小的材料时，应选较低的频率（如 500Hz）；测量 ρ 较大的材料，则应选较高的频率（如 2kHz）。从而保证在测量不同材料时能得到较好的线性度和灵敏度。

电涡流式传感器特点：属于非接触式传感器，动态响应好，体积小，灵敏度高，抗干扰

能力强，检测速度快，可在恶劣环境下测量。

（三）电涡流式传感器的测量电路

1. 电桥电路

电桥法是将传感器线圈的阻抗变化转换为电压或电流的变化，图 2-63 所示为电桥法的电路原理。图中，线圈 L_1 和 L_2 为传感器线圈。传感器线圈的阻抗作为电桥的桥臂，起始状态使电桥平衡。在进行测量时，由于传感器线圈的阻抗发生变化，使电桥失去平衡，将电桥不平衡引起的输出信号进行放大并检波，就可以得到与被测量成正比的输出。电桥法主要用于两个电涡流线圈组成的差动式传感器。

2. 谐振法

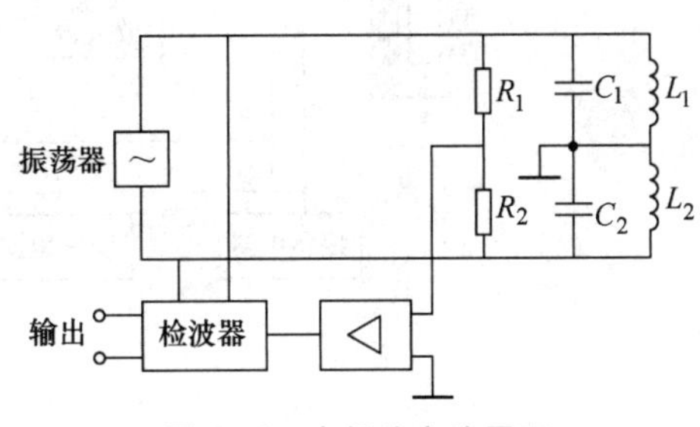

图 2-63 电桥法电路原理

谐振法是将传感器线圈的等效电感的变化转换为电压或电流的变化。传感器线圈与电容并联组成 LC 并联谐振回路。

并联谐振回路的谐振频率为

$$f_0=\frac{1}{2\pi\sqrt{LC}}$$

且谐振时电路的等效阻抗最大，即

$$Z_0=\frac{L}{R'C}$$

式中，R'为回路的等效损耗电阻。

当电感 L 发生变化时，回路的等效阻抗和谐振频率都将随 L 的变化而变化，因此可以利用测量回路阻抗的方法或测量回路谐振频率的方法间接测出被测值。

谐振法主要有调幅式电路和调频式电路两种基本形式。调幅式由于采用了石英晶体振荡器，因此稳定性较高；而调频式结构简单，便于遥测的数字显示。图 2-64 为调幅式测量电路原理框图。

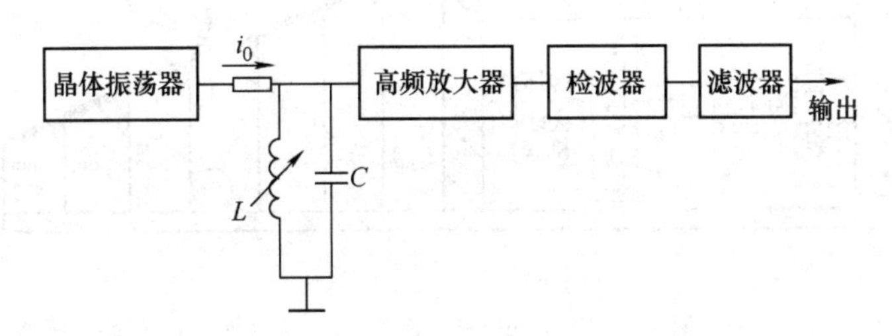

图 2-64 调幅式测量电路原理框图

四、电感式传感器的应用

（一）电感测微仪

图 2-65a 所示为电感测微仪的原理框图，图 2-65b 所示为轴向测试头的结构。测量时测头的测端 6 与被测件接触，被测件的微小位移使衔铁 3 在差动线圈 2 中移动，线圈的电感值发生变化，这一变化量通过引线 1 接到电桥，电桥的输出电压就反映了被测件的位移变化量。

（二）滚珠直径测量系统

滚珠直径测量系统如图 2-66 所示。将送来的滚珠按顺序送入落料管 5，滚珠的直径决定了电感传感器衔铁的位移量。电感传感器的输出经相敏检波后送到计算机，计算直径的偏差值。完成测量后移开限位挡板 8，滚珠落入与其直径偏差对应的容器中。

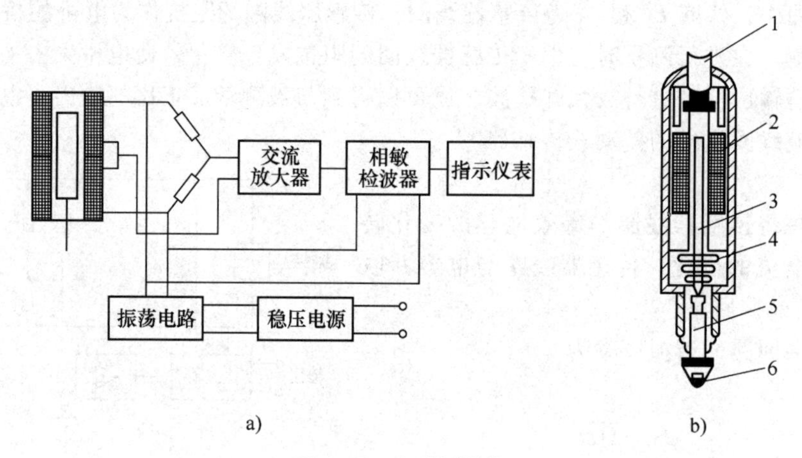

图 2-65 电感测微仪

a）原理框图 b）轴向测试头结构

1—引线 2—差动线圈 3—衔铁 4—测力弹簧 5—导杆 6—测端

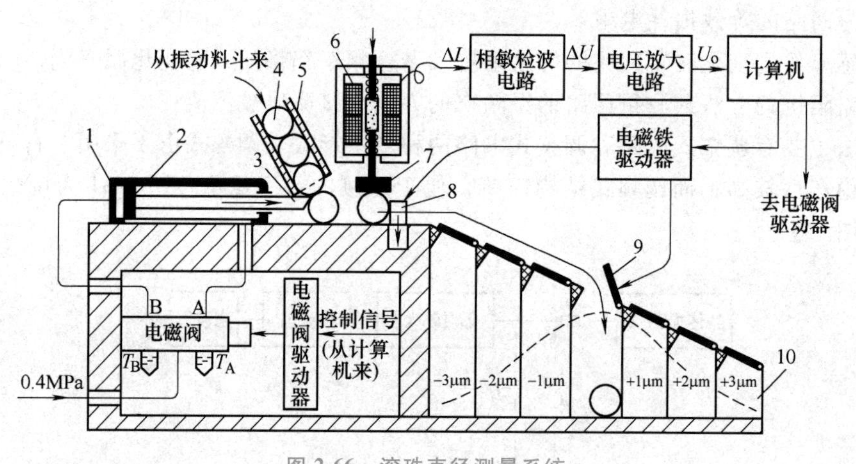

图 2-66 滚珠直径测量系统

1—气缸 2—活塞 3—推杆 4—被测滚珠 5—落料管 6—电感传感器 7—钨钢测头 8—限位挡板 9—电磁翻板 10—容器（料斗）

（三）差动式压力传感器

互感式传感器和膜片、膜盒、弹簧管等相结合，可以组成压力传感器。

图 2-67 所示为差动式压力传感器结构原理。它适用于测量各种生产流程中液体、水蒸气及气体的压力等。

传感器的敏感元件为波纹膜盒，差动变压器的衔铁与波纹膜盒相连。工作原理框图如图 2-68 所示。

当被测压力 p_1 输入到波纹膜盒中，波纹膜盒的自由端面便产生一个与压力 p_1 成正比的位移，此位移带动衔铁上下移动，从而使差动变压器有正比于被测压力的电压输出。该传感器的信号输出处理电路与传感器组合在一个壳体内，输出信号可以是电压，也可以是电流。由于电流信号不易受干扰，且便于远距离传输，所以在使用中多采用电流型输出。

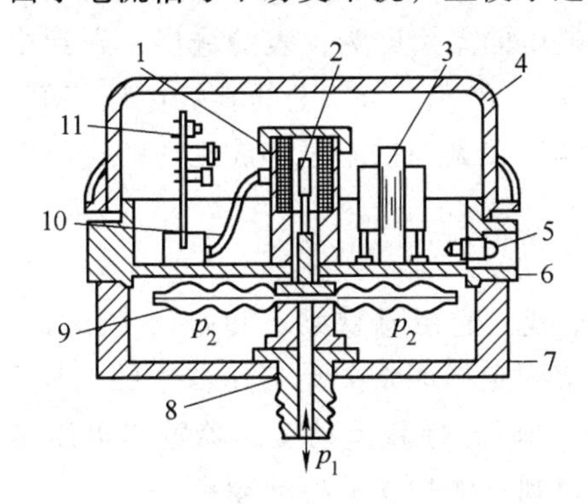

图 2-67　差动式压力传感器结构原理

1—差动线圈　2—衔铁　3—电源变压器　4—外壳　5—指示灯　6—密封隔板　7—安装底座　8—压力接头　9—波纹膜盒　10—电缆　11—电路板

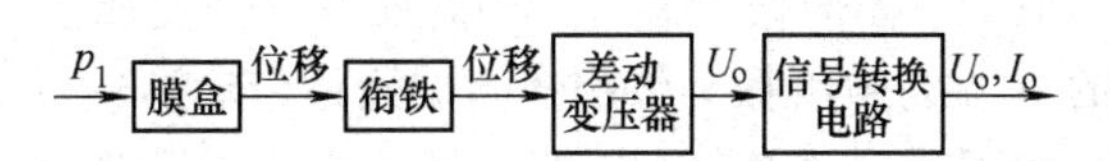

图 2-68　差动式压力传感器工作原理框图

CPC—160A 型差压计的传感器是一只差动变压器，当所测的差压变化时，差压计内的膜片产生位移，从而带动固定在膜片上的差动变压器的铁心产生位移，使差动变压器二次侧输出的电压发生变化，输出电压的大小与铁心的位移成正比，从而也与所测差压成正比。差动变压器的测量电路如图 2-69 所示。差动变压器的一次电压由内部振荡电路的电源供给。为了获得较好的温度补偿，在第二级稳压电路中采用了两个相同型号的稳压管 VS_2、VS_3 相互对接。

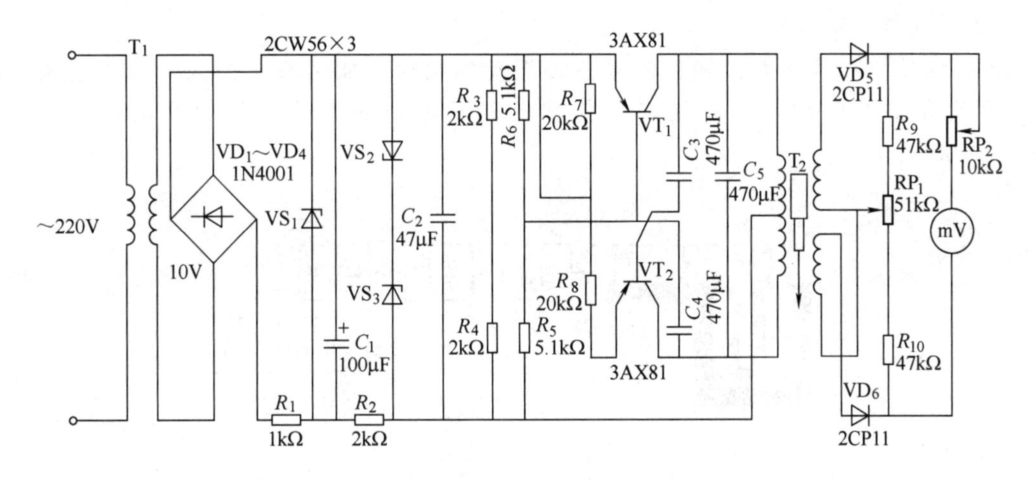

图 2-69　差动变压器的测量电路

多谐振荡器由两个 3AX81 型晶体管（VT_1 和 VT_2）组成，把差动变压器的一次绕组作为两个晶体管的负载。通过谐振电容 C_5，差动变压器的一次绕组两端可得到一个约为 8V（1000Hz）的交流电压。为了使仪表不受环境温度的影响，在振荡电路内采用了两个补偿电阻 R_7 和 R_8。

相敏整流电路主要由两个二极管 VD_5、VD_6，电阻 R_9、R_{10} 及电位器 RP_1 组成。RP_1 的作用是平衡 R_9、R_{10} 两个电阻的差值，从而调节仪表的电气零位。

二极管 VD_5、VD_6 分别对差动变压器两个二次绕组的电压进行整流，并在其相应的负载电阻 R_9、R_{10} 上得到一个极性相反的直流电压，这两个电压的差值即为仪表的输出，送到指示器直流毫伏计上。当差动变压器的铁心处在中间位置时，在 R_9、R_{10} 上的直流电压相等，毫伏计指示为零。当铁心偏离中心位置时，在毫伏计两端即得到与铁心位移成正比的直流电压。电位器 RP_2 是用来调整仪表满量程的。

（四）差动变压器式加速度传感器

图 2-70 所示为差动变压器式加速度传感器的一种形式。它由悬臂梁 1 和差动变压器 2 构成。测量时，将悬臂梁的底座及差动变压器的线圈骨架固定，而将差动变压器中的衔铁 3 的 A 端与被测振动体相连。被测体带动衔铁以 $\Delta\tau(t)$ 振动时，导致差动变压器输出电压也按相同的规律变化。因此，可从差动变压器的输出电压得到被测物体的振动频率。

为满足测量精度的要求，加速度计的固有频率（$\omega_0=\sqrt{k/m}$）应比被测频率的上限大 3~4 倍。由于运动系统的质量 m 不可能太小，而增加弹簧片的刚度 k 又使加速度计的灵敏度受到影响，因此，系统的固有频率不可能很高，它能测量的振动频率的上限就受到限制，一般在 150Hz 左右。

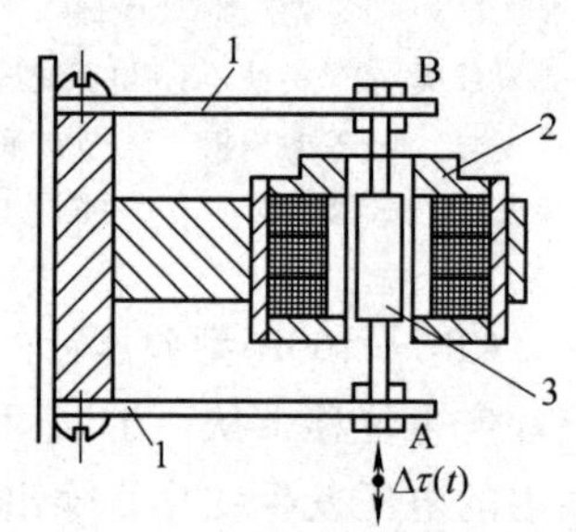

图 2-70　差动变压器式加速度传感器结构

1—悬臂梁　2—差动变压器　3—衔铁

（五）液位监控系统

图 2-71 所示为由电涡流式传感器构成的液位监控系统。当液位变化时，浮子与杠杆带动涡流板上、下移动，涡流板与传感器之间的距离发生变化，导致传感器的输出发生变化，系统根据传感器的信号控制电动泵的开起使液位保持一定。

（六）测量振动

电涡流式传感器可无接触地测量各种振动的幅值，如用来监控汽轮机主要轴向振动。在研究轴的振动时可以用多个传感器测量出轴的振动形状和振动的振幅，如图 2-72 所示。

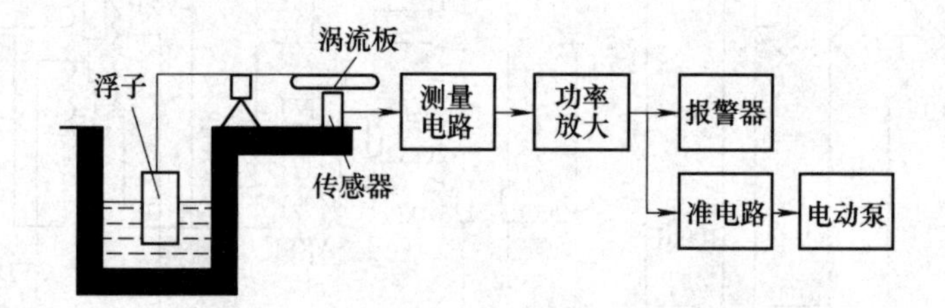

图 2-71　液位监控系统

（七）涡流探伤

电涡流式传感器可以用来检查金属的表面裂纹、热处理裂纹以及用于焊接部位的探伤等。使传感器与被测体距离不变，若有裂纹出现，将引起金属的电阻率、磁导率的变化。也可以说在裂纹处有位移值的变化。这些综合参数（x，ρ，μ）的变化将引起传感器参数的变化，通过测量传感器参数的变化即可达到探伤的目的，输油管表面裂纹检测如图 2-73 所示。

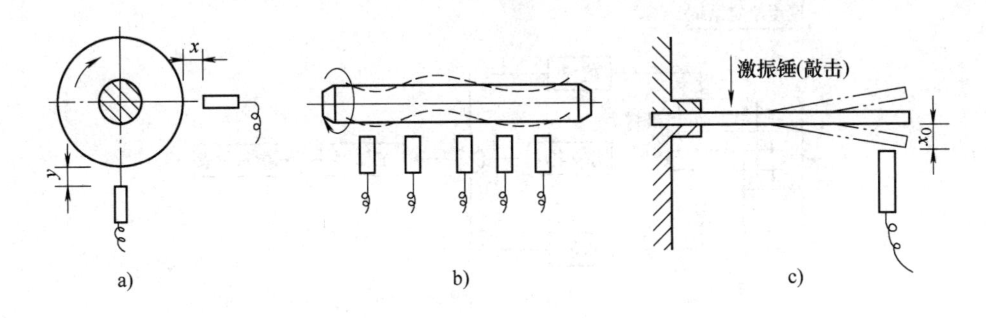

图 2-72　测量振动

a）径向振动测量　b）长轴多线圈测量　c）叶片振动测量

在探伤时导体与线圈之间是有着相对运动速度的，在测量线圈上就会产生调制频率信号。这个调制频率取决于相对运动速度和导体中物理性质的变化速度，如缺陷、裂缝，它们出现的信号总是比较短促的，所以缺陷、裂缝会产生较高的频率调幅波。在探伤时，重要的是缺陷信号和干扰信号比。为了获得需要的频率可采用滤波器，使某一频率的信号通过，而将干扰频率信号衰减。但对于比较浅的裂缝信号，如图 2-74a 所示，还需要进一步抑制干扰信号，可采用幅值甄别电路。把这一电路调整到裂缝信号正好能通过的状态，凡是低于裂缝信号幅值的信号都不能通过，这样干扰信号就都抑制掉了，如图 2-74b 所示。

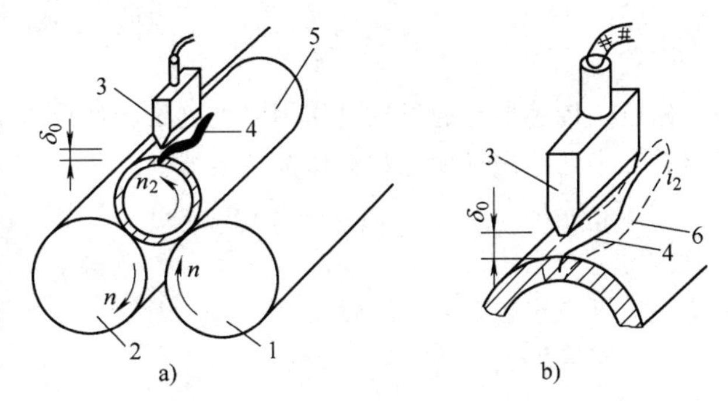

图 2-73　输油管表面裂纹检测

a）机械结构　b）裂纹局部放大图

1、2—导向辊　3—楔形电涡流探头　4—裂纹

5—输油管　6—电涡流

（八）高频反射电涡流式传感器厚度检测

图 2-75 所示为应用高频反射电涡流式传感器检测金属带材厚度的原理框图。为了克服带材不够平整或运行过程中上、下波动的影响，在带材的上、下两侧对称地设置了两个特性完全相同的电涡流式传感器 S_1 和 S_2。S_1 和 S_2 与被测带材表面之间的距离分别为 x_1 和 x_2。若带材厚度不变，则被测带材上、下表面之间的距离满足 $x_1+x_2=$常数的关系。两传感器的输出电压之和为 $2U_o$，数值不变。如果被测带材厚度改变量为 $\Delta\delta$，则两传感器与带材之间的距离也改变一个 $\Delta\delta$，两传感器输出电压此时为 $2U_o\pm\Delta U$。ΔU 经放大器放大后，通过指示仪表即可指示出带材的厚度变化值。带材厚度给定值与偏差指示值的代数和就是被测带材的厚度。

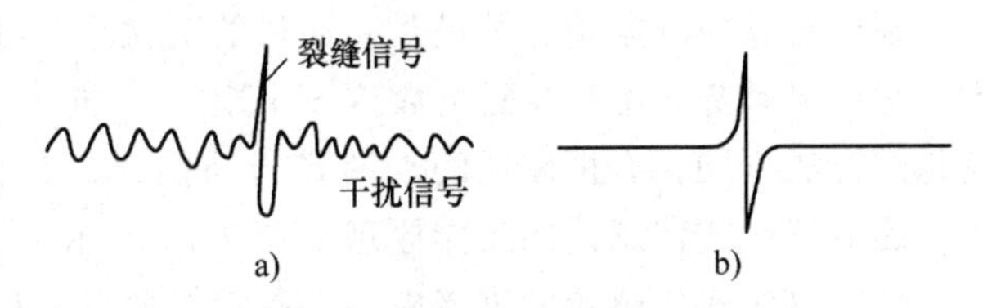

图 2-74　用涡流探伤时的测试信号

a）未通过幅值甄别电路前的信号　b）通过幅值甄别电路后的信号

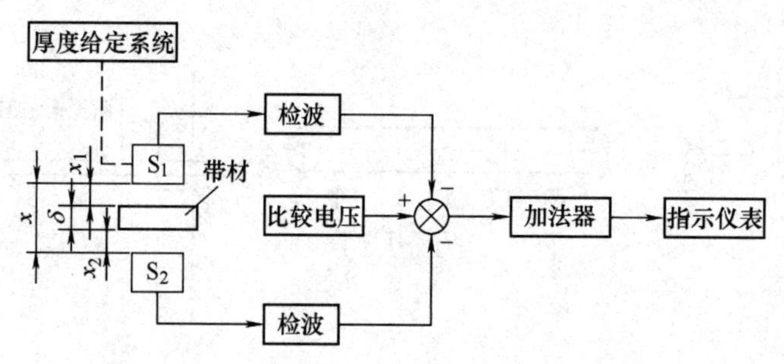

图 2-75 应用高频反射电涡流式传感器检测金属带材厚度的原理框图

第四节 磁电式传感器

磁电式传感器是通过磁电作用将被测量转换成电信号的传感器。它主要利用金属磁场敏感材料和半导体磁场敏感材料作为转换器件。

利用导体和磁场的相对运动产生感应电动势的电磁感应原理，可制成各种类型的磁电感应式传感器和磁记录装置。利用半导体材料的霍尔效应可制成霍尔元件。利用半导体材料的磁阻效应可制成磁敏电阻、磁敏二极管和磁敏晶体管等半导体磁敏器件。利用铁磁材料的压磁效应可制成压磁式传感器。

一、磁电感应式传感器

基于法拉第电磁感应定律，N 匝线圈在磁场中作切割磁力线运动或线圈所在磁场的磁通变化时，线圈中所产生的感应电动势 e 的大小取决于穿过线圈的磁通 Φ 对时间的变化率，即

$$e=-N\frac{\mathrm{d}\Phi}{\mathrm{d}t} \tag{2-72}$$

在电磁感应现象中，关键是磁通量的变化率。线圈中磁通变化率越大，感应电动势 e 越大。感应电动势 e 还与线圈匝数 N 成正比。不同类型的磁电感应式传感器，实现磁通量 Φ 变化的方法不同，有恒磁通的动圈式与动铁式，有变磁通（变磁阻）的开磁路式和闭磁路式。磁电感应式传感器的工作原理如图 2-76 所示。

磁电感应式传感器的直接应用是测定线速度 v 和角速度 ω，则式（2-72）可写成

$$e=-NBlv \text{ 或 } e=-NBA\omega \tag{2-73}$$

式中，B 为磁感应强度；l 为每匝线圈的长度（平均值）；A 为线圈的截面积。

磁电感应式传感器是结构型传感器，当结构参数确定时，N、B、l、A 为定值，感应电动势与相对速度 v 或 ω 成正比。式（2-73）中的负号表示感应电流所激发的磁通量抵消引起感应电流的磁通量变化。

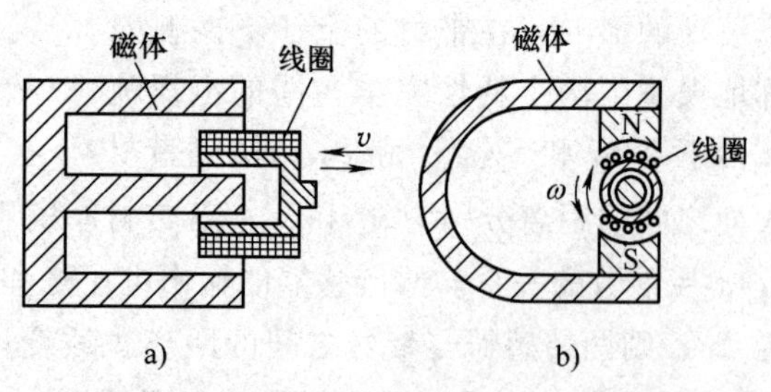

图 2-76 磁电感应式传感器的工作原理
a）线速度测量 b）角速度测量

从上述工作原理可知，磁电感应式传感器只适用于动态测量。如果在其测量电路中接入积分电路，输出的感应电动势就与位移成正比；如果接入微分电路，输出的感应电动势就与加速度成正比。可见磁电感应式传感器除可测速度外，还可测位移和加速度。

（一）恒磁通式磁电传感器

如图 2-77 所示，磁路产生恒定的直流磁场，磁路中的工作气隙是固定不变的，因此，气隙中的磁通也是不变的。传感器的运动部件可以是线圈，也可以是磁铁。当壳体 5 随被测振动体一起振动时，运动部件质量相对较大，惯性也大，振动能量被弹簧 2 吸收。当振动频率足够大，远远高于传感器的固有频率时，运动部件近于静止，则振动能量几乎全部被弹簧吸收，此时永久磁铁 4 与线圈 3 之间的相对运动速度接近于振动体振动速度。相对运动使线圈切割磁力线，产生与振动速度成正比的感应电动势，即

$$e=-N_0B_0lv \tag{2-74}$$

式中，N_0 为工作匝数，即线圈处于工作气隙磁场中的匝数；B_0 为工作气隙处磁感应强度；l 为工作线圈每匝的平均长度。

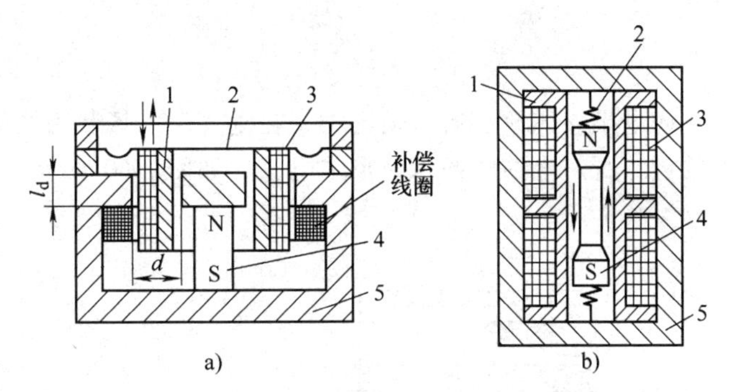

图 2-77　恒磁通式磁电传感器结构原理

a）动圈式　b）动铁式

1—金属骨架　2—弹簧　3—线圈　4—永久磁铁　5—壳体

恒磁通式（动圈或动铁）磁电传感器，通常用于测量振动速度，因其工作频率不高，传感器能输出较大的信号，所以对变换电路要求不高，采用一般交流放大器就能满足要求。

（二）变磁阻式磁电传感器

变磁阻式磁电传感器的线圈和磁铁都是静止不动的，并利用磁性材料制成的一个齿轮，在运动中它不断地改变磁路的磁阻，使得贯穿线圈的磁通量 $d\phi/dt$ 发生变化，因此在线圈中感应出电动势。

变磁阻式磁电传感器一般都是做成转速传感器，产生感应电动势的频率作为输出，其频率值取决于磁通变化的频率。

变磁阻式转速传感器在结构上分开磁路和闭磁路两种。

1. 开磁路变磁阻式转速传感器

开磁路变磁阻式转速传感器由永久磁铁、线圈、软铁组成，如图 2-78 所示。

齿轮安装在被测转轴上，与转轴一起旋转。当齿轮旋转时，由齿轮的凹凸引起磁阻变化，从而使磁通发生变化，因而在线圈中感应出交变电动势，其频率等于齿轮的齿数 z 和转速 n 的乘积，即

$$f=\frac{zn}{60} \tag{2-75}$$

式中，z 为齿轮的齿数；n 为被测轴转速（r/min）；f 为感应电动势频率（Hz）。

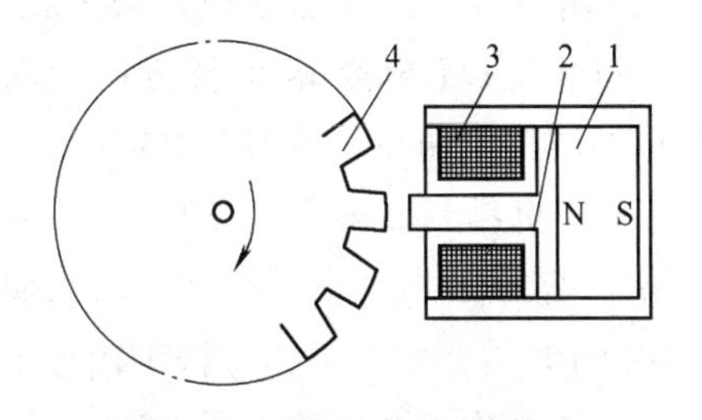

图 2-78　开磁路变磁阻式转速传感器结构

1—永久磁铁　2—软铁　3—线圈　4—齿轮

当齿轮的齿数 z 确定以后，若能测出 f 就可求出

转速 $n(n=60f/z)$。这种传感器结构简单，但输出信号小，转速高时信号失真大，在振动强或转速高的场合，往往采用闭磁路变磁阻式转速传感器。

2. 闭磁路变磁阻式转速传感器

闭磁路变磁阻式转速传感器的结构如图 2-79 所示。它是由安装在转轴上的内齿轮、永久磁铁、外齿轮及线圈构成。内、外齿轮的齿数相等。测量时，转轴与被测轴相连。当旋转时，内、外齿轮的相对运动使磁路气隙发生变化，引起磁阻发生变化导致贯穿于线圈的磁通量变化，在线圈中感应出电动势。与开磁路相同，也可通过感应电动势频率测量转速。

传感器的输出电动势取决于线圈中磁场的变化速度，因而它与被测速度成一定比例。当转速太低时，输出电动势很小，以致无法测量，所以这种传感器有一个下限工作频率。闭磁路变磁阻式转速传感器的下限工作频率可低到 30Hz 左右，上限工作频率可达 100Hz。

二、霍尔元件

（一）半导体材料的霍尔效应

通电半导体放在均匀磁场中，在垂直于电场和磁场的方向产生横向电场，这种现象叫霍尔效应，所产生的电场称为霍尔电场，如图 2-80 所示。

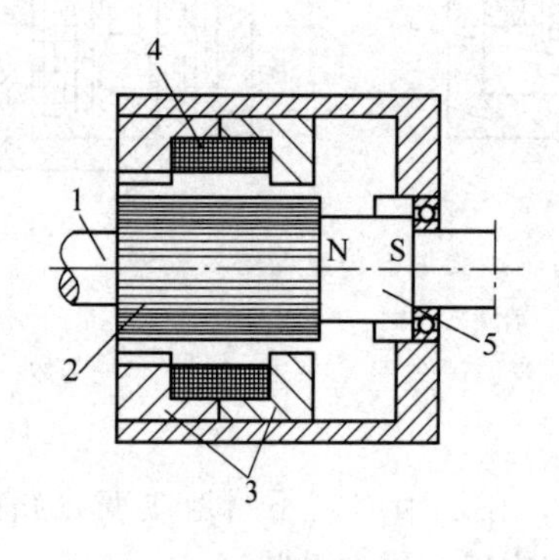

图 2-79　闭磁路变磁阻式转速传感器结构

1—转轴　2—内齿轮　3—外齿轮

4—线圈　5—永久磁铁

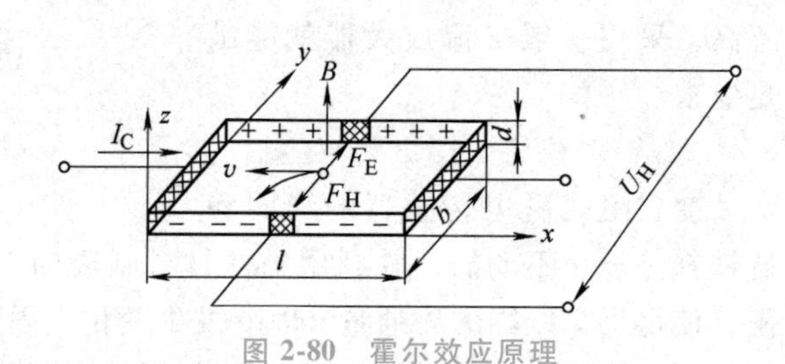

图 2-80　霍尔效应原理

在长为 l、宽为 b、厚为 d 的 N 型半导体薄片上，沿长度与宽度方向的四个端面上分别制作电极。在长度方向（x 方向）上通以控制电流 I_C，在厚度方向（z 方向）上施加磁感应强度为 B 的磁场，在宽度方向（y 方向）上产生电位差，即产生横向电场，称为霍尔电场 E_H，相应的电动势为霍尔电动势 U_H。产生霍尔电动势的原因如下：半导体中的载流子（电子）以速度 v 沿电流 I_C 的反方向运动，由于磁场 B 的作用，电子受到磁场力 F_H（洛仑兹力）作用发生偏转，根据左手定则，在 y 的反方向端面上积聚电子，另一端面上缺少电子，形成霍尔电场。电场产生的电场力 F_E 将阻止电子的继续偏转，当方向相反的磁场力 F_H 与电场力 F_E 相等时，电子的积聚达到动态平衡。当电子运动速度为 v，电子电荷量为 q_0（q_0 = 1.602×10^{-9}C）时，上述分析可用如下公式表示：

磁场 B 作用产生的磁场力为

$$F_H=q_0vB \tag{2-76}$$

电场 E_H 作用产生的电场力为

$$F_H = q_0 E_H = q_0 \frac{U_H}{b} \tag{2-77}$$

式中，U_H 为霍尔电动势，$U_H = E_H b$。

平衡时，磁场力与电场力相等，则

$$vB = \frac{U_H}{b} \quad \text{或} \quad U_H = bvB \tag{2-78}$$

电流密度 $j = nq_0 v$，n 为电子浓度（单位体积中电子数），则电流 $I_C = jbd = nq_0 vbd$。把电子速度 $v = I_C / nq_0 bd$ 代入式（2-78），霍尔电动势为

$$U_H = \frac{I_C B}{nq_0 d} = R_H \frac{I_C B}{d} = K_H I_C B \tag{2-79}$$

式中，R_H 为霍尔系数（m^3/C），$R_H = \frac{1}{nq_0}$；K_H 为霍尔元件的灵敏系数［V/(A·T)］，$K_H = \frac{R_H}{d}$。

从式（2-79）可知，霍尔系数反映霍尔效应的强弱，由材料物理性质决定。半导体材料导电粒子数目远小于金属材料，则霍尔效应强。霍尔元件的灵敏系数表示单位电流和单位磁场作用下开路的霍尔电动势输出值大小。霍尔系数越大，霍尔元件越薄，则霍尔元件的灵敏系数越大。

如果磁场方向与半导体薄片法线方向夹角为 α（法线方向即 z 方向），那么霍尔电动势为

$$U_H = K_H I_C B\cos\alpha \tag{2-80}$$

（二）霍尔元件的结构、图形符号及基本电路

1. 霍尔元件的结构、图形符号

霍尔元件是一种半导体四端薄片，它一般做成正方形，在薄片的相对两侧对称地焊接两对电极引出线，如图 2-81a、b 所示。其中一对（即 a、b 端）称为励磁电流端，另外一对（即 c、d 端）称为霍尔电动势输出端。c、d 端一般应处于侧面的中点。霍尔元件外形如图 2-81c 所示。

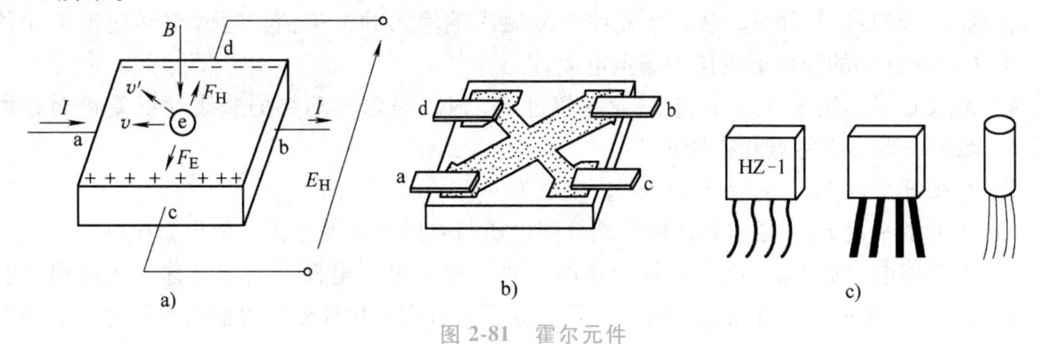

图 2-81　霍尔元件

a）霍尔效应原理　b）霍尔元件结构示意图　c）霍尔元件外形

霍尔元件的型号中，字母 H 代表霍尔元件，后面的字母代表霍尔元件的材料种类，数字代表产品序号。例如，HZ-1 型的霍尔元件，其中 H 表示霍尔元件，Z 表示锗材料制成的

霍尔元件；又如 HT-1 型，说明用锑化铟材料制成的霍尔元件。在电路中，霍尔元件一般可用两种图形符号表示，如图 2-82 所示。

2. 霍尔元件的基本电路

霍尔元件的基本电路如图 2-83 所示。控制电流（励磁电流）由电源 E 供给，其大小可由调节电阻 R 来实现，霍尔元件输出端接负载 R_L，R_L 可以是一般电阻，也可以是放大器的输入电阻或指示器的内阻。

在磁场和控制电流的作用下，负载上就有输出电压。在实际使用中，输入信号可为电流 I 或磁感应强度 B，或者两者同时作为输入。输出信号可正比于 I 或 B，或两者之积。

由于建立霍尔效应所需的时间很短（10^{-14}~10^{-12}s 之间），因此控制电流使用交流电时，频率可以很高（几千兆赫）。

（三）霍尔元件的特征参数

1）输入电阻 R_i：霍尔元件两激励电流端的直流电阻称为输入电阻，它的数值从几欧到几百欧，视不同型号的元件而定。温度升高，输入电阻变化，从而使输入电流改变，最终引起霍尔电动势变化。为了减少这种影响，最好采用恒流源作为激励源。

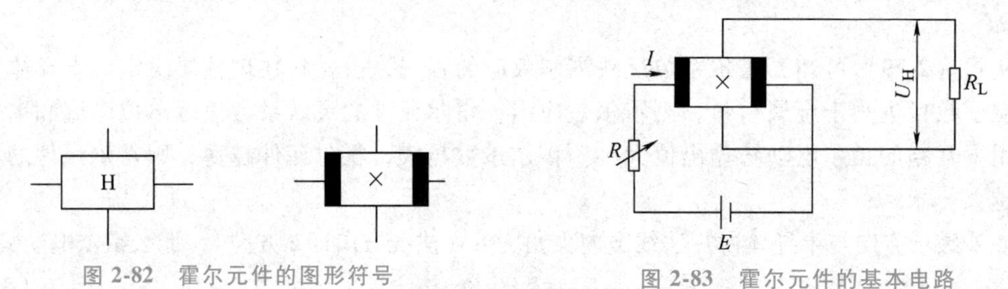

图 2-82　霍尔元件的图形符号　　图 2-83　霍尔元件的基本电路

2）输出电阻 R_o：两个霍尔电动势输出端之间的电阻称为输出电阻，它的数值与输入电阻为同一数量级，也随温度改变而改变。选择适当的负载电阻 R_L 与之匹配，可以使由温度引起的霍尔电动势的漂移减至最小。

3）额定控制电流 I_C：由于霍尔电动势随激励增大而增大，故在应用中应选用较大的激励电流。但激励电流增大，霍尔元件的功耗增大，元件的温度升高，从而引起霍尔电动势的温漂增大，因此每种型号的霍尔元件均规定相应的额定控制电流 I_C，它是指在磁感应强度 $B=0$、室温（25℃）条件下，从霍尔元件电流输入端输入的电流值。通常定义使霍尔元件温升 10℃时所施加的控制电流值为额定电流。

4）最大磁感应强度 B_M：磁感应强度超过 B_M 时，霍尔电动势的非线性误差将明显增大，B_M 数值一般小于零点几特斯拉。

5）灵敏度系数 K_H：$K_H=U_H/(IB)$，单位为 mV/(mA·T)。

6）磁灵敏系数 K_B：霍尔元件输出端开路电压与磁感应强度之比，单位为 V/T。

7）不等位电动势 U_M：霍尔元件制作时，两个输出电压电极不完全对称。在额定控制电流输入时，厚度不均匀或输出电极焊接不良等原因造成不加外磁场时输出电压电极之间产生空载电动势，这种空载电动势称为不等位电动势。

8）零位电阻 R_M：不等位电动势与控制电流之比称为零位电阻，即 $R_M=U_M/I_C$。

9）霍尔电动势温度系数 β_H：在一定控制电流和磁感应强度作用下，温度变化 1℃时的霍尔电动势相对变化值，其单位为℃$^{-1}$。

（四）霍尔传感器的连接方式和集成电路

1. 霍尔传感器的基本测量电路

图 2-84 所示为霍尔传感器的基本测量电路。控制电流 I_C 由电源 E 供给，电位器 R_P 调节控制电流 I_C 的大小。霍尔传感器输出接负载 R_L。R_L 可以是放大器的输入电阻或者是测量仪表的内阻。在测量中，可以把 I_CB、I_C 或者 B 作为输入信号，对应的霍尔传感器的输出电动势正比于 I_CB、I_C 或者 B。

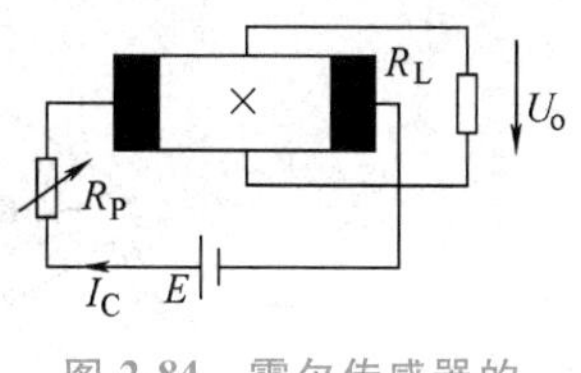

图 2-84 霍尔传感器的基本测量电路

2. 霍尔传感器的连接方式

除了霍尔传感器的基本电路外，为了获得较大的霍尔输出电压，可以采用几片霍尔传感器叠加的连接方式，如图 2-85 所示。

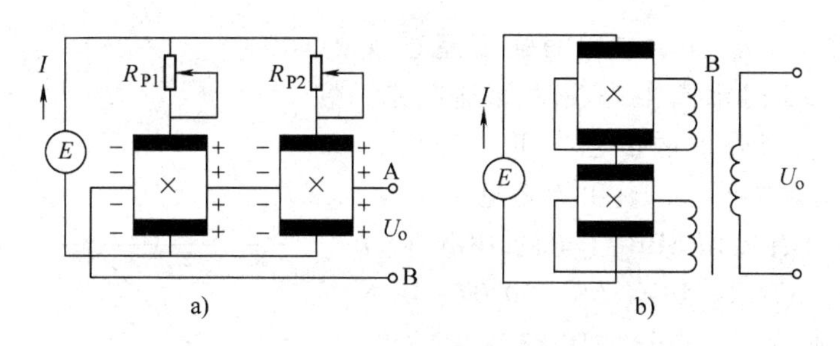

图 2-85 霍尔传感器输出叠加连接方式
a）直流供电 b）交流供电

图 2-85a 所示为直流供电情况。控制电流端并联，由 R_{P1} 和 R_{P2} 调节两个元件的输出霍尔电动势，A、B 为输出端，它的输出电动势是单个霍尔传感器的 2 倍。

图 2-85b 所示为交流供电情况。控制电流端串联，各元件输出端接输出变压器 T 的一次绕组，变压器的二次侧便有霍尔电动势信号叠加值输出。

3. 霍尔传感器的集成电路

随着微电子技术的发展，目前的霍尔传感器都已集成化，即把霍尔元件、放大器、温度补偿电路及稳压电源或恒流电源等集成在一个芯片上，由于其外形与集成电路相同，故又称为霍尔集成电路。霍尔集成电路可分为线性型和开关型两种。

（1）线性型霍尔集成传感器

线性型霍尔集成传感器将霍尔元件和恒流源、线性放大器等做在同一芯片上，输出电压较高，使用非常方便。

例如：UGN3501M 是具有双端差动输出特性的线性型霍尔器件，UGN3501M 的外形、内部电路框图如图 2-86 所示，其输出特性曲线如图 2-87 所示。当其感受的磁场为零时，引脚 1 相对于引脚 8 的输出电压等于零；当感受的磁场为正向（磁钢的 S 极对准器件的正面）时，输出为正；磁场为反向时，输出为负，因此使用起来更加方便。它的引脚 5、6、7 外接一只微调电位器，可以微调并消除不等位电压引起的差动输出零点漂移。

（2）开关型霍尔集成传感器

开关型霍尔集成传感器将霍尔元件、稳压电路、放大器、施密特触发器、OC 门等

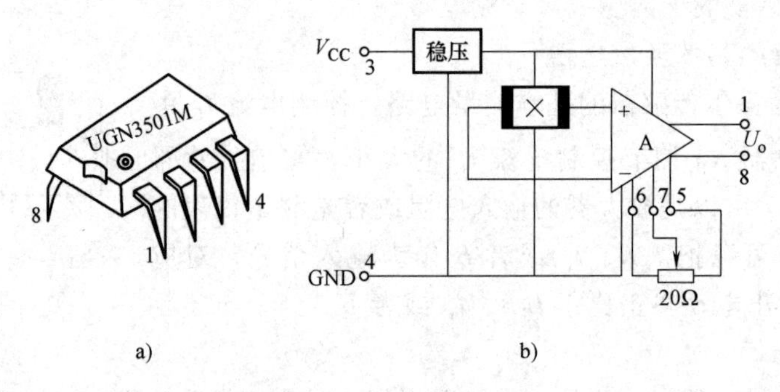

图 2-86　差动输出线性型霍尔集成电路

a）外形　b）内部电路框图

电路做在同一芯片上。当外加磁场强度超过规定的工作点时，OC 门由高阻态变为导通状态，输出变为低电平，当外加磁场强度低于释放点时，OC 门重新变为高阻态，输出为高电平。

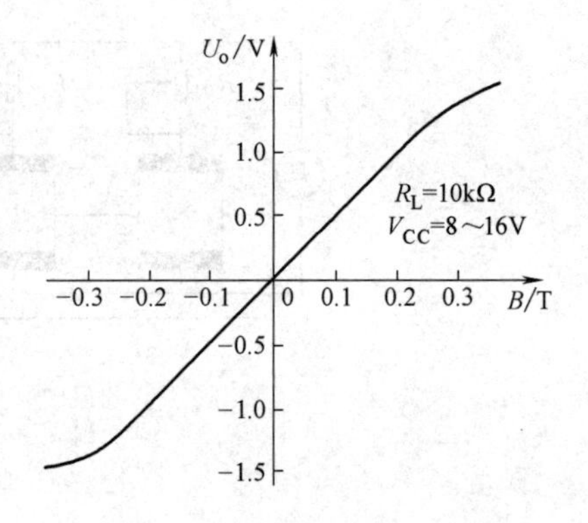

图 2-87　差动输出线性型霍尔集成电路输出特性曲线

常见产品型号有美国 SPR 公司的 UGN（S）3019T、UGN（S）3020T、UGN（S）3030T、UGN（S）3075T，日本松下公司的 DN837、DN839、DN6837、DN6839 等。

例如：开关型霍尔集成电路 UGN3020T，其外形与内部电路框图如图 2-88 所示。

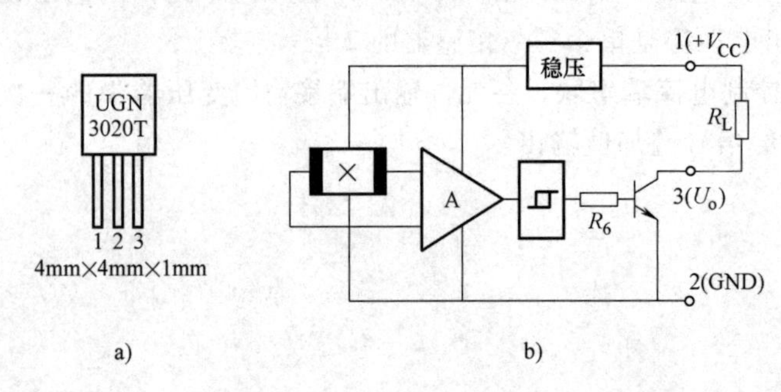

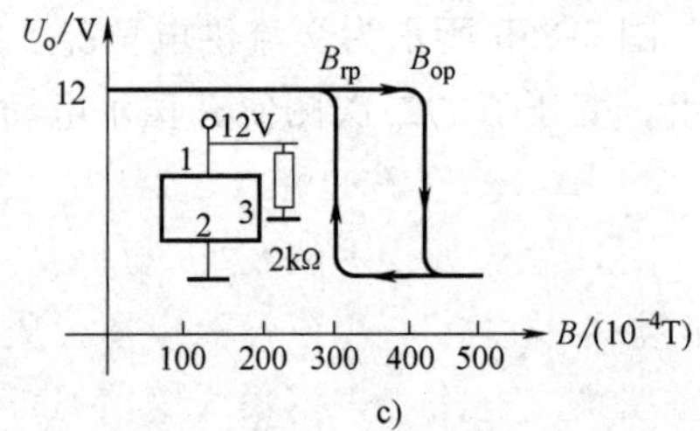

图 2-88　开关型霍尔集成电路

a）外形尺寸　b）内部电路框图　c）输出特性

霍尔效应片产生的电压由差分放大器进行放大，随后被送到施密特触发器。当外加磁场 B 小于霍尔元件磁场工作点 B_{op}（0.03～0.048T）时，差分放大器的输出电压不足以开启施密特电路，故驱动晶体管 VT 截止，霍尔器件处于关闭状态。

当外加磁场 B 大于或等于 B_{op} 时，差分放大器输出增大，启动施密特电路，使 VT 导通，霍尔元件处于开启状态。若此时外加磁场逐渐减弱，霍尔开关并不立即进入关闭状态，而是减弱至磁场释放点 B_{rp}，使差分放大器的输出电压降到施密特电路的关闭阈值，晶体管才由导通变截止。

霍尔元件的磁场工作点 B_{op} 和释放点 B_{rp} 之差 ΔB 为磁感应强度的回差宽度。B_{op} 和 ΔB

是霍尔元件的两个重要参数。B_{op} 越小，器件灵敏度越高；ΔB 越大，器件抗干扰能力越强。霍尔元件所具备的回差特性使其抗干扰能力显著提高，外来杂散磁场干扰不易使其产生误动作。

UGN（S）3020T 内部还设置了电压调整电路。除晶体管 VT 的工作电压外，其他电路的电源均由电压调整器供给，电压为 3.4V，与器件外加电源电压高低无关。这样可使外加电源电压的范围很宽，为 4.5~24V，为不同的应用带来很多的方便。UGN（S）3020T 的输出晶体管 VT 采用集电极开路结构形式，便于器件与其他集成电路或负载直接接口。

UGN（S）3019T 和 UGN（S）3020T 均属于单稳开关型霍尔器件，而 UGN（S）3030T 和 UGN（S）3075T 为双稳开关型霍尔器件。双稳开关型霍尔器件的特点是，当外加磁场的磁感应强度达到器件的 B_{op} 时，开关接通，磁场消失后器件仍保持导通状态；只有在施加反向极性的磁场，而且磁感应强度达到 B_{op} 时，器件才翻转回到关闭状态。

三、磁电式传感器的应用

（一）磁电感应式振动速度传感器

CD-1 型绝对振动速度传感器的结构如图 2-89 所示，它属于动圈式恒定磁通式传感器。工作线圈 6 放在磁路的右气隙，用铜或铝制成的圆环形阻尼器 2 放在左气隙，工作线圈和圆环形阻尼器用心轴 5 连在一起组成质量块，用圆形弹簧片 1 和 8 支撑在壳体上。使用时，将传感器固定在被测物体上，永久磁铁、铝架和壳体一起随被测物体振动。质量块产生惯性力，而弹簧片又非常柔软，因此当振动频率远大于传感器固有频率时，线圈在磁路系统环形气隙中相对永久磁铁运动，以振动体的振动速度切割磁力线，产生感应电动势，由引线 9 接到测量电路。同时良导体阻尼器也在磁路系统气隙中运动，感应产生涡流，形成系统的阻尼力，起衰减固有振动和扩展频率响应范围的作用。

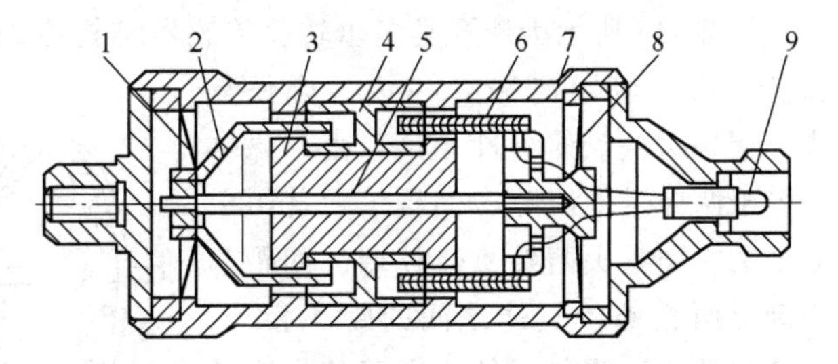

图 2-89　CD-1 型绝对振动速度传感器的结构

1、8—圆形弹簧片　2—圆环形阻尼器　3—永久磁铁
4—铝架　5—心轴　6—工作线圈　7—壳体　9—引线

传感器测量振动速度的灵敏度为 $604\text{mV}/(\text{cm}\cdot\text{s}^{-1})$，在测量电路中接入积分电路和微分电路，也可测量被测物体的振幅和加速度，可测振幅范围为 0.1~1000μm，可测加速度不大于 5g。传感器工作频率为 10~500Hz，固有频率为 12Hz，工作线圈内阻为 1.9Ω，精度不大于 10%。

（二）磁电感应式扭矩传感器

磁电感应式扭矩传感器属于变磁通式传感器。其结构如图 2-90a 所示。转子和线圈固定在传感器转轴上，定子（永久磁铁）固定在传感器外壳上，转子和定子上有一一对应的齿和槽。

测量扭矩时，需要用两个传感器（见图 2-90b）将它们的转轴（包括线圈和转子）分别固定在被测轴两端，它们的外壳固定不动。安装时，一个传感器的定子齿与其转子齿相对，而另一个传感器定子槽与其转子齿相对。当被测轴无外加扭矩时，扭转角为零，这时若转轴以一定角速度旋转，则两个传感器会产生相位差为180°、近似正弦波的两个感应电动势。当被测轴有扭矩产生时，轴两端产生扭转角φ，因此两传感器输出的感应电动势将因扭矩而产生附加相位差φ_0。扭转角φ与感应电动势相位差φ_0的关系为$\varphi_0=z\varphi$，z为传感器定子（或转子）的齿数。由φ_0和z可求出扭转角φ，根据φ、被测轴材质及长度即可求出扭矩。

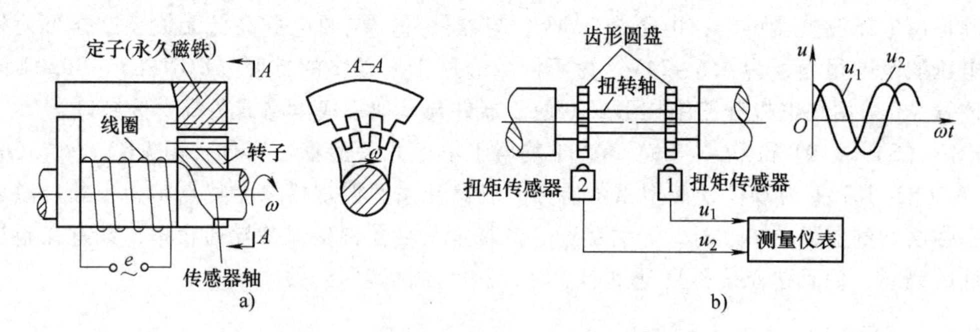

图2-90 磁电感应式扭矩传感器结构与测量原理

a）扭矩传感器结构 b）扭矩测量原理

（三）霍尔转速传感器

图2-91a所示为测孔类霍尔转速传感器结构原理，把一个非磁性圆盘固定在被测轴上，圆盘的边上等距离嵌有一些永磁铁氧体，相邻两铁氧体极性相反，由导磁体和置于两导磁体缝隙中的霍尔元件组成测量头。测量头两导磁体外端的间距与圆盘上两相邻铁氧体之间的距离相等，圆盘转动时，霍尔元件输出正负交变的周期电动势。

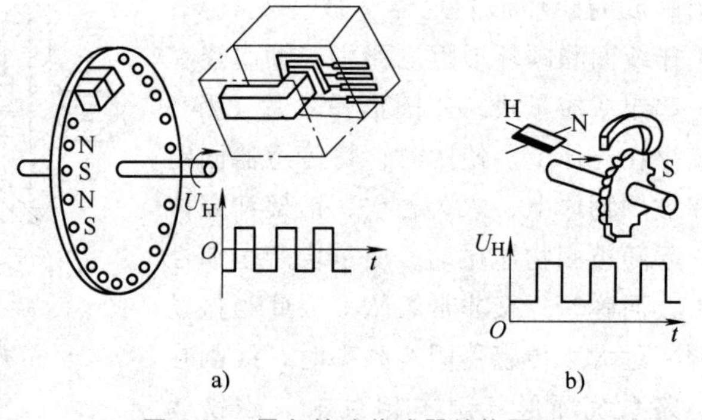

图2-91 霍尔转速传感器结构原理

a）测孔类 b）测齿类

图2-91b为另一种转速测量结构，是在被测转速的轴上装一齿轮状的导磁体。对着齿轮固定一马蹄形的永久磁铁，霍尔元件粘贴在磁铁磁极的端面上。当被测轴旋转时，带动齿轮状导磁体转动，于是霍尔元件磁路中的磁阻发生周期性变化，其变化周期是被测轴转速的函数。磁路磁阻的周期性变化引起作用于霍尔元件的磁感应强度也发生周期性变化，使霍尔元件输出一系列频率与转速成比例的单向电脉冲。

（四）汽车霍尔电子点火器

图2-92为汽车霍尔电子点火器中霍尔传感器磁路示意图。将霍尔元件3固定在汽车分电器的白金座上，在分火点上装一个隔磁罩1，罩的竖边根据汽车发动机的缸数，开出等间距的缺口2。当缺口对准霍尔元件时，磁通通过霍尔元件而形成闭合回路，所以电路导通，如图2-92a所示，此时霍尔电路输出低电平小

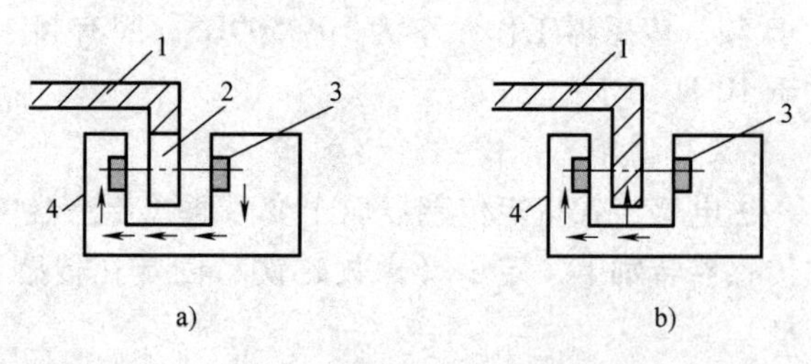

图2-92 霍尔传感器磁路示意图

a）缺口对准霍尔元件 b）凸出部分对准霍尔元件

1—隔磁罩 2—隔磁罩缺口 3—霍尔元件 4—磁钢

于等于 0.4V；当罩边凸出部分挡在霍尔元件和磁体之间时，电路截止，如图 2-92b 所示，霍尔电路输出高电平。

图 2-93 所示为汽车霍尔电子点火器电路原理图。当霍尔传感器输出低电平时，VT_1 截止，VT_2、VT_3 导通，点火线圈的一次侧有一恒定电流通过。当霍尔传感器输出高电平时，VT_1 导通，VT_2、VT_3 截止，点火器的一次电流截断，此时储存在点火线圈中的能量，由二次线圈以高压放电形式输出，即放电点火。

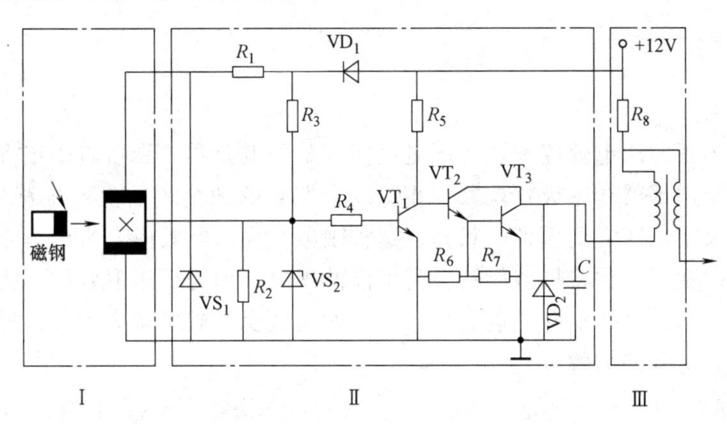

图 2-93 汽车霍尔电子点火器电路原理图

Ⅰ—带霍尔传感器的分电器 Ⅱ—开关放大器 Ⅲ—点火线圈

由于汽车霍尔电子点火器具有无触点、节油，能适用于恶劣的工作环境和各种车速，冷起动性能好等特点，目前已被广泛应用。

（五）交直流钳形数字电流表

交直流钳形数字电流表测量原理如图 2-94 所示。在环形钳口式磁集束器的空气隙中放置一块线性霍尔集成片。磁集束器的作用是将载流导线与磁集束器相互作用产生的磁场集中到霍尔片上，以提高灵敏度。作用在霍尔片的磁感应强度 B 为

$$B=k_B I_x$$

式中，k_B 为电流灵敏度，I_x 为被测电流。

线性集成霍尔片的输出电压 U_o 为

$$U_o=k_H IB=k_H k_B I I_x=kI_x$$

式中，k 为电流灵敏度，$k=k_H k_B I=$ 常数。

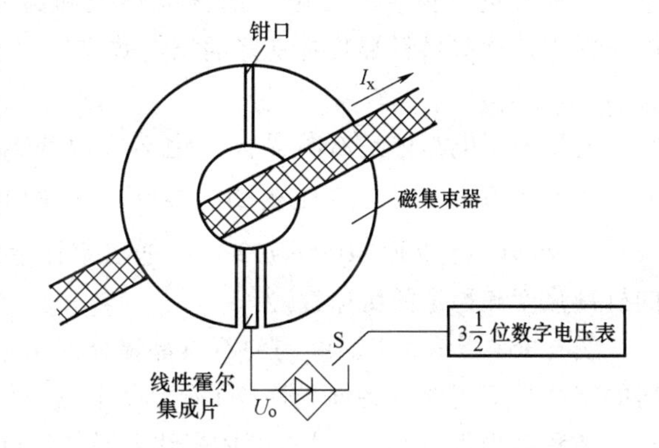

图 2-94 交直流钳形数字电流表测量原理图

若 I_x 为直流电流，U_o 可供数字电压表显示；若 I_x 为交流电流，U_o 也为交流，应经桥式整流、滤波后送入数字电压表。

第五节 压电式传感器

压电式传感器是一种典型的自发电式传感器，它以压电晶体受外力作用会在晶体表面上产生电荷的压电效应为基础，以压电晶体为力-电转换器件，把力、压力、加速度和扭矩等

被测量转换成电信号输出。

压电式传感器具有灵敏度高、固有频率高、信噪比高、结构简单、体积小、工作可靠等优点。其主要缺点是无静态输出，要求很高的输出阻抗，需要低电容低噪声电缆，很多压电材料居里点较低，工作温度在250℃以下。

压电器件是一种典型的双向有源传感器（具有逆压电效应），被广泛应用于超声、通信、宇航、雷达等领域。

一、压电效应与压电材料

（一）压电效应

压电效应分为正向压电效应和逆向压电效应。某些电介质，当沿着一定方向对其施加外力而使它变形时，内部就产生极化现象，相应地会在它的两个表面上产生符号相反的电荷，当外力去掉后，又重新恢复到不带电状态，这种现象称为压电效应。当外力方向改变时，电荷的极性也随之改变，这种将机械能转换为电能的现象，称为正压电效应。相反，当在电介质极化方向施加电场，这些电介质也会产生一定的机械变形或机械应力，这种现象称为逆向压电效应，也称为电致伸缩效应。

（二）压电材料

具有压电效应的材料称为压电材料，压电材料能实现机-电能量的相互转换，具有一定的可逆性，如图2-95所示。

压电材料常用晶体材料，但自然界中多数晶体的压电效应非常微弱，很难满足实际检测的需要，因而没有实用价值。目前能够广泛使用的压电材料有石英晶体、人工制造的压电陶瓷和高分子压电材料等，这些材料都具有良好的压电效应。

机械量 ⇔ 压电元件 ⇔ 电量

图2-95 压电效应的可逆性

1. 压电晶体

典型的压电晶体是石英晶体，化学式为SiO_2，为单晶体结构。石英晶体的压电系数为$d_{11}=2.31\times10^{-12}$C/N，并且在20~200℃范围内，其压电系数几乎不变。居里温度点为573℃，可以承受700~1000kgf/cm²（非法定计量单位，1kgf=9.80665N）的压力，具有很高的机械强度和稳定的机械性能。

图2-96a所示为天然结构的石英晶体外形示意图，它是一个正六面体。石英晶体各个方向的特性是不同的（各向异性体），可以用三个相互垂直的轴来表示，其中纵向轴z称为光轴（或称为中性轴），经过六面体棱线并垂直于光轴的x称为电轴，与x和z轴同时垂直的轴y称为机械轴。通常把沿电轴x方向的力作用下产生电荷的压电效应称为纵向压电效应，而把沿机械轴y方向的力作用下产生电荷的压电效应称为横向压电效应。沿轴z方向的力作用时不产生压电效应。

若从晶体上沿y方向（见图2-96b）切下一块如图2-96c所示的晶片，当沿电轴方向施加作用力F_x时，则在与电轴x垂直的平面上将产生电荷，其大小为

$$Q_{xx}=d_{11}F_x \tag{2-81}$$

式中，d_{11}为x方向受力的压电系数。

若在同一切片上，沿机械轴y方向施加作用力F_y，则仍在与x轴垂直的平面上产生电

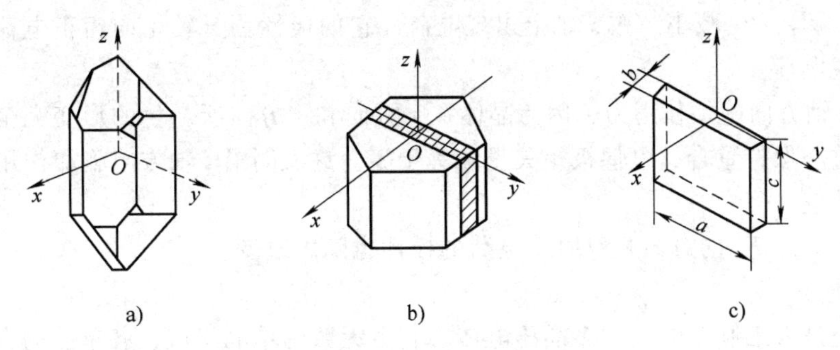

图 2-96　石英晶体

a）晶体外形　b）切割方向　c）晶片

荷 Q_{xy}，其大小为

$$Q_{xy}=d_{12}\frac{a}{b}F_y \tag{2-82}$$

式中，d_{12} 为 y 轴方向受力的压电系数，根据石英晶体的对称性，有 $d_{12}=-d_{11}$；a、b 为晶体切片的长度和厚度，如图 2-96c 所示。

电荷 Q_{xx} 和 Q_{xy} 的符号由受压力还是受拉力决定。

石英晶体的上述特性与其内部分子结构有关。图 2-97 所示的是一个单元组体中构成石英晶体的硅离子和氧离子，在垂直于 z 轴的 xy 平面上的投影，等效为一个正六边形排列。图中"⊕"代表硅离子 Si^{4+}，"⊖"代表氧离子 O^{2-}。

当石英晶体未受外力作用时，正、负离子正好分布在正六边形的顶角上，形成三个互成 120°夹角的电偶极矩 P_1、P_2、P_3，如图 2-97a 所示。$P=ql$，q 为电荷量，l 为正负电荷之间距离。此时正、负电荷重心重合，电偶极矩的矢量和等于零，即 $P_1+P_2+P_3=0$，所以晶体表面不产生电荷，即呈中性。

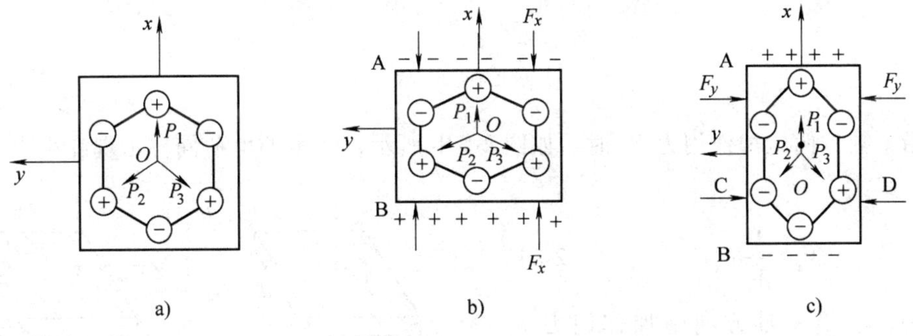

图 2-97　石英晶体压电模型

a）不受力时　b）x 轴方向受力　c）y 轴方向受力

当石英晶体受到沿 x 轴方向的压力作用时，晶体沿 x 方向将产生压缩变形，正、负离子的相对位置也随之变动。如图 2-97b 所示，此时正、负电荷重心不再重合，电偶极矩在 x 方向上的分量由于 P_1 的减小和 P_2、P_3 的增加而不等于零。在 x 轴的正方向出现负电荷，电偶极矩在 y 方向上的分量仍为零，不出现电荷。

当晶体受到沿 y 轴方向的压力作用时，晶体的变形如图 2-97c 所示。与图 2-97b 情况相似，P_1 增大，P_2、P_3 减小，在 x 轴上出现电荷，它的极性为 x 轴正向为正电荷。在 y 轴方向上仍不出现电荷。

如果沿 z 轴方向施加作用力，因为晶体在 x 方向和 y 方向所产生的形变完全相同，所以正、负电荷重心保持重合，电偶极矩矢量和等于零。这表明沿 z 轴方向施加作用力，晶体不会产生压电效应。

当作用力 F_x、F_y 的方向相反时，电荷的极性也随之改变。

2. 压电陶瓷

压电陶瓷是人工制造的一种多晶压电体，它由无数的单晶组成，各单晶的自发极化方向是任意排列的，如图 2-98a 所示。虽然每个单晶具有强的压电性质，但组成多晶后，各单晶的压电效应却互相抵消了，所以，原始的压电陶瓷是一个非压电体，不具有压电效应。为了使压电陶瓷具有压电效应，就必须进行极化处理。所谓极化处理，就是在一定的温度条件下，对压电陶瓷施加强电场，使极性轴转动到接近电场方向，规则排列，如图 2-98b 所示。这个方向就是压电陶瓷的极化方向，这时压电陶瓷就有了压电性，在极化电场去除后，留下了很强的剩余极化强度。当压电陶瓷受到力的作用时，极化强度发生变化，在垂直于极化方向的平面上就会出现电荷。对于压电陶瓷，通常取它的极化方向为 z 轴。

当压电陶瓷在沿极化方向受力时，在垂直于 z 轴的表面上会出现电荷，如图 2-99a 所示。电荷量 Q_{zz} 与作用力 F_z 成正比，即

$$Q_{zz}=d_{zz}F_z \tag{2-83}$$

式中，d_{zz} 为压电陶瓷的纵向压电系数。

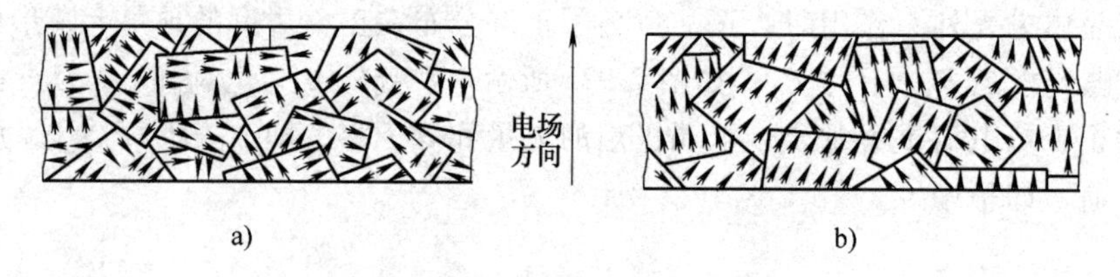

图 2-98　压电陶瓷的极化

a）极化前　b）极化后

当沿 x 轴方向施加作用力 F_x 时，如图 2-99b 所示，产生的电荷同样出现在垂直于 z 轴的表面上，其大小为

$$Q_{zx}=\frac{A_z}{A_x}d_{zx}F_x \tag{2-84}$$

同理，当沿 y 轴方向施加作用力 F_y 时，在垂直于 z 轴的表面上产生的电荷量为

$$Q_{xy}=\frac{A_z}{A_y}d_{zy}F_y \tag{2-85}$$

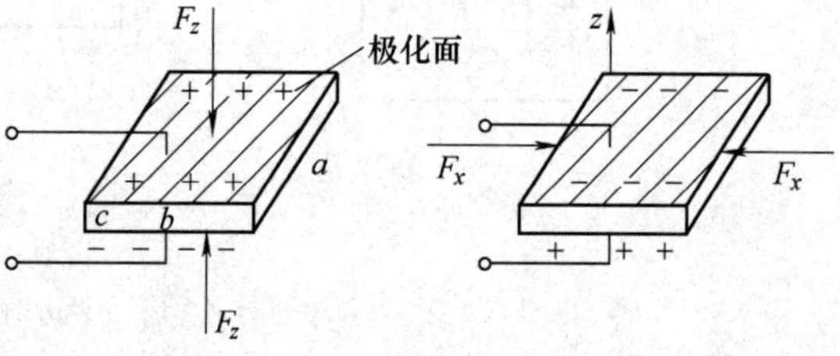

a)　b)

图 2-99　压电陶瓷的压电效应

a）沿 z 轴方向施加力　b）沿 x 轴方向施加力

式中，A_z、A_x、A_y 分别为垂直于 z 轴、x 轴、y 轴的晶片面积；d_{zx}、d_{zy} 分别为横向压电系数，均为负值。

压电陶瓷的压电系数比石英晶体大得多，一般高出几十倍，所以采用压电陶瓷制作的压

电式传感器的灵敏度较高。极化处理后的压电陶瓷材料的剩余极化强度和特性与温度有关，它的参数也随时间变化，从而使其压电特性减弱。

目前使用较多的压电陶瓷材料是锆钛酸铅（PZT）系列，它是由钛酸铅（$PbTiO_2$）和锆酸铅（$PbZrO_3$）组成的（$Pb(ZrTi)O_3$）。居里点温度在300℃以上，性能稳定，有较高的介电常数和压电系数。

3. 高分子的压电材料

高分子的压电材料是一种新型的材料，有聚偏二氟乙烯（PVF_2）、聚偏氟乙烯（PVDF）、聚氟乙烯（PVF）、改性聚氟乙烯（PVC）等，其中以 PVF_2 和 PVDF 的压电系数最高，有的材料比压电陶瓷还要高几十倍，其输出脉冲电压有的可以直接驱动 CMOS 集成门电路。高分子压电材料的最大特点是具有柔软性，可根据需要制成薄膜或电缆套管等形状，经极化处理后就出现压电特性。它不易破碎，具有防水性，动态范围宽，频响范围大，但工作温度不高（一般低于100℃，且随温度升高，灵敏度降低），机械强度也不高，容易老化，因此常用于对测量精度要求不高的场合，例如水声测量、防盗、振动测量等。

二、压电式传感器的等效电路

（一）压电元件的等效电路

由上面分析可知，当压电式传感器的压电敏感元件受力后，便在压电元件一定方向的两个表面上分别产生正、负电荷。因此，可把压电元件视为一个电荷源，如图 2-100a 所示。同理，当压电元件的表面聚集不同极性的正、负电荷时，也可将其视为一个电容器，如图 2-100b 所示。

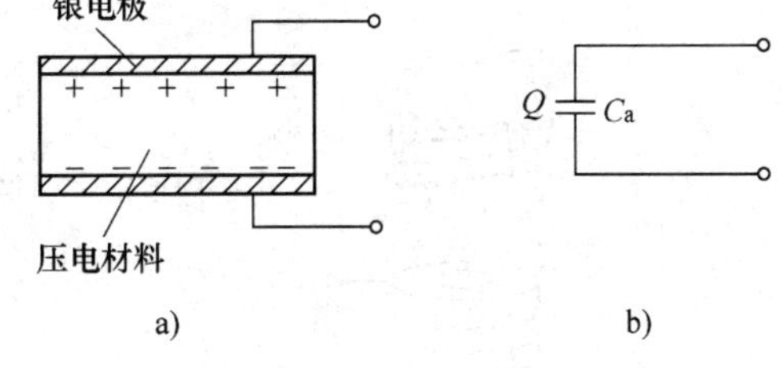

图 2-100　压电元件的等效电路

a）电荷等效电路　b）电容器等效电路

其等效电容量为

$$C_a=\frac{\varepsilon A}{\delta}=\frac{\varepsilon_r\varepsilon_0 A}{\delta} \tag{2-86}$$

式中，A 为压电元件电极面积（m^2）；δ 为压电元件厚度（m）；ε 为压电材料的介电常数（F/m）；ε_r 为压电材料的相对介电常数；ε_0 为真空介电常数，$\varepsilon_0=8.85\times10^{-12}$F/m；$C_a$ 为压电元件内部电容。

因此，可以把压电式传感器等效为一个电荷源与一个电容相并联的电荷等效电路，如图 2-101a 所示。

电容器上的电压 U_a（开路电压）、电荷 Q 与电容 C_a 三者之间存在的关系为

$$U_a=\frac{Q}{C_a} \tag{2-87}$$

式中，Q 为两极板的电荷量。

对式（2-87），可用两种电路来等效压电式传感器。

1. 电荷等效电路

电荷等效电路是电荷源与一个电容并联的电路，如图 2-101a 所示。此电路输出为 $Q=C_aU_a$，满足式（2-87）。

2\. 电压等效电路

电压等效电路由一个电压源 U_a 与一个电容串联构成，如图 2-101b 所示。此电路输出为 $U_a=\dfrac{Q}{C_a}$，此式仍能满足式（2-87）。

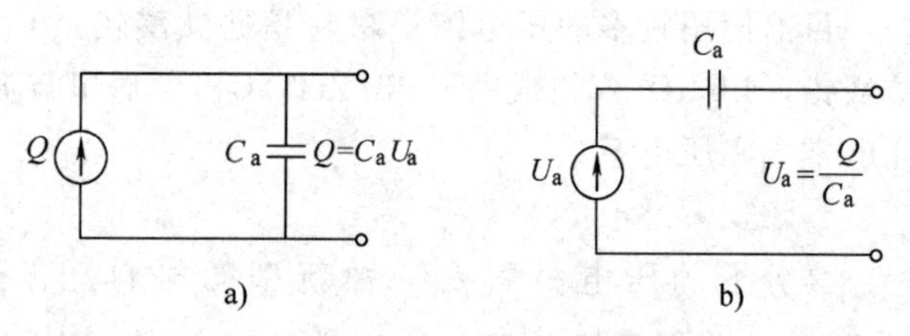

图 2-101　压电式传感器的等效电路

a）电荷等效电路　b）电压等效电路

（二）压电元件常用结构形式

由于压电晶体表面产生的电荷一般不够多，所以在实际使用中常把两片或两片以上的压电片组合在一起。图 2-102 所示是压电元件的串联与并联情况。

图 2-102a 所示为晶片按照正—负—正—负连接，正、负电荷分别分布在上、下电极。在中性面上，上、下两片的正、负电荷相抵消，即为串联，其关系为

$$C'=C/2,\ U'=2U,\ Q'=Q$$

由于压电材料是有极性的，因此存在并联和串联两种接法。双晶片的正—负—负—正接法如图 2-102b 所示，出现电荷为正—负—负—正，负电荷集中在中间电极，正电荷出现在两边电极，相当于两压电片并联，总电容量 C'、总电压 U'、总电荷 Q'与单片的 C、U、Q 的关系为

$$C'=2C,\ U'=U,\ Q'=2Q$$

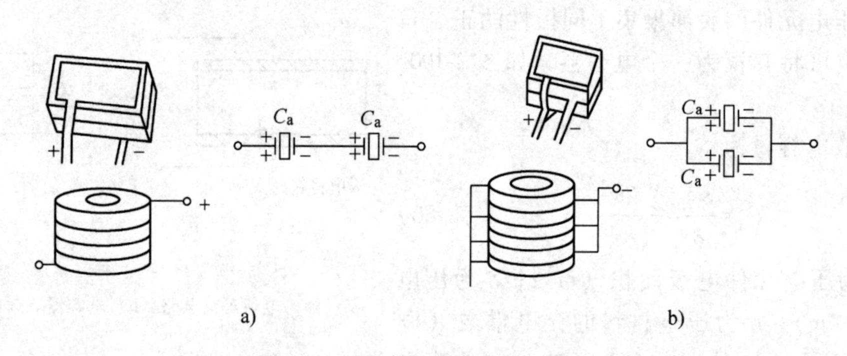

图 2-102　压电元件的串联与并联

a）压电元件串联　b）压电元件并联

在这两种接法中，并联接法输出电荷量大，本身电容也大，因此时间常数大，宜用于测量缓变信号，并且适用于以电荷作为输出量的场合。串联接法输出电压高，自身电容小，适用于以电压为输出量以及测量电路输入阻抗很高的场合。

（三）压电式传感器的实际等效电路

当压电式传感器与测量仪器组合使用构成测量系统时，其连接电路如图 2-103 所示。

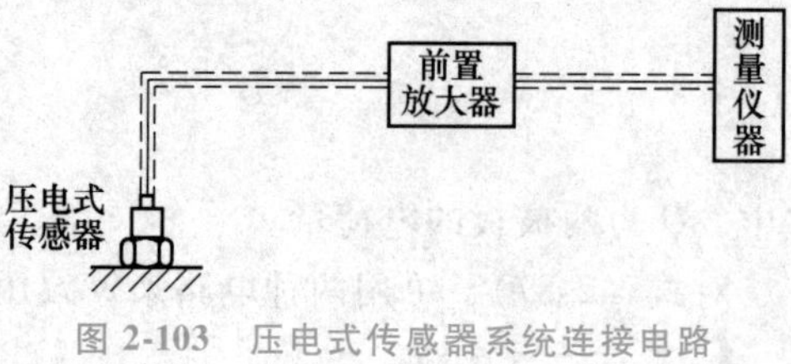

前置放大器
测量仪器
压电式传感器

图 2-103　压电式传感器系统连接电路

传感器的实际输出中有传感器对地的绝缘电阻 R_a、电缆的分布电容 C_c、放大器的输入阻抗（R_i、C_i）等损耗，因此，按照压电元件的两种等效电路，压电式传感器的实际等效电

路也有两种，如图 2-104 所示。这两种电路完全等效。

三、压电式传感器的测量电路

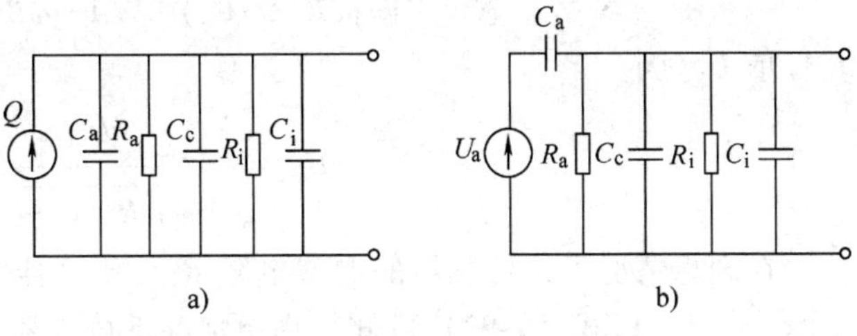

图 2-104　压电式传感器实际等效电路
a）电荷等效电路　b）电压等效电路

压电式传感器本身的内阻抗很高，而输出能量较小，因此它的测量电路通常需要接入一个高输入阻抗的前置放大器。其作用为：一是把它的高输出阻抗变换为低输出阻抗；二是放大传感器输出的微弱信号。根据压电式传感器的工作原理和等效电路，压电式传感器的输出可以是电压信号，这时可以把传感器看作电压发生器；也可以是电荷信号，这时可以把传感器看作电荷发生器。因此前置放大器也有两种形式：电压放大器和电荷放大器。

（一）电压放大器

图 2-105a 所示为压电式传感器接电压放大器的等效电路，图 2-105b 所示为简化后的等效电路。其中，u_i 为放大器输入电压。

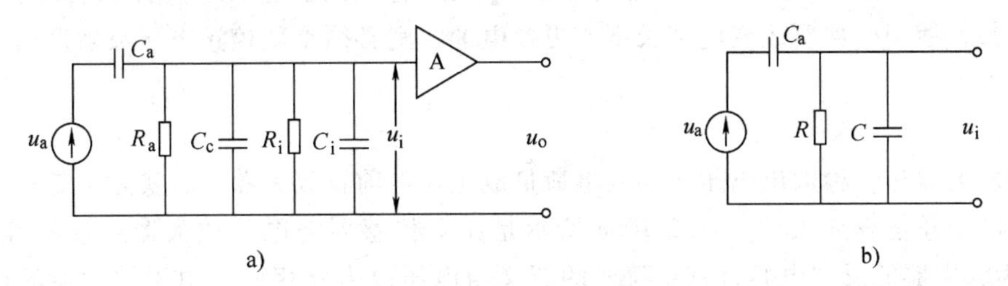

图 2-105　压电式传感器接电压放大器等效电路及其简化电路
a）等效电路　b）简化后的等效电路

在图 2-105b 所示等效电路中，等效电阻 R 为

$$R=\frac{R_aR_i}{R_a+R_i} \tag{2-88}$$

等效电容为

$$C=C_i+C_c \tag{2-89}$$

如果压电式传感器的受力为 $f=F_m\sin\omega t$，则在压电元件上产生的电荷量为

$$Q=df=dF_m\sin\omega t$$

压电元件上产生的电压为

$$u_a=\frac{Q}{C_a}=\frac{dF_m\sin\omega t}{C_a}=U_m\sin\omega t \tag{2-90}$$

式中，U_m 为压电元件输出电压幅值，$U_m=\dfrac{dF_m}{C_a}$；d 为压电系数。

由此得到放大器输入端电压为

$$U_{\mathrm{i}}=\frac{\mathrm{j}\omega R}{1+\mathrm{j}\omega R(C+C_{\mathrm{a}})}U_{\mathrm{a}}=\frac{\mathrm{j}\omega R}{1+\mathrm{j}\omega R(C_{\mathrm{i}}+C_{\mathrm{c}}+C_{\mathrm{a}})}dF_{\mathrm{m}} \tag{2-91}$$

其幅值 U_{im} 为

$$U_{\mathrm{im}}=\frac{dF_{\mathrm{m}}\omega R}{\sqrt{1+\omega^2R^2(C_{\mathrm{i}}+C_{\mathrm{c}}+C_{\mathrm{a}})^2}} \tag{2-92}$$

在理想情况下，传感器的泄漏电阻 R_{a}、放大器的输入电阻 R_{i} 均为无穷大，即 $\omega R(C_{\mathrm{i}}+C_{\mathrm{c}}+C_{\mathrm{a}})\gg 1$，由式（2-92）可知，理想情况下放大器的输入电压为

$$U_{\mathrm{im}}\approx\frac{d}{C_{\mathrm{i}}+C_{\mathrm{c}}+C_{\mathrm{a}}}F_{\mathrm{m}} \tag{2-93}$$

由式（2-93）可以看出，放大器输入电压幅度与被测频率无关。但根据式（2-91）可知，当作用在压电元件上的力为静态力时（$\omega=0$），放大器的输入电压为零。因为在实际测量时，放大器的输入电阻 R_{i} 和传感器的泄漏电阻 R_{a} 不可能为无穷大，因此电荷就会通过放大器的输入电阻 R_{i} 和传感器的泄漏电阻 R_{a} 漏掉，所以压电传感器不能用于静态力测量，但其高频响应特性非常好。由式（2-93）可知，当改变连接传感器与前置放大器的电缆长度时，C_{c} 将改变，从而引起放大器的输出电压 U_{im} 也发生变化。在设计时，通常把电缆长度定为一常数，使用时如要改变电缆长度或更换电缆，则必须重新校正电压灵敏度值，否则会造成测量误差。

（二）电荷放大器

电荷放大器是一种输出电压与输入电荷量成正比的前置放大器。它实际上是一个具有反馈电容的高增益运算放大器。图 2-106a 所示是压电传感器与电荷放大器连接的等效电路。图中 C_{f} 为放大器的反馈电容，其余符号的意义与电压放大器相同。由于放大器的输入阻抗高达 $10^{10}\sim10^{12}\Omega$，放大器输入端几乎没有分流，实际的等效电路如图 2-106b 所示，电荷 Q 只对反馈电容 C_{f} 充电，充电电压接近放大器的输出电压。

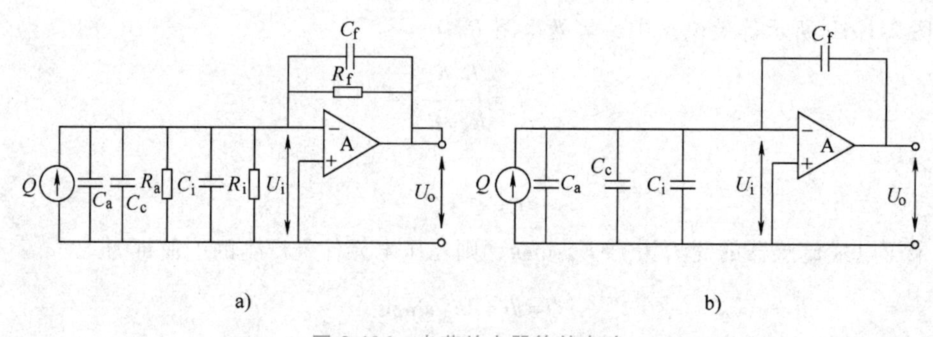

图 2-106　电荷放大器等效电路

a）压电传感器与电荷放大器连接的等效电路　b）实际等效电路

电荷放大器的输出为

$$U_{\mathrm{o}}=\frac{-AQ}{C_{\mathrm{i}}+C_{\mathrm{c}}+C_{\mathrm{a}}+(1+A)C_{\mathrm{f}}} \tag{2-94}$$

式中，A 为开环放大倍数，常为 $10^4\sim10^6$。

因为 $A \gg 1$，而 $(1+A)C_f \gg C_i+C_c+C_a$ 时，放大器的输出电压可以表示为

$$U_o \approx -\frac{Q}{C_f} \tag{2-95}$$

由式（2-95）可以看出，电荷放大器的输出电压与电缆电容无关。因此电缆可以很长，可达数百米，甚至上千米，灵敏度却无明显损失，这是电荷放大器的一个突出优点。因此在测量时，不必考虑传感器与放大器配套的问题，放大器与传感器可以任意互换，这也是压电式传感器的放大电路多采用电荷放大器的主要原因。

四、压电式传感器的应用

（一）压电式测力传感器

图 2-107 所示为利用压电陶瓷传感器测量刀具切削力的示意图。由于压电陶瓷元件的自振频率高，特别适合测量变化剧烈的载荷。图中压电传感器位于车刀前部的下方，当进行切削加工时，切削力通过刀具传给压电传感器，压电传感器将切削力转换为电信号输出，记录下电信号的变化便可测得切削力的变化。

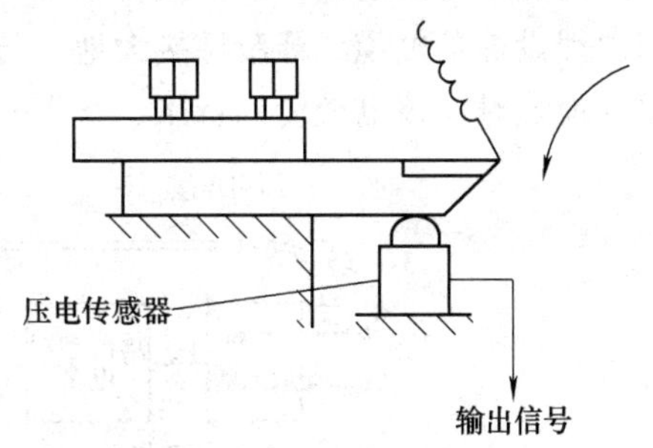

图 2-107　压电式测力传感器测量刀具切削力示意图

（二）压电式加速度传感器

压电式加速度传感器由于具有体积小、质量小、频带宽（零点几赫兹到数千赫兹）、测量范围宽（$10^{-5} \sim 10^4 m/s^2$）、使用温区宽（400～700℃）等优点，被广泛用于加速度、振动和冲击测量。

图 2-108 所示为一种压电式加速度传感器的结构。它主要由压电元件、质量块、预压弹簧、基座及外壳等组成。整个部件装在外壳内，并由螺栓加以固定。质量块一般由体积质量较大的材料（如钨或重合金）制成。预压弹簧的作用是对质量块加载，产生预压力，以保证在作用力变化时，压电元件始终受到压缩。整个组件都装在基座上。为了防止被测物体的任何应变传到压电元件上而产生假信号，基座一般要求做得较厚。基座与被测物体刚性固定在一起。

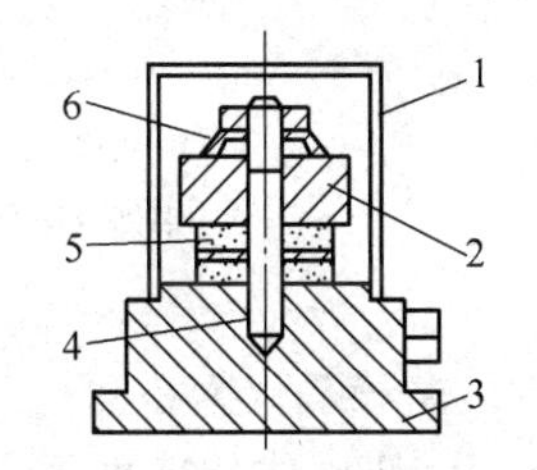

图 2-108　压电式加速度传感器结构
1—外壳　2—质量块　3—基座
4—螺栓　5—压电元件　6—预压弹簧

当加速度传感器和被测物体一起受到冲击振动时，压电元件受质量块惯性力的作用，在压电元件的两个表面上产生交变电压或电荷。当振动频率远低于传感器的固有频率时，传感器输出的电压或电荷与作用力成正比，从而可获得被测物体的加速度 a。

压电式加速度传感器的结构形式有多种，有基于压电元件厚度变形的压缩型、基于剪切变形的剪切型、基于弯曲变形的弯曲型和组合结构的复合型等。最常见的是压缩型和剪切型两种。图 2-109 所示为常见的几种结构形式。其中图 2-109a～c 为压缩式压电加速度传感器，是目前最常见的一种结构形式，其结构简单，装配较为方便。为了便于装配和增大电容量，常采用两片晶片并联，也有采用四片并联的。

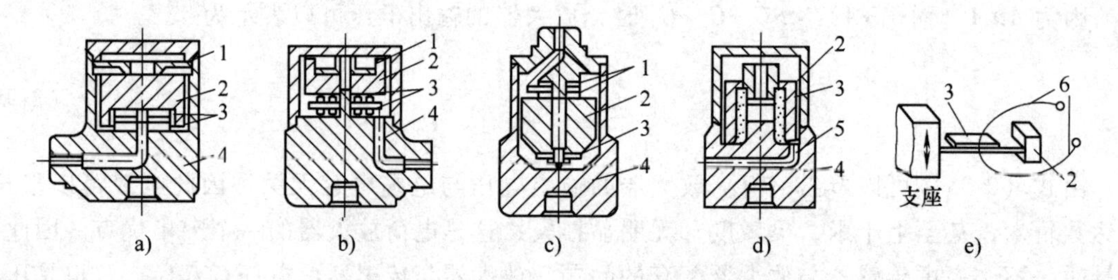

图 2-109　常见的压电式加速度传感器的结构形式

a）外圆配合压缩式　b）中心配合压缩式　c）倒装中心配合压缩式　d）剪切式　e）弯曲式

1—弹簧　2—质量块　3—压电元件　4—基座　5—引线　6—输出引线

（三）周界报警系统

周界报警系统又称线控报警系统。它警戒的是一条边界包围的重要区域。在警戒区域的四周埋设屏蔽电缆，屏蔽层接大地，与电缆芯之间构成分布电容。当入侵者踩到电缆上面的柔性地面时，该电缆受到挤压，产生压电脉冲，引起警报，如图 2-110 所示。

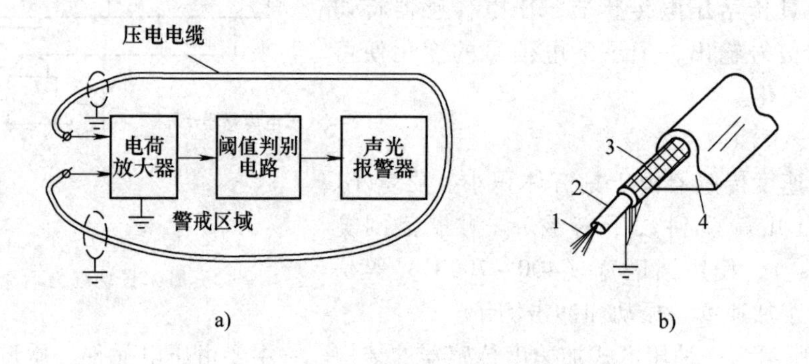

图 2-110　压电式传感器用于周界报警

a）原理框图　b）高分子压电电缆

1—铜芯线（分布电容内电极）　2—管状高分子压电塑料绝缘层

3—铜网屏蔽层（分布电容外电极）　4—橡胶保护层（承压弹性元件）

（四）玻璃破碎报警器

BS—D_2 压电式传感器是专门用于检测玻璃破碎的一种传感器，它利用压电元件对振动敏感的特性感知玻璃受撞击和破碎时产生的振动波。传感器把振动波转换成电压输出，输出电压经放大、滤波、比较等处理后提供给报警系统。

BS—D_2 压电式玻璃破碎传感器的外形及内部电路如图 2-111 所示。传感器的最小输出电压为 100mV，最大输出电压为 100V，内阻抗为 15~20kΩ。

报警器的电路框图如图 2-112 所示。使用时用胶将传感器粘贴在玻璃上，然后通过电缆和报警电路相连。为了提高报警器灵敏度，信号经放大后，需经带通滤波器进行滤波，要求它对选定的频谱通带的衰减要小，而频带外的衰减要尽量大。由于玻璃振动的波长在音频和超声波的范围内，这就使滤波器成为电路中的关键。只有当传感器输出信号高于设定的阈值时，才会输出报警信号，驱动报警的执行机构工作。

玻璃破碎报警器可广泛用于文物保管、贵重商品保管及其他商品柜台保管等场合。

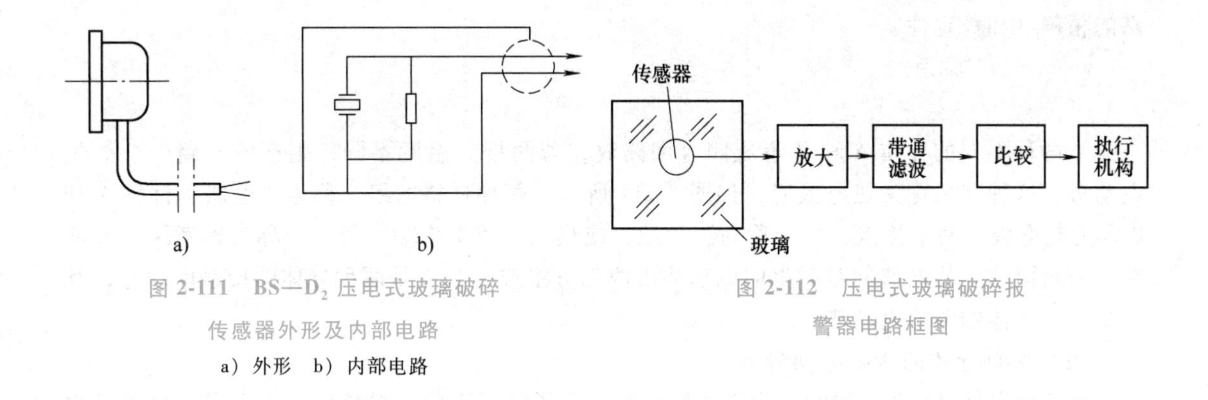

图 2-111 BS—D_2 压电式玻璃破碎传感器外形及内部电路
a）外形 b）内部电路

图 2-112 压电式玻璃破碎报警器电路框图

（五）振动的监控、检测和故障诊断与预测

振动的监控、检测和故障诊断及趋势的预测是压电传感器的典型应用。众所周知，振动存在于所有具有动力设备的各种工程或装置中，并成为这些工程设备的工作故障源以及工作情况监测信号源。目前，对这种振动的监控、检测，多数采用压电加速度传感器。图 2-113 所示为发电厂汽轮发电机组工况（振动）监测系统示意图。众多的压电加速度传感器分布在轴承高速旋转的要害部位，并用螺栓刚性固定在振动体上。假如使用前面介绍过的压缩型加速度传感器，则当传感器感受振动体的振动加速度时，质量块产生的惯性力 F 便作用于压电元件上，从而产生电荷 Q 的输出。通常，这种传感器输出 Q 与输入加速度成正比，因此，就不难求出加速度。传感器检测系统的输出为监测系统的诊断提供了信息。

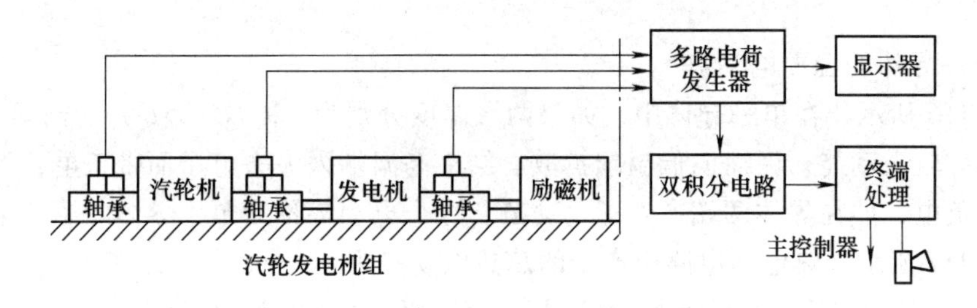

图 2-113 汽轮发电机组工况监测系统示意图

第六节 热电式传感器

热电式传感器是一种将温度变化转换为电量变化的装置。在各种热电式传感器中，以将温度量转换为电阻值和电动势的方法最为普遍。其中最常用于测量温度的是热电阻和热电偶，热电阻是将温度变化转换为电阻值的变化，而热电偶是将温度变化转换为电动势的变化。目前这两种热电式传感器在工业生产中得到广泛应用，并且有与其相配套的显示仪表和记录仪表。另外，常见的热电式传感器还有半导体热敏电阻、集成温度传感器等。

一、热电偶

热电偶在温度的测量中应用十分广泛，它构造简单，使用方便，测温范围宽，并且有较高的精确度和稳定性。

（一）工作原理

1. 热电效应

当两种不同的导体 A 和 B 组成闭合回路时，若两接点温度不同，则在该回路中会产生电动势，这种现象称为热电效应，如图 2-114 所示。两种材料的组合称为热电偶，材料 A 和 B 称为热电极。两个接点，一个称为测量端，或热端，或工作端；另一个称为参考端，或冷端，或自由端。热电偶回路产生的电动势由两部分组成：其一是两种导体的接触电动势；其二是单一导体的温差电动势。

（1）两种导体的接触电动势

当两种导体 A、B 接触时，由于不同材料的电子密度不同，在接触面上会发生电子扩散现象。设导体 A、B 的电子密度分别为 N_A 和 N_B，且 $N_A > N_B$。则在接触面上由 A 扩散到 B 的电子比由 B 扩散到 A 的电子多，从而使 A 侧失去电子带正电，B 侧得到电子带负电，在接触面处形成一个 A 到 B 的静电场，如图 2-115 所示。这个电场阻碍了电子的继续扩散，当达到动态平衡时，接触面形成一个稳定的电位差，即接触电动势 E_{AB}。

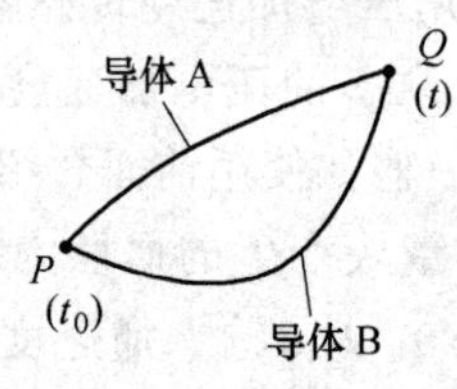

图 2-114　热电偶原理

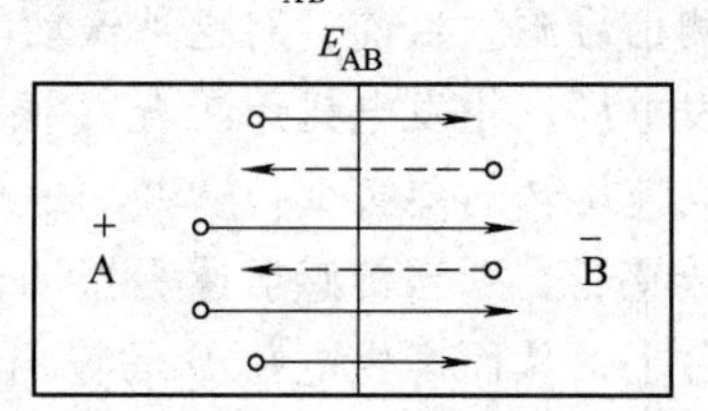

图 2-115　两种导体的接触电动势

（2）单一导体的温差电动势

如图 2-116 所示，在单一导体中，如果两端温度分别为 t 和 t_0（$t>t_0$），导体内自由电子在高温端具有较大动能，因而向低温端扩散。结果高温端因失去电子而带正电，低温端得到自由电子带负电，即在导体两端产生了电动势，这个电动势称为单一导体的温差电动势。

如图 2-117 所示，热电偶电路中产生的总热电动势为

$$E_{AB}(t,t_0)=E_{AB}(t)-E_A(t,t_0)+E_B(t,t_0)-E_{AB}(t_0) \tag{2-96}$$

式中，$E_{AB}(t,t_0)$为热电偶电路中的总电动势；$E_A(t,t_0)$为 A 导体的温差电动势；$E_{AB}(t)$为热端接触电动势；$E_B(t,t_0)$为 B 导体的温差电动势；$E_{AB}(t_0)$为冷端接触电动势。

在总电动势中，温差电动势比接触电动势小很多，可忽略不计，则热电偶的总热电动势可表示为

$$E_{AB}(t,t_0)=E_{AB}(t)-E_{AB}(t_0)=f(t) \tag{2-97}$$

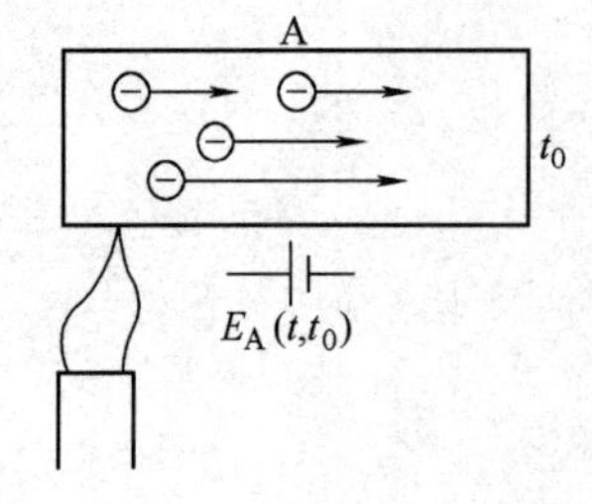

图 2-116　单一导体的温差电动势

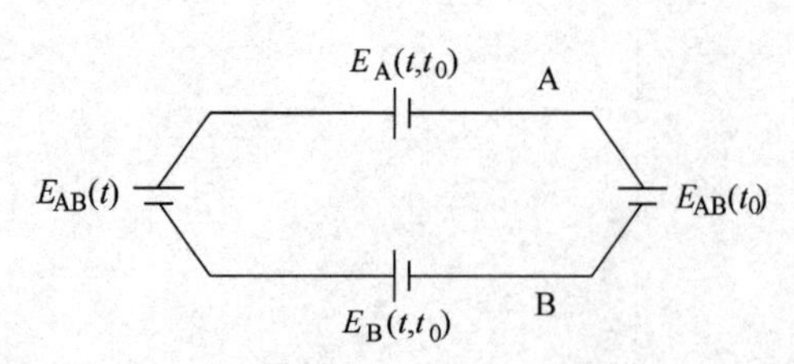

图 2-117　热电偶闭合回路

对于已经选定的热电偶，当参考端温度 t_0 恒定时，$E_{AB}(t_0)$ 为常数，总热电动势就只与温度 t 成单值函数关系。

2. 基本定律

（1）中间导体定律

如图 2-118 所示，在热电偶电路中接入第三种导体 C，只要导体 C 两端温度相等，热电偶产生的总热电动势不变。根据这个定律，热电偶回路中接入测量仪表、连线等不影响热电动势的测量。

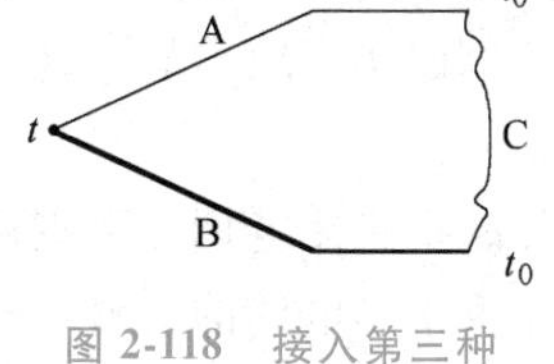

图 2-118　接入第三种导体示意图

（2）中间温度定律

热电偶 AB 在接点温度为 t、t_0 时的热电动势 $E_{AB}(t,t_0)$ 等于热电偶 AB 在接点温度 t、t_C 和 t_C、t_0 时的热电动势 $E_{AB}(t,t_C)$ 和 $E_{AB}(t_C,t_0)$ 的代数和，即

$$E_{AB}(t,t_0)=E_{AB}(t,t_C)+E_{AB}(t_C,t_0) \tag{2-98}$$

根据这一定律，只要列出热电动势在冷端温度为 0℃ 的分度表，就可以求出冷端在其他温度时的热电动势值。

（二）标准化热电偶

根据热电偶的测温原理，任何两种导体都可以组成热电偶，用来测量温度。但是为了保证在工程技术中应用可靠，并具有足够的准确度，不是所有材料都能作为热电偶材料。常用热电偶可分为标准热电偶和非标准热电偶两大类。标准热电偶是指国家标准规定了其热电动势与温度的关系、允许误差，有统一的标准分度表的热电偶，它有与其配套的显示仪表可供选用；非标准热电偶在使用范围或数量级上均不及标准热电偶，一般也没有统一的分度表，主要用于某些特殊场合的测量。

表 2-1 给出了八种标准化热电偶的名称、分度号、测温范围和主要特点及应用场合，表中所列的每一种型号的热电材料，前者为热电偶的正极，后者为负极。

表 2-1　标准化热电偶

热电偶名称	分度号	测温范围/℃		特点及应用场合
		长期使用	短期使用	
铂铑$_{10}$-铂	S	0～1300	1700	热电特性稳定，抗氧化性强，测量精度高，热电动势小，线性差，价格高。可作为基准热电偶，用于精密测量
铂铑$_{13}$-铂	R	0～1300	1700	与 S 型性能几乎相同，只是热电动势同比大 15%
铂铑$_{30}$-铂铑$_6$	B	0～1600	1800	测量上限高，稳定性好，在冷端温度低于 100℃，不用考虑温度补偿问题，热电动势小，线性较差，价格高，使用寿命远高于 S 型和 R 型
镍铬-镍硅	K	-270～1000	1300	热电动势大，线性好，性能稳定，广泛用于中高温测量
镍铬硅-镍硅	N	-270～1200	1300	高温稳定性及使用寿命较 K 型有成倍提高，价格远低于 S 型，而性能相近，在-200～1300℃ 范围内，有全面代替廉价金属热电偶和部分 S 型热电偶的趋势
铜-铜镍（康铜）	T	-270～350	400	准确度高，价格低，广泛用于低温测量
镍铬-铜镍	E	-270～870	1000	热电动势较大，中低温稳定性好，耐腐蚀，价格便宜，广泛用于中低温测量
铁-铜镍	J	-270～750	1200	价格便宜，耐 H_2 和 CO_2 气体腐蚀，在含碳或铁的条件下使用也很稳定，适用于化工生产过程的温度测量

（三）热电偶冷端温度的处理

从热电偶测温基本公式可以看到，热电偶产生的热电动势，对某一种热电偶来说，只与工作端温度 t 和自由端温度 t_0 有关，即

$$E_{AB}(t,t_0)=E_{AB}(t)-E_{AB}(t_0) \tag{2-99}$$

热电偶的分度表是以 $t_0=0℃$ 作为基准进行分度的，而在实际使用过程中，自由端温度 t_0 往往不能维持在0℃，那么工作端温度为 t 时，在分度表中所对应的热电动势 $E_{AB}(t,0)$ 与热电偶实际输出的电动势 $E_{AB}(t,t_0)$ 之间存在误差，根据中间温度定律，误差为

$$E_{AB}(t,0)-E_{AB}(t,t_0)=E_{AB}(t_0,0) \tag{2-100}$$

因此需要对热电偶自由端温度进行处理。

由于热电偶的材料一般都比较贵重（特别是采用贵金属时），而测温点到仪表的距离都很远，为了节省热电偶材料，降低成本，通常采用补偿导线把热电偶的冷端（自由端）延伸到温度比较稳定的控制室内，并连接到仪表端子上。必须指出，热电偶补偿导线只起延伸热电极的作用，使热电偶的冷端移动到控制室的仪表端子上，它本身并不能消除冷端温度变化对测温的影响。因此，还需采用其他修正方法来补偿冷端温度 $t_0 \neq 0℃$ 时对测温的影响。

在使用热电偶补偿导线时必须注意型号匹配，极性不能接错，补偿导线与热电偶连接端的温度不能超过100℃。

1. 补偿导线法

在实际测温时，需要把热电偶输出的电动势信号传输到远离现场数十米的控制室里的显示仪表或控制仪表上，这样参考端温度 t_0 也比较稳定。热电偶一般做得较短，需要用补偿导线将热电偶的冷端延伸出来，如图2-119所示。要求补偿导线和所配热电偶具有相同的热电特性，常用补偿导线见表2-2。

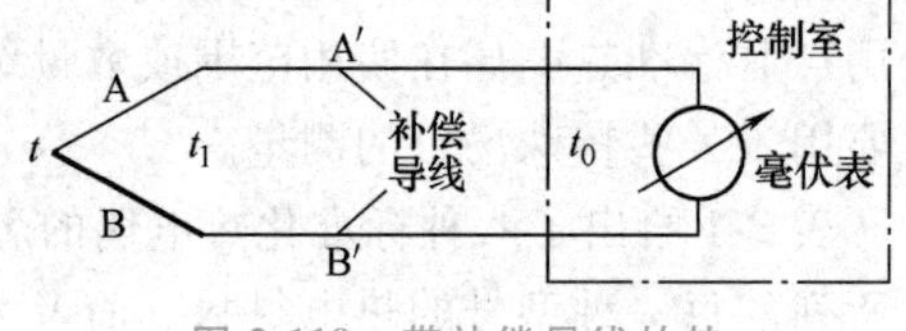

图2-119 带补偿导线的热电偶测温原理

在使用补偿导线时必须注意以下几个问题：

1）补偿导线只能在规定的温度范围内（一般为0~100℃）与热电偶的热电特性相等或相近。

2）不同型号的热电偶有不同的补偿导线。

3）热电偶与补偿导线连接的两个接点处要保持相同温度。

4）补偿导线有正负极之分，需分别与热电偶的正负极相连。

5）补偿导线的作用只是延伸热电偶的自由端，当自由端温度 $t_0 \neq 0℃$ 时，还需要进行其他补偿与修正。

表2-2 常用热电偶补偿导线

补偿导线型号	配用热电偶型号	补偿导线		绝缘层颜色	
		正极	负极	正极	负极
SC	S	SPC(铜)	SNC(铜镍)	红	绿
KC	K	KPC(铜)	KNC(康铜)	红	绿
KX	K	KPX(镍铬)	KNX(镍硅)	红	绿
EX	E	EPX(镍铬)	ENX(铜镍)	红	绿

2. 计算修正补偿

设热电偶的测量端温度为 t，自由端温度为 $t_0 \neq 0℃$，根据中间温度定律有

$$E(t,0)=E(t,t_0)+E(t_0,0)$$

式中，$E(t,0)$ 为热电偶测量端温度为 t、自由端温度为 0℃ 时的热电动势；$E(t,t_0)$ 为热电偶测量端温度为 t、自由端温度为 t_0 时所实际测得的热电动势；$E(t_0,0)$ 为自由端温度为 t_0 应加的修正值。

例 2-1　S 型热电偶在工作时自由端温度为 $t_0=25℃$，现测得热电偶的电动势为 7.3mV，求被测介质的实际温度。

解　由题意知，热电偶测得的电动势为 $E(t,25)=7.3\text{mV}$，由分度表查得修正值为

$$E(25,0)=0.143\text{mV}$$

则

$$E(t,0)=E(t,25)+E(25,0)=7.3\text{mV}+0.143\text{mV}=7.443\text{mV}$$

再由分度表查出与其对应的实际温度为 809℃。

3. 自由端恒温法

在工业应用时，一般把补偿导线的末端（即热电偶的自由端）引至电加热的恒温器中，使其维持在某一恒定的温度。在实验室及精密测量中，通常把自由端放在盛有绝缘油的试管中，然后将其放入装满冰水混合物的容器中，以使自由端温度保持在 0℃，这种方法称为冰浴法。

4. 自动补偿法（补偿电桥法）

补偿电桥法是利用不平衡电桥产生的不平衡电压作为补偿信号，自动补偿热电偶测量过程中因自由端温度不为 0℃ 或变化而引起热电动势的变化值。如图 2-120 所示，补偿电桥由 R_1、R_2、R_3（均为锰铜电阻）和 R_{Cu}（铜电阻）组成，串联在热电偶回路中，热电偶自由端与电桥中的 R_{Cu} 处于相同温度。当 $t_0=0℃$ 时，$R_1=R_2=R_3=R_{Cu}=1\Omega$，这时电桥处于平衡状态，无电压输出，即 $U_{AB}=0$，此时热电偶回路的热电动势为 $E_{AB}=E(t,0)$。当自由端温度变化时，R_{Cu} 也将改变，于是电桥两端 A、B 就会输出一个不平衡电压 U_{AB}，如选择适当的 R_s 可以使电桥的输出电压 $U_{AB}=E(t_0,0)$，从而使回路中的总电动势仍为 $E(t,0)$，达到了自由端温度自动补偿的目的。

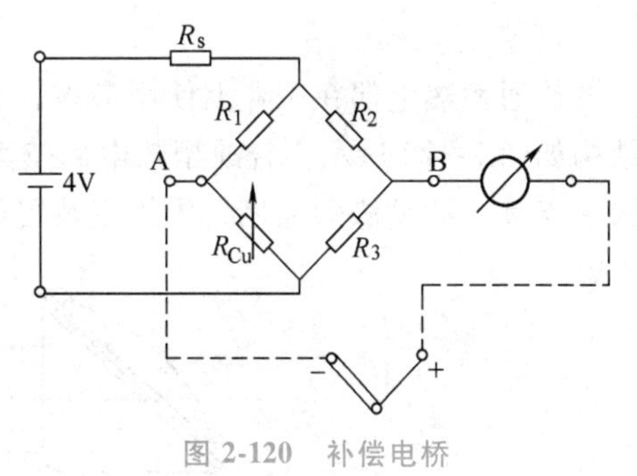

图 2-120　补偿电桥

例 2-2　有一个低压蒸汽锅炉的热电偶测温系统，如图 2-121 所示，两个热电极的材料分别为镍铬-镍硅，L_1 和 L_2 分别为配镍铬-镍硅热电偶的补偿导线，测量系统配用 K 型热电偶的温度显示仪表（带补偿电桥）来显示补测温度的大小。设 $t=300℃$，$t_C=50℃$，$t_0=20℃$。

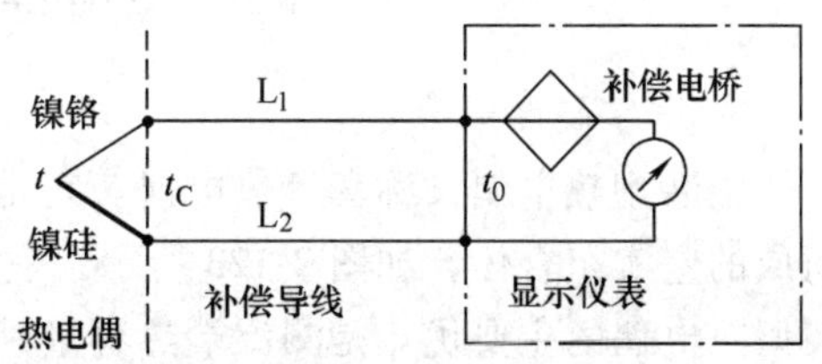

图 2-121　一个低压蒸汽锅炉的热电偶测温系统

（1）求测量回路的总电动势以及温度显示仪表的读数；

（2）如果补偿导线为普通铜导线，则测量回路的总电动势和温度的显示值为多少？

解　（1）由题意可知，所用热电偶的分度号为 K 型，则总的回路电动势为

$$E=E_K(t,t_C)+E_{K补}(t_C,t_0)+E_{补}(t_0,0)$$

式中，$E_K(t,t_C)$为 K 型热电偶产生的热电动势；$E_{K补}(t_C,t_0)$为配 K 型热电偶的补偿导线产生的电动势；$E_{补}(t_0,0)$为补偿电桥提供的电动势。

由于补偿导线和补偿电桥都是配 K 型热电偶的，因此，这两部分产生的电动势可分别近似为$E_K(t_C, t_0)$和$E_K(t_0,0)$，所以总电动势可写为

$$E=E_K(t,t_C)+E_K(t_C,t_0)+E_K(t_0,0)=E_K(t,0)$$

将$t=300℃$代入上式，并查 K 型热电偶的分度表（见附录 C），得$E=12.209\text{mV}$。显然，这时仪表读数为 300℃。

（2）当补偿导线是普通铜导线时，因为是同一种导体铜，所以不产生电动势，即$E_{K补}(t_C,t_0)=0$，那么回路总电动势为

$$\begin{aligned}E&=E_K(t,t_C)+E_{补}(t_0,0)=E_K(300,50)+E_K(20,0)\\&=(12.209-2.023)\text{mV}+(0.798-0)\text{mV}=10.984\text{mV}\end{aligned}$$

查 K 型分度表，得到$t_{显示}=270.3℃$。

通过该题的计算可以发现，在热电偶测量系统中，不正确使用补偿导线会导致错误的结果。

（四）热电偶的结构形式

为了适应不同生产对象的测温要求和条件，热电偶的结构形式有普通型热电偶、铠装型热电偶和薄膜热电偶等。

1. 普通型热电偶

普通型热电偶在工业上使用最多，它一般由热电极、绝缘管、保护管和接线盒组成，其结构如图 2-122 所示。普通型热电偶按其安装时的连接形式不同可分为固定螺纹连接、固定法兰连接、活动法兰连接、无固定装置等多种形式。

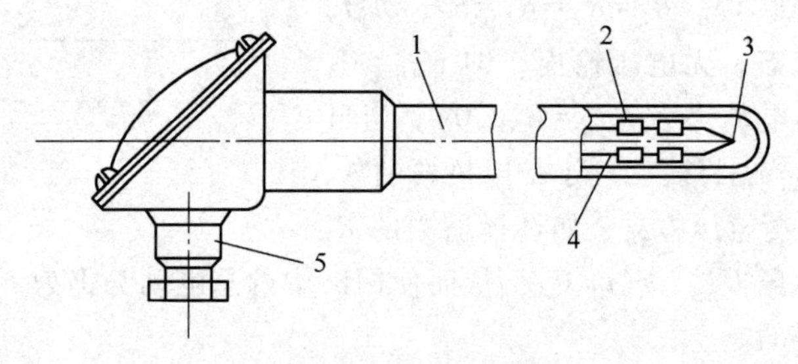

图 2-122　普通型热电偶结构

1—保护管　2—绝缘管　3—热端　4—热电极　5—接线盒

2. 铠装型热电偶

铠装型热电偶又称套管热电偶。它是由热电偶丝、绝缘材料和金属套管三者经拉伸加工而成的坚实组合体，如图 2-123 所示。它可以做得很细很长，使用中随需要能任意弯曲。铠装型热电偶的主要优点是测温端热容量小、动态响应快、机械强度高、挠性好、可安装在结构复杂的装置上，因此被广泛用在许多工业部门中。

3. 薄膜热电偶

薄膜热电偶是由两种薄膜热电极材料，用真空蒸镀、化学涂层等办法蒸镀到绝缘板上面制成的一种特殊热电偶，如图 2-124 所示。薄膜热电偶的热接点可以做得很小（可薄到 0.01～0.1μm），具有热容量小、反应速度快等特点，热响应时间达到微秒级，适用于微小面积上的表面温度以及快速变化的动态温度测量。

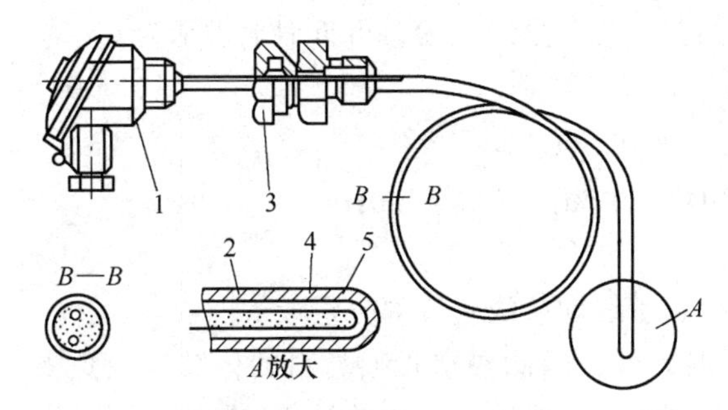

图 2-123　铠装型热电偶结构

1—接线盒　2—金属套管　3—固定装置　4—绝缘材料　5—热电极

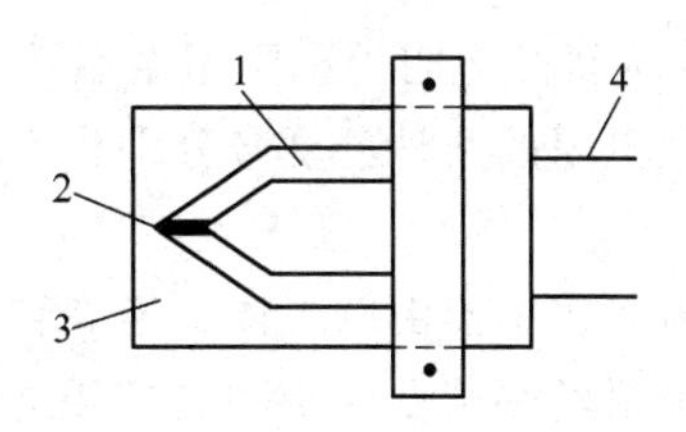

图 2-124　薄膜热电偶结构

1—热电极　2—热接点　3—绝缘基板　4—引出线

二、金属热电阻（热电阻）

热电阻传感器是利用导体或半导体的电阻值随温度变化而变化的原理进行测温的。热电阻传感器分为金属热电阻和半导体热电阻两大类，一般把金属热电阻称为热电阻，而把半导体热电阻称为热敏电阻。热电阻广泛用来测量-200～850℃范围内的温度，少数情况下，低温可测量至 1K，高温达 1000℃。

（一）常用热电阻温度特性

用于制造热电阻的材料应具有尽可能大和稳定的电阻温度系数和电阻率，电阻和温度关系最好呈线性，物理化学性能稳定，复现性好等。目前最常用的热电阻有铂热电阻和铜热电阻。热电阻温度特性曲线如图 2-125 所示。

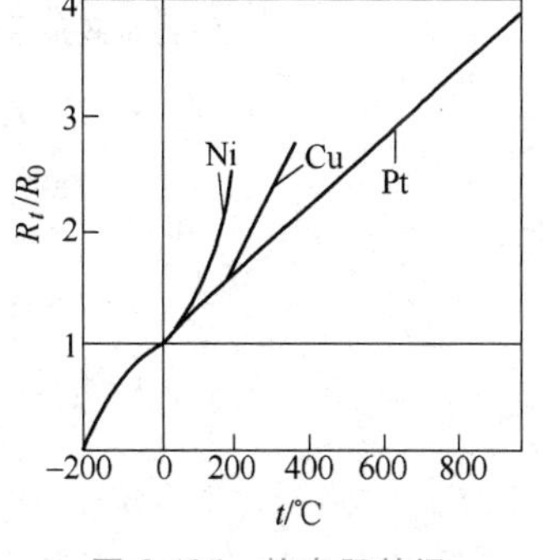

图 2-125　热电阻的温度特性曲线

1. 铂热电阻

铂热电阻的特点是精度高、稳定性好、性能可靠，所以在温度传感器中得到了广泛应用。按 IEC 标准，铂热电阻的使用温度范围为-200～850℃。

在-200～0℃的温度范围内，铂热电阻的特性方程为

$$R_t = R_0[1+At+Bt^2+C(t-100)t^3] \tag{2-101}$$

在 0～850℃的温度范围内，铂热电阻的特性方程为

$$R_t = R_0(1+At+Bt^2) \tag{2-102}$$

式中，R_t 和 R_0 分别为 t（℃）和 0℃时铂热电阻的电阻值；A、B 和 C 为常数。

从式（2-102）可看出，热电阻在温度 t 时的电阻值与 R_0 有关，温度 t 和电阻值 R_t 是呈现非线性关系的。目前我国规定工业用铂热电阻值 $R_0=10\Omega$ 和 $R_0=100\Omega$ 两种，它们的分度号分别为 Pt_{10} 和 Pt_{100}，其中以 Pt_{100} 为常用。铂热电阻不同分度号也有相应分度表，即 R_t-t

的关系表，这样在实际测量中，只要测得热电阻的阻值 R_t，便可从相关分度表（见附录 B）上查出对应的温度值。

2. 铜热电阻

由于铂是贵重金属，因此，在一些测量精度要求不高且温度较低的场合，可采用铜热电阻进行测温，它的测温范围为-50～150℃。

在测量范围内，铜热电阻的电阻值与温度的关系几乎是线性的，可近似地表示为

$$R_t = R_0(1+\alpha t) \tag{2-103}$$

式中，α 为铜热电阻的电阻温度系数，取 $\alpha = 4.28\times10^{-3}/℃$。

铜热电阻的两种分度号分别为 Cu_{50}（$R_0 = 50\Omega$）和 Cu_{100}（$R_0 = 100\Omega$）。

（二）热电阻传感器的结构

热电阻传感器由电阻体、绝缘管、保护套管、引线和接线盒等部分组成。

热电阻丝必须在骨架的支持下才能构成测温元件，因此要求骨架材料的体膨胀系数要小，此外还要求其机械强度和绝缘性能良好，耐高温，耐腐蚀。常用的骨架材料有云母、石英、陶瓷、玻璃和塑料等，根据不同的测温范围和加工需要可选用不同的材料。

在工业上使用的标准热电阻的结构有两种，它与标准热电偶一样分为普通型装配式和柔性安装型铠装式。装配式是将铂热电阻感温元件焊上引线组装在一端封闭的金属或陶瓷保护套管内，再装上接线盒而成，如图 2-126a 所示。铠装式是将铂热电阻感温元件、引线、绝缘粉组装在不锈钢管内再经模具拉伸的坚实整体，具有坚实、抗振、可挠、线径小、使用安装方便等特点，如图 2-126b 所示。

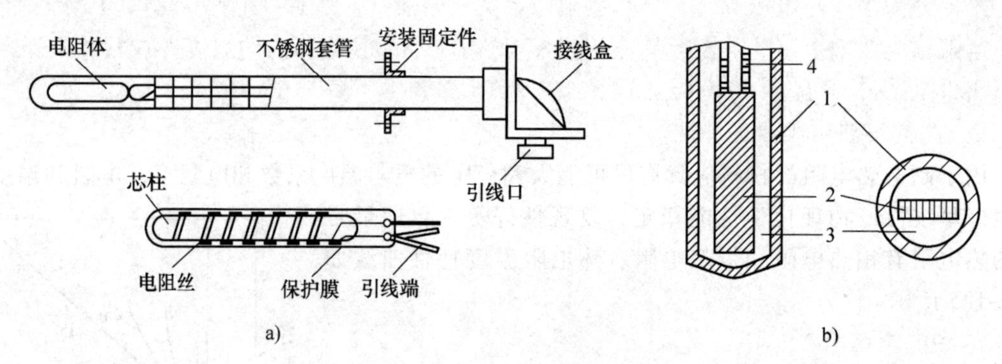

图 2-126　装配式和铠装式热电阻结构

a）装配式热电阻　b）铠装式热电阻

1—金属保护套管　2—热电阻元件　3—绝缘材料粉末　4—引线

（三）热电阻测量电路

采用热电阻构成的测温仪器有电桥、直流电位差计、电子式自动平衡计量仪器、动圈比率式计量仪器、动圈式计量仪器、数字温度计等。在这些仪器的测量电路中，热电阻作为测量桥路的一个桥臂电阻。引线是热电阻出厂时自身具备的，使热电阻丝能与外部测量桥路连接，通常位于保护套管内。引线的电阻在环境温度变化的情况下会发生变化，对测量结果影响较大。目前常用的引线方式有两线制、三线制和四线制三种，如图 2-127 所示。

1. 两线制

两线制是在热电阻的两端各连接一根导线的引线方式，如图 2-127a 所示。这种引线方

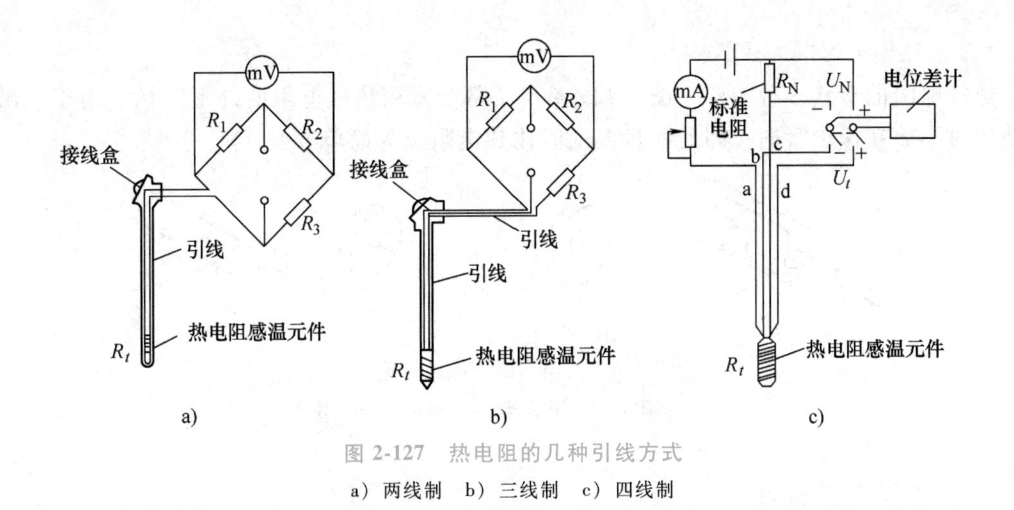

图 2-127　热电阻的几种引线方式

a）两线制　b）三线制　c）四线制

式比较简单，但引线电阻及其变化值会给测量结果带来附加误差，适用于引线较短、测量精度要求不高的场合。

2. 三线制

三线制是在热电阻体的一端连接两根导线，另一端连接一根导线的引线方式，如图 2-127b 所示。由于热电阻的两根连线分别置于相邻两桥臂内，所以温度引起连线电阻的变化对电桥的影响相互抵消，电源连线电阻的变化对供桥电压影响是极其微小的，可忽略不计。因此，这种引线方式可以较好地消除引线电阻的影响，测量精度比两线制高，应用比较广泛。工业热电阻通常采用三线制接法，尤其在测温范围窄、导线长、架设铜导线途中温度易发生变化等情况下，必须采用三线制接法。

3. 四线制

四线制是热电阻体的两端各连接两根导线的引线方式，如图 2-127c 所示。其中两根引线为热电阻提供恒流源，在热电阻上产生的压降通过另两根引线引至电位差计进行测量。这种接线方式能完全消除引线电阻带来的附加误差，且在连接导线阻值相同时，也可消除连接导线的影响。这种引线方式主要用于高精度的温度检测。

必须指出，无论是三线制，还是四线制，引线都应该从热电阻感温元件的根部引出，不能从热电阻的接线端子上分出。

三、半导体热敏电阻

（一）热敏电阻的原理

半导体热敏电阻的材料是一种由锰、镍、铜、钴、铁等金属氧化物按一定比例混合烧结而成的半导体，简称热敏电阻。热敏电阻是利用半导体的电阻随温度变化的特性制成的测温元件。热敏电阻有正温度系数（PTC）、负温度系数（NTC）和临界温度系数（CTR）三种。具有负温度系数的热敏电阻主要用于温度的检测；具有正温度系数和临界温度系数的热敏电阻主要是利用在特定温度下的电阻值急剧变化的特性构成温度开关元件。热敏电阻的温度特性曲线如图 2-128 所示。

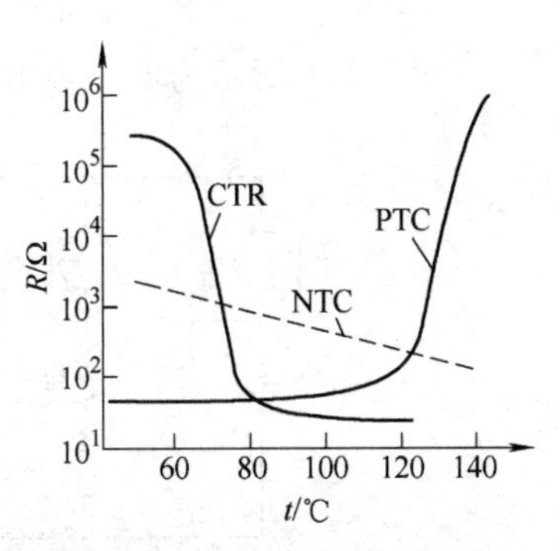

图 2-128　NTC、CTR、PTC 的温度特性曲线

（二）热敏电阻的外形结构

热敏电阻的形状多种多样，图 2-129 给出了部分常用热敏电阻的外形结构。由于热敏电阻使用时不放在保护管内，因此测量温度时比热电阻更为简单方便。

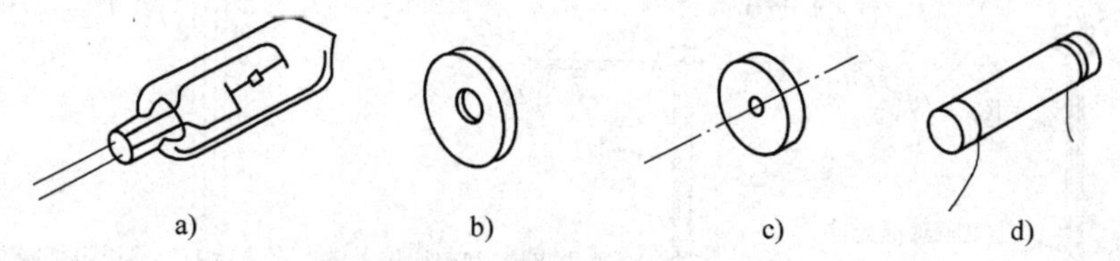

图 2-129　常用热敏电阻的外形结构

a）玻璃罩式　b）热圈式　c）圆片式　d）棒状

四、集成温度传感器

集成温度传感器是利用晶体管 PN 结的电流和电压特性与温度的关系，把感温元件（PN 结）与有关的电子电路集成在很小的硅片上封装而成。其具有体积小、线性好、反应灵敏、价格低、抗干扰能力强等优点，所以应用十分广泛。由于 PN 结不能耐高温，所以集成温度传感器通常测量 150℃以下的温度。集成温度传感器按输出量不同可分为电流型、电压型和频率型三大类。电流型输出阻抗很高，可用于远距离精密温度的遥感和遥测，而且不用考虑接线引入的损耗和噪声。电压型输出阻抗低，易与同信号处理电路连接。频率型输出易与微型计算机连接。按输出端个数分，集成温度传感器可分为三端式和两端式两大类。

（一）集成温度传感器的基本工作原理

图 2-130 所示为集成温度传感器原理示意图。其中 VT_1、VT_2 为差分对管，恒流源提供的 I_1、I_2 分别为 VT_1、VT_2 的集电极电流，则 ΔU_{be} 为

$$\Delta U_{be}=\frac{kT}{q}\ln\left(\frac{I_1}{I_2}\gamma\right) \tag{2-104}$$

式中，k 为玻尔兹曼常数；q 为电子电荷量；T 为热力学温度；γ 为 VT_1 和 VT_2 发射极面积之比。

由式（2-104）可知，若 I_1/I_2 为恒定值，则 ΔU_{be} 与温度 T 为单值线性函数关系。这就是集成温度传感器的基本工作原理。

（二）电压输出型集成温度传感器

图 2-131 所示为电压输出型集成温度传感器电路。VT_1、VT_2 为差分对管，调节电阻 R_1，

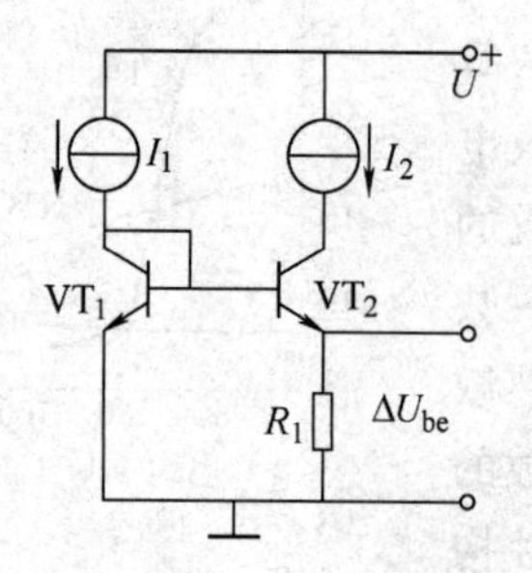

图 2-130　集成温度传感器原理示意图

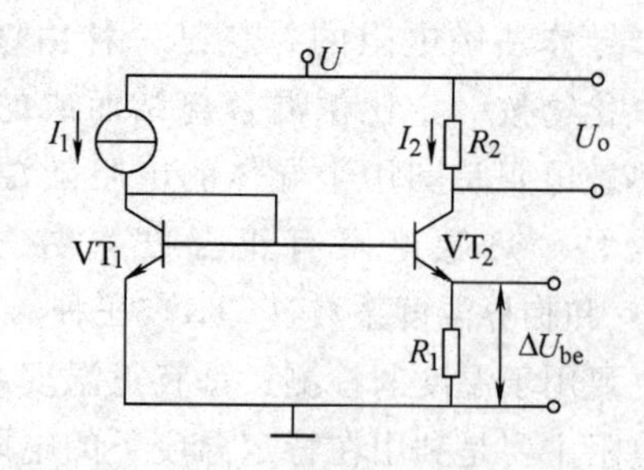

图 2-131　电压输出型集成温度传感器电路

可使 $I_1=I_2$，当对管 VT_1、VT_2 的 β 值大于等于 1 时，电路输出电压 U_o 为

$$U_o=I_2R_2=\frac{\Delta U_{be}}{R_1}R_2$$

由此可得

$$\Delta U_{be}=\frac{R_1}{R_2}U_o=\frac{kT}{q}\ln\gamma \tag{2-105}$$

由式（2-105）可知，R_1、R_2 不变，则 U_o 与 T 呈线性关系。若 $R_1=940\Omega$，$R_2=30k\Omega$，$\gamma=37$，则电路输出的温度系数为 10mV/K。

（三）电流输出型集成温度传感器

电流输出型集成温度传感器原理电路如图 2-132 所示。对管 VT_1、VT_2 作为恒流源负载，VT_3、VT_4 作为感温元件，VT_3、VT_4 发射极面积之比为 γ，此时电源总电流 I_T 为

$$I_T=2I_1=\frac{2\Delta U_{be}}{R}=\frac{2kT}{qR}\ln\gamma \tag{2-106}$$

由式（2-106）可得知，当 R、γ 为恒定量时，I_T 与 T 呈线性关系。若 $R=358\Omega$，$\gamma=8$，则电路输出的温度系数为 1μA/K。

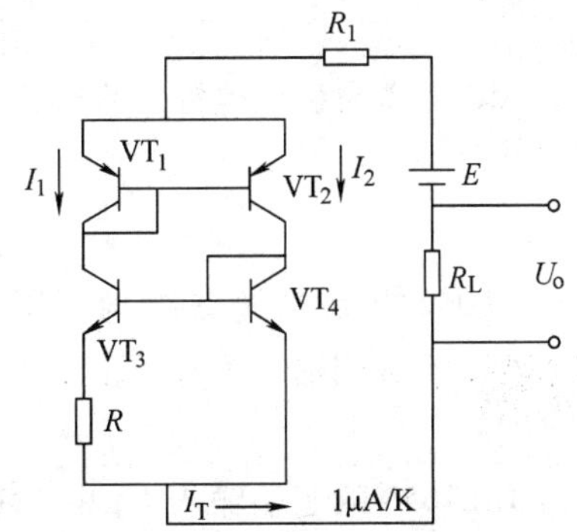

图 2-132 电流输出型集成温度传感器原理电路

五、热电式传感器的应用

（一）热电偶温度测量电路

图 2-133 所示为采用 AD594C 集成电路的热电偶温度测量电路。AD594C 内除有放大电路外，还有温度补偿电路，对于 J 型热电偶，经激发修整后可得到 10mV/℃ 输出。在 0～300℃ 测量范围内的精度为 ±1℃。若 AD594C 输出接 A/D 转换器，则可构成数字显示温度计。电路中的 2B20B 是电压-电流变换器，将运算放大器 A_1 所放大的与温度相应的电压信号变换为 4～20mA 的电流信号进行远距离的传送。

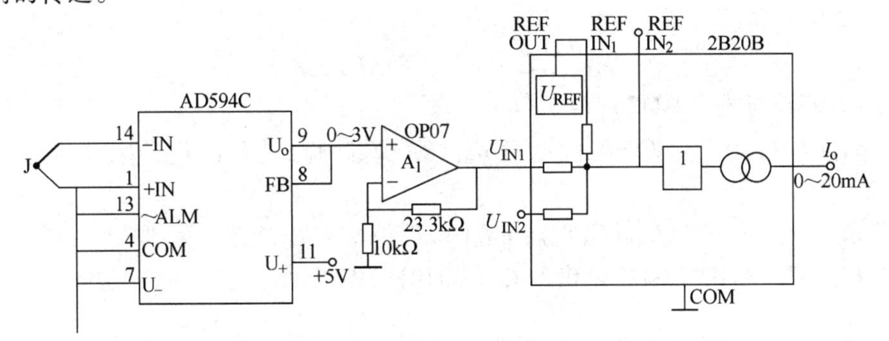

图 2-133 热电偶温度测量电路

（二）用集成温度传感器冷端补偿的热电偶测温电路

图 2-134 所示为表面贴装装置中采用热电偶测温电路的实例。热电偶输出的热电动势值较小，一般为几毫伏至几十毫伏，所以热电偶测温电路一般由放大电路和补偿电路组成。

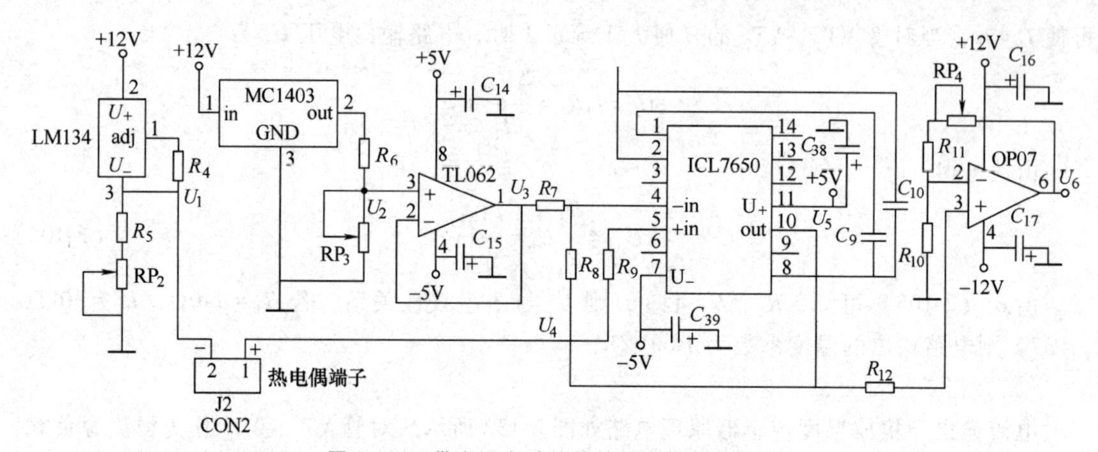

图 2-134　带室温自动补偿的热电偶测温电路

图 2-134 中，J2 为热电偶接线端子，LM134 为集成温度传感器，它与热电偶冷端一起置于室温下，用于冷端温度补偿。其输出电压 U_1 与室温 T_n 的关系为

$$U_1=\frac{227(\mu V/K)(R_5+R_{P2})}{R_4}T_n \tag{2-107}$$

MC1403 为稳压电源，将输出电压稳定在 3V。该电压经电阻 R_6 和电位器 R_{P3} 分压后为

$$U_2=\frac{R_{P3}}{R_6+R_{P3}}\times 3V \tag{2-108}$$

TL062 组成跟随器结构，用于阻抗匹配。跟随器的输出电压即为精密运算放大器 ICL7650 的负端输入 U_3，且

$$U_3\approx U_2 \tag{2-109}$$

ICL7650 的正端输入 U_4 由 LM134 的输出和热电偶的输出合成而成，即

$$U_4=E_{AB}(T,T_n)+U_1 \tag{2-110}$$

式中，E_{AB} 为热端温度为 T、冷端温度为 T_n 时热电偶的热电动势；T_n 为室温的变化，且有

$$T_n=T_0+\Delta T \tag{2-111}$$

由式（2-97）得

$$E_{AB}(T,T_n)=E_{AB}(T)-E_{AB}(T_n) \tag{2-112}$$

由式（2-97）与式（2-112）得

$$E_{AB}(T,T_n)=E_{AB}(T)-E_{AB}(T_n)=E_{AB}(T)-E_{AB}(T_0)-[E_{AB}(T_n)-E_{AB}(T_0)]$$

即

$$E_{AB}(T,T_n)=E_{AB}(T,T_0)-E_{AB}(T_n,T_0) \tag{2-113}$$

将式（2-107）和式（2-113）代入式（2-110），即得

$$U_4=E_{AB}(T,T_0)-E_{AB}(T_n,T_0)+\frac{227(\mu V/K)(R_5+R_{P2})}{R_4}T_n \tag{2-114}$$

设计时电参数的选取应保证 $E_{AB}(T_n,T_0)$ 随温度的变化量与 U_1 随温度的变化量一致，两者均随温度的升高而增大，但由于符号相反，可互相抵消。因此，当室温 T_n 发生变化时，U_4 不随之变化；而当被测温度 T 发生变化时，U_4 发生变化。

ICL7650 为差动放大器，当热电偶冷端为 T_0 时，调 R_{P3}，使 $U_4=U_3$，则放大器 ICL7650 的输出为零。OP07 为二级放大电路，此时通过调零使其输出也为零。根据式（2-113），此时 $T_n=T_0$，$E_{AB}(T_n,T_0)=0$，根据式（2-107）计算出此时的 U_1，最终得到室温 T_0 时的 U_4。当室温发生变化时，U_4 仍然不变。

$$U_5=K_1(U_4-U_5) \tag{2-115}$$

$$U_6=K_2U_5 \tag{2-116}$$

式中，K_1 和 K_2 分别为两级放大电路的放大倍数。

U_6 经 A/D 转换电路后变成数字量进入 PC 或单片机，经 CPU 处理后用数字显示被测温度值。

在 PC 或单片机中，CPU 采集到数据 U_6 后，根据式（2-115）和式（2-116）计算出 U_4，再由式（2-114）计算出 $E_{AB}(T,T_0)$，最后根据式（2-97）计算出 $E_{AB}(T)$。反查热电偶的分度表，即可获得被测温度值。

（三）热电阻测温

EL—700 型铂电阻是一种新型的厚膜铂电阻，是一种高精度温度传感器。它是目前世界上尺寸最小的厚膜铂电阻，尺寸为 1.2mm×1.65mm，除与一般铂电阻温度传感器有相同的 100Ω 阻值以外，还有阻值为 1kΩ 的。由于它具有尺寸小、阻值高、灵敏度高、热容量小、响应快等优点，因而被广泛用于温度测量中。

EL—700 在阻值上有两种，其温度系数也不同：阻值为 100Ω 的，温度系数 $\alpha=0.00385/℃$；阻值为 1kΩ 的，$\alpha=0.00375/℃$。EL—700 在封装形式上有焊上铂线引脚的及无引脚的（用户自行焊接）两种。

图 2-135 所示为采用 EL—700（100Ω）型铂电阻的测温电路，测温范围为 20~120℃，相应的输出电压为 0~2V，输出电压可直接输入单片机作显示及控制信号（若单片机无 A/D 转换器，则需经 5G14433 后再输入）。

将铂电阻接在测量电桥中时，为减少连接线过长而引起的测量误差，应该采用三线制。由 A_1 进行信号放大，放大后的信号经 A_2 组成的低通滤波器滤去无用杂波。

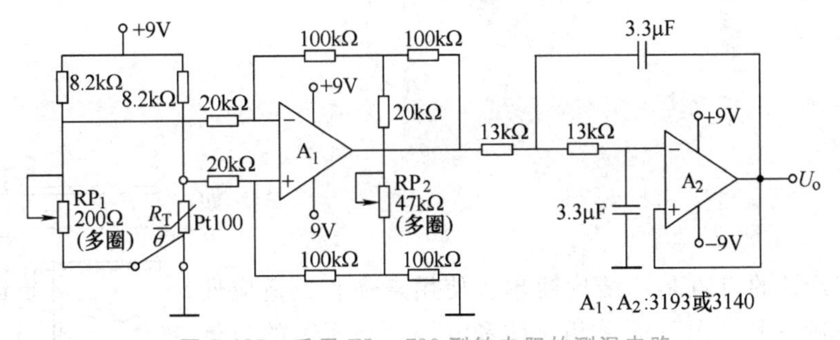

图 2-135 采用 EL—700 型铂电阻的测温电路

调整时采用标准电阻箱来代替传感器。在 $t=20℃$ 时，调节 RP_1，使输出 $U_o=0V$；在 $t=120℃$ 时，调节 RP_2，使 $U_o=2.0V$。

若采用阻值为 1kΩ 的 EL—700 型铂电阻时，将图 2-135 中 8.2kΩ 的电阻换成 18kΩ 的电阻，20kΩ 的电阻换成 68kΩ 的电阻，RP_1 改用 2kΩ 电位器即可。

（四）热敏电阻作为控制开关的应用

在温度控制中热敏电阻常与继电器或相应的信号保护装置的电磁线圈相连。把热敏电阻放在要控制的地方，当温度改变时，引起热敏电阻的阻值剧变，电流雪崩式地增加，该电流经过放大或直接流经继电器使之动作，从而达到控制温度的目的。图2-136所示为汽车空调用温控器电路。电路中 R_1、R_T、R_2、R_3 及温度设定电位器RP构成温度检测电桥。当被控温度高于RP设定的温度时，R_T 阻值较小，A点电位低于B点电位，A_2 输出为高电平，此时 A_1 的反相输入端电位低于同相输入端电位，输出也为高电平，晶体管VT饱和导通，继电器K吸合，常开触点 K_1 闭合，导致汽车离合器得电工作，从而使压缩机工作制冷。随着被控温度逐渐降低，R_T 阻值增大，A点电位逐渐升高，当被控温度达到或低于RP设定温度时，A点电位高于B点电位，此时 A_2 输出低电平，则 A_1 输出为低电平，VT截止，继电器K释放，K_1 断开，造成离合器失电而使压缩机停止工作。以上过程周而复始，就可以确保汽车内温度控制在由RP设定的温度附近了。

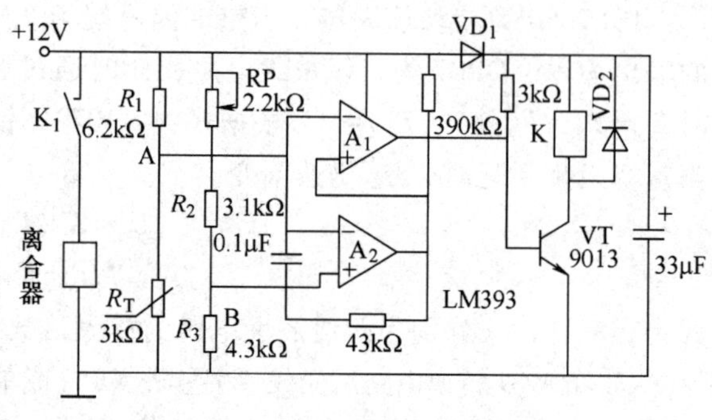

图2-136　汽车空调用温控器电路

其他场合用到的空调中的热敏电阻控制器，原理基本与图2-136相同。

第七节　常用流量计

在工业生产过程中，物料的输送绝大部分是在管道中进行的，因此，本节主要介绍用于管道流动的流量检测方法。由于流量检测条件的多样性和复杂性，所以流量的检测方法非常多，是工业生产过程常见参数中检测方法最多的。据统计，目前全世界流量检测的方法至少有一百多种，其中有十几种是工业生产和科学研究中常用的。本节仅选其中几种常用的测量方法进行介绍。

一、节流式流量计

节流式流量计是目前工业生产中用来测量液体、气体或蒸汽流量最常用的一类流量检测仪表，其使用量占整个工业领域内流量计总数的一半以上，节流式流量计由节流元件、引压管路、三阀组和差压计组成，如图2-137所示。

节流式流量计的特点是：结构简单，使用寿命长，适应性较广，能够测量各种工况下的单相流体和高温、高压下的流体流量；发展早，应用历史久，有丰富、可靠的实验数据，标准节流装置的设计加工已标准化，无须标定就可在已知不确定度范围内进行流量测量，但安装要求严格；测量范围窄，一般量程为3∶1；压力损失较大，精度不够高，为±(1%~2%)。

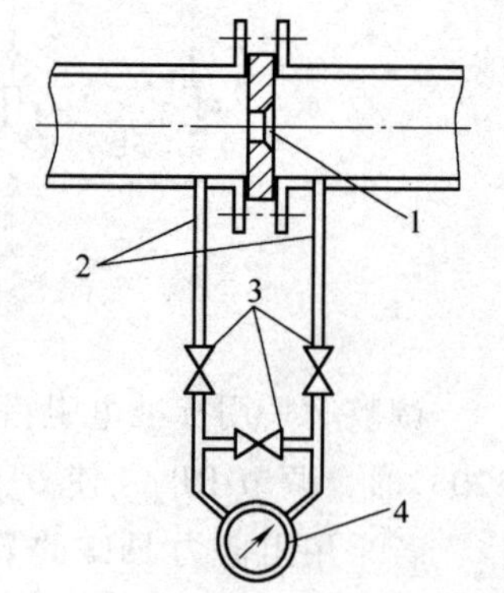

图2-137　节流式流量计组成

1—节流元件　2—引压管路　3—三阀组　4—差压计

（一）测量原理及流量方程

1. 节流装置工作原理

节流装置用于测量流量，其工作原理为：在管道内部装有截面变化的孔板或喷嘴等节流元件，当流体流经节流元件时，由于流束收缩，在节流元件的前后产生静压力差，利用压差与流速的关系可进一步测出流量。

以孔板为例，观察在管道中流动的流体经过节流元件时流体的静压力和流速的变化情况，如图 2-138 所示，在距孔板前大约(0.5~2)D（D 为管道内径）处，流束开始收缩，即靠近管壁处的流体开始向管道的中心处加速。流束经过孔板后，由于惯性作用而继续收缩，大约在孔板后的(0.3~0.5)D 处流束的截面积最小，流速最快，压力最低。在这以后，流束开始扩展，流速逐渐恢复到原来的速度，压力也逐渐恢复到最大。产生这种现象的原因是：当流体在管道中流过时，由于受到节流元件的阻挡作用，液体的流动速度变慢，动压能降低，静压能升高，流体通过节流元件以后，节流元件对流体的阻碍作用消失，动压能升高，静压能降低，于是在节流元件前后产生了静压差 ΔP，压差的大小与流量成单值对应关系，流量越大，流速的局部收缩和静压能、动压能的转化越显著，即 ΔP 也越大。所以，只要测出节流元件前、后的静压差，就能求得流经节流元件的流量的大小。值得注意的是，流体经过节流元件以后，压力逐步恢复到最大，但不能恢复到收缩前的压力值，这是因为流体经过节流元件时有永久性的压力损失。

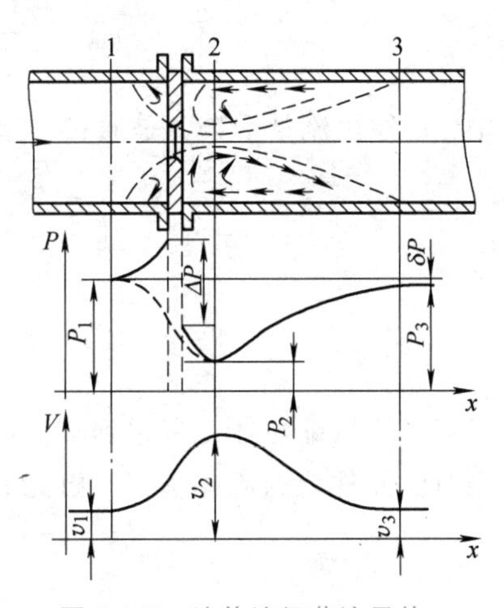

图 2-138 流体流经节流元件时静压力和流速变化情况

流体流经喷嘴和文丘里管的情况与孔板相似，它们的开孔面积和流束的最小收缩截面基本一致。

2. 流量方程

假定在水平管道内流动的是不可压缩的、无黏性的理想流体，依据流体力学中的伯努利方程式（2-117）和连续性方程式（2-118），可以推导出理想流体的流量基本方程式，即

$$\frac{P_1}{\rho}+\frac{v_1^2}{2}=\frac{P_2}{\rho}+\frac{v_2^2}{2} \tag{2-117}$$

$$v_1\rho\frac{\pi}{4}D^2=v_2\rho\frac{\pi}{4}d^2 \tag{2-118}$$

式中，P_1、P_2 分别为截面 1 和 2 上流体的静压力；v_1、v_2 分别为截面 1 和 2 上流体的平均流速；D、d 分别为截面 1 和 2 上流束直径：ρ 为流体的密度。

由式（2-117）和式（2-118）可求得流经节流件的流速为

$$v_2=\frac{1}{\sqrt{1-(d/D)^4}}\sqrt{\frac{2}{\rho}(P_1-P_2)} \tag{2-119}$$

根据体积流量的定义，可写出体积流量的理论方程式为

$$q_v=v_2A_2=\frac{1}{\sqrt{1-(d/D)^4}}\frac{\pi}{4}d^2\sqrt{\frac{2}{\rho}(P_1-P_2)} \tag{2-120}$$

质量流量方程式为

$$q_m=\rho v_2A_2=\frac{1}{\sqrt{1-(d/D)^4}}\frac{\pi}{4}d^2\sqrt{2\rho(P_1-P_2)} \tag{2-121}$$

3. 实际流量公式

由上面推导出的理论流量方程式可知，通过节流元件的被测流体的流量与节流元件上、下游的差压存在一定的函数关系。但是由于实际流体与理想流体之间的差异，如果按理论流量方程式计算流量值，将远大于实际流量值。所以，只有对理论流量方程式进行修正后，才能应用于实际流量的计算。

引入流出系数 C，定义为实际流量与理论流量之比，并以实际采用的某种取压方式所得到的压差 ΔP 来代替（P_1-P_2）的值，令直径比 $\beta=\frac{d}{D}$，对式（2-120）和式（2-121）进行修正，得

$$q_v=\frac{C}{\sqrt{1-\beta^4}}\frac{\pi}{4}d^2\sqrt{\frac{2}{\rho}\Delta P}=\alpha\frac{\pi}{4}d^2\sqrt{\frac{2}{\rho}\Delta P} \tag{2-122}$$

$$q_m=\frac{C}{\sqrt{1-\beta^4}}\frac{\pi}{4}d^2\sqrt{2\rho\Delta P}=\alpha\frac{\pi}{4}d^2\sqrt{2\rho\Delta P} \tag{2-123}$$

式中，α 称为流量系数，是通过实验方法确定的，且

$$\alpha=\frac{C}{\sqrt{1-\beta^4}}=CE \tag{2-124}$$

$$E=\frac{1}{\sqrt{1-\beta^4}} \tag{2-125}$$

对于可压缩流体，考虑到节流过程中流体密度的变化而引入流束膨胀系数 ε 进行修正，采用节流元件前的流体密度，由此流量公式可表示为

$$q_v=\alpha\varepsilon\frac{\pi}{4}d^2\sqrt{\frac{2}{\rho}\Delta P} \tag{2-126}$$

$$q_m=\alpha\varepsilon\frac{\pi}{4}d^2\sqrt{2\rho\Delta P} \tag{2-127}$$

式中，ε 为可膨胀性系数，当被测流体为液体时，$\varepsilon=1$，当被测流体为气体、蒸汽时，$\varepsilon<1$。

（二）标准节流装置

节流装置已发展应用半个多世纪，积累的经验和试验数据十分充足，应用也十分广泛。节流装置按其标准化程度，可分为标准型和非标准型两大类。所谓标准型，是指按照标准文件（如节流装置国际标准 ISO 5167—2003 或国家标准 GB/T 2624—2006）设计、制造、安装和使用，它的结构形式、尺寸要求、取压方式、使用条件等均有统一规定。只要按标准规定的条件和数据去设计、加工制造和安装使用，无须对节流装置进行标定，就可以直接应用于流量检测，其误差不会超出规定流量的误差，如果稍有变动，还可以修正。这对于现场应用是非常方便的。由于标准节流装置具有结构简单并已标准化、使用寿命长和适应性广等优点，因而在流量测量仪表中占据重要地位。非标准型节流装置是指成熟程度较低、尚未标准化的节流装置。

标准节流装置是由节流元件，取压装置，节流元件上游第一个阻力件、第二个阻力件，下游第一个阻力件以及它们之间的直管段组成。标准节流装置同时规定了它所适应的流体种

类、流体流动条件，以及对管道条件、安装条件、流体参数的要求。节流元件的形式很多，有孔板、喷嘴、文丘里管、四分之一圆弧孔板和偏心孔板等。有时可用管道上的部件如弯头等所产生的压差来测量流量，但是由于这种方式所产生的压差值较小，影响的因素很多，因此很难测量准确。应用最多的标准节流装置是孔板、喷嘴和文丘里管。

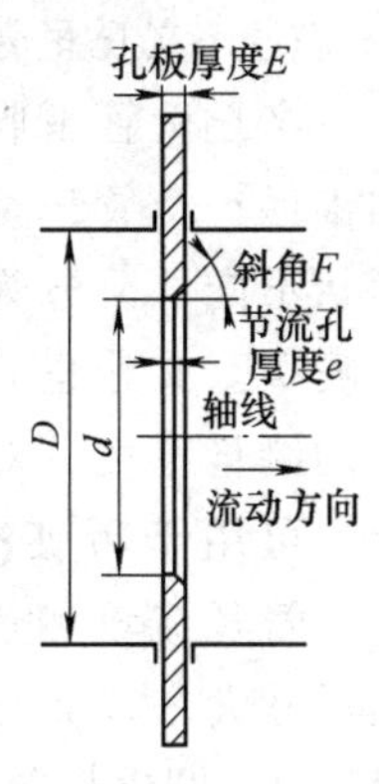

图 2-139 标准孔板的形状

1. 标准节流元件

常用的标准节流元件有标准孔板、喷嘴和文丘里管。

（1）标准孔板

标准孔板的形状如图 2-139 所示，是一块具有与管道同心圆形开孔的圆板，迎流一侧是有锐利直角入口边缘的圆筒形孔，顺流的出口呈扩散和锥形。标准孔板的开孔直径 d 是一个非常重要的尺寸，对制成的孔板，应至少取四个大致相等的角度测得直径的平均值。任一孔径的单测值与平均值之差不得大于 0.05%。孔径 d 在任何情况下都应大于或等于 12.5mm，根据所用孔板的取压方式，直径比（d/D）总是大于或等于 0.20，或者小于或等于 0.75。

标准孔板的主要特点是：结构简单，加工方便，价格便宜；压力损失较大，测量精度较低，只适用于洁净流体介质；测量大管径高温高压介质时，孔板易变形。

（2）标准喷嘴

标准喷嘴是一种以管道轴线为中心线的旋转对称体，主要由入口圆弧收缩部分与出口圆筒形喉部分组成，有 ISA1932 喷嘴和长径喷嘴两种形式。ISA1932 喷嘴简称标准喷嘴，其形状如图 2-140 所示，它由进口端面 A、收缩部 BC、圆筒形喉部 E 和出口边缘保护槽 F 四个部分所组成。

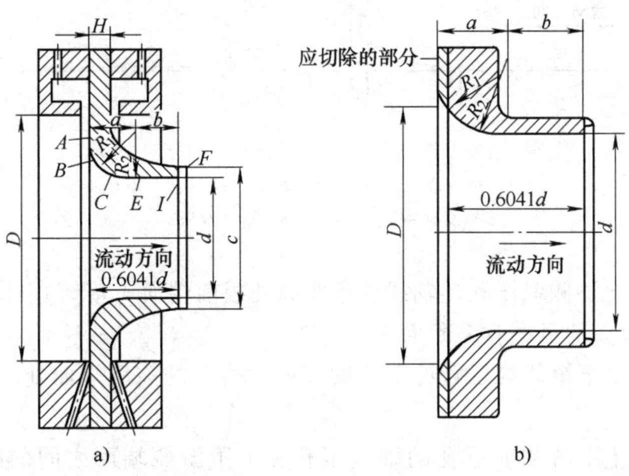

图 2-140 ISA1932 喷嘴的形状

a）$d<\frac{2}{3}D$ b）$d>\frac{2}{3}D$

入口平面部分 A 是直径为 $1.5d$ 且与旋转轴（喷嘴轴线）同心的圆周和直径为 D 的管道内圆所限定的平面部分。当 $d=2D/3$ 时，该平面的径向宽度为零。当 $d>2D/3$ 时，直径为 $1.5d$ 的圆周将大于直径 D 的圆周，在管内没有平面部分。这时应像图 2-140b 那样，使平面部分 A 的直径恰好等于管道内径 D。

(3) 文丘里管

文丘里管由收缩段、圆筒形喉部与圆锥形扩散管三部分组成。按收缩段的形状不同，又分为古典文丘里管和文丘里喷嘴。文丘里管压力损失最低，有较高的测量精度，对流体中的悬浮物不敏感，可用于污脏流体介质的流量测量，在大管径流量测量方面应用得较多。但其尺寸大、笨重、加工困难、成本高，一般用在有特殊要求的场合。古典文丘里管由入口圆筒段 A、圆锥形收缩段 B、圆筒形喉部 C 和圆锥形扩散段 E 组成，如图 2-141 所示。按圆锥形收缩段内表面加工的方法和圆锥形收缩段与喉部圆筒相交的线型的不同，又分为粗糙收缩段式、精加工收缩段式和粗焊铁板收缩段式。文丘里喷嘴是喷嘴加上扩散段而成，喉部也为圆筒形。

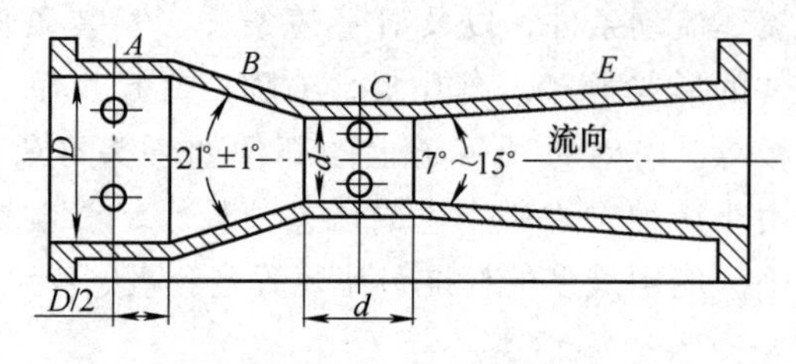

图 2-141　文丘里管

2. 取压装置

取压装置是取压的位置与取压口的结构形式的总称。差压式流量计是通过测量节流元件前后压力差 Δp 来实现流量测量的，而压力差 Δp 的值与取压孔位置和取压方式紧密相关。每个取压装置至少有一个上游取压孔和一个下游取压孔，不同取压方式的上下游取压孔位置必须符合国家标准的规定。节流元件上下游取压孔的位置表征标准孔板的取压方式，取压方式有五种，各种取压方式及取压孔位置如图 2-142 所示。

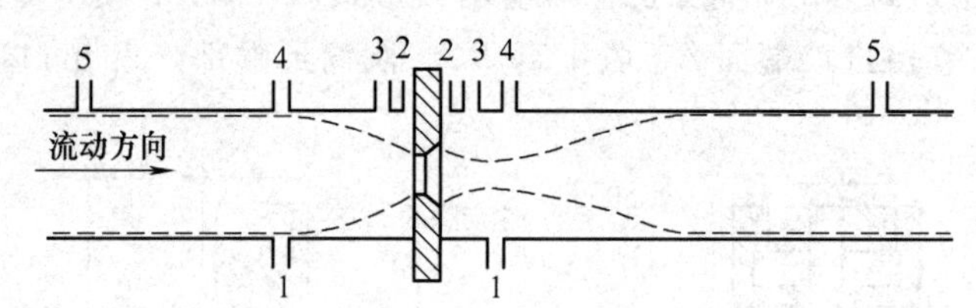

图 2-142　节流装置的取压方式及取压孔位置

1-1—理论取压　2-2—角接取压　3-3—法兰取压

4-4—径距取压　5-5—损失取压

1）理论取压：上游侧取压孔的轴线位于距离孔板前端面 1 倍管直径 D 处，下游侧取压孔的轴线位于流速最大的最小收缩断面处。

2）角接取压：上下游侧取压管位于孔板（或喷嘴）的前后端面处。角接取压包括单独钻孔和环室取压。

3）法兰取压：上下游侧取压孔的轴线至孔板上下游侧端面之间的距离均为 25.4mm±0.8mm。取压孔开在孔板上下游侧的法兰上。

4）径距取压：上游侧取压孔的轴线至孔板上游端面的距离为 $1D\pm0.1D$，下游侧取压孔的轴线至孔极下游端面的距离为 $0.5D$。

5）损失取压：上游侧取压孔的轴线至孔板上游端面的距离为 $2.5D$，下游侧取压孔的轴线至孔板下游端面的距离为 $8D$。该方法很少使用。

目前广泛采用的是角接取压法，其次是法兰取压法。角接取压法比较简便，容易实现环室取压，测量精度较高。法兰取压法结构较简单，容易装配，计算也方便，但精度比角接取压法低些。

（1）角接取压

角接取压装置包括单独钻孔取压的夹紧环（见图 2-143 的下半部分）和环室（见图 2-143 的上半部分）。环室取压的前后环室装在节流元件的两侧，环室夹在法兰之间。法兰和环室之间、环室和节流元件之间放有垫片并夹紧。节流元件前后的静压力，是从前、后环室和节流件前、后端面之间所形成的连续环隙处取得的，其值为整个圆周上静压力的平均值，环隙宽度 b 规定如下：

对于清洁流体和蒸汽：当 $\beta \leqslant 0.65$ 时，$0.005D \leqslant b \leqslant 0.03D$；当 $\beta > 0.65$ 时，$0.01D \leqslant b \leqslant 0.02D$。

（2）法兰取压

法兰取压装置即为设有取压孔的法兰，如图 2-144 所示。上下游侧的取压孔必须垂直于管道轴线，取压孔的轴线离孔板上下游端面的距离为 25.4mm。取压孔的轴线应与管道轴线直角相交，孔口与管内表面平齐，上下游侧取压孔的孔径相同，孔径不得大于 $0.08D$，实际尺寸应为 6~12mm。

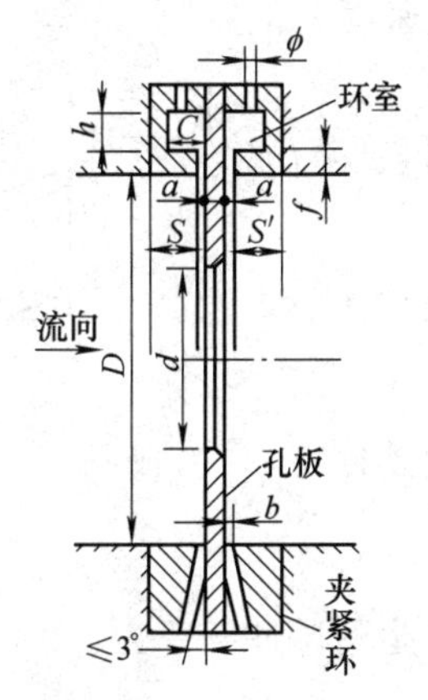

图 2-143　角接取压装置

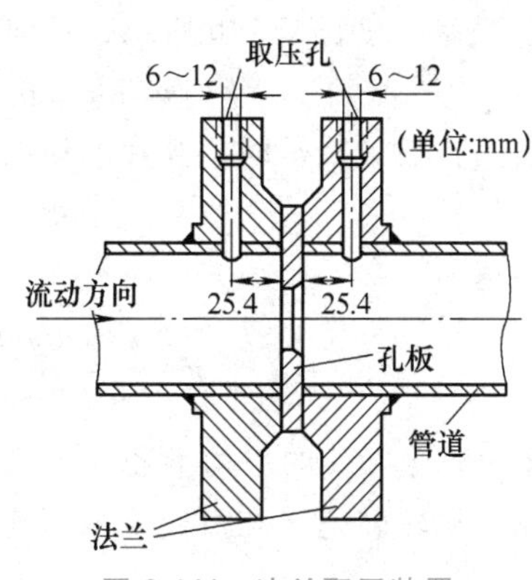

图 2-144　法兰取压装置

二、涡轮流量计

涡轮流量计是一种典型的速度式流量计。它具有测量精度高、反应快以及耐压高等特点，因而在工业生产中的应用日益广泛。

（一）工作原理与结构

涡轮流量计是基于流体动量矩守恒原理工作的。被测流体推动涡轮叶片使涡轮旋转，在一定范围内，涡轮的转速与流体的平均流速成正比，通过磁电转换装置将涡轮转速变成电脉冲信号，经放大后送给显示记录仪表，即可以推导出被测流体的瞬时流量和累积流量。

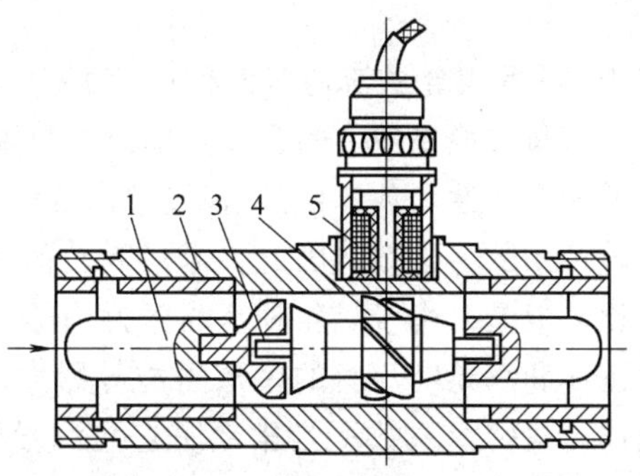

图 2-145　涡轮流量计的结构

1—导流器　2—壳体　3—支承　4—涡轮　5—磁电转换器

涡轮流量计的结构如图 2-145 所示，主要由壳体、导流器、支承、涡轮和磁电转换器组成。涡轮是测量元件，由导磁性较好的不锈钢制成，根据流量计直径的不同，其上装有 2~8 片螺旋形叶片，支承在摩擦力很小的轴承上。为提高对流速变化的响应性，涡轮的质量要尽可能的小。

导流器由导向片及导向座组成，用以导直流体并支承涡轮，以免因流体的漩涡而改变流体与涡轮叶片的作用角，从而保证流量计的精度。

磁电转换装置由线圈和磁钢组成，安装在流量计壳体上，它可分成磁阻式和感应式两种。磁阻式将磁钢放在感应线圈内，涡轮叶片由导磁材料制成。当涡轮叶片旋转通过磁钢下面时，磁路中的磁阻改变，使得通过线圈的磁通量发生周期性变化，因而在线圈中感应出电脉冲信号，其频率就是转过叶片的频率。感应式是在涡轮内腔放置磁钢，涡轮叶片由非导磁材料制成。磁钢随涡轮旋转，在线圈内感应出电脉冲信号。由于磁阻式比较简单、可靠，所以使用较多。除磁电转换方式外，也可用光电元件、霍尔元件、同位素等方式进行转换。

为提高抗干扰能力和增大信号传送距离，可在磁电转换器内安装前置放大器。

（二）流量方程

流体经导直后沿平行于管道轴线的方向以平均速度 u 冲击叶片，使涡轮旋转，涡轮叶片与流体流向成 θ 角，流体平均流速 u 可分解为叶片的相对速度 u_r 和切向速度 u_s，如图 2-146 所示，切向速度为

$$u_s = u\tan\theta \tag{2-128}$$

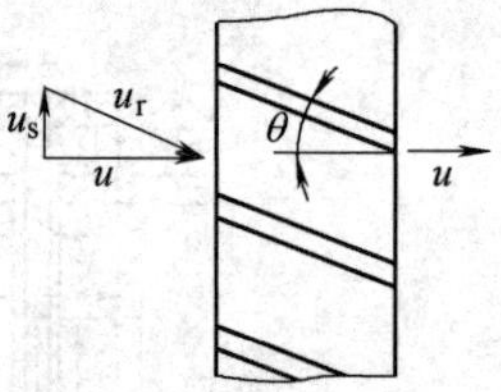

图 2-146　涡轮叶片速度分解

而当涡轮稳定旋转时，叶片的切向速度为

$$u_s = \omega R \tag{2-129}$$

则涡轮转速为

$$n = \frac{\omega}{2\pi} = \frac{u\tan\theta}{2\pi R} \tag{2-130}$$

式中，R 为涡轮叶片的平均半径。

可见，涡轮转速 n 与流速 u 成正比。而磁电转换器所产生的脉冲频率为

$$f = nZ = \frac{u\tan\theta}{2\pi R}Z \tag{2-131}$$

式中，Z 为涡轮叶片的数目。

则流体的体积流量方程为

$$q_v = uA = \frac{2\pi RA}{Z\tan\theta}f = \frac{f}{\xi} \tag{2-132}$$

式中，A 为涡轮的流通截面积；ξ 为流量转换系数，$\xi = Z\tan\theta/(2\pi RA)$。

流量转换系数 ξ 的含义是单位体积流量通过磁电转换器所输出的脉冲数，它是涡轮流量计的重要特性参数。由式（2-132）可见，对于一定的涡轮结构，流量转换系数为常数。因此，流过涡轮的体积流量 q_v 与脉冲频率 f 成正比。但是，由于涡轮轴承的摩擦力矩、磁电转换器的电磁力矩以及流体和涡轮叶片间的摩擦阻力等因素的影响，在整个流量测量范围内流量转换系数不是常数，它与流量间的关系曲线如图 2-147 所示。由图中可见，在小流量时，ξ 值变化很大，这主要是由于各种阻力矩之和与叶轮的转矩相比较大；当流量大于某一数值后，ξ 值才近似为一个常数，这就是涡轮流量计的工作区域，因此涡轮流量

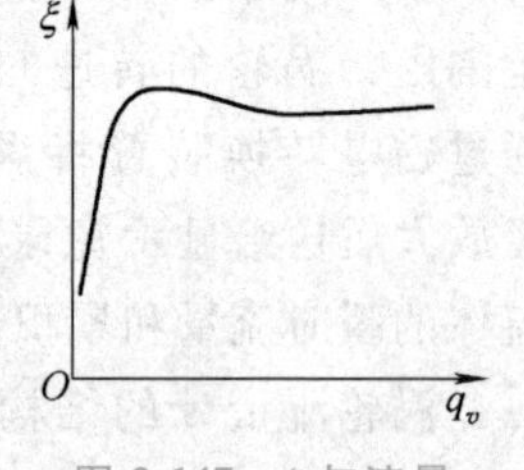

图 2-147　ξ 与流量的关系曲线

计也有测量范围的限制。

(三) 涡轮流量计的特点和使用

涡轮流量计可用以测量气体、液体流量，但要求被测介质洁净，并且不适用于对黏度大的液体测量，其测量精度高，可达 0.5 级以上，在小范围内可达±0.1%，复现性和稳定性均好；量程范围宽，量程比可达(10~20)：1，刻度线性；耐高压，承受的工作压力可达 16MPa，而压力损失在最大流量时小于 25kPa；对流量变化反应迅速，可测脉动流量，其时间常数一般仅为几到几十毫秒；输出为脉冲信号，抗干扰能力强，信号便于远传及与计算机相连。

涡轮流量计的缺点是制造困难，成本高。由于涡轮高速转动，轴承易损，降低了长期运行的稳定性，影响使用寿命。通常涡轮流量计主要用于精度要求高、流量变化快的场合，还用作标定其他流量计的标准仪表。

涡轮流量计应水平安装，并保证其前后有一定的直管段。要求被测流体黏度低、腐蚀性小、不含杂质，以减少轴承磨损，一般应在流量计前加装过滤装置。如果被测液体易气化或含有气体时，应在流量计前加装消气器。流体介质密度和黏度的变化对流量示值的影响，必要时应做修正。

三、电磁流量计

电磁流量计是利用法拉第电磁感应定律制成一种测量导电液体体积流量的仪表。20 世纪 50 年代初，电磁流量计实现了工业化应用。近年来，电磁流量计性能有了很大提高，得到了更为广泛的应用。根据电磁流量计的结构与原理可知，它有如下主要特点：电磁流量计的测量通道是一段无阻流检测件的光滑直管，因不易阻塞，适用于测量含有固体颗粒或纤维的液固两相流体，如纸浆、煤水浆、矿浆、泥浆和污水等；不产生因检测流量所形成的压力损失；测得的体积流量不受流体密度、黏度、温度、压力和电导率（只要在某一阈值以上）变化明显的影响；前置直管段要求较低；测量范围大，通常为 20：1~50：1；不能测量电导率很低的液体，如石油制品和有机溶剂等；不能测量气体、蒸汽和含有较多较大气泡的液体；通用型电磁流量计由于受衬里材料和电气绝缘材料限制，不能用于较高温度液体的测量。

(一) 电磁流量计原理与结构

1. 电磁流量计原理

电磁流量计的基本原理是法拉第电磁感应定律，即导体在磁场中切割磁力线运动时，在其两端产生感应电动势。如图 2-148 所示，导电性液体在垂直于磁场的非磁性测量管内流动，与流动方向垂直的方向上产生与流量成比例的感应电动势，电动势的方向按右手规则判定，其值为

$$E=BDv \tag{2-133}$$

式中，E 为感应电动势（V）；B 为磁感应强度（T）；D 为测量管内径（m）；v 为平均流速（m/s）。

设液体的体积流量为 $q_v=\pi D^2 v/4$，则 $v=4q_v/(\pi D^2)$，代入式（2-133）得

$$E=[4B/(\pi D)]q_v=Kq_v \tag{2-134}$$

式中，K 为仪表常数，$K=4B/(\pi D)$。

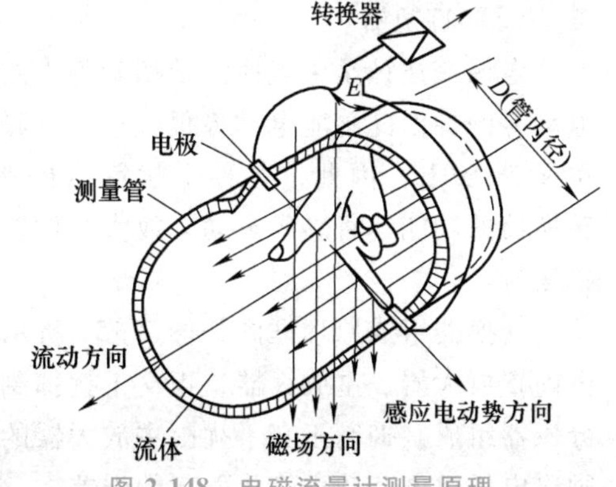

图 2-148 电磁流量计测量原理

由式（2-134）可知，在管道直径已确定、磁感应强度不变的条件下，体积流量与电磁感应电动势有一一对应的线性关系，而与流体密度、黏度、温度、压力和电导率无关。

2. 电磁流量计的构成

电磁流量计由流量传感器和转换器两大部分组成。传感器结构如图 2-149 所示，测量管上下装有励磁线圈，通过励磁电流后产生磁场穿过测量管，一对电极装在测量管内壁与液体相接触，引出感应电动势，送到转换器。励磁电流则由转换器提供。

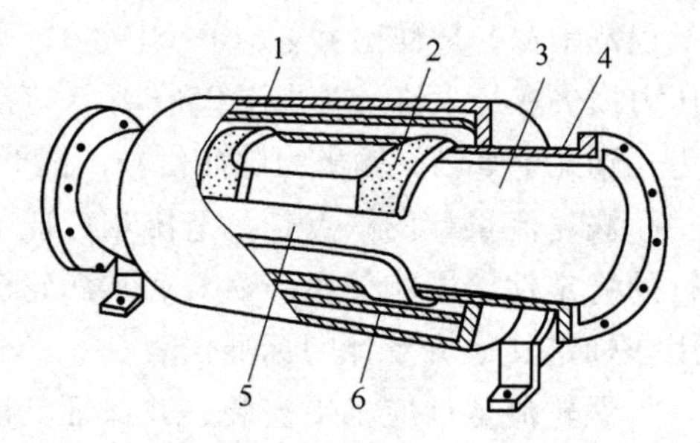

图 2-149　电磁流量计传感器结构

1—外壳　2—励磁线圈　3—衬里
4—测量管　5—电极　6—铁心

（1）电磁流量计流量传感器

电磁流量计流量传感器由外壳、磁路系统、测量管、衬里和电极组成。

1）外壳：外壳应用铁磁材料制成，用于保护励磁线圈的外罩，还可以隔离外磁场的干扰。

2）磁路系统：磁路系统用于产生均匀的直流或交流磁场，直流磁场可以用永久磁铁来实现，其结构比较简单。但是，在电极上产生的直流电动势会引起被测液体的电解，导致在电极上发生极化现象，破坏了原有的测量条件；当管道直径较大时，永久磁铁也要求很大，这样既笨重又不经济。在工业现场的电磁流量计，一般都采用交变磁场，由铁心和励磁线圈构成。若励磁电源的频率为 50Hz，其磁感应强度为 $B=B_m\sin\omega t$，则感应电动势为

$$E=DvB_m\sin\omega t \tag{2-135}$$

3）测量管：测量管是电磁流量计的主要部分，被测流体从测量管流过。它的两端设有法兰，法兰用于连接管道。测量管采用不导磁、低电导率、低热导率并有一定机械强度的材料制成，一般可选用不锈钢、玻璃钢、铝及其他高强度的材料。

4）衬里：衬里是在测量管内壁的一层耐磨、耐腐蚀、耐高温的绝缘材料。它的主要功能是增加测量管的耐磨性与耐腐蚀性，防止感应电动势被金属测量管管壁短路。

5）电极：电极的作用是正确引出感应电动势信号，电极一般用不锈钢非导磁材料制成，安装时要求与衬里齐平。电磁流量计的电极结构如图 2-150 所示。

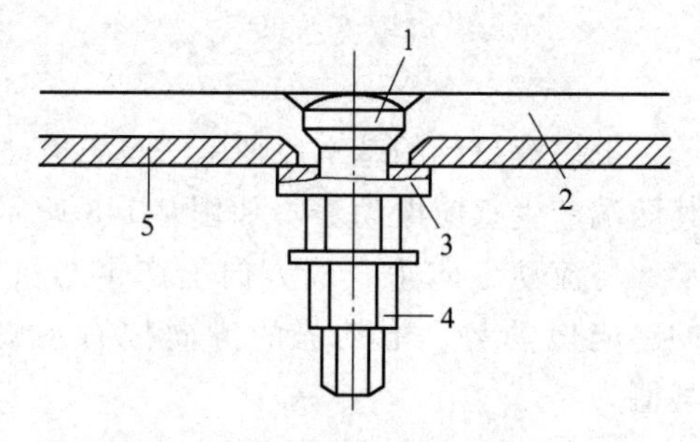

图 2-150　电磁流量计的电极结构

1—电极　2—衬里　3—绝缘管
4—螺母　5—测量管

（2）转换器

电磁流量计是由流体流动切割磁力线产生感应电动势的，但此感应电动势很微小，励磁电源的频率又为 50Hz，因此，各种干扰因素的影响很强。转换器的功能是将感应电动势放大并抑制主要的干扰信号。

转换器组成原理框图如图 2-151 所示。转换器由前置放大器、主放大器、正交干扰抑制、相敏整流、功率放大、线圈、霍尔乘法器和电位分压器组成。抑制正交干扰由主放大器的正交干扰抑制反馈电路完成。霍尔乘法器用于消除励磁电压幅值和频率变化引起的误差。

（二）电磁流量计的选用、安装和使用

1. 电磁流量计的选用原则

电磁流量计包括变送器和转换器两部分，它的选用主要考虑如何正确选用变送器，转换器只要与之配套使用即可。应从以下几个方面来考虑变送器的选用问题：

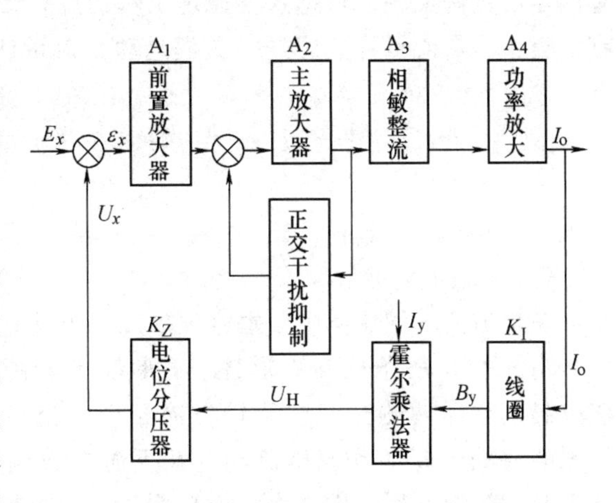

图 2-151　转换器组成原理框图

1）口径与量程的选择：选用变送器时，首先需要确定它的口径和流量测量范围，或确定变送器测量管内流体的流速范围。根据生产工艺上预计的最大流量值来选择变送器的满量程刻度，并且使用中变送器的常用流量最好能超过满量程的50%，以期获得较高的测量精度。变送器量程确定后，口径是根据测量管内流体流速与水头损失的关系来确定的，流速以2~4m/s为最合适。通常选用变送器的口径与管道口径相同或略小些。

2）工作压力的选择：变送器使用时的压力必须低于规定的工作压力。

3）温度的选择：被测介质的温度不能超过变送器衬里材料的允许温度，介质温度还受到电气绝缘材料、漆包线等耐温性能的限制。国产定型变送器通常的工作温度为5~60℃，有的可达120℃。要测量高温介质，需选用特殊规格变送器。

4）衬里材料及电极材料的选择：变送器的衬里材料及电极材料必须根据被测介质的物理化学性质来正确选择，否则变送器由于衬里和电极的腐蚀而很快损坏。因此，必须根据生产工艺过程中具体测量介质的防腐蚀经验，正确地选用变送器的电极材料和衬里材料。

2. 电磁流量计的安装

变送器的安装地点要远离磁源（例如大功率电机、大型变压器等），不能有振动。最好是垂直安装，并且介质流动方向应该是自下而上，这样才能保证变送器测量管内始终充满介质。当不能垂直安装时，也可以水平安装，但要使两电极处于同一水平面上，以防止电极被沉淀沾污和被气泡吸附。水平安装时，变送器安装位置的标高应略低于管的标高，以保证变送器测量管内充满介质。

另外，变送器应安装在干燥通风处，应避免雨淋、阳光直射及环境温度过高。转换器应安装在环境温度为-10~+45℃的场合；空气相对湿度小于等于85%；安装地点无强烈振动，周围气相不含腐蚀性气体。它与变送器之间的连接电缆长度一般不宜超过30m。

3. 电磁流量计的使用

电磁流量计在使用过程中，测量管内壁可能积垢，垢层的电阻低，严重时可能使电极短路，表现为流量信号越来越小或突然下降。此外，测量管衬里也可能被腐蚀或磨损，导致出现电极短路现象，造成严重的测量误差，甚至仪表无法继续工作。因此，变送器内必须定期维护清洗，保持测量管内部清洁、电极光亮。

四、涡街流量计

在特定的流动条件下，一部分液体动能转化为流体振动，其振动频率与流速（流量）

有确定的比例关系，依据这种原理工作的流量计称为流体振动流量计。目前流体振动流量计有三类：涡街流量计、旋进（漩涡进动）流量计和射流流量计。流体振动流量计具有以下特点：输出为脉冲频率，其频率与被测流体的实际体积流量成正比，它不受流体组分、密度、压力、温度的影响；测量范围宽，一般测量范围可达 10∶1 以上；精确度为中上水平；无可动部件，可靠性高；结构简单牢固，安装方便，维护费较低；应用范围广泛，可适用液体、气体和蒸汽。在流体振动流量计中，涡街流量计应用最广泛，在此，只介绍涡街流量计。

（一）涡街流量计原理

在均匀流动的流体中，垂直地插入一个具有非流线型截面的柱体，称为漩涡发生体，其形状有圆柱、三角柱、矩形柱、T 形柱等。在该漩涡发生体两侧会产生旋转方向相反、交替出现的漩涡，并随着流体流动，在下游形成两列不对称的漩涡列，称之为“卡门涡街”，如图 2-152 所示。涡街并非总是稳定的，冯·卡门在理论上证明，当两列漩涡之间的距离 h 和同列中相邻漩涡的间距 L 满足关系 $h/L=0.281$ 时，涡街才是稳定的。实验已经证明，在一定的雷诺数范围内，每一列漩涡产生的频率 f 与漩涡发生体的形状和流体流速 u 有确定的关系，即

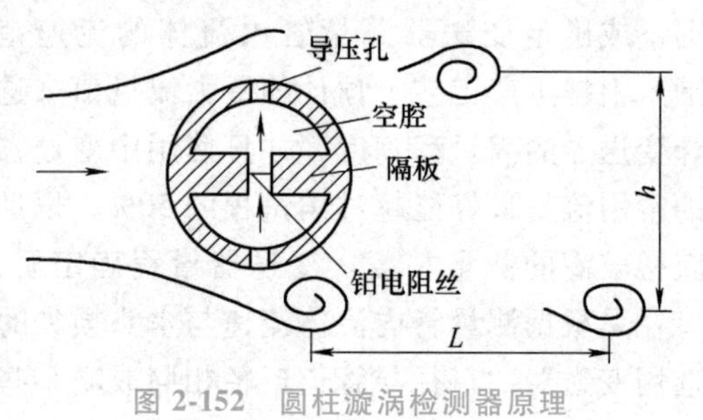

图 2-152　圆柱漩涡检测器原理

$$f=St\frac{u}{d} \tag{2-136}$$

式中，d 为漩涡发生体的特征尺寸；St 为斯特劳哈尔数。

St 与漩涡发生体形状及流体雷诺数有关，但在雷诺数 500~150000 的范围内，St 值基本不变，对于圆柱体 $St=0.21$，三角柱体 $St=0.16$，工业上测量的流体雷诺数几乎都不超过上述范围。式（2-136）表明，漩涡产生的频率仅决定于流体的流速 u 和漩涡发生体的特征尺寸，而与流体的物理参数如温度、压力、密度、黏度及组成成分无关。

在漩涡发生体的形状和尺寸确定后，可以通过测量漩涡产生频率来测量流体的流量。假设漩涡发生体为圆柱体，直径为 d，管道内径为 D，流体的平均流速为 u，在漩涡发生体处的流通截面积为

$$A=\frac{\pi D^2}{4}\left[1-\frac{2}{\pi}\left(\sqrt{1-\left(\frac{d}{D}\right)^2}+\arcsin\frac{d}{D}\right)\right] \tag{2-137}$$

当 $d/D<0.3$ 时，可近似为

$$A=\frac{\pi D^2}{4}\left(1-1.25\frac{d}{D}\right) \tag{2-138}$$

则其流量方程式为

$$q_v=uA=\frac{\pi D^2 fd}{4St}\left(1-1.25\frac{d}{D}\right) \tag{2-139}$$

从流量方程式可知，体积流量与频率呈线性关系。

（二）漩涡频率的测量

漩涡频率的检出有多种方式，可以将检测元件放在漩涡发生体内，检测由于漩涡产生的周期性的流动变化频率，也可以在下游设置检测器进行检测。

图 2-152 所示为圆柱漩涡检测器原理。图中，在中空的圆柱体两侧开有导压孔与内部空腔相连，空腔由中间有孔的隔板分成两部分，孔中装有铂电阻丝。当流体在下侧产生漩涡时，由于漩涡的作用使下侧的压力高于上侧的压力；若在上侧产生漩涡，则上侧的压力高于下侧的压力，因此产生交替的压力变化，空腔内的流体也呈脉动流动。用电流加热铂电阻丝，当脉动的流体通过铂电阻丝时，交替地对电阻丝产生冷却作用，改变其阻值，从而产生和漩涡频率一致的脉冲信号，检测此脉冲信号，即可测出流量。也可以在空腔间采用压电式或应变式检测元件测出交替变化的压力。

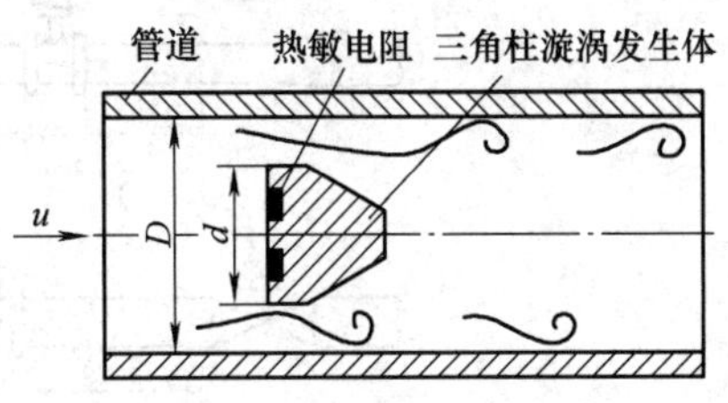

图 2-153　三角柱涡街检测器原理

图 2-153 所示为三角柱涡街检测器原理。在三角柱体的迎流面对称地嵌入两个热敏电阻组成桥路的两臂，以恒定电流加热使其温度稍高于流体，在交替产生的漩涡作用下，两个电阻被周期地冷却，使其阻值改变，阻值的变化由桥路测出，即可测得漩涡产生频率，从而测出流量。三角柱漩涡发生体可以得到更强烈更稳定的漩涡，故应用较多。

（三）安装使用注意事项

涡街流量计属于对管道流速分布畸变、旋转流和流动脉动等敏感的流量计，因此，对现场管道安装条件应充分重视，需遵照生产厂家使用说明书的要求执行。

涡街流量计可安装在室内或室外。如果安装在地井里，有水淹的可能，要选用涎水型传感器。传感器在管道上可以水平、垂直或倾斜安装，但测量液体和气体时，为防止气泡和液滴的干扰，要注意安装的位置，如图 2-154 所示。

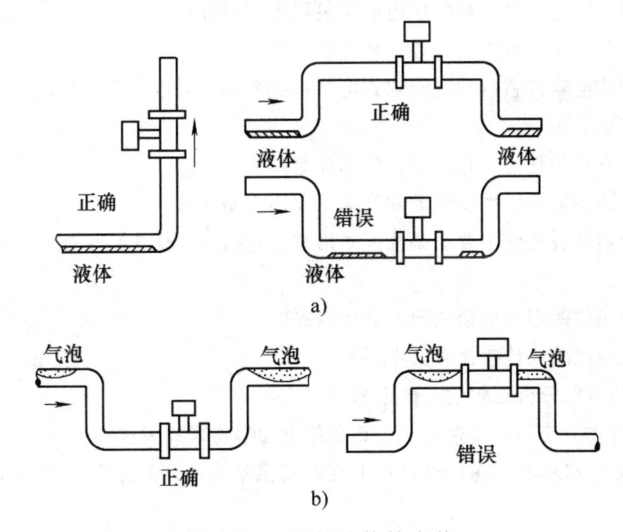

图 2-154　混相流体的安装

a）测量含液体的气体流量仪表安装　b）测量含气泡的液体流量仪表安装

涡街流量计必须保证上、下游侧直管段有必要的长度，如图 2-155 所示。各种资料中数据有差异，其原因可能是：旋涡发生体尚未标准化，形状尺寸的差异有多少影响尚待验证；对各类阻流件必要的直管段长度试验研究尚不够，即还不成熟，对比节流式差压流量计，这方面工作还处于初始阶段。

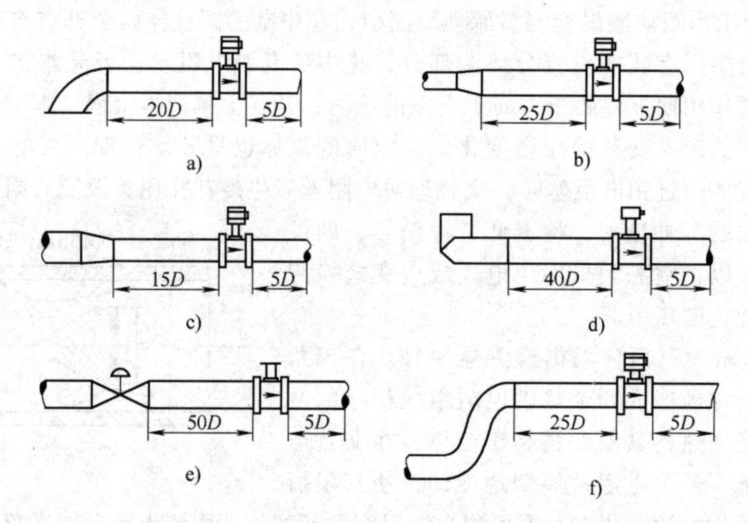

图 2-155　涡街流量计对上、下游侧直管段长度的要求

a）一个 90°弯头　b）同心扩管　c）同心收缩全开阀门　d）不同平面两个 90°弯头

e）调节阀半开阀门　f）同一平面两个 90°弯头

习题与思考题

2-1　什么是应变效应？金属电阻应变片与半导体应变片的工作原理有何异同？

2-2　如何提高电阻应变片测量电桥的输出电压灵敏度和线性度？

2-3　电容式传感器分为哪几种类型？各有什么特点？

2-4　试分析变面积式电容传感器和变间隙式电容传感器的灵敏度。为了提高传感器的灵敏度可采取什么措施并应注意什么问题？

2-5　电感式传感器有哪些种类？它们的工作原理是什么？

2-6　影响互感式传感器输出线性度和灵敏度的主要因素是什么？

2-7　电涡流式传感器的灵敏度主要受哪些因素影响？它的主要优点是什么？涡流的形成范围和贯穿深度与哪些因素有关？

2-8　什么是互感传感器的零点残余电压？如何消除？

2-9　磁电式传感器与电感式传感器有何不同？

2-10　什么是霍尔效应？分析霍尔效应产生的原因。

2-11　一个霍尔元件在一定的电流控制下，其霍尔电动势与哪些因素有关？

2-12　说明为什么导体材料和绝缘体材料均不宜做成霍尔元件，为什么霍尔元件一般采用 N 型半导体材料。

2-13　什么是压电效应？以石英晶体为例说明压电晶体是怎样产生压电效应的。

2-14　常用的压电材料有哪些？各有什么特点？什么叫极化处理？

2-15　压电式传感器能否用于重力的测量？为什么？

2-16　为什么说压电式传感器只适用于动态测量而不能用于静态测量？压电式传感器的测量电路中为什么要接入前置放大器？

2-17　压电式传感器中采用电荷放大器有何优点？为什么电压灵敏度与电缆长度有关而电荷灵敏度与电缆长度无关？

2-18　电阻式温度传感器的工作原理是什么？有几种类型？各有何特点？

2-19　热电阻测量电路有哪些？说明每种测量电路的特点？

2-20　什么是热电效应？热电阻温度传感器和热电偶各有何特点？

2-21　目前工业上常用的热电偶有哪几种？

2-22　为什么用热电偶测温时要进行冷端温度补偿？常用的补偿方法有哪些？

2-23　什么是补偿导线？为什么要使用补偿导线？补偿导线的类型有哪些？在使用时要注意哪些问题？

2-24　标准节流装置由哪几部分组成？常用的取压方式有哪几种？

2-25　试述电磁流量计的工作原理，并指出其应用特点。

2-26　涡街流量计是如何工作的？它有什么特点？

2-27　金属应变片 R_1 和 R_2 阻值均为 120Ω，灵敏系数 $K=2$；两应变片一受拉力，另一受压力，应变值均为 $\varepsilon=800$，两者接入差动直流电桥，电桥电压 $U=6\text{V}$，求：

（1）ΔR 和 $\Delta R/R$；

（2）电桥输出电压 U_o。

2-28　采用阻值 $R=120\Omega$，灵敏度系数 $K=2.0$ 的金属电阻应变片与阻值 $R=120\Omega$ 的固定电阻组成电桥，供桥电压为 10V。当应变片的应变值 $\varepsilon=1000$ 时，若要使输出电压大于 10mV，则可采用何种接桥方式（设输出阻抗为无穷大）？

2-29　有一平面直线位移型差动电容传感器，测量电路采用变压器交流电桥，结构组成如图 2-156 所示。电容传感器起始时，$b_1=b_2=20\text{mm}$，$a_1=a_2=10\text{mm}$，极距 $d=2\text{mm}$，极间介质为空气，测量电路中 $u_i=3\sin\omega t$ V，且 $u=u_1$。试求当动极板上输入一位移量 $\Delta x=5\text{mm}$ 时，电桥输出电压 u_o。

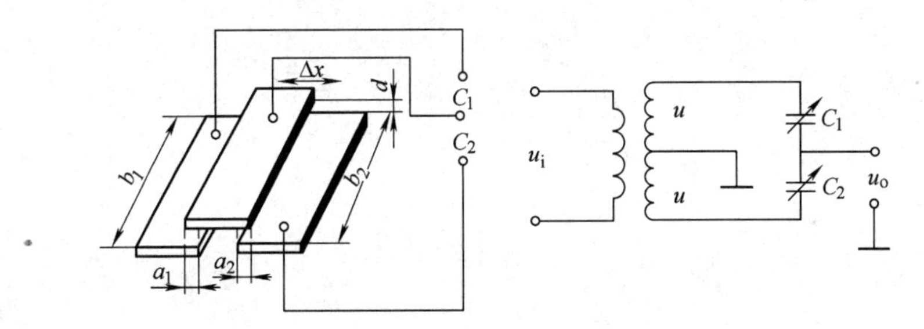

图 2-156　平面直线位移型差动电容传感器测量电路

2-30　变间隙电容传感器的测量电路为运算放大器电路，如图 2-157 所示。传感器的起始电容量 $C_{x0}=20\text{pF}$，定、动极板距离 $d_0=1.5\text{mm}$，运算放大器为理想放大器（即 $K\to\infty$，$Z_i\to\infty$，R_f 极大，输入电压 $u_i=5\sin\omega t\text{V}$）。求当电容传感器动极板上输入一位移量 $\Delta x=0.15\text{mm}$ 使 d_0 减小时，电路输出电压 u_o 为多少？

2-31　图 2-158 所示为差动电感式传感器的桥式测量电路，L_1、L_2 为传感器的两差动线圈的电感，其初始值为 L_0。R_1、R_2 为标准电阻，u 为电源电压。试写出输出电压 u_o 与传感器电感变化量间的关系。

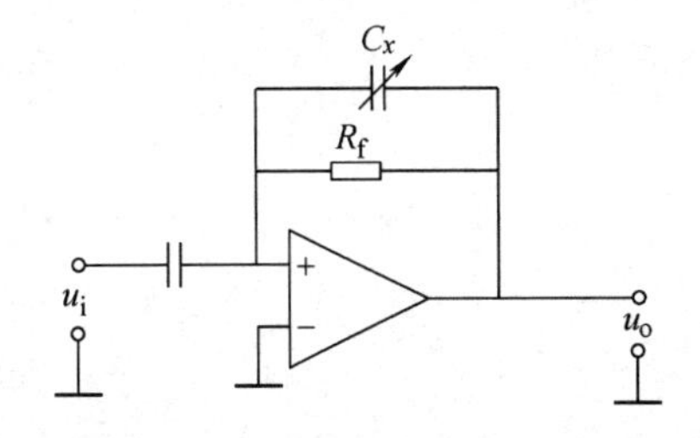

图 2-157　变间隙电容传感器的测量电路

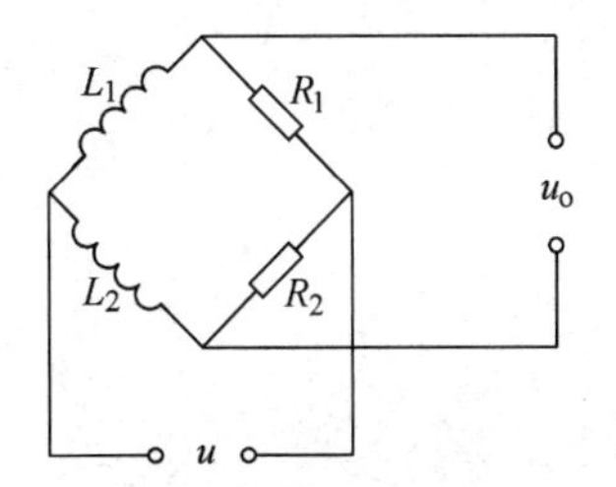

图 2-158　差动电感式传感器桥式测量电路

2-32　用分度号为Pt100的铂热电阻测温，当被测温度分别为-100℃和650℃时，求铂热电阻的阻值R_{t1}和R_{t2}分别为多大？

2-33　求用分度号为Cu100的铜热电阻测量50℃温度时的铜热电阻的阻值。

2-34　用K型热电偶（镍铬-镍硅）测量炉温，已知热电偶冷端温度为$t_0=30℃$，$E_{AB}(30℃,0℃)=1.203mV$，用电子电位差计测得$E_{AB}(t,30℃)=37.724mV$。求炉温t。

2-35　已知铂铑$_{10}$-铂（S）热电偶的冷端温度为$t_0=25℃$，现测得热电动势$E(t,t_0)=11.712mV$，求热端温度。

2-36　已知镍铬-镍硅（K）热电偶的热端温度$t=800℃$，冷端温度$t_0=25℃$，求$E(t,t_0)$是多少毫伏。

2-37　用镍铬-镍硅（K）热电偶测量某炉温度的测量系统如图2-159所示，已知冷端温度固定在0℃，$t_0=33℃$，在A、B线接错的情况下，仪表指示温度为210℃，问炉温的实际值是多少？

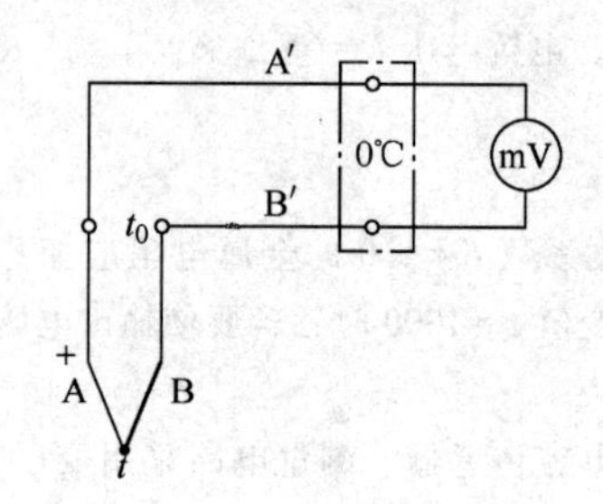

图2-159　热电偶温度测量系统

第三章

新型传感器原理及应用

第一节　气体传感器

新型传感器
检测原理
直观动图

气体传感器可检测气体（如一氧化碳、煤气、氟利昂、R12 蒸、乙醇等）的浓度或成分，并将其转变为相应电信号输出。目前，气体传感器主要用于各种可燃气体、有害气体的检测报警。

气体传感器可分为半导体气体传感器、固体电解质气体传感器、浓差电池型气体传感器和组合电位型气体传感器等类型。其中实际使用最多的是半导体气体传感器。

一、电阻型半导体气体传感器的结构

制作气敏电阻的材料主要有二氧化锡（SnO_2）等金属氧化物半导体，取材和掺杂的不同决定了气敏电阻的不同类型。常用的气敏电阻有 P 型、N 型和混合型三种。电阻型半导体气体传感器一般由三部分组成：敏感元件、加热器和外壳或封装体。按其制造工艺又分为烧结型、薄膜型和厚膜型三类。它们的典型结构如图 3-1 所示。

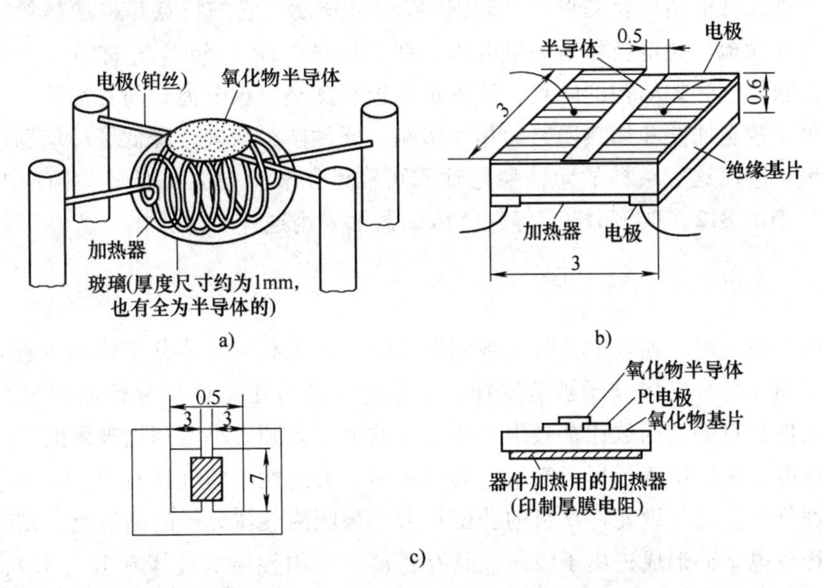

图 3-1　半导体气体传感器的典型结构（尺寸单位：mm）

a）烧结型气敏元件　b）薄膜型气敏元件　c）厚膜型气敏元件

加热器的作用是加速被测气体的吸附和脱出过程；烧去气敏元件表面的油垢或污物，起清洁作用；提高灵敏度和响应速度；控制不同的加热温度，对不同被测气体有不同的选择性作用，加热温度一般控制在100～400℃。

由于加热方式一般有直热式和旁热式两种，因而形成了直热式和旁热式气敏元件。直热式气敏元件的结构及图形符号如图3-2a、b所示。直接式元件是将加热丝、测量丝直接埋入SnO_2或ZnO等粉末中烧结而成的，工作时加热丝通电，测量丝用于测量元件的电阻值。这类器件制造工艺简单、成本低、功耗小，可以在高电压回路中使用；但其热容量小，易受环境气流的影响，测量回路和加热回路间没有隔离而相互影响。国产QN型和日本费加罗TGS#109型气体传感器均属此类结构。

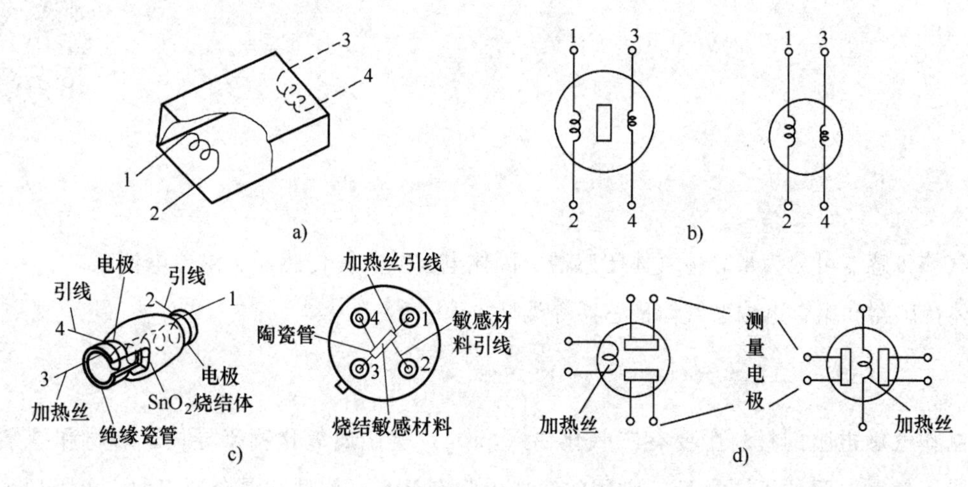

图3-2　直热式与旁热式气敏元件

a）直热式结构　b）直热式图形符号　c）旁热式结构　d）旁热式图形符号

旁热式气敏元件的结构及图形符号如图3-2c、d所示，它的特点是将加热丝放置在一个陶瓷管内，管外涂梳状金电极作为测量电极，在金电极外涂上SnO_2等材料。旁热式结构的气敏传感器克服了直热式结构的缺点，使测量电极和加热电极分离，而且加热丝不与气敏材料接触，避免了测量回路和加热回路的相互影响，元件热容量大，降低了环境温度对元件加热温度的影响，所以这类结构的元件稳定性和可靠性都较直热式元件好。国产QM—N5型和日本费加罗TGS#812、TGS#813型等气体传感器都采用这种结构。

二、电阻型半导体气体传感器的工作原理

当加热的气敏电阻表面接触并吸附被测气体时，被吸收的气体分子首先在表面扩散而失去动能，这期间，部分气体分子被蒸发掉，剩余的气体分子则因热分解而固定在吸附位置上。若气敏元件材料的功函数比被吸附气体分子的电子亲和力小，则被吸附的气体分子就从元件表面夺取电子而以阴离子形式吸附。具有阴离子吸附性质的气体有O_2和NO_x等，它们被称为氧化性气体。若气敏元件材料的功函数大于被吸附气体分子的离解能，则吸附分子将向气敏元件释放电子而形成正离子吸附。具有正离子吸附性质的气体有H_2、CO、碳氢化合物和醇类，它们被称为还原性气体。

当氧化性气体吸附到N型半导体上，或还原性气体吸附到P型半导体上时，将使半导

体载流子数目减少，气敏元件的电阻值增大；当还原性气体吸附到N型半导体上，或氧化性气体吸附到P型半导体上时，将使半导体载流子数目增加，半导体气敏元件的电阻值减小；无论是氧化性气体还是还原性气体，吸附到混合型半导体上时，都使得半导体气敏元件载流子浓度减小，导电能力减弱，电阻值增大。

图3-3所示为气体吸附到N型半导体时所产生的气敏元件阻值变化曲线。根据图示的特性，就可以从阻值变化情况确定吸附气体的种类和浓度。

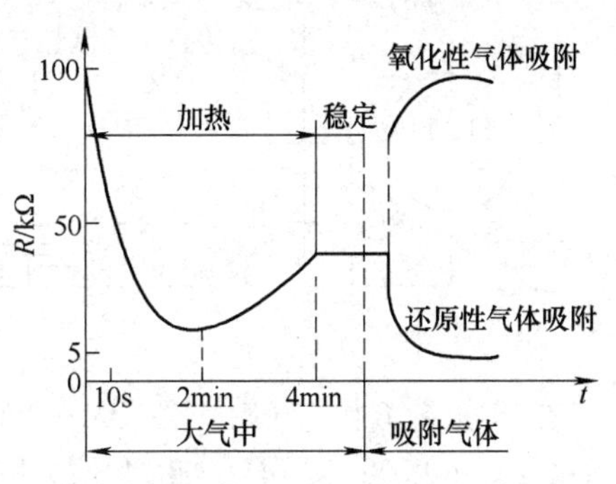

图3-3 N型半导体气敏元件阻值变化曲线

三、气体传感器的应用

(一) 袖珍瓦斯报警器

这是一种携带方便的瓦斯报警器，它可以直接安装在煤矿工人的矿帽内（或头灯里）。当井下瓦斯超限时，能发出响亮的警笛声，防止严重隐患事故的发生。

袖珍瓦斯报警器电路如图3-4所示。由国产气敏元件QM—N5及R_1和RP组成瓦斯检测电路；由模拟声报警集成电路A(KD—9561)、R_2、功放管VT和超薄型动圈式扬声器B(ϕ7mm×9mm)组成模拟警笛声音响电路；用小型塑封单向晶闸管VTH(MCR100—6)做无触点电子开关。

当工作现场无瓦斯或瓦斯浓度很小时，QM—N5的a、b两点之间电导率很小，RP滑动触点的输出电压低于0.7V，单向晶闸管VTH不被触发，A无电不工作，报警器不发声；当瓦斯超过限定的安全标准时，a、b之间的电导率迅速增大，RP滑动触点的输出电压高于0.7V，VTH获得触发电压导通，A得电工作，其输出信号经VT功率放大后，推动扬声器B发出响亮的警笛声。

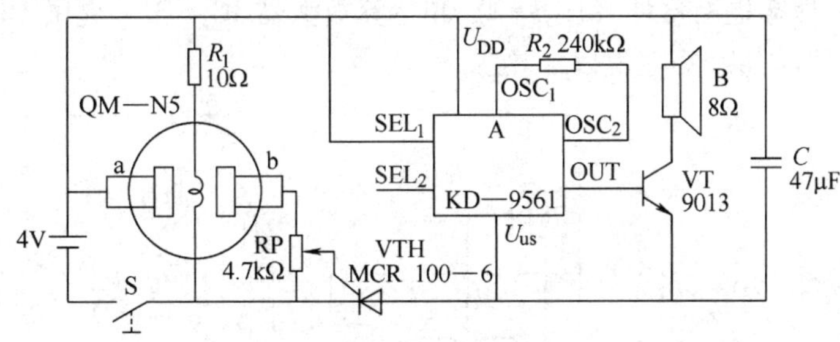

图3-4 袖珍瓦斯报警器电路

整个报警电路安装在矿帽上，探头可固定在矿帽边沿，其余电路则焊接在矿帽内，并做好密封防爆处理。电路报警灵敏度可通过改变RP阻值进行调整，可采用同标准瓦斯检测设备对比的方法进行调试。

(二) 带排风的煤气报警器

这是一个实用的室内气控报警器，在对有害气体超浓度报警的同时，可自动开启换气扇，及时排除有害气体，防止灾害或事故发生。

带排风的煤气报警器电路如图3-5所示。它主要由气体检测电路、电路开关、声光发生器和排风控制电路组成，其核心元件是一块单片多功能集成报警电路A_1(XD—BD1)。

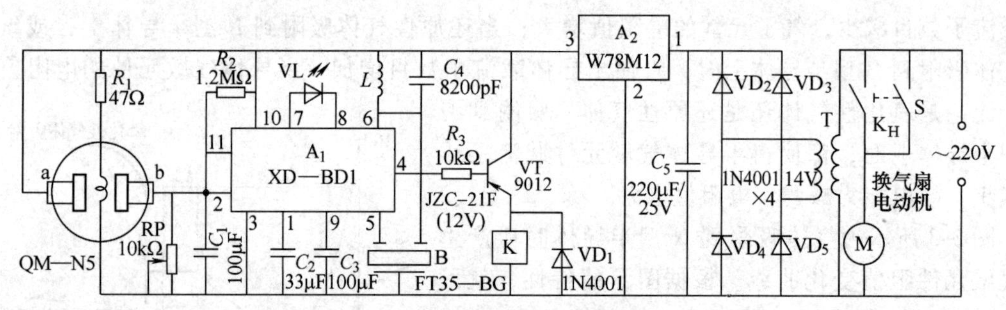

图 3-5　带排风的煤气报警器电路

在洁净空气中，气敏元件 QM—N5 的 a、b 两极间呈高阻抗，A_1 的门电路信号比较端（引脚 2）电压低于 5.4V，此时比较电路不工作，后级电路处于等待状态。当室内易燃或有害气体达到一定浓度时，气敏元件呈现的阻抗很小，使 A_1 的比较端（引脚 2）电压大于 5.5V，此时比较电路开始工作，并启动后级电路。振荡器使红色发光二极管 VL 闪烁发光，使三端压电蜂鸣片 B 同时发生间歇啸叫声。在报警的同时，VT 也被控制导通，继电器 K 吸合，其常开触点 K_H 接通换气扇电动机电源，使换气扇自动向外排气。

电路中 R_2 和 C_1 构成延时电路，使每次报警、排气的时间不少于 2min。C_2 为防误报电容，当空气中瞬时出现易燃或有害气体时，电路不动作；只有在这些气体持续出现几分钟以后，电路才作出反应。可通过改变 C_2 电容量来调整防误报时间，C_2 越大，则电路不动作时间越长。S 为手动开关，可使换气扇连续通电工作。A_2 为 W78M12 型（12V，0.5A）三端固定稳压集成块；T 为 220/14V、3W 电源变压器。

（三）烟雾报警器电路

图 3-6 给出了烟雾报警器电路原理，由电源、检测、定时报警输出三部分组成。电源部分将 220V 经变压器降至 15V，由 $VD_1 \sim VD_4$ 组成的桥式整流电路整流并经 C_2 滤波成直流。7810 三端稳压器为烟雾检测器件（HQ—2）和运算放大器 IC_1、IC_2 提供 10V 直流电源以工作，7805 三端稳压器提供 5V 电压以加热。

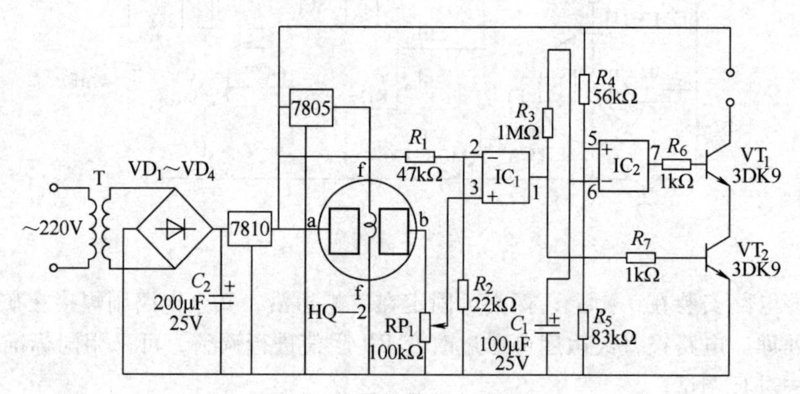

图 3-6　烟雾报警器电路原理

HQ—2 气敏管 a、b 之间的电阻在无烟环境中为几十千欧，在有烟雾环境中可下降到几千欧。一旦有烟雾存在，a、b 间电阻便迅速减小，比较器通过电位器 RP_1 所取得的分压随之增加，IC_1 翻转输出高电平使 VT_2 导通。IC_2 在 IC_1 翻转之前输出高电平，因此 VT_1 也处于导通状态。只要 IC_1 翻转，输出端便可输出报警信号。输出端可接蜂鸣器或发光器件。翻转后，由 R_3、C_1 组成的定时器开始工作（改变 R_3 阻值可改变报警信号的长短）。当电容 C_1 充电达到阈值电位时，IC_2 翻转，则 VT_1 关断，停止输出报警信号。烟雾消失后，比较器复位，C_1 通过 IC_1 放电。该气敏管长期搁置首次使用时，在没有遇到可燃性气体时电阻也将减小，需经 10min 左右的初始稳定时间后方可正常工作。

第二节 湿度传感器

湿度的检测与控制在现代科研、生产、生活中的地位越来越重要。例如，许多储物仓库的湿度超过某一程度时，物品易发生变质或霉变现象；居室的湿度希望适中；纺织厂要求车间的湿度保持在 60%~75%RH；在农业生产中的温室育苗、食用菌培养、水果保鲜等都需要对湿度进行检测和控制。近年来，湿度传感器的研发取得了长足的发展，正从简单的湿敏元件向集成化、智能化、多参数检测的方向发展。湿敏元件是最简单的湿度传感器，根据工作方式可分为电阻式和电容式两类。电阻式和电容式又各有许多种类，在此以陶瓷电阻式和陶瓷电容式湿度传感器为例加以介绍。

一、陶瓷电阻式湿度传感器

图 3-7 所示为陶瓷电阻式湿度传感器的结构、外形及测量转换电路框图，它主要用于测

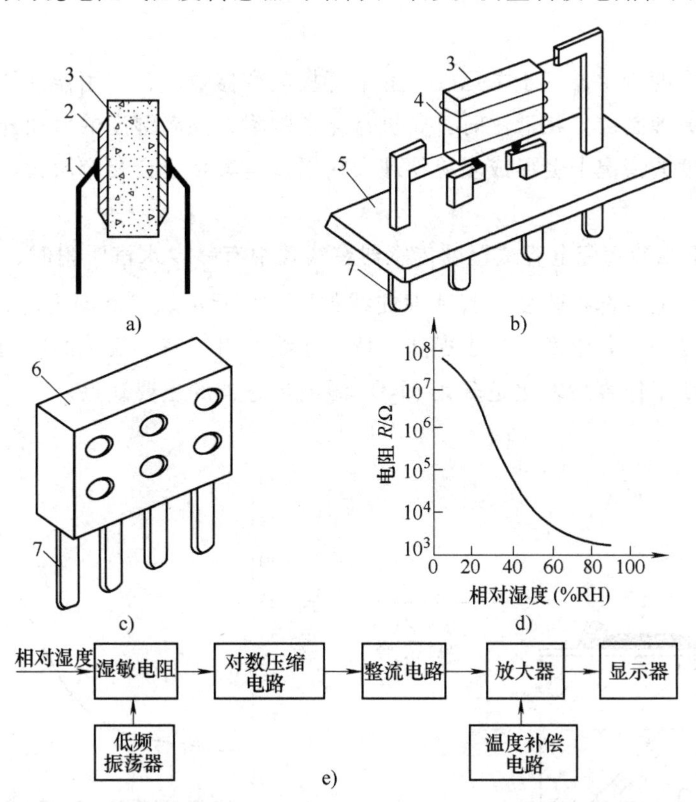

图 3-7 陶瓷电阻式湿度传感器结构、外形及测量转换电路框图

a）多孔湿敏陶瓷 b）湿度传感器 c）外形 d）输入/输出特性 e）测量转换电路框图

1—引线 2—多孔性电极 3—多孔陶瓷 4—加热丝 5—底座 6—塑料外壳 7—引脚

量空气的相对湿度。

陶瓷电阻式湿度传感器的核心部分是用铬酸镁-氧化钛（$MgCr_2O_4$-TiO_2）等金属氧化物以高温烧结的工艺制成的多孔陶瓷半导体。它的气孔率高达25%以上，具有1μm以下的细孔分布。与日常生活中常用的结构致密的陶瓷相比，其接触空气的表面显著增大，所以水蒸气极易吸附于其表层及孔隙之中，使其电阻率下降。当相对湿度从1%RH变化到95%RH时，其电阻率变化高达4个数量级以上，所以在测量电路中必须考虑采用对数压缩手段。

由于多孔陶瓷置于空气中易被灰尘、油烟污染，从而使感湿面积下降，而如果将湿敏陶瓷加热到400℃以上，就可使污物挥发或烧掉，使陶瓷恢复到初期状态，因此必须定期给加热丝通电。陶瓷湿敏传感器吸湿快（10s左右），而脱湿要慢许多，从而产生滞后现象，称为湿滞。当吸附的水分子不能全部脱出时，会造成重现性差及测量误差。有时可用重新加热脱湿的办法来解决。

二、陶瓷电容式湿度传感器

（一）结构

陶瓷电容式湿度传感器由多孔氧化铝感湿膜、铝基片和金电极等构成，其结构如图3-8所示。

（二）工作原理

陶瓷电容式湿度传感器基于单元气孔的平行板电容器效应，利用器件的电容随环境湿度的变化而变化的原理制成。在低湿时首先进行化学吸附，随着湿度的增加开始形成第一物理吸附层，在高湿度的情况下会形成多层物理吸附层，电容量也会相应增大。

（三）特性

Al_2O_3薄膜组成的陶瓷电容式湿度传感器在气孔中有一定水汽吸附时，随着环境湿度的变化，膜电阻和膜电容都将改变，其特性曲线如图3-9所示。在低湿度时，曲线线性良好，到高湿度时线性变差，若湿度进一步提高，特性曲线变得平缓。实际的应用中，在线性不良和高湿环境中长期工作容易老化是多孔Al_2O_3湿度传感器的主要缺点。

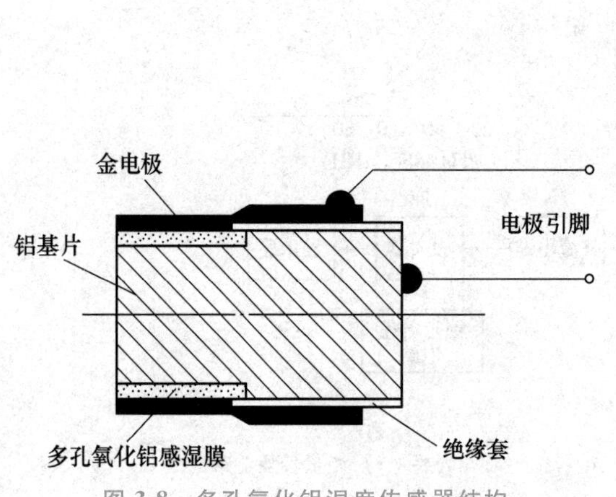

图3-8　多孔氧化铝湿度传感器结构

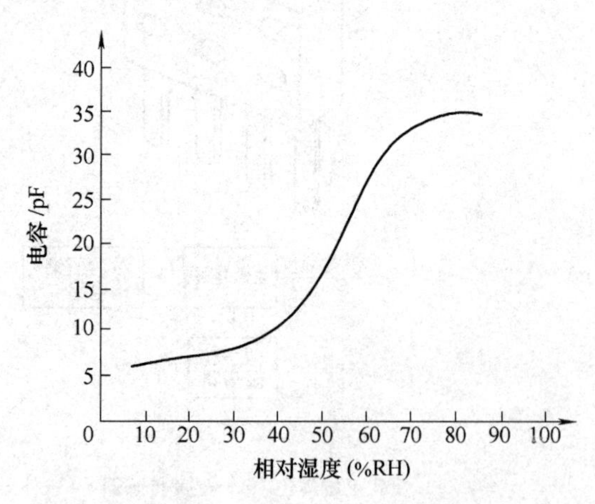

图3-9　多孔Al_2O_3湿敏组件的电容-湿度特性曲线

三、湿度传感器的应用

（一）高湿度指示器

图 3-10 所示是高湿度指示器电路。它能在环境相对湿度过高时使发光二极管变亮，告知人们应采取排湿措施。湿度传感器采用 SMOI—A 型湿敏电阻，当环境的相对湿度在 20%～90%RH 变化时，它的电阻值在几十千欧到几百千欧范围内改变。为防止湿敏电阻产生极化现象，采用变压器降压供给检测电路 9V 交流电压，湿敏电阻 R_H 和电阻 R_1 串联后接在它的两端。当环境湿度增大时，R_H 阻值减小，电阻 R_1 两端电压会随之升高，这个电压经 VD_1 整流后加到由 VT_1 和 VT_2 组成的施密特电路中，使 VT_1 导通，VT_2 截止，VT_3 随之导通，发光二极管 VL 发光。高湿度指示电路可应用于蔬菜大棚、粮棉仓库、花卉温室、医院等对湿度要求比较严格的场合。

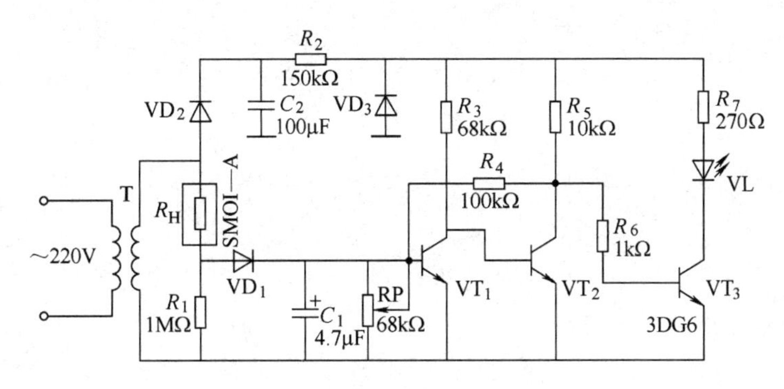

图 3-10 高湿度指示器电路

（二）房间湿度控制器

房间湿度控制器将湿敏电容置于 *RC* 振荡电路中，直接将湿敏元件的电容信号转换为电压信号。由双稳态触发器及 *RC* 组成双振荡器，其中一条支路由固定电阻和湿敏电容组成，另一条支路由多圈电位器和固定电容组成。设定在 0%RH 时，湿敏支路产生脉冲宽度的方波，调整多圈电位器使其方波与湿敏支路脉宽相同，则两信号差为零，湿度变化引起脉宽变化，两信号差通过 *RC* 滤波后经标准化处理得到电压输出，输出电压随相对湿度几乎成线性增加。这是 KSC—6V 集成相对湿度传感器的原理，其相对湿度 0%～100%RH 对应的输出为 0～100mV。

KSC—6V 湿度传感器的应用电路如图 3-11 所示。将传感器的输出信号分成三路分别接在 A_1 的反相输入端、A_2 的同相输入端和显示器的正输入端，A_1 和 A_2 电压比较器由 RP_1 和 RP_2 调整到适当位置。当湿度下降时，传感器输出电压下降，当降低到设定的下限湿度值时，A_1 输出突然变为高电平，使 VT_1 导通，VL_1 发绿光，表示空气干燥，继电器线圈 K_1 得电，继电器开关吸合，接通超声波加湿器。当湿度上升时，传感器输出电压升高，当升高到设定的上限湿度值时，K_1 失电，A_2 输出突变为高电平，使 VT_2 导通，VL_2 发红光，表示空气太潮湿，继电器线圈 K_2 得电，继电器开关吸合，接通排气扇排除潮气。相对湿度降到一定值时，K_2 失电，开关断开，排气扇停止工作。这样可以将室内湿度控制在一定范围内。

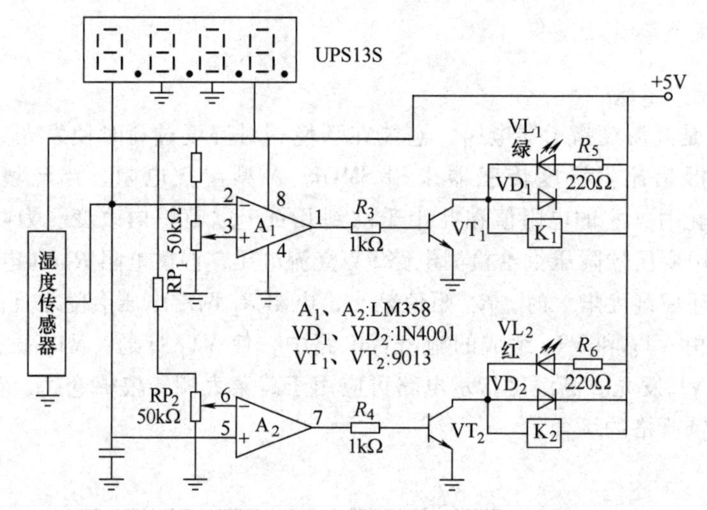

图 3-11　KSC—6V 湿度传感器的应用电路

第三节　感应同步器

感应同步器是利用两个平面形印制电路绕组的互感随其位置变化的原理制成的。根据用途不同，感应同步器分为直线感应同步器和圆感应同步器两大类。前者用于测量线位移，后者用于测量转角。感应同步器具有测量精度高、抗干扰能力强、对环境要求低等特点，因此得到了广泛应用。尤其在旧机床的数显改造方面，由于其不怕油污和灰尘而被大量采用。

一、感应同步器的种类与结构

（一）直线感应同步器

直线感应同步器由定尺和可以相对移动的滑尺组成。加工时，分别在滑尺和定尺的基体上，用热压法粘贴上绝缘层和铜箔，然后通过光刻和化学腐蚀工艺蚀刻出所需的平面绕组图形。在滑尺上还粘有一层铝膜，以防止静电感应。基体材料一般和被测物件的材料相同，目的是使感应同步器的热膨胀系数与所安装的主体相同。如用于机床位置测量的感应同步器常使用低碳钢做基体。直线感应同步器分为标准型、窄型、带型和三重型四种。前三种都是增量式，不能测量绝对位置；后一种是绝对式，对位置具有记忆功能。

1）标准型：定尺长 250mm、滑尺长 100mm、全尺总宽 88mm，其外形如图 3-12 所示。标准型直线感应同步器精度高，使用最为普遍。

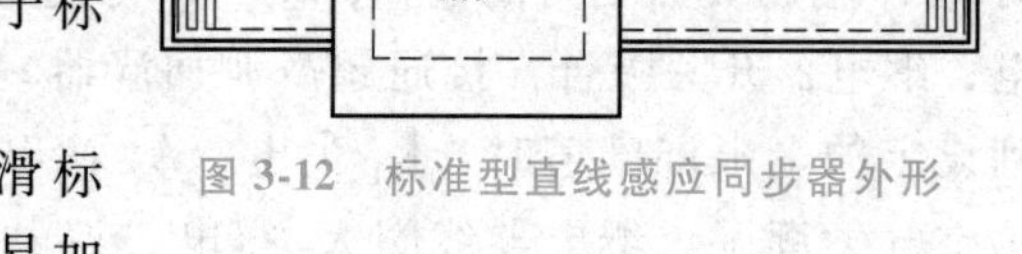

图 3-12　标准型直线感应同步器外形

2）窄型：定尺长 250mm、滑尺长 75mm、全尺总宽 45mm，绕组结构与标准型相同，精度低于标准型。

3）带型：定尺的基板改用钢带，滑尺为滑标式，直接套在定尺上。它适用于安装在表面不易加工的设备上，使用时只需将钢带两头固定即可。

4）三重型：定尺和滑尺绕组上有粗、中、细三组平面绕组。定尺的粗、中绕组相对于位移垂直方向倾斜不同的角度，滑尺的粗、中绕组与位移方向平行，定、滑尺的细绕组与标准式相同。

直线感应同步器的测量范围与定尺和滑尺的相对几何尺寸有关，当需要扩大测量范围时，可将几块定尺接长使用。应选择适当的方法进行接长，使接长后的定尺组件在全程范围内的累计误差最大限度地减小。

(二) 圆感应同步器

圆感应同步器也称为旋转式感应同步器，由转子和定子组成。如图 3-13 所示，转子为单绕组，定子做成正弦、余弦绕组形式，两绕组的电相位角相差 π/2。圆感应同步器径向导体数又称为极数，有 360 极、720 极等几种。在极数相同的情况下，感应同步器的直径越大，精度越高。

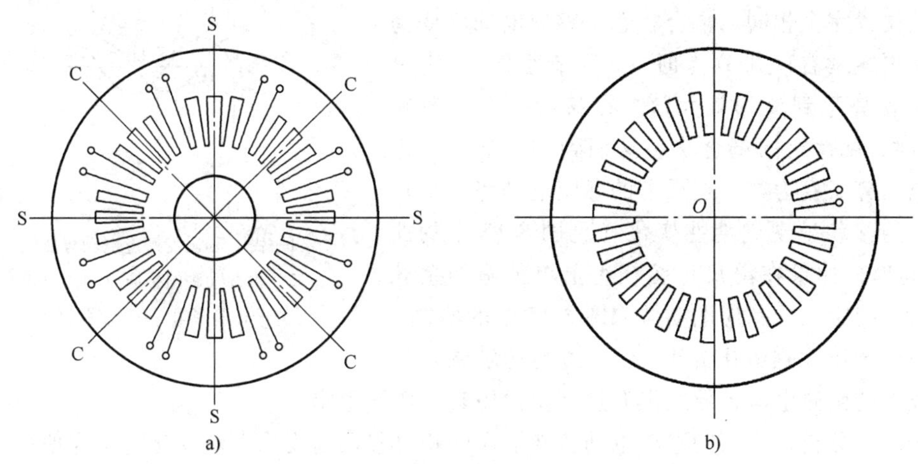

图 3-13 圆感应同步器绕组结构

a）定子 b）转子

S—正弦绕组 C—余弦绕组

与直线感应同步器类似，圆感应同步器也有多重式，用于测量绝对位置。定子、转子中配置两套绕组的称为二重式，配置三套绕组的称为三重式。

圆感应同步器的测量信号由转子输出。工作时，转子处于旋转状态，因此信号不能由引线直接输出，需采用特殊方式，可以采用集电环的直接耦合方式或变压器耦合方式。

二、感应同步器的工作原理

直线感应同步器和圆感应同步器的工作原理基本相同，都是利用电磁感应原理工作。下面以直线感应同步器为例介绍其工作原理。

直线感应同步器由两个磁耦合部件组成，其工作原理类似于一个多极对的正余弦旋转变压器。感应同步器的定尺和滑尺相互平行放置，其间有一定的间隙，一般应保持在 0. 25mm±0. 05mm 范围内，如图 3-14 所示。

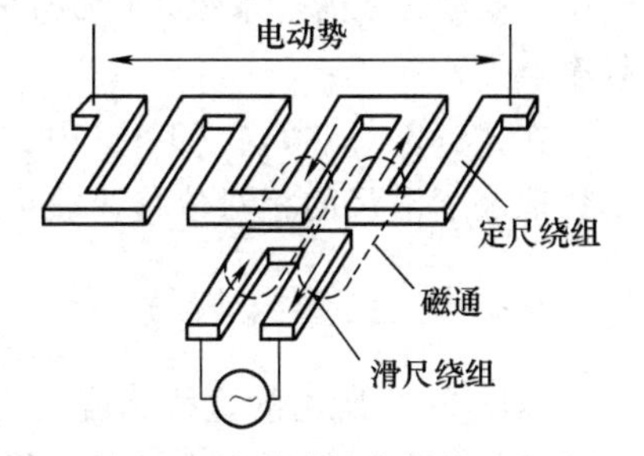

图 3-14 直线感应同步器的工作原理

当滑尺上的正弦绕组和余弦绕组分别以 1~10kHz 的正弦电压励磁时，将产生同频率的交变磁通。该交变磁通与定尺绕组耦合，在定尺绕组上产生同频率的电动势。电动势的大小除了与励磁频率、励磁电流和两绕组之间的间隙有关外，还与两绕组的相对位置有关。如果在滑尺的余弦绕组上单独施加正弦励磁电压，感应同步器定尺的感应电动势与两绕组相对位置的关系如图 3-15 所示。

当滑尺处于 A 点时，余弦绕组 C 和定尺绕组位置相差 1/4 节距，即在定尺绕组内产生的感应电动势为零。随着滑尺的移动，电动势逐渐增大，直到 B 点时，即滑尺的余弦绕组 C 和定尺绕组位置重合时（1/4 节距位置），耦合磁通最大，感应电动势也最大。滑尺继续右移，定尺绕组的电动势随耦合磁通减小而减小，直至移动到 C 点时（1/2 节距处），又回到与初始位置完全相同的耦合状态，感应电动势变为零。滑尺再继续右移到 D 点时（3/4 节距处），定尺中感应电动势达到负的最大值。在移动一个整节距（E 点）时，两绕组的耦合状态又回到初始位置，定尺感应电动势又变为零。定尺上的感应电动势随滑尺相对定尺的移动呈现周期性变化（见图 3-15 中的曲线 1）。同理，如果在滑尺正弦绕组上单独施加余弦励磁电压，则定尺的感应电动势如图 3-15 中的曲线 2 所示。一般选用励磁电压为 1~2V，过高的励磁电压将引起较大的励磁电流，导致温升过高，而使其工作不稳定。

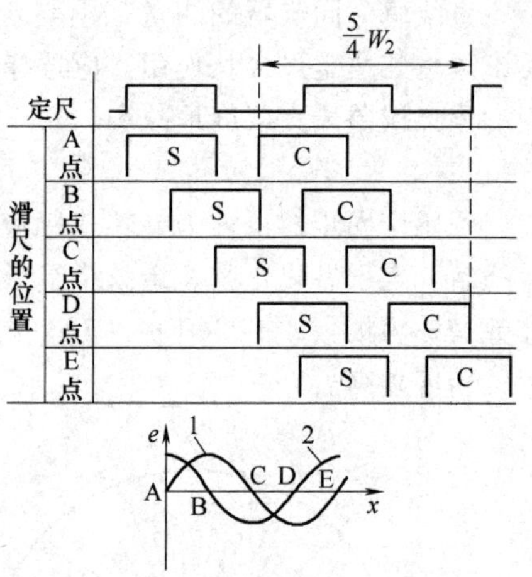

图 3-15 感应电动势与两绕组相对位置的关系

1—由 C 励磁的感应电动势曲线
2—由 S 励磁的感应电动势曲线
S—正弦绕组 C—余弦绕组

基于以上分析，定尺的感应电动势随滑尺的相对移动呈现周期性变化，这样便把机械位移和感应电动势相互联系起来。假设在滑尺的正弦或余弦绕组上单独施加的正弦励磁电压为

$$u_i = U_m \sin\omega t \tag{3-1}$$

则正弦和余弦绕组在定尺上相应产生的感应电动势分别为

$$e_s = k\omega U_m \sin\omega t \cos\frac{2\pi}{W}x \text{ 或 } e_s = -k\omega U_m \sin\omega t \cos\frac{2\pi}{W}x \tag{3-2}$$

$$e_c = k\omega U_m \sin\omega t \sin\frac{2\pi}{W}x \text{ 或 } e_c = -k\omega U_m \sin\omega t \sin\frac{2\pi}{W}x \tag{3-3}$$

式中，k 为电磁耦合系数；x 为机械位移；W 为绕组节距；U_m、ω 分别为励磁电压的幅值和频率。

在式（3-2）和式（3-3）中，正、负号表示滑尺移动的方向。由此可见，定尺的感应电动势取决于滑尺的相对位移，故可通过感应电动势来测量位移。

三、输出信号的鉴别方式

以图 3-12 所示的直线感应同步器采用滑尺励磁为例，可以通过鉴别定尺上输出感应电动势的相位和幅值来确定相对位移量。

（一）鉴别相位方式

在滑尺的分段绕组上加以频率相同、相位差为 90°的交流励磁电压，正弦绕组励磁电压为 $u_s = U_m \sin\omega t$，余弦绕组励磁电压为 $u_c = U_m \cos\omega t$。即

$$e_s = K_u U_m \sin\left(\frac{2\pi x}{W}\right)\cos\omega t$$

$$e_c = K_u U_m \cos\left(\frac{2\pi x}{W}\right)\sin\omega t$$

按叠加原理，在定尺（连续绕组）上的总感应电动势为

$$e = e_s + e_c = K_u U_m \sin(\omega t + \theta_x) \tag{3-4}$$

式中，θ_x 为感应电动势的相位角，$\theta_x = \frac{2\pi x}{W}$，$W$ 为绕组节距；K_u 为电磁耦合系数。

相位角 θ_x 是相对位移量的函数，相对位移量为一个节距 W 时重复变化一次，变化周期为 2π。同励磁电压 $U_m \sin\omega t$ 的相位比较，鉴别感应电动势的相位可测出定尺和滑尺间的相对位移量。

（二）鉴别幅值方式

若加到滑尺分段绕组上的交流励磁电压分别为 $u_s = U_s \sin\omega t$ 和 $u_c = -U_c \sin\omega t$，则分别在定尺绕组上感应出的电动势为

$$e_s = K_u U_s \sin\left(\frac{2\pi x}{W}\right)\cos\omega t$$

$$e_c = -K_u U_c \cos\left(\frac{2\pi x}{W}\right)\cos\omega t$$

定尺（连续绕组）上总感应电动势为

$$e = e_s + e_c = K_u \cos\omega t(U_s \sin\theta_x - U_c \cos\theta_x) \tag{3-5}$$

采用函数变压器使滑尺的分段绕组交流励磁电压幅值为 $U_s = U_m \cos\theta_d$，$U_c = U_m \sin\theta_d$；θ_d 为励磁电压的相位角，$\theta_x = \frac{2\pi x}{W}$，则总感应电动势为

$$e = K_u U_m \cos\omega t \sin(\theta_x - \theta_d) \tag{3-6}$$

设在起始状态下，$\theta_d = \theta_x$，则 $e=0$。然后滑尺相对定尺有一位移 Δx，使感应电动势的相位角，即定尺与滑尺间相对位移角 θ_x 有一增量 $\Delta\theta_x$，则总感应电动势增量为

$$\Delta e = K_u U_m \cos\omega t \sin(\Delta\theta_x) \approx K_u U_m \cos\omega t\left(\frac{2\pi}{W}\Delta x\right) \tag{3-7}$$

在 Δx 较小的情况下（$\sin\Delta\theta_x \approx \Delta\theta_x$），感应电动势增量 Δe 的幅值与 Δx 成正比，通过鉴别 Δe 的幅值可测出相对位移 Δx 大小。

实际应用时，利用了施密特触发器。当位移 Δx 达到一定值时，如 $\Delta x = 0.01\text{mm}$，就使 Δe 幅值超过电平门槛值，触发一次，输出一个脉冲信号（计数）。同时用此脉冲自动改变励磁电压幅值 u_s 和 u_c，使新的 θ_d 跟上新的 θ_s，形成 $\theta_x = \theta_d$ 新起始点。这样，把位移量转换为脉冲数，既可以用数字显示，又便于微机控制。这种方法是正弦波励磁-函数变压器数/模转换方式。

对感应同步器的基本要求是：正弦和余弦绕组在空间中的相位差 90°应准确；要尽可能消除感应耦合中的高次谐波；要尽可能减小因平面绕组横向段产生的（环流）电动势；要尽量减小安装误差等。一次绕组的励磁电压频率一般在 1~20kHz 范围内选择；f 低些，绕组感抗小，有利于提高精度；f 高些，输出感应电动势增加，允许测量速度大些。感应同步器

具有较高精度和分辨力、抗干扰能力强、使用寿命长。直线感应同步器广泛应用于大位移的静态和动态精密测量中；圆形感应同步器则广泛应用于转台和回转伺服控制系统中。

四、感应同步器的应用

感应同步器的应用非常广泛，可用于测量线位移、角位移以及与此相关的物理量，如转速、振动等。直线感应同步器常用于大型精密坐标镗床、坐标铣床及其他数控机床的定位、控制和数显；圆感应同步器常用于雷达天线定位跟踪、导弹制导、精密机床和测量仪器设备的分度装置等。

图 3-16 所示为感应同步器鉴相型数字位移测量装置框图。脉冲发生器输出频率一定的脉冲系列，经过脉冲-相位变换器进行 N 分频后，输出参考信号方波 θ_0 和指令信号方波 θ_1。参考信号方波 θ_0 经过励磁供电电路，转换成振幅和频率相同的正弦、余弦电压，给感应同步器滑尺的正弦、余弦绕组励磁。感应同步器定尺绕组中产生的感应电压，经放大和整形后成为反馈信号方波 θ_2。指令信号 θ_1 和反馈信号 θ_2 同时送给鉴相器，鉴相器既判断 θ_2 和 θ_1 相位差的大小，又判断指令信号 θ_1 的相位超前还是滞后于反馈信号 θ_2 的相位。

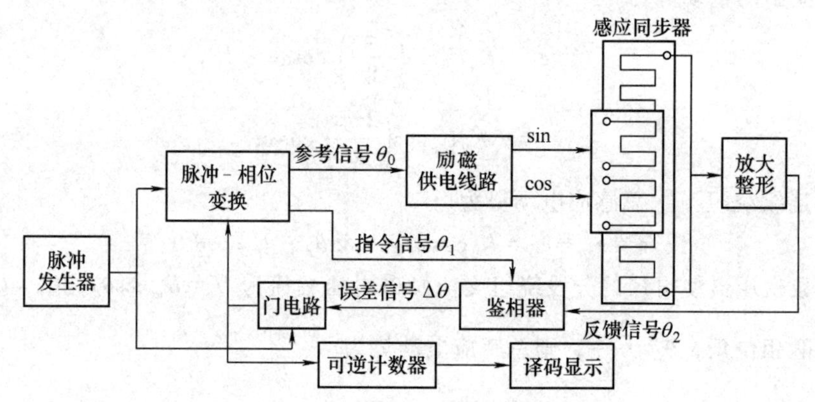

图 3-16 鉴相型数字位移测量装置框图

假定开始时 $\theta_1=\theta_2$，当感应同步器的滑尺相对定尺平行移动时，将使定尺绕组中的感应电压的相位 θ_2（即反馈信号的相位）发生变化。此时 $\theta_1\neq\theta_2$，由鉴相器判别之后，将相位差 $\Delta\theta=\theta_2-\theta_1$ 作为误差信号，由鉴相器输出给门电路。此误差信号 $\Delta\theta$ 控制门电路“开门”的时间，使门电路允许脉冲发生器产生的脉冲通过。通过门电路的脉冲，一方面送给可逆计数器去计数并显示出来；另一方面作为脉冲-相位变换器的输入脉冲。在此脉冲作用下，脉冲-相位变换器将修改指令信号的相位 θ_1，使 θ_1 随 θ_2 变化。当 θ_1 再次与 θ_2 相等时，误差信号 $\Delta\theta=0$，从而使门电路关闭。当滑尺相对定尺继续移动时，又有 $\Delta\theta=\theta_2-\theta_1$ 作为误差信号去控制门电路的开启，门电路又有脉冲输出，供可逆计数器去计数和显示，并继续修改指令信号的相位 θ_1，使 θ_1 和 θ_2 在新的基础上达到 $\theta_1=\theta_2$。因此在滑尺相对定尺连续不断的移动过程中，就可以实现把位移量准确地用可逆计数器计数和显示出来。

第四节 磁栅式传感器

磁栅式传感器是一种基于磁场和磁通量变化的传感器技术。磁栅式传感器可以测量地球磁场、电机磁场、发电机磁场等，在工业自动化、航空航天、汽车制造等领域中被广泛应用；可以测量物体的磁通量变化，在通信、电力、水处理等领域中被广泛应用。磁栅传感器可以不需要接触物体进行测量，具有非接触、高灵敏度、高分辨率等优点。在工业生产中，其被广泛应用于材料检测、质量控制等领域。

一、磁栅

磁栅是一种有磁化信息的标尺，它是在非磁性体的平整表面上镀一层约 0.02mm 厚的 Ni-Co-P 的磁性薄膜，并用录音磁头沿长度方向按一定的激光波长 λ 录上磁性刻度线而构成的，因此又把磁栅称为磁尺。

录制磁信息时，要使磁尺固定，磁头根据来自激光波长的基准信号，以一定的速度在其长度方向上边运行边流过一定频率的相等电流，这样，就在磁尺上记录了相等节距（$W=\lambda$）的磁化信息而形成磁栅。

磁栅录制后的磁化结构相当于一个个小磁铁按 NS、SN、NS、…的状态排列起来，如图 3-17 所示。因此在磁栅上的磁场强度呈周期性的变化，并在 N、N 或 S、S 相接处最大。

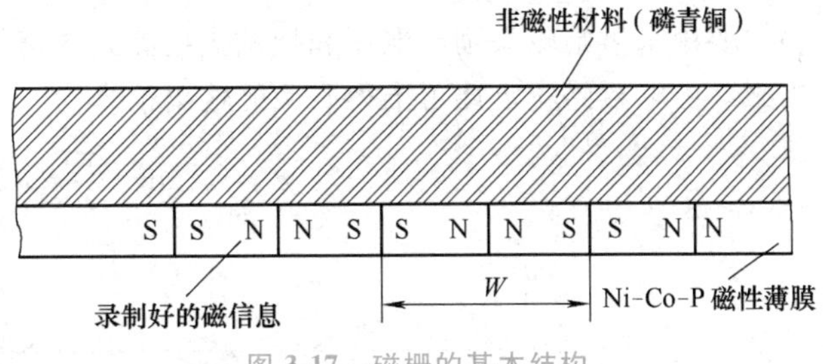

图 3-17 磁栅的基本结构

磁栅的种类可分为单面型直线磁栅、同轴型直线磁栅和旋转型磁栅等。单面型直线磁栅主要用于直线位移测量，同轴型直线磁栅和旋转型磁栅主要用于角位移测量。

二、磁栅位移传感器的结构和工作原理

磁栅位移传感器由磁尺（磁栅）、磁头和检测电路组成。其工作原理是电磁感应原理，当线圈在一个周期性磁体表面附近匀速运动时，线圈上就会产生不断变化的感应电动势。感应电动势的大小，既和线圈的运动速度有关，还和磁性体与线圈接触时的磁性大小及变化率有关。根据感应电动势的变化情况，就可获得线圈与磁体相对位置和运动的信息。磁尺是检测位移的基准尺，磁头用来读取磁尺上的记录信号。按读取方式不同，磁头分为动态磁头和静态磁头两种。

（一）动态磁头

动态磁头只有一个输出绕组，只有当磁头和磁尺相对运动时才有信号输出，因此动态磁头又称为速度响应磁头。运动速度不同，输出信号的大小和周期也不同，因此，对运动速度不均匀的部件，或时走时停的机床，不宜采用动态磁头进行测量。但动态磁头测量位移较简单，磁头输出为正弦信号，在 N、N 相接处达到正向峰值，在 S、S 相接处为负向峰值，如图 3-18 所示。当磁头与磁栅发生相对运动位移为 x 时，磁头线圈中的感应电动势为

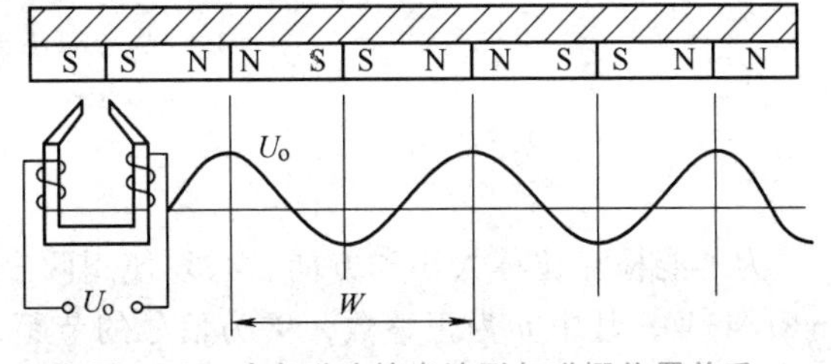

图 3-18 动态磁头输出波形与磁栅位置关系

$$e = N\frac{\mathrm{d}\Phi}{\mathrm{d}t} = N\Phi_{\mathrm{m}}\frac{2\pi}{W}\cos\frac{2\pi x}{W} \tag{3-8}$$

由式（3-8）可知，磁头与磁栅间有不同的相对位移量 x 值，就有不同的电动势 e 产生，线圈中 e 的大小，反映了位移量的变化。若以计数的方式，通过计数磁尺的磁节距个数（或正弦周期个数）也可知道磁头与磁尺间的相对位移量为

$$x = nW \tag{3-9}$$

式中，n 为正弦波周期个数（磁节距个数）；W 为磁节距。

（二）静态磁头

静态磁头是一种调制式磁头，磁头上有两个绕组，一个是励磁绕组，加以励磁电源电压，另一个是输出绕组。即使磁头与磁尺之间处于相对静止，也会因为有交流励磁信号使输出绕组有感应电压信号输出。如图 3-19 所示，静态磁头和磁尺之间有相对运动时，输出绕组产生一个新的感应电压信号输出，它作为包络，调制在原感应电压信号频率上。该电压随磁尺磁场强度周期的变化而变化，从而将位移量转换为电信号输出，提高了测量精度。检测电路主要用来供给磁头励磁电压和把磁头检测到的信号转换为脉冲信号输出并以数字形式显示出来。由电磁感应定律可推得磁头的输出信号为

$$e_{\mathrm{c}} = U_{\mathrm{m}}\sin\frac{2\pi x}{W}\cos 2\omega t \tag{3-10}$$

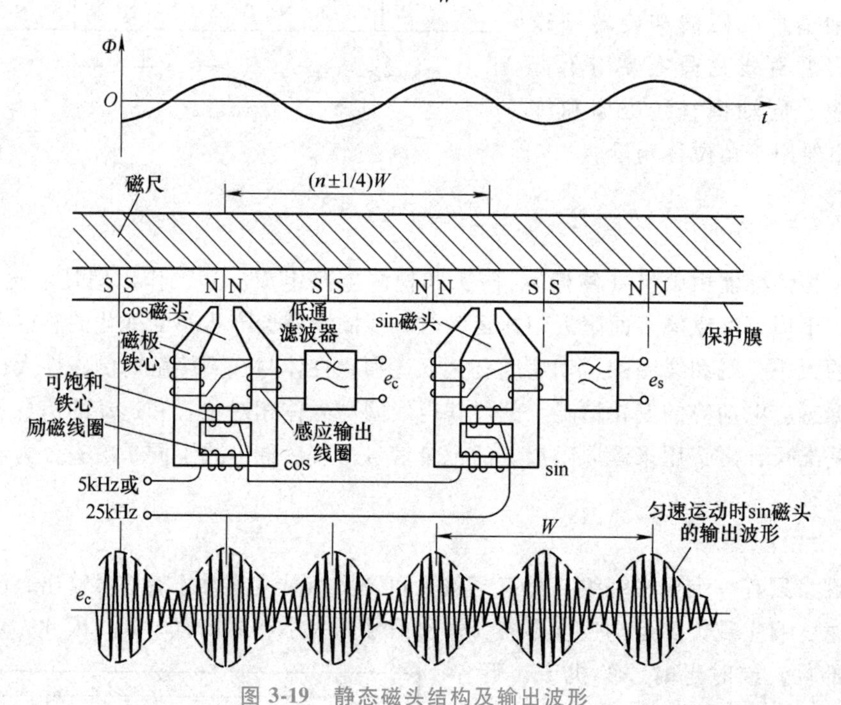

图 3-19　静态磁头结构及输出波形

三、信号处理方式

为了能检测位移大小和方向，必须使用两个磁头来读出磁栅上的磁信号，它们的间距为 $(n+1/4)W$，其中 n 为正整数，W 为信号的节距，也就是两个磁头在信号角度上布置成相差 90°，其信号处理方式分为鉴幅型和鉴相型两种。

（一）鉴幅型信号处理方式

两个磁头输出相差 90°，其输出电压分别为

$$u_1 = U_m \sin \frac{2\pi x}{W} \cos 2\omega t$$

$$u_2 = U_m \cos \frac{2\pi x}{W} \cos 2\omega t$$

经检测器检波及滤波器滤去高频载波后，可得

$$u_1' = U_m \sin \frac{2\pi x}{W} \tag{3-11}$$

$$u_2' = U_m \cos \frac{2\pi x}{W} \tag{3-12}$$

它们是两个幅值与磁头位置 x 成比例的信号，通过细分辨向后，输出计数脉冲。

（二）鉴相型信号处理方式

将两磁头之一的励磁电压相移 45°（或将输出信号相移 90°），则两个磁头的输出电压分别为

$$u_1 = U_m \sin \frac{2\pi x}{W} \cos 2\omega t$$

$$u_2 = U_m \cos \frac{2\pi x}{W} \sin 2\omega t$$

再将上述两电压相加，得总输出电压为

$$u_o = u_1 + u_2 = U_m \sin\left(\frac{2\pi x}{W} + 2\omega t\right) \tag{3-13}$$

由式（3-13）可知，输出信号是一个幅值恒定、相位随磁头与磁栅之间相对位移 x 而变化的信号，这种方法称为鉴相法。

四、磁栅式传感器的应用

鉴相型磁栅数字位移显示装置（简称为磁栅数显表）框图如图 3-20 所示。图中，400kHz 晶体振荡器是磁头励磁及系统逻辑判别的信号源。由振荡器输出 400kHz 的方波信号，经十分频和八分频电路后，变为 5kHz 的方波信号，并同时被分相为 0°和 45°两路励磁信号。此两路励磁信号分别送入励磁功率放大器Ⅰ和Ⅱ进行功率放大，然后对磁头进行励磁；功率放大器中设有一电位器，对输出的励磁电压进行调整，以便保证两励磁电压对称。两只磁头的输出信号分别送到各自的

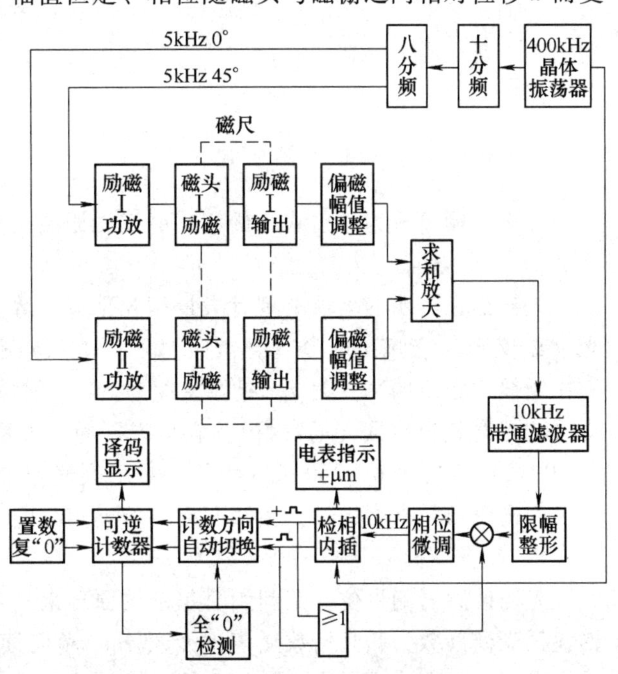

图 3-20 鉴相型磁栅数字位移显示装置框图

“偏磁幅值调整”电路，以便保证两路信号的最大幅值相等。由于磁头铁心存在剩磁，设置偏磁调整电位器使磁头的输出叠加上一个微小的直流电流（称之为偏磁电流），调整偏磁电位器使两磁头的剩磁情况对称，可以获得两路较对称的输出电信号。经过上述处理后，将两路信号送入求和放大电路，使输出的合成信号的相位与磁头和磁栅的相对位置相对应。再将此输出信号送入一个“带通滤波器”，滤去高频、基波、干扰等无用的信号波，取出二次谐波（10kHz 的正弦波），此正弦波的相位角是随磁头与磁栅的相对位置变化而变化的。当磁头相对磁栅位移一个节距 $W=0.20\text{mm}$ 时，其相位角就变化了一个 360°，检测此正弦波的相位变化，就能得到磁头和磁栅的相对位移的变化。为了检测更小的位移量，需要在一个节距 W 内进行电气细分，即将输出的正弦波送到限幅整形电路，使其成为方波。经相位调整电路，进入检相内插细分电路。每当相位变化 9°时，检相内插细分电路输出一个计数脉冲。此脉冲表示磁头相对磁栅位移 5μm$\left(\text{因 } \Delta\Phi=\dfrac{2\pi}{W}\Delta x\text{，故 } \Delta x=\dfrac{W}{2\pi}\Delta\Phi=\dfrac{0.20}{360^\circ}\times 9^\circ\text{mm}=5\mu\text{m}\right)$，磁头相对磁栅的位移方向是由相位超前或滞后一个预先设计好的基准相位来判别的。例如，磁头相对磁栅朝右方向移动时，相位是超前的，则检相内插电路输出“+”脉冲；反之，检相内插电路输出“-”脉冲。“+”和“-”脉冲经方向判别电路送到可逆计数器记录下来，再经译码显示电路指示出磁头与磁栅的相对位移量。

如果位移量小于 5μm，则检相内插电路关闭，无计数脉冲输出，此时其位移量由表头指示出来。此外，系统还设置了置数、清零和预置“+”“-”符号。为了保证末位数字显示清晰，仪器还设置了相位微调电路等。

第五节　光栅传感器

光栅传感器是一种能够感知物体位置和运动的传感器，其原理是利用光电效应将光信号转换为电信号。光栅传感器通常作为测量元件应用于机床定位、长度和角度的计量仪器中，并用于测量速度、加速度、振动等。

一、光栅传感器的基本工作原理

计量光栅可分为透射式光栅和反射式光栅两大类，按形状又可分为长光栅和圆光栅。

（一）光栅

光栅是在透明的玻璃上刻有大量相互平行、等宽而又等间距的刻线。没有刻线的地方透光（或反光），刻线的地方不透光（或不反光）。图 3-21 所示的是一块黑白型长光栅，刻线称作栅线，栅线的宽度为 a，缝隙宽度为 b，一般情况下，$a=b$。图中，$W=a+b$ 称为光栅栅距（也称光栅节距或光栅常数），它是光栅的一个重要参数。目前国内常用的光栅每毫米刻成 10、25、50、100、250 条等线条。对于圆光栅来说，参数除了栅距之外，还经常使用栅距角。栅距角是指圆光栅上相邻两刻线的夹角。图 3-22 所示为光栅传感器实物。

（二）光栅传感器的组成

光栅传感器测量位移是利用莫尔条纹原理来实现的。光栅传感器作为一个完整的测量装置包括光栅读数头和光栅数显表两个部分。光栅读数头利用光栅原理把输入量（位移量）转换成相应的电信号；光栅数显表是实现细分、辨向和显示功能的电子系统。

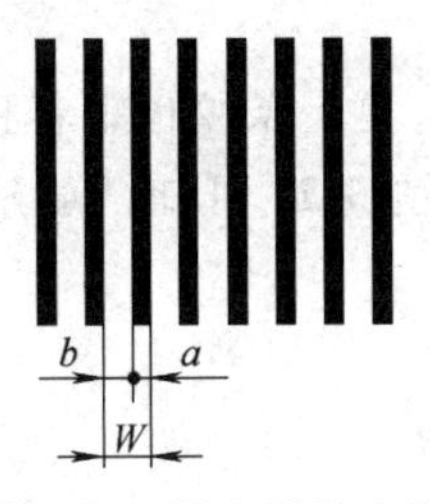

图 3-21　黑白型长光栅

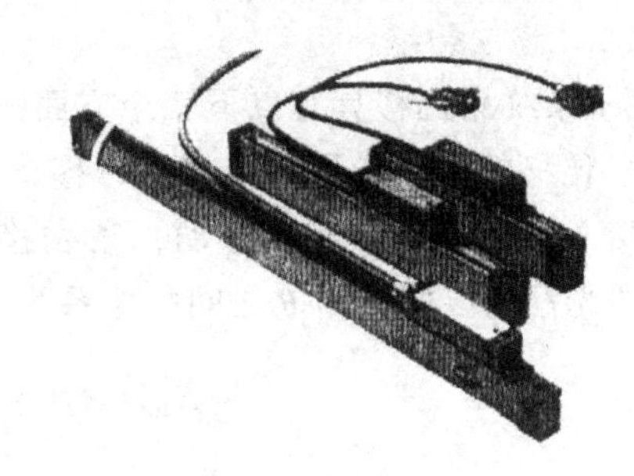

图 3-22　光栅传感器实物

1. 光栅读数头

光栅读数头主要由光源、透镜、主光栅、指示光栅及光电元件组成，如图 3-23 所示。其中，光源提供光栅传感器的工作能量（光能）；透镜用来将光源发射的可见光收集起来，并将其转换成平行光束送到光栅副；主光栅类似长刻线标尺，也称为标尺光栅，它可运动（或固定不动）；指示光栅固定不动（或运动），其栅距与主光栅相等。当主光栅相对指示光栅移动时，透过光栅副的光在近似于垂直栅线的方向做明暗相间的变化，形成莫尔条纹，再利用光电元件将莫尔条纹明暗变化的光信号转换成电脉冲信号。

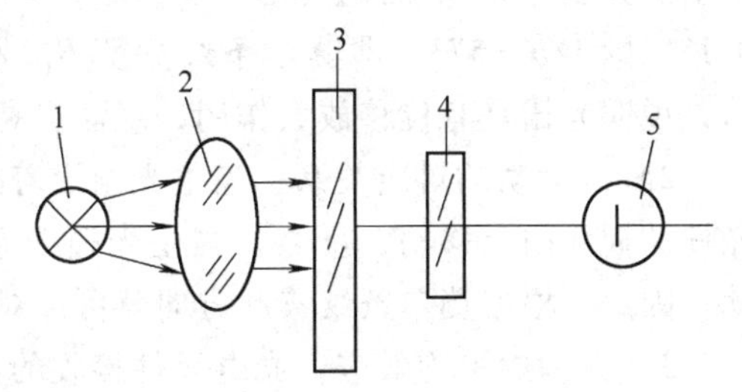

图 3-23　光栅读数头组成

1—光源　2—透镜　3—主光栅

4—指示光栅　5—光电元件

2. 光栅数显表

光栅读数头实现了位移量由非电量转换为电量，位移是矢量，因而对位移的测量除了确定大小之外，还应确定其方向。为了辨别位移的方向，进一步提高测量的精度以及实现数字显示，必须把光栅读数头的输出信号送入数显表作进一步的处理。光栅数显表由整形放大电路、细分电路、辨向电路及数字显示电路等组成。

二、莫尔条纹及其特点

（一）莫尔条纹

形成莫尔条纹必须有两块光栅组成：主光栅用作标准器，指示光栅用于取信号。将两块光栅（主光栅、指示光栅）相叠合，中间留有很小的间隙，并使两者栅线有很小的夹角 θ，于是在近于垂直栅线方向上出现明暗相间的条纹，如图 3-24 所示。在 a-a'线上两光栅的栅线彼此重合，光线从缝隙中通过，形成亮带；在 b-b'线上，两光栅的栅线彼此错开，形成暗带。这种明暗相间的条纹称为莫尔条纹。莫尔条纹方向与刻线方向垂直，故又称为横向莫尔条纹。

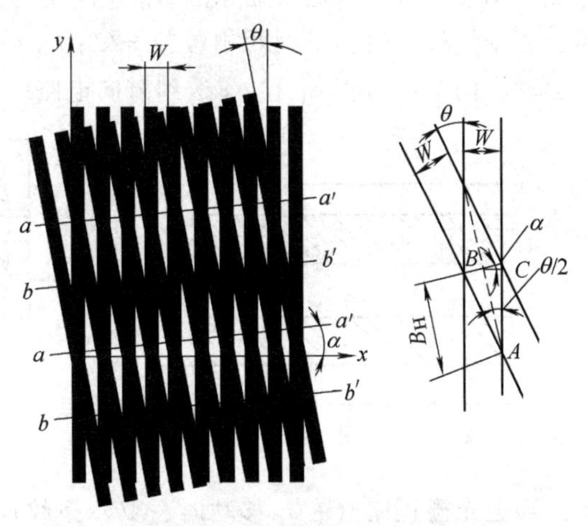

图 3-24　莫尔条纹原理

（二）莫尔条纹特点

莫尔条纹测位移具有以下三个方面的特点：

1）位移的放大作用：当光栅每移动一个光栅栅距 W 时，莫尔条纹也跟着移动一个条纹宽度 B_H，如果光栅作反向移动，条纹移动方向也相反。由图 3-24 可知，莫尔条纹的间距 B_H 与两光栅栅线间夹角 θ 之间的关系为

$$B_H = AB = \frac{BC}{\sin\frac{\theta}{2}} = \frac{W}{2\sin\frac{\theta}{2}} \approx \frac{W}{\theta} \tag{3-14}$$

式中，B_H 为相邻两莫尔条纹间的间距；W 为光栅栅距；θ 为两光栅线纹夹角。

由式（3-14）可知，莫尔条纹的宽度 B_H 由光栅栅距 W 和两光栅栅线间夹角 θ 决定，对于给定光栅栅距 W 的两光栅，θ 越小，B_H 越大，这相当于把栅距放大了 $1/\theta$。例如，$\theta=0.1°$，则 $1/\theta\approx573$，即莫尔条纹宽度 B_H 是栅距 W 的 573 倍，这相当于把栅距放大了 573 倍，说明光栅具有位移放大作用，从而提高了测量的灵敏度。

2）与运动的对应关系：当主光栅沿着刻线垂直方向向右移动时，莫尔条纹将沿着指示光栅的栅线向上移动；反之，当主光栅向左移动时，莫尔条纹沿着指示光栅的栅线向下移动。因此，根据莫尔条纹移动方向就可以对主光栅的运动进行辨向。

3）误差的平均效应：光电元件接收的并不只是固定一点的条纹，而是在一定长度范围内所有刻线产生的条纹，这样对于光栅刻线的误差起到了平均作用。也就是说，刻线的局部误差和周期误差对于测量精度的影响可以减小，因此，就有可能得到比光栅本身的刻线精度高的测量精度，这是用光栅测量和普通标尺测量的主要差别。

三、辨向原理和细分技术

（一）辨向原理

采用图 3-23 中一个光电元件的光栅读数头，无论主光栅作正向（向右）还是反向（向左）移动，莫尔条纹都作明暗交替变化，光电元件总是输出同一规律变化的电信号，此信号不能辨别运动方向。为了解决这个问题，需要有两个具有相位差的莫尔条纹信号同时输入才能辨别移动方向。通常在相隔 $B_H/4$ 间距的位置处设置两个光电元件 1 和 2，如图 3-25 所示，当条纹移动时，得到两相位差 $\pi/2$ 的正弦电信号 u_1 和 u_2，是滞后还是超前取决于光栅的运动方向。然后将 u_1 和 u_2 送到辨向电路中处理，如图 3-26 所示。

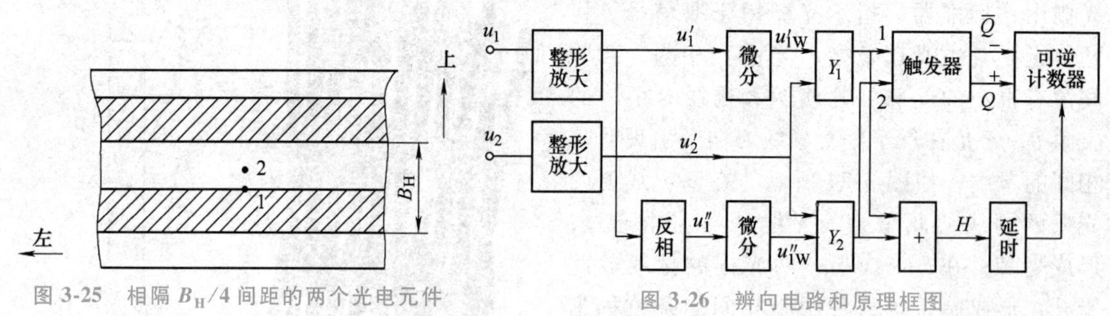

图 3-25 相隔 $B_H/4$ 间距的两个光电元件

图 3-26 辨向电路和原理框图

当主光栅正向（右）移动时，莫尔条纹向上移动，这时光电元件 2 的输出电压波形如图 3-27a 中曲线 u_2 所示。光电元件 1 的输出电压波形如图中曲线 u_1 所示，显然 u_1 超前 u_2

$\pi/2$。u_1''是u_1'反相后得到的方波。u_{1W}'和u_{1W}''是u_1'和u_1''两个方波经微分电路后得到的波形。由图 3-27a 可见，对于与门Y_1，由于u_{1W}'处于高电平时，u_2'总是处于低电平，因此Y_1输出为零；对于与门Y_2，u_{1W}''处于高电平，u_2'总是处于高电平，因此与门Y_2有信号输出，使加减控制触发器置 1，可逆计数器做加法计数。主光栅反向（左）移动时，莫尔条纹向下移动，这时光电元件 2 的输出电压波形如图 3-27b 中曲线u_2所示，光电元件 1 的输出电压波形如图中曲线u_1所示。显然u_2超前u_1 $\pi/2$，与正向移动时情况相反。整形放大后的u_2'仍超前u_1' $\pi/2$。同样u_1''是u_1'反相后得到的方波，u_{1W}'和u_{1W}''是u_1'和u_1''两个方波经微分电路后得到的波形。由图 3-27b 可见，对于与门Y_1，u_{1W}'处于高电平时，u_2'总是处于高电平，因而Y_1有输出。对于与门Y_2，u_{1W}''处于高电平，u_2'却处于低电平，Y_2无输出值，因此加减控制器置零，将控制可逆计数器做减法计数。

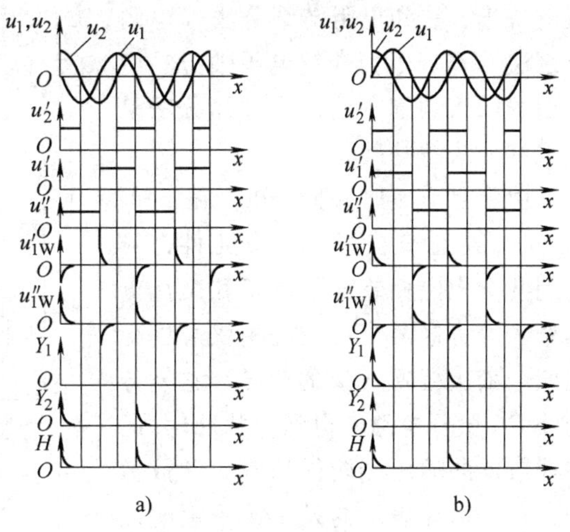

图 3-27　辨向电路各点波形

a）正向移动的波形　b）反向移动的波形

正向移动时脉冲数累加，反向移动时便从累加的脉冲数中减去反向移动所得到的脉冲数，这样光栅传感器即可辨向，因而可以进行正确的测量。

（二）细分技术

在前面讨论的光栅测量原理中可知，以移过的莫尔条纹的数量来确定位移量，其分辨率为光栅栅距。为了提高分辨率和测量比栅距更小的位移量，可采用细分技术。所谓细分，就是在莫尔条纹信号变化的一个周期内，发出若干个脉冲，以减小脉冲当量，如一个周期内发出n个脉冲，即可使测量精度提高到n倍，而每个脉冲相当于原来栅距的$1/n$。由于细分后计数脉冲频率提高了n倍，因此也称之为n倍频。细分方法有机械细分和电子细分两类。

1. 机械细分

机械细分常用的细分数为四，四细分可用四个光电元件依次安装在相距$B_H/4$的位置上，如图 3-28a 所示。这样可以获得依次有相位差$\pi/2$的四个正弦交流信号。用鉴零器分别鉴取四个信号的零电平，即在每个信号由负到正过零点时发出一个计数脉冲，如图 3-28b 所示。这样，在莫尔条纹变化的一个周期内将依次产生四个计数脉冲，实现了四细分。机械细分的优点是对莫尔条纹信号波形要求不严、电路简单，可用于静态和动态测量系统。其缺点是由于光电元件安放困难，细分数不能太高。

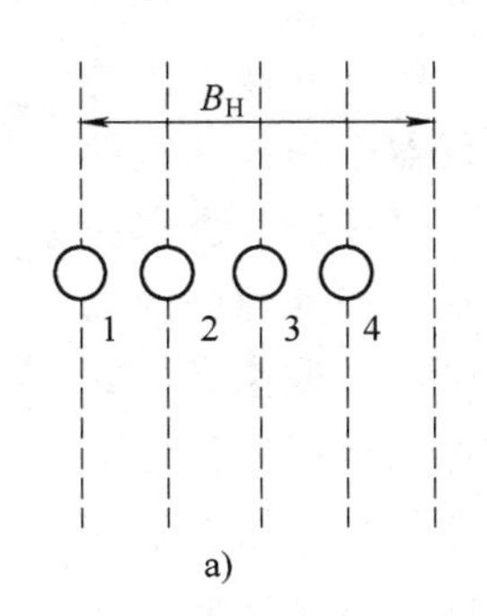

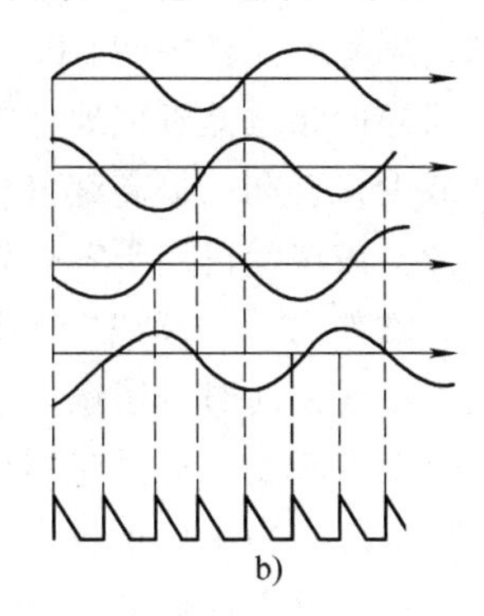

图 3-28　四倍频机械细分法

a）光电元件的位置　b）波形

2. 电子细分

电子细分包括四倍频细分法、电阻电桥细分法和电阻链细分法（电阻分割法）等。下面介绍电子细分法中常用的四倍频细分法，这种细分法是其他细分法的基础。

由上述辨向原理可知，在相差 $B_H/4$ 位置上安装两个光电元件，可得到两个相位相差 π/2 的正弦交流电信号。若将这两个信号反相就可以得到四个依次相差 π/2 的信号，它们分别经 RC 微分电路，得到尖脉冲信号。在计数器的输出端能得到四个计数脉冲，每个脉冲表示的是 1/4 栅距的位移，如图 3-29 所示。这种电路结构复杂，细分数不高。

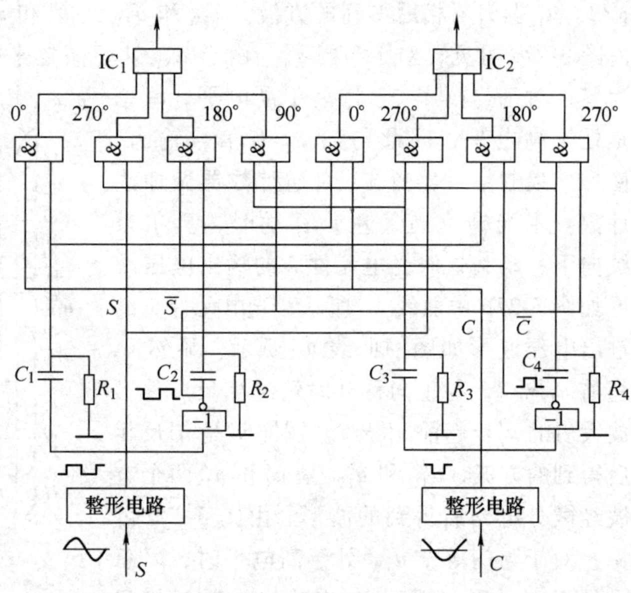

图 3-29　四倍频细分电路

四、光栅传感器的应用

（一）万能比长仪

万能比长仪的工作原理如图 3-30 所示。灯泡 1 和带有红色滤光镜的聚光镜 2 组成照明系统，照亮玻璃光栅 3 的一部分，大约 400 格分度，通过物镜 4，反射棱镜 5 和 8，使被照明的部分光栅在另一部分光栅上形成一个 1∶1 的像。

万能比长仪利用偏振光方法，即在两个棱镜之间放一块偏振片 7，获得两路相位差 90°的信号。光通过偏振片分成两束偏振光，其相位差 90°。通过光栅另一位置后，就成为两个相位的光信号，再经过分光棱镜 9，把两种偏振方向的光分别送到光电元件 10 和 11 上。这种方法能使两种输出信号的相位差近似地保持不变，幅度和波形的差别减少，有利于提高细分精度。仪器采用弹性微动棱镜，该棱镜可用于零位调整。反射棱镜 8 由套在永久磁铁 12 上的动圈 13 推动。在改变动圈中的电流大小或方向时，棱镜产生微量转动，致使光栅的像也发生转动，从而起到调整零位的作用。弹性微动棱镜还可用来校正误差。该仪器带有一块误差校正样板，校正样板带动一可变电阻，当改变通入动圈的电流时，棱镜作校正误差的转动，通过棱镜对误差的校正，可提高仪器的精度。

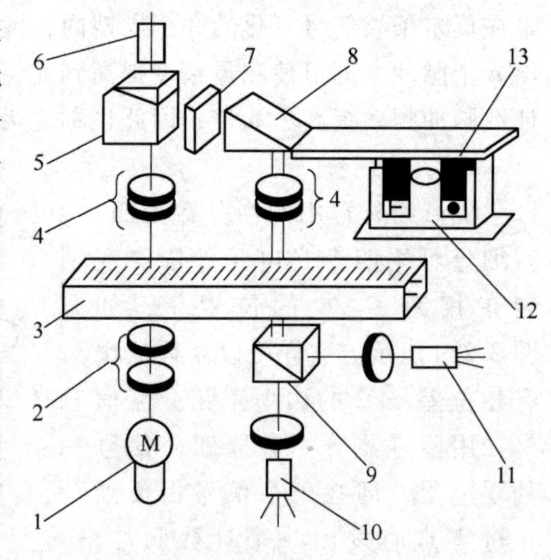

图 3-30　万能比长仪的工作原理

1—灯泡　2—聚光镜　3—光栅　4—物镜
5、8—反射棱镜　6—光电元件　7—偏振片
9—分光棱镜　10、11—光电元件
12—永久磁铁　13—动圈

（二）坐标检测

三坐标（x，y，z）空间是一切物体存在和运

动的基础。如果准确地测出物体的三坐标变化量，就能够确定物体的位置。光栅数显表就是供坐标测量用的设备。光栅部件和数显表配套组成测量直线位移和角度变量的数字式坐标测量系统——光栅数显表，广泛应用于机床、仪器仪表的长度测量与坐标显示，数控机床的自动检测，以及物体运动速度和加速度的精确测定。

光栅传感器
阅读材料

光栅部件的工作原理如图 3-31 所示。光栅常数相等的玻璃光栅和指示光栅的刻线面相对且平行，两个光栅的栅线也保持平行，发光二极管 1 射出的光束通过长光栅 2 和指示光栅 5，照射到光电晶体管 7 上。当指示光栅相对于长光栅移动时，光电晶体管的光照强度周期性地变化，光电晶体管即将光的明暗变化转变为电信号（正弦波），这个电信号经前置放大器放大后变为方波信号。通过一根双层屏蔽电缆传送到光栅数显表，从数显表上可以直观地读出两光栅的相对位移量。

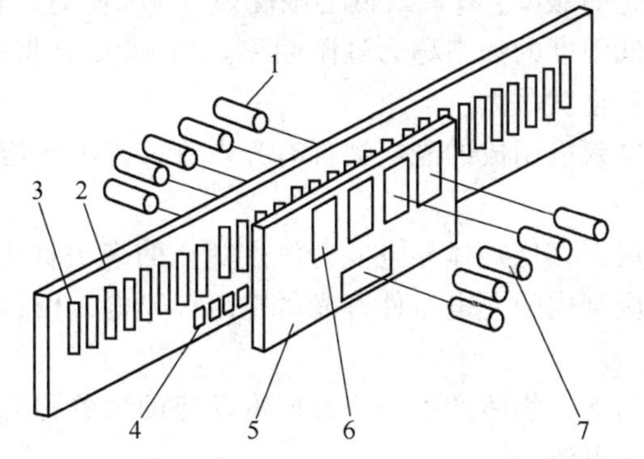

图 3-31 光栅部件的工作原理

1—发光二极管 2—长光栅 3—长光栅刻线
4—零位刻线 5—指示光栅 6—指示光栅刻线
7—光电晶体管

第六节 光电式传感器

光电式传感器是将光信号转换为电信号的一种传感器。利用这种传感器测量非电量时，只需将这些非电量的变化转换为光信号的变化，就可以将非电量的变化转换为电量的变化而进行检测。光电式传感器具有结构简单、非接触、高可靠性、高精度和反应快等特点。

一、光电效应

光由具有一定能量的粒子组成，根据爱因斯坦光粒子学说，每个光子所具有的能量 E 与其频率 f 的大小成正比（即 $E=hf$，式中 $h=6.626\times10^{-34}\text{J}\cdot\text{s}$，为普朗克常量）。光照射在物体上可看成一连串具有能量的光子对物体的轰击，物体吸收光子能量而产生相应的电效应，即光电效应，这是实现光电转换的物理基础。光电效应依其表现形式的不同，通常可分为外光电效应、内光电效应和光生伏特效应三类。

（一）外光电效应

在光线作用下，物体内的电子逸出物体表面向外发射的物理现象称为外光电效应，也称为光电发射效应。逸出的电子称为光电子。外光电效应可用爱因斯坦光电方程来描述，即

$$\frac{1}{2}mv^2 = hf - W \tag{3-15}$$

式中，v 为电子逸出物体表面时的初速度；m 为电子质量；W 为金属材料的逸出功（金属表面对电子的束缚）。

式（3-15）即为著名的爱因斯坦光电方程，它揭示了光电效应的本质。根据爱因斯坦的

假设，一个光子的能量只能给一个电子，因此单个的光子把全部能量传给物体中的一个自由电子，使自由电子的能量增加为 hf，这些能量一部分用于克服逸出功 W，另一部分作为电子逸出时的初动能 $mv^2/2$。由于逸出功与材料的性质有关，当材料选定后，要使金属表面有电子逸出，入射光的频率 f 有一最低的限度。当 $hf<W$ 时，即使光通量很大，也不可能有电子逸出，这个最低限度的频率称为红限频率。当 hf 大于 W 时，光通量越大，逸出的电子数目也越多，光电流也就越大。

根据外光电效应制成的光电器件有光电管、光电倍增管、光电摄像管等。

（二）内光电效应

在光线作用下，使物体导电能力发生变化的现象称为内光电效应，也称为光电导效应。根据内光电效应制成的光电器件有光敏电阻、光电二极管、光电晶体管和光电晶闸管等。

（三）光生伏特效应

在光线作用下，物体产生一定方向电动势的现象称为光生伏特效应。基于光生伏特效应的光电器件是光电池。

二、光电器件

（一）光电管

光电管的结构、图形符号及测量电路如图 3-32 所示，光电阴极 K 和光电阳极 A 封装在真空玻璃管内。当入射光线穿过光窗照到光电阴极上时，光子的能量传递给阴极表面的电子，当电子获得的能量足够大时，就有可能克服金属表面对电子的束缚（逸出功）而逸出金属表面形成电子发射，这种电子称为光电子。当光电管阳极加上适当电压（数十伏）时，从阴极表面逸出的电子被具有正电压的阳极所吸引，在光电管中形成电流，称为光电流 I_{Φ}。光电流 I_{Φ} 正比于光电子数，而光电子数又正比于光通量。如果在外电路中串入一只适当阻值的电阻，则电路中的电流便转换为电阻上的电压。该电流或电压的变化与光成一定函数关系，从而实现了光电转换。由于材料的逸出功不同，因此不同材料的光电阴极对不同频率的入射光有不同的灵敏度，人们可以根据检测对象是可见光或紫外光而选择不同阴极材料的光电管。目前紫外光电管在工业检测中多用于紫外线测量、火焰监测等，可见光较难引起光电子的发射。

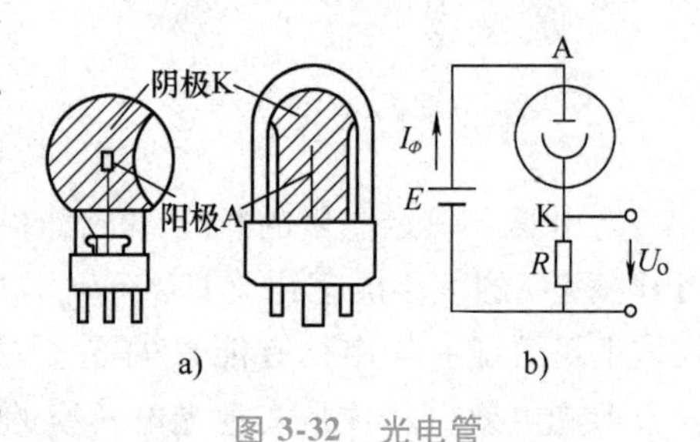

图 3-32　光电管
a）光电管的结构　b）图形符号及测量电路

（二）光电倍增管

光电倍增管有放大光电流的作用，灵敏度非常高，信噪比大，线性好，多用于微光测量。图 3-33 所示为光电倍增管结构、工作原理及图形符号。

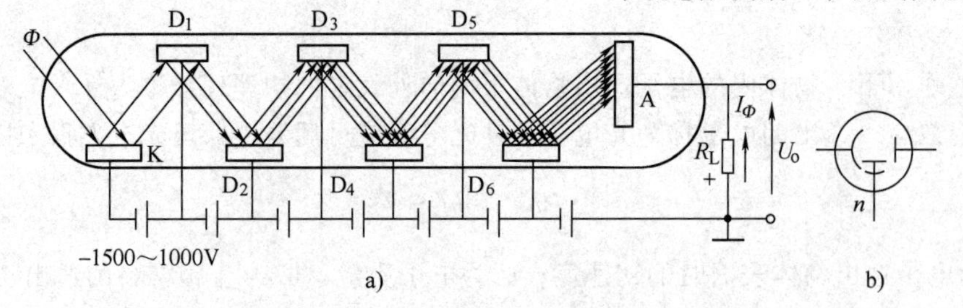

图 3-33　光电倍增管结构、工作原理及图形符号
a）结构、工作原理　b）图形符号

从图 3-33 中可知，光电倍增管也有一个阴极 K、一个阳极 A，与光电管不同的是，在它的阴极和阳极间设置许多二次发射电极 D_1，D_2，D_3，…，它们又称为第一倍增极，第二倍增极，……，相邻电极间通常加上 100V 左右的电压，其电位逐级升高。阴极电位最低，阳极电位最高，两者之差一般在 600~1200V。

当微光照射阴极 K 时，从阴极 K 上逸出的光电子被第一倍增极 D_1 所加速，以高速轰击 D_1，入射光电子的能量传递给 D_1 表面的电子使它们由 D_1 表面逸出，这些电子称为二次电子。一个入射电子可以产生多个二次电子。D_1 发射出来的二次电子被 D_1、D_2 间的电场加速，射向 D_2，并再次产生二次电子发射，得到更多的二次电子。这样逐级前进，一直到最后到达阳极 A 为止。若每级的二次电子发射倍增率为 δ，共有 n 级（通常可达 9~11 级），则光电倍增管阳极得到的光电流比普通光电管大 δ^n 倍，因此光电倍增管灵敏度极高。

（三）光敏电阻

光敏电阻是一种利用内光电效应（光导效应）制成的光电器件。它具有精度高、体积小、性能稳定、价格低等特点，所以被广泛应用在自动化技术中作为开关式光电信号传感器。光敏电阻由一块两边带有金属电极的光电半导体组成，电极和半导体之间呈欧姆接触，使用时在它的两电极上施加直流或交流工作电压，如图 3-34 所示。在无光照射时，光敏电阻 R_G 呈高阻态，回路中仅有微弱的电流（称为暗电流）通过。在有光照射时，光敏材料吸收光能，使电阻率变小，R_G 呈现低阻态，从而在回路中有较强的电流（称为光电流）通过。光照越强，阻值越小，光电流越大。如果将该光电流取出，经放大后即可作为其他电路的控制电流。当光照射停止时，光敏电阻又逐渐恢复原有的高阻状态。

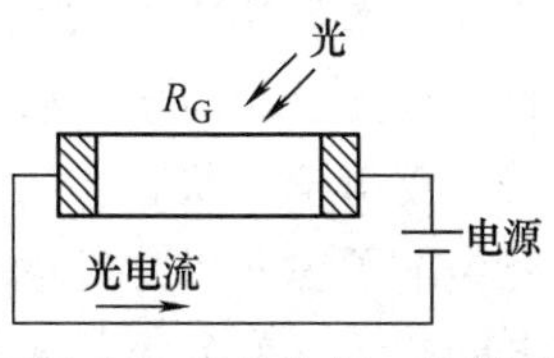

图 3-34　光敏电阻工作原理

制作光敏电阻的材料种类很多，如金属的硫化物、硒化物和锑化物等半导体材料。目前生产的光敏电阻的材料主要是硫化镉，为提高其光灵敏度，在硫化镉中再掺入铜、银等杂质。光敏电阻的结构、电极形状及图形符号如图 3-35 所示。通常采用涂敷、喷涂等方法在陶瓷基片上涂上栅状光导电体膜（硫化镉多晶体）经烧结而成。为防止受潮，光敏电阻采用两种封闭方法：金属外壳，顶部有透明玻璃窗口的密封结构；没有外壳，但在其表面涂上一层防潮树脂。

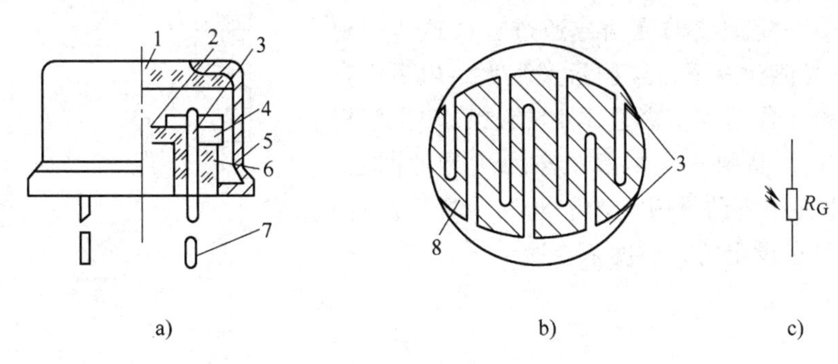

图 3-35　光敏电阻及图形符号

a）结构　b）电极形状　c）图形符号

1—玻璃　2—光敏导层　3—电极　4—绝缘衬底　5—金属壳　6—黑色绝缘玻璃　7—引线　8—光导体

（四）光电二极管和光电晶体管

光电二极管也叫光敏二极管，其结构与普通二极管相似，结构原理如图 3-36 所示，具有一个PN结，单向导电，而且都是非线性器件。不同之处在于光电二极管的PN结位于管子顶部，可以直接受到光照射。使用时，光电二极管一般处于反向工作状态。在没有光照射时，光电二极管的反向电阻很大，反向电流很小，此时的电流称为暗电流。当有光线照射PN结时，在PN结附近激发出光生电子空穴对，它们在外加反向电压作用下，做定向运动形成光电流。光电流的大小与光照强度成正比。

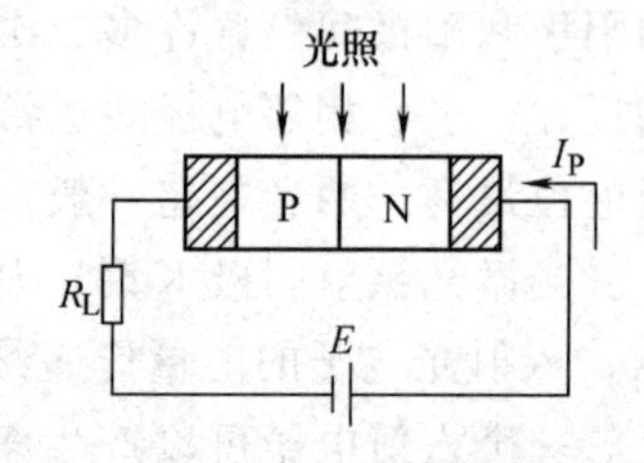

图3-36　光电二极管结构原理

光电晶体管又称为光电三极管、光敏晶体管，其结构与普通晶体管相似，都具有电流放大作用，只是基极电流不仅受基极电压控制，还受光照的控制。光电晶体管的工作原理与反向偏置的光电二极管类似，不过它有两个PN结，像普通的晶体管一样有增益放大作用，其结构与普通的晶体管相似，只是它的基区做得很大，以扩大光的照射面积。光电晶体管也有NPN型和PNP型两种。图3-37a所示为NPN型光电晶体管结构原理图。NPN型光电晶体管电路连接如图3-37b所示，当集电极加上相对于发射极为正的电压而基极开路时，集电结处于反向偏置状态。当光线照射到集电结的基区时，会产生光生电子空穴对，光生电子被拉到集电极，基区留下了带正电的空穴，使基极与发射极间的电压升高。这样，发射极（N型材料）便有大量电子经基极流向集电极，形成光电晶体管的输出电流，从而使光电晶体管具有电流增益作用。

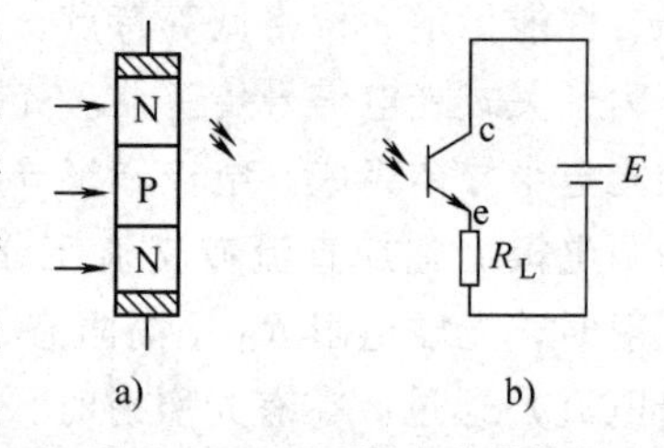

图3-37　NPN型光电晶体管结构原理及电路连接

（五）光电晶闸管

光电晶闸管（LCR）也称为光控晶闸管，如图3-38所示。它有三个引出电极，即阳极A、阴极K和门极G；有三个PN结，即J_1、J_2、J_3。与普通晶闸管不同之处是，光电晶闸管的顶部有一个玻璃透镜，它能把光线集中照射到J_2上。图3-38c是它的典型应用电路，光电晶闸管的阳极接正极，阴极接负极，门极通过电阻R_G与阴极相连接。这时，J_1、J_3正偏，J_2反偏，晶闸管处于正向阻断状态。当有一定照度的光信号通过玻璃透镜照射到J_2上时，在光能激发下，J_2附近产生大量电子空穴对，它们在外电压作用下，穿过J_2阻挡层，产生门极电流，从而使光电晶闸管从阻断状态变为导通状态。电阻R_G为光电晶闸管的灵敏度调节电阻，调节R_G的大小可使晶闸管在设定的光照度下导通。

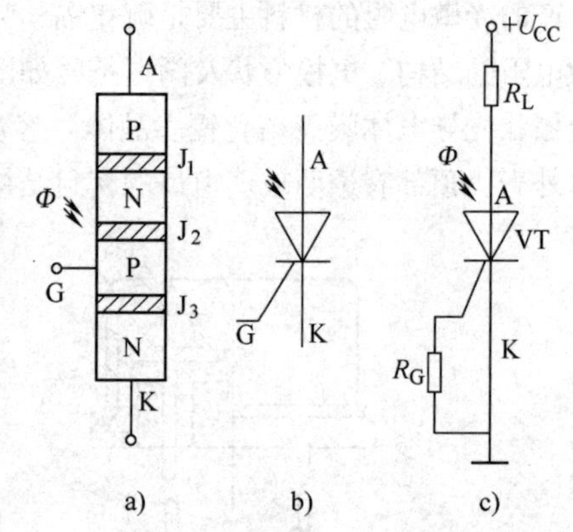

图3-38　光电晶闸管结构、图形符号及应用电路

a）结构　b）图形符号　c）应用电路

光电晶闸管的特点是导通电流比光电晶体管大得多，工作电压有的可达数百伏，因此输出功率大，在工业自动检测控制和日常生活中得到越来越广泛的应用。

（六）光电池

光电池是基于光生伏特效应制成的一种可直接将光能转换为电能的光电器件。制造光电池的材料很多，主要有硅、锗、硒、硫化镉等，其中硅光电池的应用最广泛。

硅光电池结构如图 3-39 所示。硅光电池是在一块 N 型硅片上，用扩散的方法掺入一些 P 型杂质，形成一个大面积的 PN 结。再在硅片的上下两面制成两个电极，然后在受光照的表面上蒸发一层抗发射层，构成一个电池单体。当光照射到电池上时，一部分光被反射，另一部分光被光电池吸收。被吸收的光能一部分变成热能，另一部分以光子的形式与半导体中的电子相碰撞，在 PN 结处产生电子空穴对。在 PN 结内电场的作用下，空穴移向 P 区，电子移向 N 区，从而使 P 区带正电，N 区带负电，于是 P 区和 N 区之间产生电流或光生电动势。

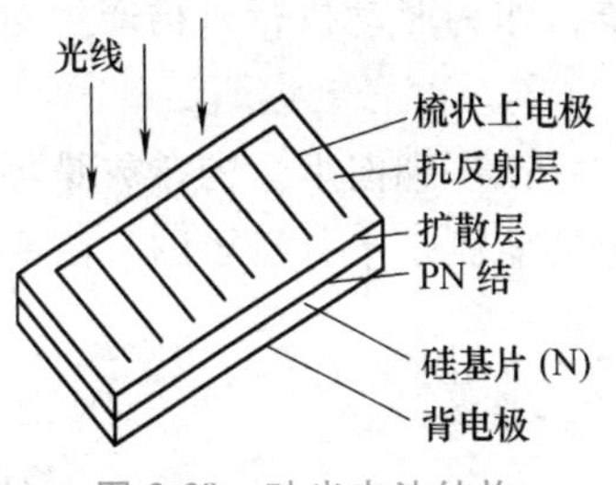

图 3-39　硅光电池结构

三、光电式传感器的应用

（一）带材跑偏检测仪

带材跑偏检测仪可以用来检测带材在加工过程中偏离正确位置的大小和方向。例如，在冷轧带钢生产线上，如果带钢的运动出现跑偏现象，就会使其边缘与传送机械发生碰撞摩擦，引起带钢卷边或断裂，造成废品，同时也可能损坏传送机械。因此，在生产过程中必须自动检测带材的跑偏量并随时予以纠正。光电带材跑偏检测仪由光电式边缘位置传感器和测量电桥、放大电路组成，如图 3-40 所示。

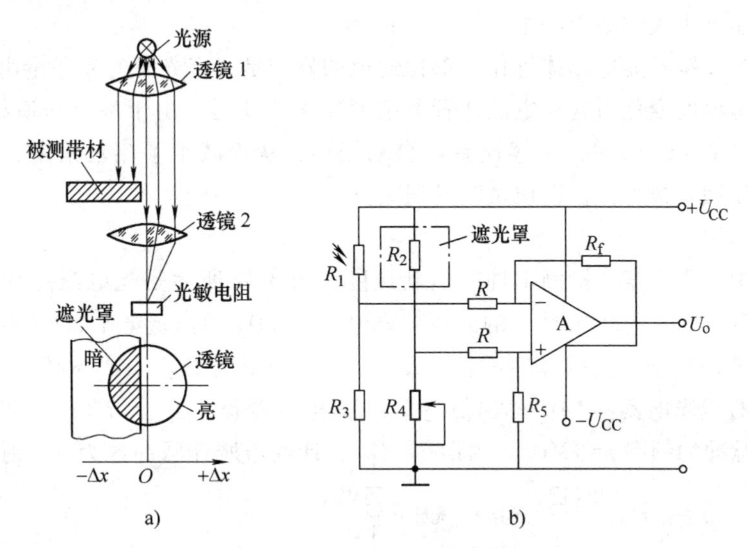

图 3-40　光电带材跑偏检测仪

a）光电式边缘位置传感器工作原理　b）测量放大电路

图 3-40 中，由光源发出的光经透镜 1 会聚成平行光束后，再经透镜 2 会聚入射到光敏电阻 R_1 上。透镜 1、2 分别安置在带材合适位置的上、下方，在平行光束到达透镜 2 途中，将有部分光线受到被测带材的遮挡，而使光敏电阻受照的光通量减小。R_1、R_2 是同型号的光敏电阻，R_1 作为测量元件安置在带材下方，R_2 作为温度补偿元件用遮光罩覆盖。R_1 ~ R_4 组成一个电桥电路，当带材处于正确位置（中间位置）时，通过预调电桥平衡，使放大器的输出电压 U_o 为零。如果带材在移动过程中左偏时，遮光面积减小，光敏电阻的光照增加，阻值变小，电桥失衡，放大器输出正电压 U_o。输出电压 U_o 的正负及大小，反映了带材

跑偏的方向及大小。输出电压 U_o 一方面由显示器显示出来，另一方面被送到纠偏控制系统，作为驱动执行机构产生纠偏动作的控制信号。

（二）光电式烟尘浓度计

工厂烟囱烟尘的排放是环境污染的主要来源之一，为了控制和减少烟尘的排放量，对烟尘的监测是十分必要的。图 3-41 所示为光电式烟尘浓度计工作原理。

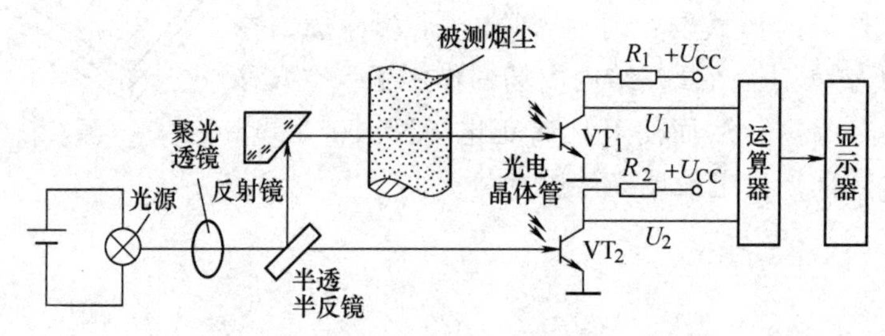

图 3-41　光电式烟尘浓度计工作原理

光源发出的光线经半透半反镜分成两束强度相等的光线。一束光线直接到达光电晶体管 VT_2 上，产生作为被测烟尘浓度的参比信号。另一束光穿过被测烟尘到达光电晶体管 VT_1 上，其中一部分光线被烟尘吸收或折射，烟尘浓度越高，光线的衰减量越大，到达光电晶体管 VT_1 的光通量就越小。两束光线均转换为电压信号 U_1、U_2，由运算器计算出 U_1、U_2 的比值，并进一步算出被测烟尘的浓度。

采用半透半反镜及光电晶体管作为参比通道的好处是，当光源的光通量由于种种原因有所变化或因环境温度变化引起光电晶体管灵敏度发生改变时，由于两个通道结构完全一样，所以在最后运算 U_1/U_2 值时，上述误差可自动抵消，从而减小了测量误差。根据这种测量方法也可以制作烟雾报警器，以便及时发现火灾。

（三）光电测速计

工业生产中，经常需要检测工件的运动速度。图 3-42 所示是光电测速计原理。当物体自左向右运动时，首先遮断光源 A 的光线，光电器件 VD_A 输出低电平，RS 触发器触发，使其置“1”，与非门打开，高频脉冲可以通过，计数器开始计数。当物体经过设定的 S_0 距离而遮挡光源 B 时，光电器件 VD_B 输出低电平，RS 触发器置“0”，与非门关闭，计数器停止计数。设高频脉冲的频率 $f=1\text{MHz}$，周期 $T=1\mu\text{s}$，计数器所计脉冲数为 n，则可判断出物体

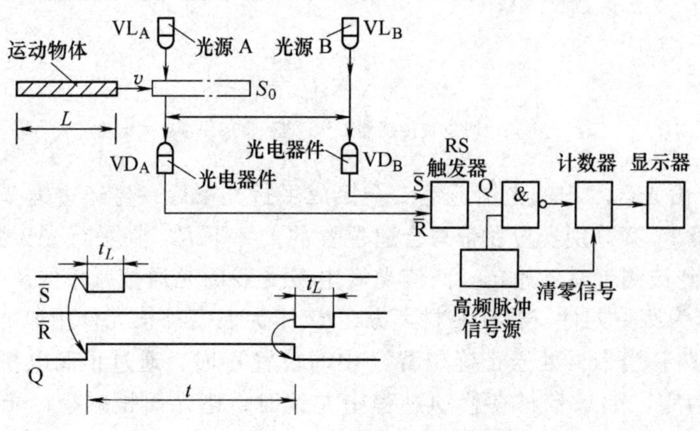

图 3-42　光电测速计原理

通过已知距离 S_0 所经历的时间为 $t=nT$（单位为 μs），运动物体的平均速度为

$$v=\frac{S_0}{t}$$

应用上述原理，还可以测出运动物体的长度 L。

（四）光电式转速计

光电式转速计分为反射式和直射式两种。反射式转速计的工作原理如图 3-43a 所示。用金属箔或荧光纸在被测转轴上贴出一圈黑白相间的反射条纹，光源发射的光线经透镜、半透镜和聚光镜投射在转轴反射面上，反射光经聚焦透镜会聚后，照射在光电器件上产生光电流。该轴旋转时，黑白相间的反射面造成反射光强弱变化，形成频率与转速及黑白间隔数有关的光脉冲，使光电器件产生相应的电脉冲。当黑白间隔数一定时，电脉冲的频率便与转速成正比。此电脉冲经测量电路处理后，就可得到轴的转速。

直射式光电转速计的工作原理如图 3-43b 所示。转轴上装有带孔的圆盘，圆盘的一边设置光源，另一边设置光电器件。圆盘随轴转动，当光线通过小孔时，光电器件产生一个电脉冲，转轴连续转动，光电器件就输出一系列与转速及圆盘上孔数成正比的电脉冲数。在孔数一定时，脉冲数就和转速成正比。电脉冲输入测量电路后被放大和整形，再送入频率计显示，也可专门设计一个计数器进行计数和显示。

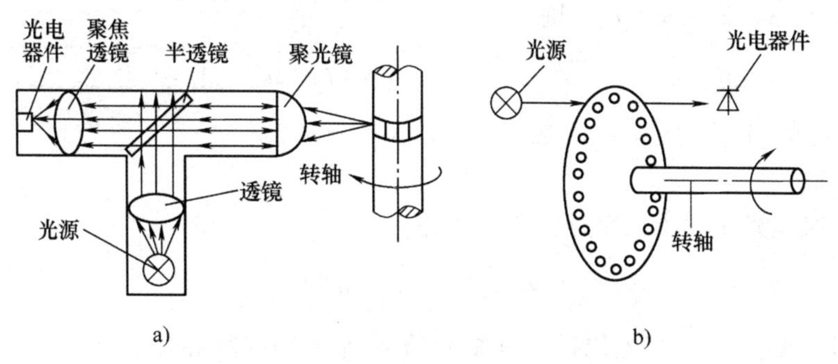

图 3-43 光电式转速计工作原理
a）反射式 b）直射式

第七节 光纤传感器

光导纤维传感器简称为光纤传感器，是目前发展速度很快的一种传感器。光纤不仅可以用来作为光波的传输介质在长距离通信中应用，而且光在光纤中传播时，表征光波的特征参量（如振幅、相位、偏振态、波长等）因外界因素（如温度、压力、磁场、电场和位移等）的作用而间接或直接地发生变化，从而可将光纤作为传感元件来探测各种待测量。

光纤传感器的测量对象涉及位移、加速度、液体、压力、流量、振动、水声、温度、电压、电流、磁场、核辐射、应变、荧光、pH 值、DNA 生物量等诸多内容。

和其他传感器相比，光纤传感器有抗电磁干扰强、灵敏度高、质量小、体积小、柔软等优点。它对军事、航空航天、生命科学等的发展起着十分重要的作用，应用前景十分广阔。

一、光纤的结构和传光原理

（一）光纤的结构

光纤是一种多层介质结构的圆柱体，由石英玻璃或塑料制成。每一根光纤由纤芯、包层和外层组成，其结构如图 3-44 所示。

纤芯位于光纤的中心，其直径范围为 5～75μm，光主要在纤芯中传输。围绕纤芯的是一层圆柱形包层，直径为 100～200μm，包层的折射率比纤芯小。包层外面常有一层尼龙外层，直径约为 1mm，其作用有二：一是保护光纤不受外界损害，增加光纤的机械强度；二是以颜色区分各种光纤。

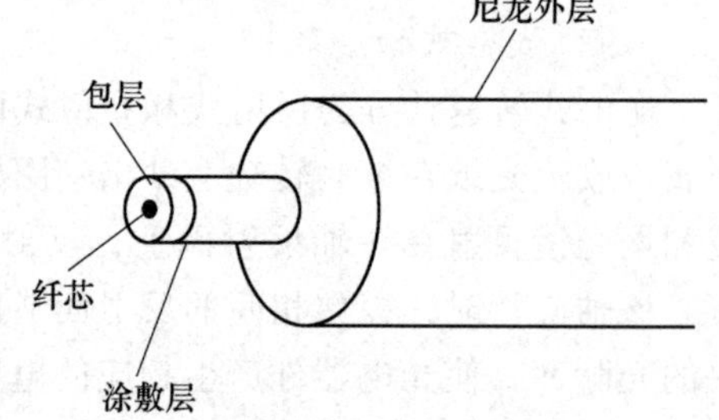

图 3-44　光纤结构

（二）光纤导光原理

光纤导光原理示意图如图 3-45 所示。图中 n_0 为入射光线 AB 所在空间的折射率，一般为空气，故 $n_0\approx1$，n_1 为纤芯折射率，n_2 为包层折射率。当 $n_0=1$ 时，根据斯乃尔定理，由图 3-45 可得

$$\sin\theta_{\mathrm{i}}=\sqrt{n_1^2-n_2^2\sin^2\theta_{\mathrm{r}}} \tag{3-16}$$

当折射角 $\theta_{\mathrm{r}}=90°$时，$\theta_{\mathrm{i}}=\theta_{\mathrm{i0}}$，则

$$\sin\theta_{\mathrm{i0}}=\sqrt{n_1^2-n_2^2} \tag{3-17}$$

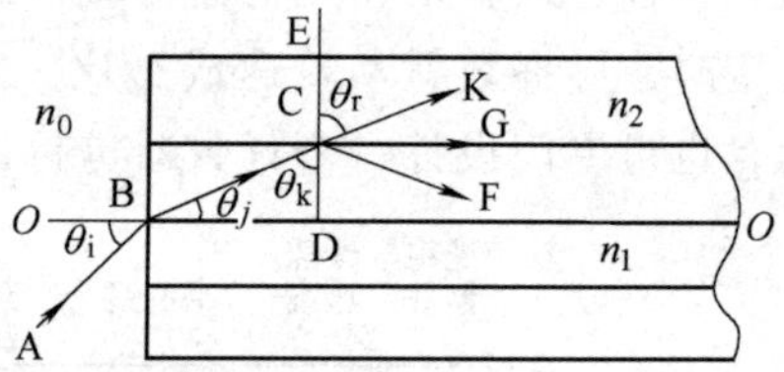

图 3-45　光纤导光原理示意图

$\sin\theta_{\mathrm{i0}}$ 定义为纤维光学中的数值孔径 NA，即 $NA=\sin\theta_{\mathrm{i0}}$。

当 $\theta_{\mathrm{r}}>90°$时，光线发生全反射，其条件是

$$\theta_{\mathrm{i}}<\theta_{\mathrm{i0}}=\arcsin NA \tag{3-18}$$

从图 3-45 可以看出，当光线以各种不同角度 θ_{i} 入射到纤芯并射到纤芯与包层界面时，光线在该处有可能发生折射或全反射。凡是入射角 $\theta_{\mathrm{i}}>\arcsin NA$ 的光线，进入光纤后都不能传播，而是在包层中消失；相反，只有入射角 $\theta_{\mathrm{i}}<\arcsin NA$ 的光线才可以进入光纤被全反射传播。

图 3-46a、b 所示为能够在阶跃光纤纤芯中传播并具有最小光功率损耗的曲线光线。图 3-46c 所示为梯度型光纤中传播的子午光线。由于折射率连续不断地变化，梯度型光纤纤芯中光线通过中心轴沿曲线而不是直线传播，且不断地发生反复弯曲。梯度型光纤中还存在一种螺旋光线，如图 3-46d 所示，它沿与中心线不相交的螺旋路径传播。在阶跃型光纤中存在与此类似的光线，称为扭转光线。

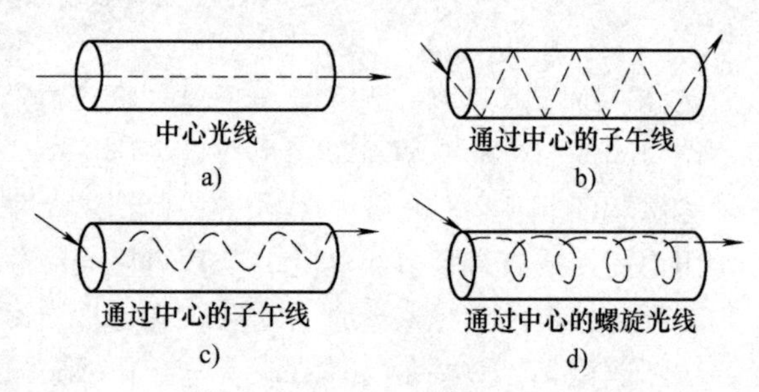

图 3-46　光纤纤芯中光线传播典型示意图

光纤是制造光纤传感器必不可少的原材料。目前，常用的是阶跃型的梯度型多模光纤和单模光纤。用于测试技术的光纤，往往有些特殊的要求，所以，又称其为特殊光导纤维。20

世纪 90 年代初出现的“保持偏振光面光导纤维”（简称保偏光纤）就是一种典型的特殊光纤。保偏光纤能在较长的传光距离内保持偏振光面状态不变，而普通光纤即使在极短的光纤内，保持住所传输光波的偏振光也是极端困难的。目前，保偏光纤有两种结构：一是把纤芯做成椭圆形，这实际上是把长轴和短轴方向上的距离加以改变的“椭圆纤芯法”；二是把包层做成椭圆形的“椭圆包层法”，它是借助于圆形保护层与椭圆包层之间因热胀相异引起的应力作用于纤芯，从而改变纤芯长短轴方向上的折射率。从原理上看，用椭圆包层法制造的光纤损耗要小一些。

二、光纤传感器的结构原理与分类

（一）光纤传感器的结构原理

光纤传感器的结构由光发送器、敏感元件（光导纤维或非光导纤维）、光接收器、信号处理系统以及光纤组成。光纤传感器是将被测量转换成光的某些参数的变化来进行检测的传感器，其基本原理是将从光发送器（光源）发出的光经过光纤送入敏感元件，敏感元件与被测量相互关联，使光的某些参数，如强度、频率、波长、相位、偏振态等发生变化，成为被调制的光信号，再经过光纤送入光接收器（光探测器），最后经信号处理系统处理后获得被测量。

图 3-47 所示为三种光纤传感器的结构原理。

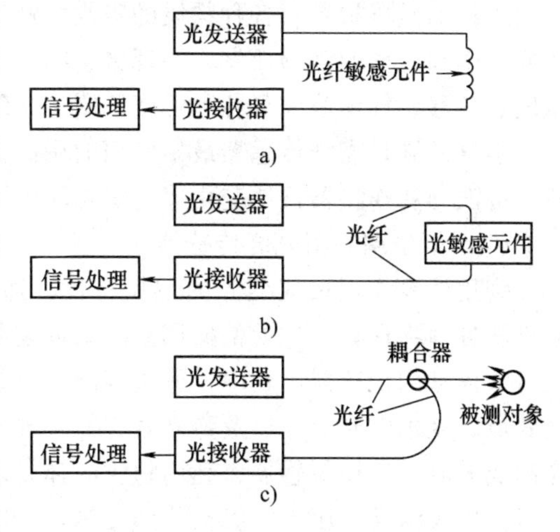

图 3-47　光纤传感器结构原理

a）功能型光纤传感器　b）非功能型光纤传感器　c）拾光型光纤传感器

（二）光纤传感器的分类

在光纤传感器技术领域里，可以利用的光学性质和光学现象很多，而且光纤传感器的应用领域极广，从最简单的产品统计到对被测对象的物理、化学和生物等参量进行连续监测、控制等，都可以采用光纤传感器。总之，光纤传感器技术发展迅速，光纤传感器种类繁多，而分类方法各异。这里，按光纤在光纤传感器中的作用和光受被测量的调制形式两种分类方法叙述如下。

1. 按光纤在光纤传感器中的作用分类

光纤传感器按光纤在其中的作用可分为功能型、非功能型和拾光型三类。

（1）功能型光纤传感器

功能型光纤传感器又称全光纤传感器。光纤在其中既是导光媒质，又是敏感元件，是将“传光”和“感知”合为一体的传感器。在这类光纤传感器中，光在光纤内受到调制，使某些性质如光强、相位、偏振态等发生变化来实现对被测量的测量。其优点是结构紧凑、灵敏度高，但必须用特殊光纤和先进的检测技术，因而成本高。典型例子有光纤陀螺、光纤水听器等。

（2）非功能型光纤传感器

光纤在其中仅起导光作用，对外界信息的“敏感”功能是依靠对光的性质加以调制的调制器来完成的。这类光纤传感器不需要特殊光纤及其他特殊技术，这样可以充分利用已有的优质敏感元件来提高传感器的灵敏度。在已经实用化或尚在研制中的光纤传感器中，非功能型占大多数。

（3）拾光型光纤传感器

拾光型光纤传感器用光纤作为探头，接收由被测对象辐射的光或被其反射、散射的光。其典型例子如光纤激光多普勒速度计、辐射式光纤温度传感器等。

2. 按光受被测量的调制形式分类

按光受被测量的调制形式，光纤传感器可分为下列五类。

（1）强度调制型光纤传感器

利用外界物理量改变光纤中光的强度，通过测量光强度变化来测量外界物理量变化的原理称为强度调制。强度调制型光纤传感器实际上就是利用被测对象的变化引起敏感元件的折射率、吸收或反射率等参数的变化，而导致光强变化来实现敏感测量的传感器。这类传感器利用光纤的微弯损耗、各种物质的吸收特性、被测物的反射光强度变化、物质受各种粒子射线或化学和机械的激励而发光的现象、物质的荧光辐射和光路的遮断等，构成压力、振动、温度、位移、气体浓度等各种强度调制型光纤传感器。

强度调制是光纤传感器最早使用的调制方法，其优点是技术简单、价格低；缺点是受光源强度波动和连接器损耗变化等的影响较大。

（2）偏振调制型光纤传感器

利用外界物理量改变光的偏振特性，通过检测光的偏振态的变化（即偏振面的旋转）来检测各种物理量，称为偏振调制。偏振调制型传感器就是利用光的偏振态的变化来传递被测对象信息的传感器。其中，偏振调制主要是基于人为旋光现象和人为双折射，如法拉第磁光效应、克尔电光效应以及弹光效应等实现的。例如，利用光在磁场媒质内传播的法拉第效应制成电流、磁场传感器；利用物质的弹光效应构成压力、振动或声传感器；利用光纤的双折射性构成温度、压力、振动传感器等。

（3）频率调制型光纤传感器

光频率调制是指被测量对光纤中传输的光波频率进行调制，频率偏移即反映被测量。目前使用较多的调制方法为多普勒（Doppler）法，即外界信号通过多普勒效应对光纤中接收的光波频率实施调制，是一种非功能型调制。

当光探测器接收相对运动的光波时，接收到的光波使相对运动光波产生频移，这就是多普勒效应。频率为 f 的一束光投射到以相对速度 v（远小于光速）运动的目标上，光探测器探测该目标的散射或反射光波，所接收到的光波相对投射光波有频率差为

$$\Delta f = f_D - f = \frac{v}{\lambda}(\cos\theta_2 - \cos\theta_1) \tag{3-19}$$

式中，f_D 为探测器接收到的光波频率；θ_1 为投射光波矢量与目标运动方向的夹角；θ_2 为探测器接收到的光波矢量与运动目标运动方向的夹角。

此频率差 Δf 称为多普勒频移。由式（3-19）可以看出，利用被测量控制运动物体的运动速度大小与方向，即可完成对光波频率的调制。测量出相应的频移 Δf，即可求得被测量。这类光纤传感器常用于测量运动物体（流体）的速度、流量、振动、加速度以及运动粒子的速度等。

(4) 波长调制型光纤传感器

外界信号(被测量)通过一定的方式改变光纤中的传输光的波长,因此,测量波长的变化即可检测到被测量,这种调制形式称为光的波长调制。波长调制的方法主要有选频法和滤波法,常用的有法布里-珀罗(F-P)干涉式滤光、里奥特偏振双折射滤光及光纤光栅滤光等。

波长调制型光纤传感器主要应用于医学、化学等领域,如对人体血液的分析、pH 值的检测、指示剂溶液浓度的化学分析、磷光和荧光现象分析等。

(5) 相位调制型光纤传感器

利用外界物理量(被测量)改变光纤中传输光的相位,通过检测相位变化来测量物理量的原理称为相位调制。

相位调制型光纤传感器的基本原理是利用被测对象对敏感元件的作用,使敏感元件的折射率或传播常数发生变化而导致光的相位变化,然后用干涉仪来检测这种相位变化而得到被测对象的信息。

光纤中传输光的相位由光纤波导的物理长度、折射率及其分布,以及波导的横向尺寸决定。

通常,压力、温度、张力等外界物理量能直接改变上述三个参数,从而产生相位变化,实现光纤的相位调制。相位调制常与干涉测量技术并用。因此,实现相位调制后,要借助于光纤干涉仪将相位变化转换成光强度变化,从而还原所检测的物理量。

相位调制型光纤传感器中相位调制技术应包括两部分:一是产生光波相位变化的技术;二是光的干涉技术。

相位调制型光纤传感器可以测量位移、振动、压力、速度、加速度、电流、电压、磁场等物理量。这种光纤传感器具有很高的灵敏度和测量精度,但必须用特殊光纤和高精度检测系统,因而成本高。

三、光纤传感器的应用

(一) 光纤动态压力传感器

图 3-48 所示光纤动态压力传感器是一个反射光强调制型的光纤传感器。整个系统由光

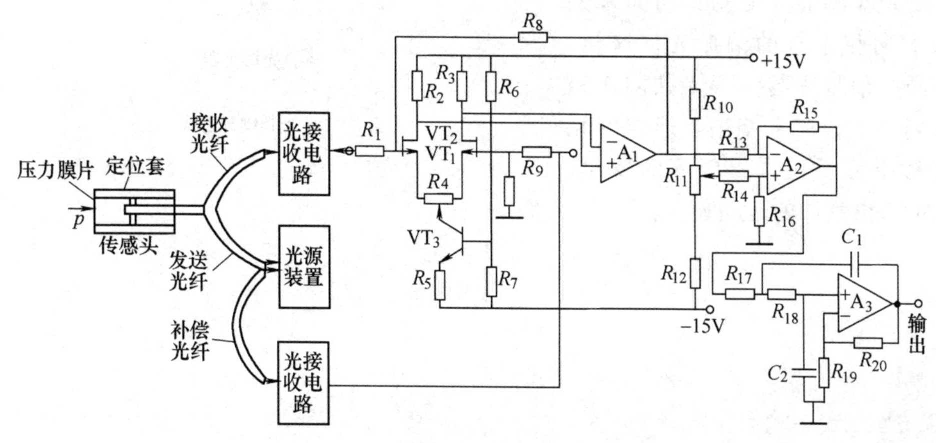

图 3-48 光纤动态压力传感器结构原理

源装置、压力膜片、光接收电路、Y 形光纤束和放大器等组成。压力敏感元件——压力膜片，一方面用于感受压力流场的平均压力和脉动压力，另一方面用于反射光；它是用不锈钢材料制成的圆形平膜片，内表面抛光后镀一层反射膜，以提高反射率。Y 形光纤束由约3000 根直径为 50μm 的阶跃型光纤（$NA=0.603$）集束而成，它被分成纤维数目大致相等、长度相同的两束，即发送光纤束和接收光纤束。为了补偿光源装置光功率的波动以及减少光接收电路的光电二极管的噪声，系统增加了一束补偿光纤束。

由膜片的挠度理论可知，周边固定的圆形平膜片，其中心位移与压力成正比。当压力变化时，膜片与光纤端面之间的距离将相应地发生线性变化，因此，光纤接收的反射光强度也将随压力的变化而线性变化。此光信号被光电二极管转换成相应的微弱光电流，经放大、滤波后输出与压力成正比的电压信号。

该系统的优点是：频率响应范围宽，脉动压力的频率在 0~18kHz 的范围内变化；灵敏度高，输出幅值大，放大后的输出信号电压可达几伏；结构简单，容易实现。

（二）光纤加速度传感器

图 3-49 所示为相位型光纤加速度传感器结构原理，当框架纵向振动时，在惯性力的作用下重物与框架之间产生了相对位移，使光纤伸缩，从而导致光在 L_1 中传播的光程发生改变（即相位变化），在探测器上的干涉条纹会发生移动。通过测量干涉条纹的移动量，根据重物质量、光纤弹性模量及直径就可以检测框架的加速度。

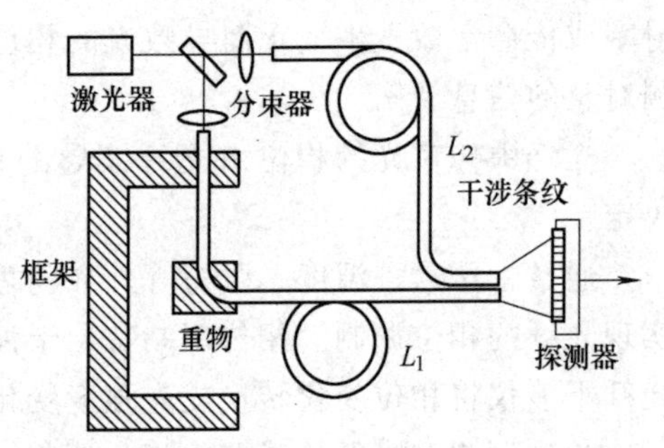

图 3-49　相位型光纤加速度传感器结构原理

（三）多普勒光纤测速系统

图 3-50 所示是一个典型的激光多普勒光纤测速系统。当激光沿着光纤投射到运动物体 A 上时，被物体 A 反射的光与光纤端面的反射光（起参考作用）一起沿着光纤返回。为消除从发射透镜反射回来的光，在光探测器前边装一块偏振片 R，使光探测器只能测出与原来光束偏振方向相垂直的偏振光，这样，频率不同的信号光与参考光共同作用在光探测器上，产生差拍。形成的光电流经频谱分析仪求出频率的变化，进一步可算出物体的运动速度。

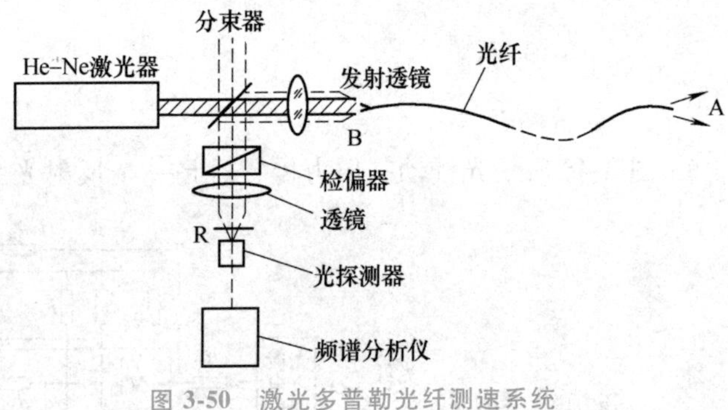

图 3-50　激光多普勒光纤测速系统

第八节　超声波传感器

超声波传感器是将超声波信号转换成其他能量信号（通常是电信号）的传感器，广泛应用在工业、国防、生物医学等方面。其主要三大应用有：①测量液位：开式和闭式储罐中的液体和固体的高度；溪流、运河、渠道和池塘的水位和流量，用于水监测和水管理；燃料清点、使用，防盗窃监测。②测量尺寸：纸张、薄膜或箔的辊径尺寸，以确定纸卷张力，卷上的数量；当物料从一台机器移动到另一台机器时，测量物料的自由回路，防止破损；测量各种容器的尺寸，通过闭环系统中的定位反馈来保持或控制物体的位置。③检测距离：可用于安全、计数、清点或机器人避障等。

微型超声波传感器在消费电子领域有着广阔的应用场景，如手机厂商近期密集推出的“无边框”手机，为了在窄窄的边框中塞入用于息屏功能的感应传感器，微型超声波传感器成为最佳的选择。

一、超声波传感器的工作原理

人们可听到的声音频率为20Hz～20kHz，即为可听声波，超出此频率范围的声音，即20Hz以下的声音称为低频声波，20kHz以上的声音称为超声波，一般说话的频率范围为100Hz～8kHz。

超声波为直线传播方式，频率越高，绕射能力越弱，但反射能力越强，利用超声波的这种性质就可制成超声波传感器。另外，超声波在空气中的传播速度较慢，为340m/s，这就使得超声波传感器使用变得非常简单。

任何一种超声检测仪器，都必须先把超声波发射出去，然后接收返回的超声波，变换成电信号。完成超声波发射和接收的装置，就是超声波传感器，习惯上称为超声波换能器，也叫超声探头。

超声波换能器根据其工作原理不同，有压电式、磁致伸缩式和电磁式等多种，在检测技术中主要采用的是压电式换能器。压电式换能器依据的原理是压电效应。敏感元件从结构上分为两种：一种是既有发送元件也有接收元件；另一种是同时具有发送和接收超声波的双重作用，即为可逆元件。它们构成的传感器分别称作专用型和兼用型超声波传感器。市售超声波传感器的谐振频率（中心频率）为23kHz、40kHz、75kHz、200kHz、400kHz等。谐振频率变高，则检测距离变短，分解力也变高。

图3-51所示为超声波传感器结构实例。它采用双晶振子，即把双压电陶瓷片以相反极化方向粘在一起，在长度方向上，一片伸长，另一片就缩短。在双晶振子的两面涂敷薄膜电极，其上面用引线通过金属板（振动板）接到一个电极端，下面用引线直接接到另一个电极端。双晶振子为正方形，正方形的左右两边由圆弧形凸起部分支撑着。这两处的支点就成为振子振动的节点。金属板的中心有圆锥形振子。发送超声波时，圆锥形振子有较强的方向性，因而能高效率地发送超声波；接收超声波时，超声波的振动集中于振子的中心，

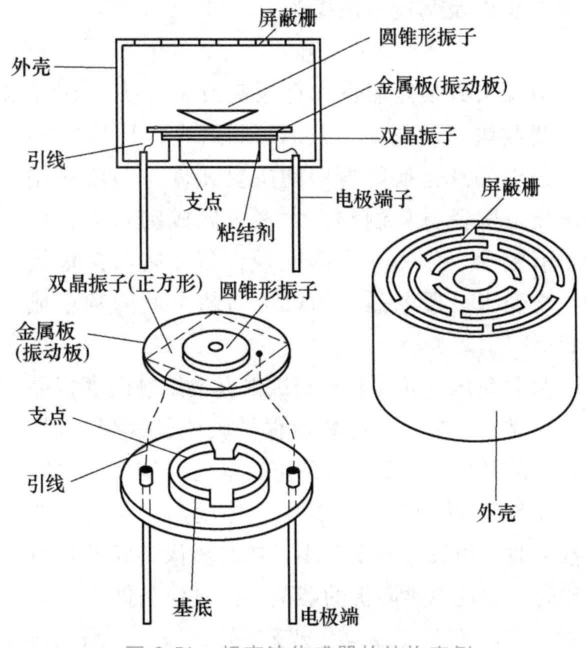

图3-51　超声波传感器的结构实例

所以，能产生高效率的高频电压。

图 3-52 所示为采用双晶振子的超声波传感器的工作原理。若在发送器的双晶振子（谐振频率为 40kHz）上施加 40kHz 的高频电压，压电陶瓷片 a、b 就根据所加的高频电压极性伸长与缩短，于是就能发送 40kHz 频率的超声波。超声波以疏密波形式传播，传送给超声波接收器。超声波接收器利用压电效应的原理，即在压电元件的特定方向上施加压力，使元件发生应变，从而产生一面为正(+)极、另一面为负(-)极的电压。图 3-52 中的接收器也有与图 3-51 所示结构相同的双晶振子，若接收到发送器发送的超声波，振子就以发送超声波的频率进行振动，于是就产生与超声波频率相同的高频电压。当然这种电压是非常小的，必须采用放大电路进行放大。

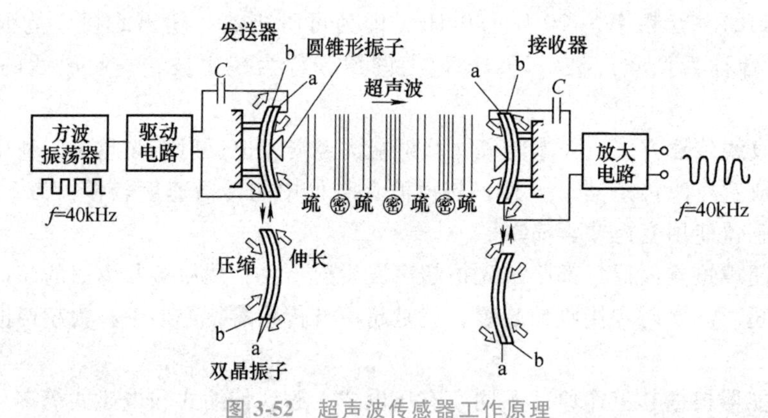

图 3-52 超声波传感器工作原理

二、压电式超声波传感器的类型

压电式超声波传感器的结构有直探头、斜探头、双探头、表面波探头、聚焦探头、空气传导探头以及其他专用探头。

（一）直探头式换能器

直探头式换能器也称直探头或平探头，它可以发射和接收纵波。直探头主要由压电晶片、吸收块（阻尼块）及保护膜组成，其结构如图 3-53 所示。

压电晶片是换能器中的主要元件，一般采用 PZT 压电陶瓷材料制作，大多数做成圆板形，两面敷有银层，作为导电的极板，晶片底面接地线引至电路上。压电晶片的厚度与超声波的频率成反比。

为避免压电晶片与被测试件直接接触而磨损晶片，在晶片下粘合一层软性保护膜或硬性保护膜。保护膜的厚度为 1/2 波长的整数倍时（即在保护膜中的波长），声波穿透率最大；厚度为 1/4 波长的奇数倍时，声波穿透率最小。在选择保护膜的材料性质时，要注意声阻抗的匹配，其最佳条件为

$$Z = \sqrt{Z_1 Z_2} \tag{3-20}$$

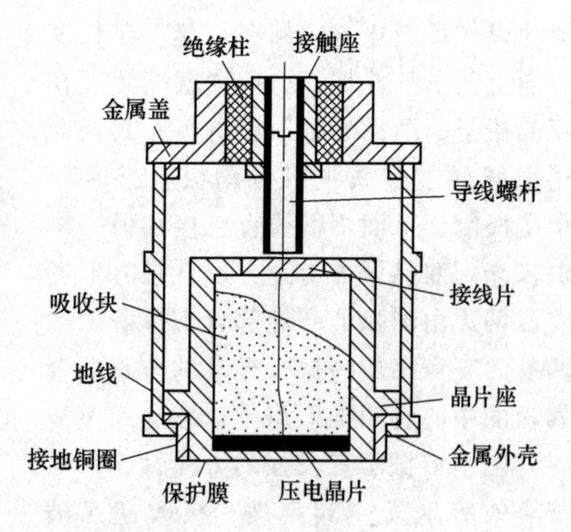

图 3-53 直探头式换能器的结构

式中，Z 为保护膜的声阻抗；Z_1 为晶片的声阻抗；Z_2 为被测试件的声阻抗。

吸收块的作用是降低晶片的机械品质因数 Q、吸收声能量。如果没有吸收块，电振荡脉冲停止时，压电晶片会因惯性作用而继续振动，这就加长了超声波的脉冲宽度，使盲区增大，分辨力变差。吸收块的声阻抗等于晶片的声阻抗时，效果最佳。

（二）斜探头式换能器

斜探头式换能器可产生与接收横波，它主要由压电晶片、吸收块及斜楔块组成，其结构如图 3-54 所示。压电晶片粘贴在与地面成一定角度（如 30°、45°等）的有机玻璃斜楔块上，压电晶片的上方用吸声性强的阻尼块覆盖。当斜楔块与不同材料的被测介质（工件）接触时，超声波产生一定角度的折射，倾斜入射到试件中去。探头的入射角和频率应根据理论计算确定，透声斜楔块的尺寸和形状应使反射的声波不致返回到压电晶片上。因此，不同折射角的探头，斜楔块的尺寸和形状应当不同。

（三）双探头式换能器

双晶直探头式换能器的结构如图 3-55 所示，它是由两个单晶直探头组合而成。两个探头之间用一块吸声性强、绝缘性能好的薄片加以隔离，并在压电晶片下方增设延迟块，使超声波的发射和接收互不干扰。在双探头中，一只压电晶片担任发射超声脉冲的任务；而另一只担任接收超声脉冲的任务。双探头的结构虽然复杂一些，但信号发射和接收的控制电路却较为简单。

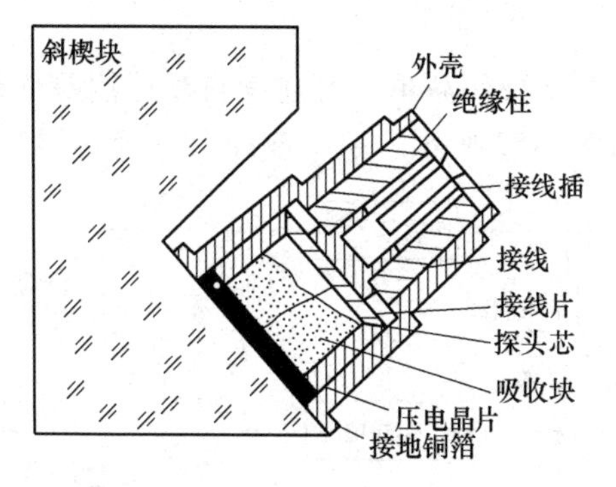

图 3-54 斜探头式换能器的结构

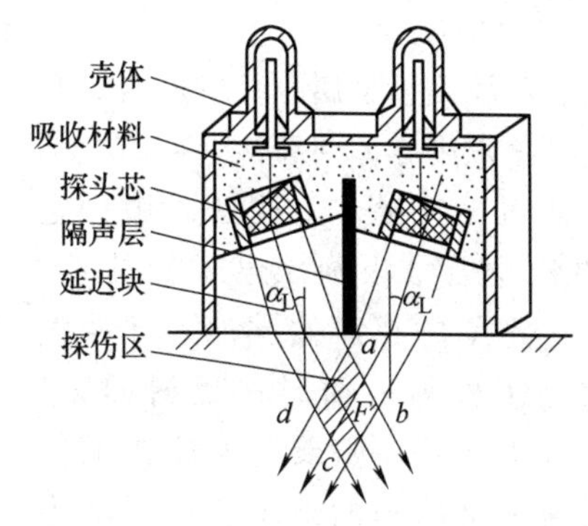

图 3-55 双晶直探头式换能器的结构

（四）表面波换能器

对于斜式换能器，当其入射角增大到某一角度，使得在被测件中横波的折射角为 90°时，可在试件中产生表面波，而形成表面波换能器。因此，表面波换能器是斜式换能器的一个特例。

（五）聚焦换能器

聚焦换能器可将超声波聚成一细束（线状或点状），使声能集中在焦点处，可提高探伤灵敏度及分辨力。

聚焦换能器多用于液浸法自动化探伤。聚焦换能器发射纵波，但在液体中以不同的入射角倾斜入射到试件时，在工件中可产生横波、表面波。

（六）空气传导探头

空气传导探头的发射器和接收器一般是分开设置的，两者的结构也略有不同。图 3-56 所示为空气传导型超声波发射器和接收器的结构。发射器的压电片上粘贴一只锥形共振盘，以提高发射效率和方向性。接收器的共振盘上还增加了一只阻抗匹配器，以提高接收效率。

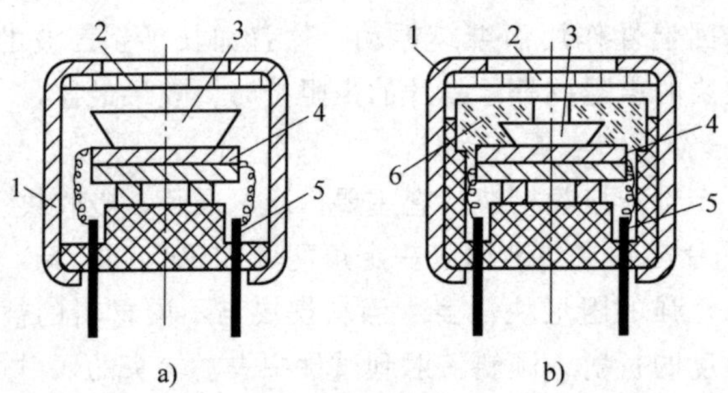

图 3-56　空气传导型超声波发射器、接收器的结构

a）超声波发射器　b）超声波接收器

1—外壳　2—金属丝网罩　3—锥形共振盘　4—压电晶片　5—引线端子　6—阻抗匹配器

三、超声波传感器的应用

超声波传感器的应用较广泛，如水中通信装置、鱼群探知器、各种防盗装置、超声波探伤仪、超声波测厚仪、超声波物位仪、超声波流量计、超声波洗涤机、超声波加湿器、超声波治疗仪、驱虫装置等。

（一）超声波测厚

用超声波测量金属零件的厚度，具有测量精度高、操作简单、可连续自动检测等优点。超声波测厚常用脉冲回波法，此方法的工作原理如图 3-57 所示。超声波探头（换能器）与被测物体表面接触，主控制器用一定频率的脉冲信号激励压电式换能器，使之产生重复的超声波脉冲。脉冲波传到被测工件另一面时被反射回来，被同一探头接收。如果超声波在工件中的声速 c 是已知的，设工件厚度为 d，脉冲波从发射到接收的时间间隔 Δt 可以测量，则可求出被测物体厚度为

$$d=\frac{\Delta t}{2}c \tag{3-21}$$

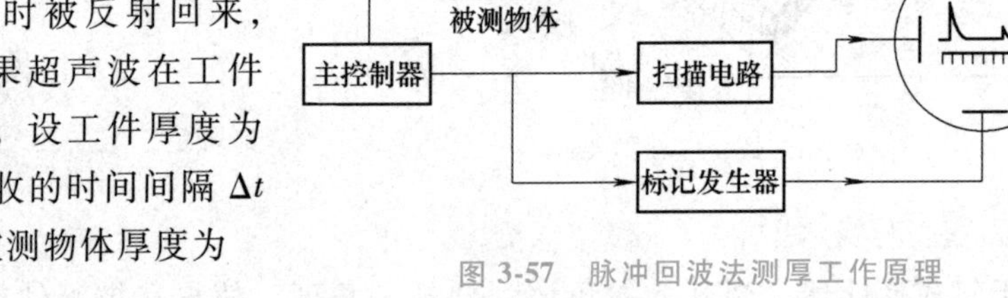

图 3-57　脉冲回波法测厚工作原理

（二）超声波测流量

超声波流量计常用于水文数据的测量，测量方法有传播速度差法、多普勒法等。传播速度差法又包括直接时差法、相差法和频差法，其基本原理都是通过测量超声波脉冲顺流和逆流时的速度之差来反映流体的流速，从而在断面面积已知情况下测出流量。下面以传播速度差法为例介绍。

1. 直接时差法

直接时差法的基本工作原理如图 3-58 所示。由于超声波在流体中传播时，顺流传播速度和逆流传播速度不同，可以通过测量超声波的顺流传播时间 t_1 和逆流传播时间 t_2 的差值，从而计算出流体的流速和流量。

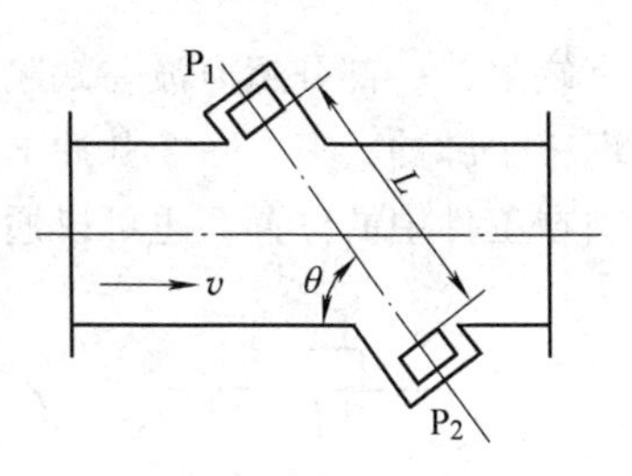

图 3-58　直接时差法的工作原理

设静止时流体中的声速为 c，流体的流动速度为 v。把一组传感器 P_1、P_2 与管道轴线安装成 θ 角，两个传感器的距离为 L。则从 P_1 到 P_2 顺流发射时，声波传播时间为

$$t_1 = \frac{L}{c + v\cos\theta} \tag{3-22}$$

从 P_2 到 P_1 逆流发射时，声波的传播时间为

$$t_2 = \frac{L}{c - v\cos\theta} \tag{3-23}$$

一般情况下 $c \gg v$，则时差为

$$\Delta t = t_1 - t_2 = \frac{2Lv\cos\theta}{c^2} \tag{3-24}$$

根据式（3-24）可求出流速 v，也可求出流量 Q。

2. 相差法

在时差法测量中，时间差 Δt 的量级很小，约为 $10^{-8} \sim 10^{-9}$s。测量 Δt 需要很复杂的电子仪器，所以常用测量连续超声波在顺流和逆流传播时接收信号之间的相位差的方法，简称相差法来实现。设连续波的角频率为 ω，则

$$\Delta\phi = \omega\Delta t = 2\omega Lv\cos\theta / c^2 \tag{3-25}$$

因此，测出 $\Delta\phi$，即可求出 v、Q。

3. 频差法

频差法超声流量计是在直接时差法和相差法的基础上发展起来的。在被测流体内由两对超声波发射器和接收器组成两个通道，一个通道按顺流方向发射超声波，另一个通道按逆流方向发射超声波。设顺流发射时，接收的超声波频率为 f_1，有

$$f_1 = \frac{1}{t_1} = \frac{c + v\cos\theta}{L} \tag{3-26}$$

逆流发射时，接收的超声波频率为 f_2，有

$$f_2 = \frac{1}{t_2} = \frac{c - v\cos\theta}{L} \tag{3-27}$$

$$\Delta f = f_1 - f_2 = \frac{2v\cos\theta}{L} \tag{3-28}$$

测出 Δf，即可测出 v、Q。式（3-28）与式（3-24）、式（3-25）的重要区别是式中不含声速 c。声速 c 与传播介质的温度有关，因此当被测介质温度变化时必然引起测量误差。可见，按式（3-28）的频差法测速比时差法和相差法更佳。

（三）超声波探伤

超声波探伤是一种无损探伤技术，主要用于工业产品的无损检测与质量管理。超声波探伤方法有多种，下面以脉冲反射式为例介绍。

测试前，先将探头插入探伤仪的连接插座上，探伤仪面板上有一个荧光屏，通过荧光屏可知工件中是否存在缺陷、缺陷大小及缺陷位置。测试时，探头放在工件上，并在工件上来回移动进行检测。探头发出的超声波以一定的速度向工件内部传播，如果工件中没有缺陷，超声波传到工件底部才反射，则在荧光屏上只出现脉冲 T 和 B，如图 3-59a 所示；如果工件

中有缺陷，一部分超声波在缺陷处反射，另一部分继续传播到工件底部反射，则在荧光屏上出现三个脉冲，多了一个脉冲 F，如图 3-59b 所示。通过缺陷脉冲在荧光屏上的位置可确定缺陷在工件中的位置，也可以通过缺陷脉冲的幅度高低来判别缺陷的大小。

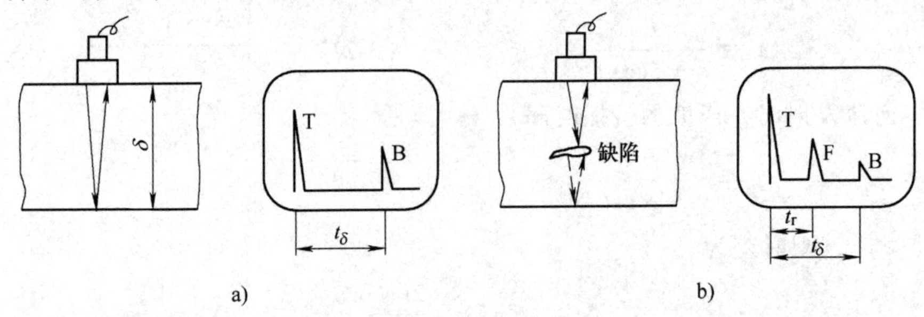

图 3-59　超声波探伤

a）无缺陷时超声波的反射及显示波形　b）有缺陷时超声波的反射及显示波形

（四）超声波防撞报警器

超声波防撞报警器主要用于机器人、车辆等的防撞设计中。图 3-60 所示为倒车雷达报警电路，其防撞距离为 3m 左右，报警灵敏度可由 RP_2 进行调节。该倒车防撞报警器主要由 40kHz 的超声波振荡器、超声波接收、控制和报警等电路组成。

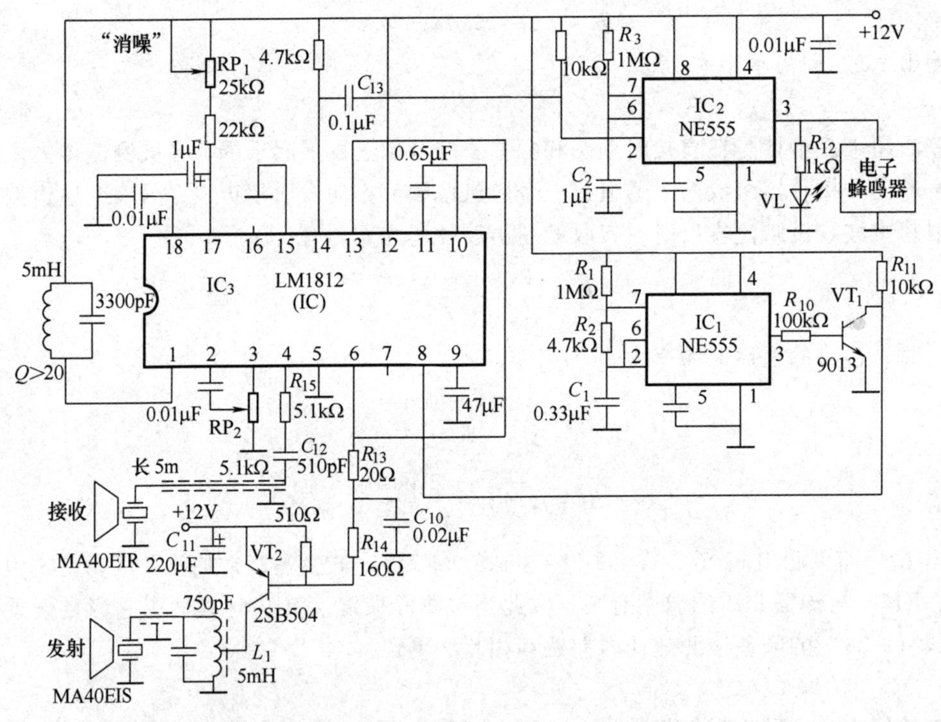

图 3-60　倒车雷达报警电路

1. 40kHz 的超声波振荡器

40kHz 的超声波振荡器主要由一块 555 时基集成电路 IC_1（NE555）和 R_1、R_2、C_1 等元件构成，是一种无稳态多谐振荡器。振荡电路工作后产生的方波信号从 IC_1 的引脚 3 输出，经 R_{10} 电阻加到 VT_1 的基极，经 VT_1 放大后的信号从其集电极输出，直接加到 LM1812 的引脚 8 内。

在这部分电路中，R_{10} 起限流作用；R_{11} 为 VT_1 的集电极负载电阻；R_1、R_2、C_1 为振荡器的振荡频率设定元件，调整其值，可以改变振荡电路的振荡频率。

2. 功率放大与发射电路

功率放大电路由 LM1812 的引脚 8 与引脚 6 内的部分电路及驱动管 VT_2 等组成。用于将振荡电路产生的信号进行功率放大以满足发射电路的幅度要求。

加到 LM1812 的引脚 8 的振荡信号经过其内部有关电路处理后从引脚 6 输出，经由两只电阻（R_{13} 和 R_{14}）和一只电容 C_{10} 组成的 T 形滤波电路滤波后加到 VT_2 基极。经 VT_2 进行功率放大后，加到 L_1 线圈抽头处。

L_1 与 C_{11} 两者组成的并联谐振网络经对信号进一步滤波选频后，由带状屏蔽电缆线传送给 MA40EIS 超声波发射头，经超声波发射头对信号做进一步处理后向外空间发射。

在这部分电路中，高阻抗的 MA40EIS 超声波发射头与由 C_{11}、L_1 组成的 40kHz 的输出谐振回路采用并联连接方式。为了防止负载对该谐振回路产生影响，回路电感 L_1 采用中心抽头的方式与 VT_2 的集电极相连接。

3. 接收传感器

接收传感器采用与 MA40EIS 发射传感器相配套的 MA40EIR，其接收、放大用的谐振回路与发射回路一样，谐振在 40kHz 频率上。接收传感器接收到的信号，经其内部电路进行整形放大等一系列电路处理后，得到的信号由带状屏蔽电缆引入控制电路，经电容 C_{12} 和电阻 R_{15}，送到 LM1812 的引脚 4 内。

4. 单稳态及声光报警电路

声光报警电路受 IC_2（NE555）时基集成电路和 R_3、C_2 等组成的单稳态电路的控制，单稳态电路输出的脉冲宽度为

$$t_a = 1.1R_3C_2$$

因此，电子蜂鸣器发出的是断续的报警声。同时，发光二极管 VL 发出可见的闪烁光，进行同步闪烁。其工作过程如下：

在倒车时超声波发射传感器发出的超声波碰到物体反射回来，被 MA40EIR 超声波接收传感器接收处理后，得到的信号经 C_{12}、R_{15} 进入 LM1812 的引脚 4 内，经处理识别后，就会从其引脚 14 输出控制信号，该控制信号经 C_{13} 电容耦合加到 IC_2 的引脚 2，触发单稳态电路翻转，从 IC_2 的引脚 3 输出高低变化的电平。当输出高电平时，电子蜂鸣器发出报警声并使发光二极管 VL 导通（经 R_{12}）发光；当输出低电平时，声、光均消失，由此完成了防撞报警工作。

第九节　红外传感器

红外技术是在最近几十年中发展起来的一门新兴技术。它已在科技、国防、工农业生产和医学等领域获得了广泛的应用。红外传感器按其应用可分为以下几方面：①红外辐射计，用于辐射和光谱辐射测量；②搜索和跟踪系统，用于搜索和跟踪红外目标，确定其空间位置，并对它的运动进行跟踪；③热成像系统，可产生整个目标红外辐射的分布图像，如红外图像仪、多光谱扫描仪等；④红外测距和通信系统；⑤混合系统，是指以上各类系统中的两个或多个的组合。

一、红外辐射

红外辐射俗称红外线，它是一种不可见光，由于是位于可见光中红色光以外的光线，故

称为红外线。它的波长范围大致在 0.76～1000μm，红外线在电磁波谱中的位置如图 3-61 所示。工程上又把红外线所占据的波段分为四部分，即近红外、中红外、远红外和极远红外。

红外线的最大特点是具有光热效应，可以辐射热量，它是光谱中的最大光热效应区。一个炽热物体向外辐射的能量大部分是通过红外线辐射出来的。物体的温度越高，辐射出来的红外线越多，辐射的能量就越强。而且，红外线被物体吸收时，可以显著地转变为热能。红外辐射和所有电磁波一样，是以波的形式在空间直线传播的。它在大气中传播时，大气层对不同波长的红外线存在不同的吸收带，红外线气体分析器就是利用该特性工作的，空气中对称的双原子气体，如 N_2、O_2、H_2 等，不吸收红外线。而红外线在通过大气层时，有三个波段透过率高，它们是 2～2.6μm、3～5μm 和 8～14μm，统称为“大气窗口”。这三个波段对红外探测技术特别重要，因为红外探测器一般都工作在这三个波段（大气窗口）之内。

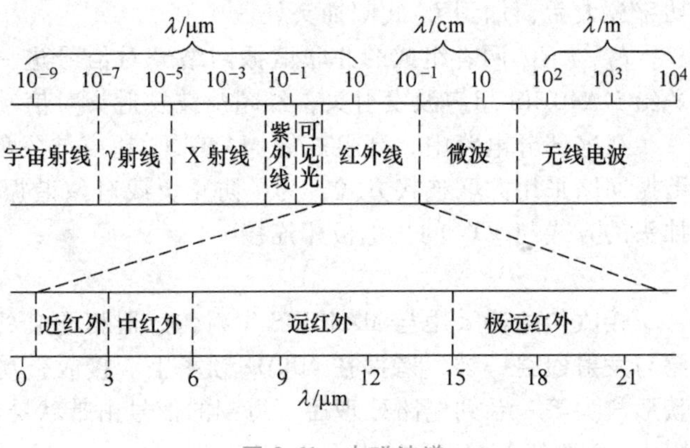

图 3-61　电磁波谱

二、红外探测器（传感器）

能将红外辐射量的变化转换为电量变化的装置称为红外探测器或红外传感器。红外传感器一般由光学系统、探测器、信号调理电路及显示系统等组成。红外探测器种类很多，常见的有两大类，即热探测器和光子探测器。

（一）热探测器

热探测器对入射的各种波长的辐射能量全波吸收，它是一种对红外光波无选择的红外传感器。探测器的敏感元件吸收辐射能后引起温度升高，进而使有关物理参数发生相应变化，通过测量物理参数的变化，便可确定探测器所吸收的红外辐射。与光子探测器相比，热探测器的探测率比光子探测器的峰值探测率低，响应时间长。但热探测器主要优点是响应波段宽，响应范围可扩展到整个红外区域，可以在室温下工作，使用方便，应用仍相当广泛。

热探测器主要类型有热敏电阻型、热电偶型、高莱气动型和热释电型。

1. 热敏电阻型红外探测器

热敏电阻型红外探测器是由锰、镍、钴的氧化物混合后烧结而成的。热敏电阻一般制成薄片状，当红外辐射照射在热敏电阻上时，其温度升高，电阻值减小。测量热敏电阻值变化的大小，即可得知入射的红外辐射的强弱，从而可以判断产生红外辐射物体的温度。因为热敏材料不是很好的吸收体，为了提高吸收系数，热敏片表面都要进行黑化处理。热敏电阻型红外探测器结构如图 3-62 所示。

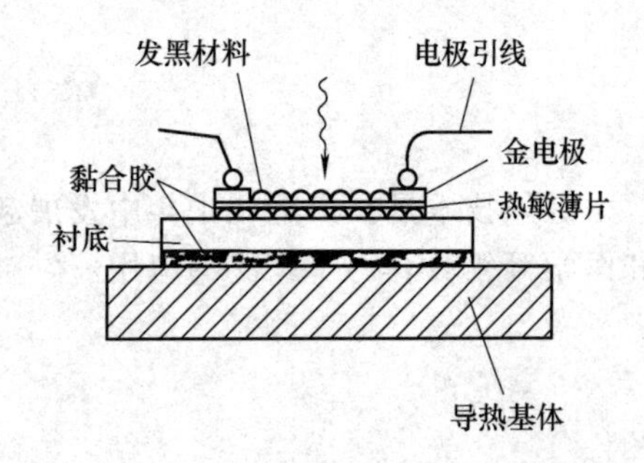

图 3-62　热敏电阻型红外探测器的结构

2. 热电偶型红外探测器

热电偶型红外探测器是由热电功率差别较大的两种金属材料（如铋-银、铜-康铜、铋-铋锡合金等）构成的。当红外辐射入射到这两种金属材料构成的闭合回路的接点上时，该接点温度升高，而另一个没有被红外辐射照射的接点处于较低的温度。此时，在闭合回路中将产生温差电流，同时回路中产生温差电动势，温差电动势的大小，反映了吸收红外辐射的强弱。

利用温差电动势现象制成的热电偶型红外探测器，因其时间常数较大，响应时间较长，动态特性较差，调制频率应限制在 10Hz 以下。

3. 高莱气动型红外探测器

高莱气动型红外探测器是利用气体吸收红外辐射后，温度升高，体积增大的特性，来反映红外辐射的强弱，结构如图 3-63 所示。它有一个气室，以一个小管道与一块柔性薄片相连，薄片背向管道的一面是反射镜。气室的前面附有吸收膜，它是低热容量的薄膜。红外辐射通过透红外窗口入射到吸收薄膜上，吸收薄膜将吸收的热能传给气体，使气体温度升高，气压增大，促使柔镜移动。在气室的另一边，一束可见光通过栅状光栏，聚集在柔镜上，柔镜反射回来的栅状图像又经过栅状光栏投射到光电管上。

当柔镜因压力变化而移动时，栅状图像与栅状光栏发生相对位移，使落到光电管上的光量发生改变，光电管的输出信号也发生改变，这个变化量就反映出入射红外辐射的强弱。这种传感器的特点是灵敏度高，性能稳定，但响应时间长，结构复杂，强度较差，只适合于实验室内使用。

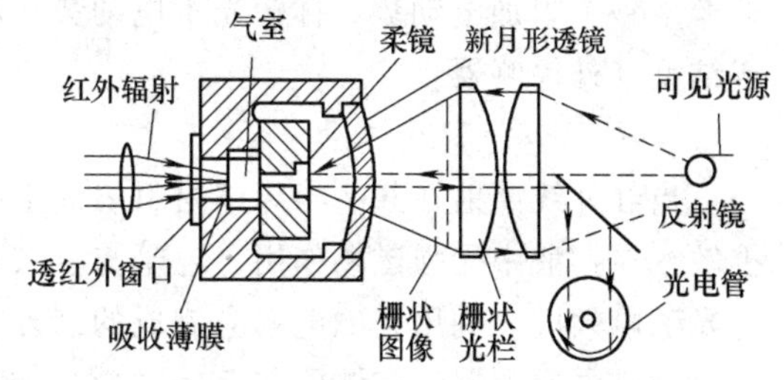

图 3-63 高莱气动型红外探测器的结构

4. 热释电型红外探测器

热释电型红外探测器是一种具有极化现象的热晶体或称铁电体。铁电体的极化强度（单位面积上的电荷）与温度有关。当红外辐射照射到已经极化的铁电体薄片表面上时，引起薄片温度升高，使其极化强度降低，表面电荷减少，这相当于释放一部分电荷，所以叫作热释电型红外探测器。如果将负载电阻与铁电体薄片相连，则负载电阻上便产生一个电信号输出。输出信号的大小，取决于薄片温度变化的快慢，从而反映出入射的红外辐射的强弱。由此可见，热释电型红外探测器的电压响应率正比于入射辐射变化的速率。当恒定的红外辐射照射在热释电红外探测器上时，探测器没有电信号输出，只有铁电体温度处于变化过程中，才有电信号输出。所以，必须对红外辐射进行调制（或称斩光），使恒定的辐射变成交变辐射，不断地引起探测器的温度变化，才能导致热释电产生，并输出交变的信号。

（二）光子探测器

光子探测器的原理是：某些半导体材料在红外辐射的照射下，产生光电效应，使材料的电学性质发生变化，通过测量电学性质的变化，可以确定红外辐射的强弱。利用光电效应所制成的红外探测器统称为光子探测器。光子探测器的主要特点是灵敏度高，响应速度快，响应频率高。但其一般需在低温下工作，探测波段较窄。

按照光子探测器的工作原理，一般可分为外光电探测器和内光电探测器两种。内光电探测器又分为光电导探测器、光生伏特探测器和光磁电探测器三种。

1. 外光电探测器（PE 器件）

当光辐射照在某些材料的表面上时，若入射光的光子能量足够大，就能使材料的电子逸出表面，向外发射出电子，这种现象称为外光电效应或光电子发射效应。光电管、光电倍增管等都属于这种类型的光子探测器。它的响应速度比较快，一般只需几个微秒，但电子逸出需要较大的光子能量，所以只适用于近红外辐射或在可见光范围内使用。

2. 光电导探测器（PC 器件）

当红外辐射照射在某些半导体材料表面上时，半导体材料中有些电子和空穴在光子能量作用下可以从原来不导电的束缚状态变为导电的自由状态，使半导体的导电率增加，这种现象称为光电导效应。利用光电导效应制成的探测器称为光电导探测器，光敏电阻就属于光电导探测器。光电导探测器有本征型硫化铅（PbS）、碲镉汞（HgCdTe）、掺杂型锗（Ge）硅（Si）、自由载流子型锑化铟（InSb）。

3. 光生伏特探测器（PU 器件）

当红外辐射照射在某些半导体材料构成的 PN 结上时，在 PN 结内电场的作用下，P 型区的自由电子移向 N 型区，N 型区的空穴移向 P 型区。如果 PN 结是开路的，则在 PN 结两端产生一个附加电动势，称为光生电动势。利用这个效应制成的探测器称为光生伏特探测器或结型红外探测器。

4. 光磁电探测器（PEM 器件）

当红外线照射在某些半导体材料表面上时，在材料的表面产生电子和空穴对，并向内部扩散，在扩散中受强磁场作用，电子与空穴各偏向一边，因而产生了开路电压，这种现象称为光磁电效应。利用光磁电效应制成的红外探测器，称为光磁电探测器。

光磁电探测器响应波段在 7μm 左右，时间常数小，响应速度快，不用加偏压，内阻极低，噪声小，性能稳定。但其灵敏度低，低噪声放大器制作困难，因而影响了使用。

三、红外传感器的应用

（一）热辐射测温仪

自然界的物体，如动物躯体、火焰、机器设备、厂房、土堆、冰等物体都会发出红外辐射，也就是放射红外线，唯一不同的是它们发射的红外线的波长。人体温度是 36~37℃，它所放射的红外线波长为 9~10μm，温度在 400~700℃ 的物体放射出的红外波长为 3~5μm。热辐射测温仪由红外线传感器和电信号处理电路组成，在日常生活中发挥了重大的作用。

1. 传感器

热辐射测温仪所使用的红外线传感器，能接收物体放射出的红外线并使之转换成电信号。一般的测温对象是固定不动的，而热辐射测温仪需要对被测物体做相对“移动”，即使被测“热源”以大约 1Hz 的频率入射，一般利用遮光的方法解决。

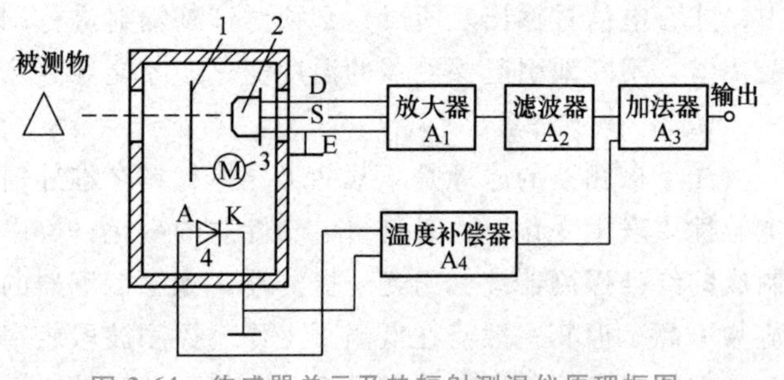

图 3-64　传感器单元及热辐射测温仪原理框图

1—遮光板　2—传感器　3—慢速电动机　4—温度补偿二极管

传感器用 LN—206P 型热释电传感器，固定在感温盒内，前面加遮光板，遮光板由转速较慢的电动机带动旋转，使传感器按 1Hz 的频率接收被测物体的红外线。另外，感温盒内还需放置温度补偿二极管，盒的开口对准被测物，传感器的窗口对准遮光板以便接收 1Hz 的红外辐射。其原理框图如图 3-64 所示。

2. 测量电路

传感器输出的信号需要放大器进行放大，然后再经过滤波器滤波，传感器单元中的二极管进行温度补偿，被测量到的电信号和温度补偿电信号通过加法器处理后输出被测物体的温度信号。

具体的热辐射测温仪测量电路如图 3-65 所示。图中，A_1 为同相放大器，输入信号由 47μF 电容耦合而来。A_1 的闭环放大倍数 $A_F=22\sim23$（由 10kΩ 电位器调节）；A_2 为低通滤波器。温度补偿二极管一般采用负温度系数（-2mV/℃）的硅二极管，它的温度补偿信号经差动放大器 A_4 放大送到 A_3。A_3 为加法器，它将 A_2 的输出与 A_4 的输出相加。在 200℃ 时，A_3 的输出为 4V（灵敏度为 20mV/℃），其中放大器输出为 3V，温度补偿在 25℃时输出为 1V。

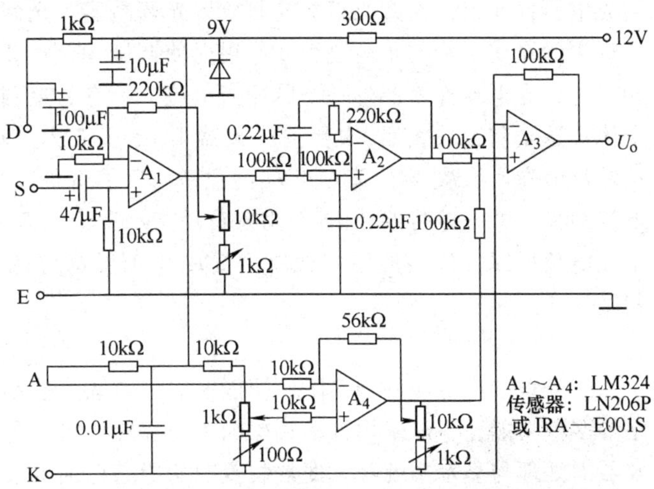

图 3-65　热辐射测温仪测量电路

A_3 的输出与温度基本呈线性关系，可用模拟或数字方法显示出来。A_1 输出端的 10kΩ 电位器和 1kΩ 变阻器用于调节 A_2 输入信号的大小，调节它们的阻值使 A_3 的输出为 3V；A_4 同相端的电位器（1kΩ）和变阻器（100Ω）用于调节温度补偿量的大小，在 25℃时，调节使 A_4 的输出为 1V。

上述红外线热辐射测温仪，最高温度可测 200℃，被测物体与传感器单元的距离为 10cm 左右时，其辐射能量为 6mW，它仅适于近距离的非接触测温的场合，如齿轮箱齿轮的温度，或机器内不能接触部件的温度。

（二）光电高温计

光电高温计广泛用于测量冶炼、浇铸、轧钢、玻璃融化、热处理等温度的测量，是冶金、化工、机械等工业生产过程中不可缺少的温度测量仪表之一。图 3-66 所示为 WDL 型光电高温计的工作原理。被测物体 17 发射的辐射能量由物镜 1 聚焦，通过光栏 2 和遮光板 6

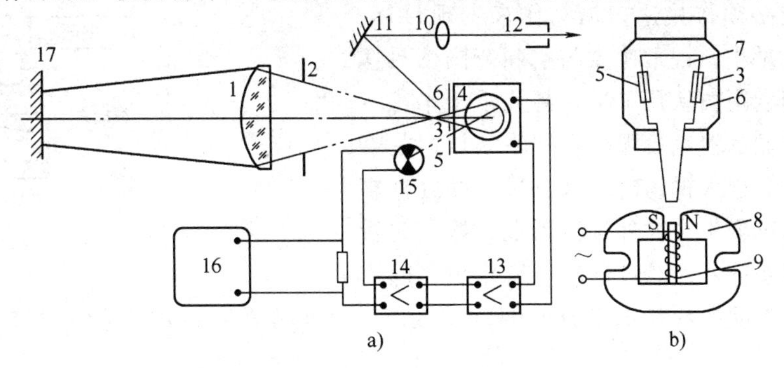

图 3-66　光电高温计工作原理

a）工作原理　b）光调制器

1—物镜　2—光栏　3、5—窗口　4—光电器件　6—遮光板　7—调制片　8—永久磁钢　9—励磁绕组　10—瞄准透镜　11—反射镜　12—观察孔　13—前置放大器　14—主放大器　15—反馈灯　16—电子电位差计　17—被测物体

上的窗口3，再透过装于遮光板内红色滤光片射到光电器件4——硅光电池上。被测物体发出的光束必须盖满窗口3，这可由瞄准透镜10、反射镜11和观察孔12所组成的瞄准系统来进行观察。

从反馈灯15发出的辐射能量通过遮光板6上的窗口，再透过上述的红色滤光片也投射到光电器件4上，在遮光板6前面放置光调制器。光调制器在励磁绕组9通以50Hz交流电，所产生的交变磁场与永久磁钢8作用而使调制片7产生50Hz的机械振动，当两辐射能量不相等时，光电器件就产生一个脉冲光电流I_1，它与这两个单色辐射能量之差成比例。脉冲光电流被送至前置放大器13和主放大器14依次放大。功放输出的直流电流I_2流过反馈灯。反馈灯的亮度取决于I_2值。当I_2的数值使反馈灯的亮度与被测物体的亮度相等时，脉冲光电流为零。电子电位差计16则用来自动指示和记录I_2的数值，其刻度为温度值。由于采用了光电负反馈，仪表的稳定性能主要取决于反馈灯的“电流-辐射强度”特性关系的稳定程度。

（三）红外雷达

红外雷达广泛应用于安防、智能家居、自动化控制、军事等领域，具有搜索、跟踪、测距等多种功能，一般采用被动式探测系统。红外雷达包括搜索装置、跟踪装置、测距装置以及数据处理与显示系统等。搜索装置的功能是全面地侦察空间以探测目标的位置并对其进行鉴别，一般来说其视场大、精度低，有的也能粗跟踪。跟踪的功能是确定目标的精确坐标方位，同时用信号驱动电动机进行精跟踪；测距，目前多采用激光技术，在精跟踪时用激光装置测量目标的距离；数据处理与显示系统是用计算机对上面三部分给出的目标方位、距离等数据进行计算，以定出目标的速度、航向，同时把风向、风速等因素考虑进去，给出提前量，把信息送到武器系统。红外雷达的精度高，一般可达几分的角精度，秒级精度也能做到。

红外雷达的搜索装置是由光学系统、位于光学系统焦点上的红外探测器、调制器、放大器及显示与控制等组成，如图3-67所示。由于远距离的目标是一个很小的点，并且在广阔的空间高速运动着，而光学系统又只有较小的视场，因此，光学系统必须作快速扫描动作来发现目标。扫描周期应尽量小，搜索速度与空间范围依具体情况而定，搜索距离从几十千米到几千千米都可以，最后通过显示器直接观察在搜索空域内是否有目标。当目标进入视场时，来自目标的红外辐射就由光学系统聚焦在红外探测器上，搜索装置会产生一个误差信号，经过逻辑电路辨识，确定真正的目标，带动高低和水平方向的电动机旋转，使搜索装置光轴连续对准目标，转入精跟踪。

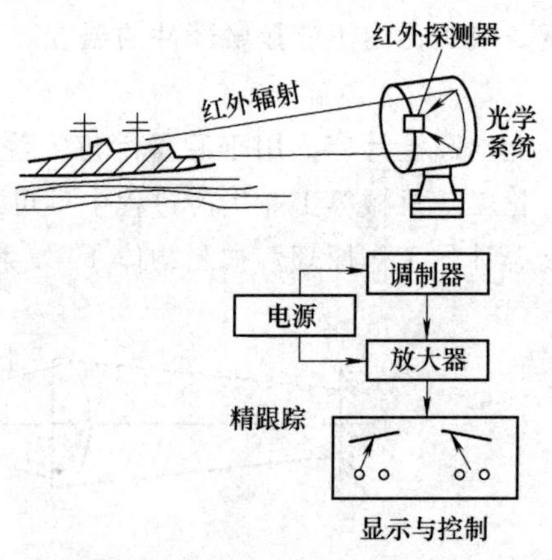

图3-67 红外雷达搜索装置

由中国科学院长春光学精密机械与物理研究所研发的一款运动红外雷达，可以在225km的距离外探测到现代飞机的红外热信号。红外探测在军事上的应用还有红外制导、红外通信、红外夜视、红外对抗等。

第十节 图像传感器

图像传感器利用光电器件的光电转换功能，将感光面上的光像转换为与光像成相应比例关系的电信号。与光电二极管、光电晶体管等“点”光源的光电器件相比，图像传感器是将其受光面上的光像，分成许多小单元，将其转换成可用的电信号的一种功能器件。图像传感器分为光导摄像管和固态图像传感器。与光导摄像管相比，固态图像传感器具有体积小、重量轻、集成度高、分辨率高、功耗低、寿命长、价格低等特点，因此在各个行业得到了广泛应用。

固态图像传感器是一种高度集成的光电传感器，在一个器件上可以完成光电信号转换、信息存储、传输和处理。固态图像传感器的核心是电荷转移器件，常用的电荷转移器件是CCD电荷耦合器件。

一、CCD电荷耦合器件的基本工作原理

（一）MOS光敏元件的结构和工作原理

CCD的基本结构是按一定规律排列的MOS（即金属-氧化物-半导体）电容器组成的阵列，其基本结构如图3-68所示。在P型或N型衬底上形成一层很薄的二氧化硅（SiO_2），再在SiO_2薄层上依次沉积金属或掺杂多晶硅形成电极，称为栅极。该栅极和P型或N型硅衬底形成规则的MOS电容阵列，再加上两端的输入及输出二极管就构成了CCD电荷耦合器件芯片。

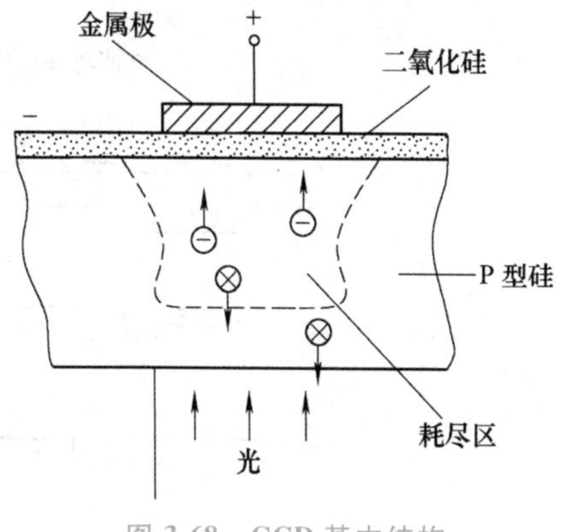

图3-68 CCD基本结构

MOS电容器和一般电容器不同的是，其下极板不是一般的导体而是半导体。假定该半导体是P型硅，其中多数载流子是空穴，少数载流子是电子。若在栅极上加正电压，衬底接地，则带正电的空穴被排斥离开硅-SiO_2界面，带负电的电子被吸引到紧靠硅-SiO_2界面。当栅极电压高到一定值时，硅-SiO_2界面就形成了对电子而言的势阱，电子一旦进入就不能离开。栅极电压越高，产生的势阱越深，从而起到了存储电荷的作用。

当器件受到光照时（光可从各电极的缝隙间经SiO_2层射入，或经衬底的薄P型硅射入），光子的能量被半导体吸收，产生光生电子-空穴对，这时光生电子被吸引并存储在势阱中。光越强，产生的光生电子-空穴对越多，势阱中收集到的电子就越多，光弱则反之。这样就把光的强弱变成与其成比例的电荷的多少，实现了光电转换。势阱中的电子处于被存储状态，即使停止光照，一定时间内也不会损失，这就实现了对光照的记忆。

（二）电荷转移原理

MOS电容器上记忆的电荷信号的输出是采用转移栅极的办法来实现的。如图3-69所示，每一个光敏元件（像素）对应有三个相邻的栅极1、2、3。所有栅极彼此之间离得很远，所有的栅极1相连并加以时钟脉冲Φ_1，所有的栅极2相连并加以时钟脉冲Φ_2，所有的栅极3相连并加以时钟脉冲Φ_3，三种时钟脉冲时序彼此交叠。三个相邻的栅极依次为高电平，将栅极1下的电荷依次吸引转移到栅极3下。持续下去，直到传送完整一行的各像素。图3-70

所示为电荷传输过程。

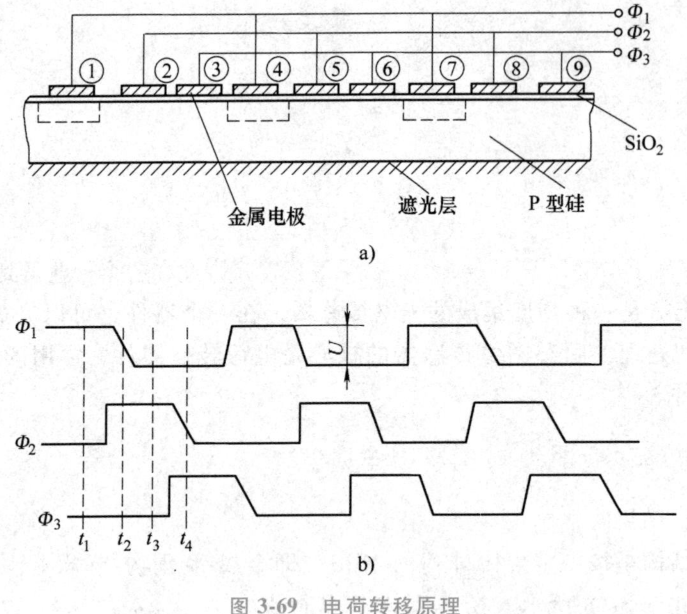

图 3-69　电荷转移原理

a）电荷转移栅极结构　b）电荷转移栅极电位变化波形

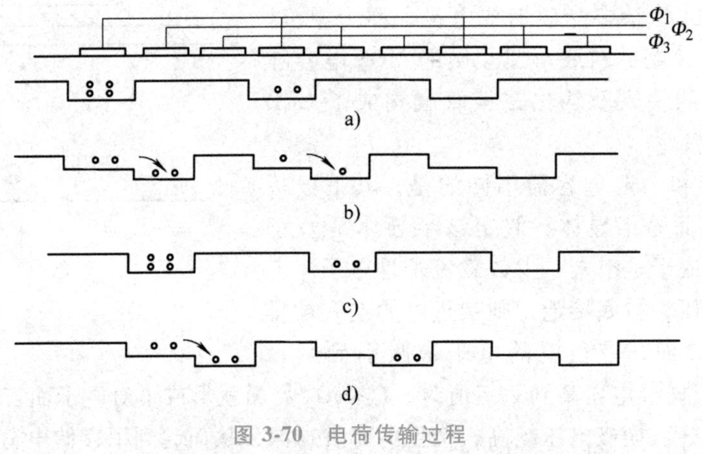

图 3-70　电荷传输过程

a）$t=t_1$　b）$t=t_2$　c）$t=t_3$　d）$t=t_4$

1）当 $t=t_1$ 时，即 $\Phi_1=U$、$\Phi_2=0$、$\Phi_3=0$，此时只有 Φ_1 极下形成势阱。如果有光照，这些势阱里就会收集到光生电荷，电荷的数量与光照成正比。

2）当 $t=t_2$ 时，即 $\Phi_1=0.5U$，$\Phi_2=U$，$\Phi_3=0$，此时 Φ_1 极下的势阱变浅，Φ_2 极下的势阱最深，Φ_3 极下没有势阱。原先在 Φ_1 极下的电荷就逐渐向 Φ_2 极下转移。

3）到 $t=t_3$ 时，Φ_1 极下的电荷向 Φ_2 极下转移完毕。

4）在 $t=t_4$ 时，Φ_2 极下的电荷向 Φ_3 极下转移。如此下去，势阱中的电荷沿着 $\Phi_1\rightarrow\Phi_2\rightarrow\Phi_3\rightarrow\Phi_1$ 方向转移。在它的末端就能依次接收到原先存储在各个 Φ 极下的光生电荷。

二、CCD 图像传感器

CCD 图像传感器有线型和面型两大类，它们各具有不同的结构和用途。

（一）线列阵图像传感器

线列阵图像传感器结构如图 3-71 所示。线列阵 CCD 是将光敏元件排列成直线的器件，由 MOS 的光敏元件阵列、转移栅、CCD 移位寄存器三部分组成。光敏单元、转移栅、CCD 移位寄存器是分三个区排列的，光敏单元与 CCD 移位寄存器一一对应，光敏单元、转移栅与移位寄存器相连。图 3-71a 所示为单排结构，用于低位数 CCD 传感器。图 3-71b 所示为双排结构，分 CCD 移位寄存器 1 和 CCD 移位寄存器 2。奇数位置上的光敏单元收到的光生电荷送到移位寄存器 1 串行输出，偶数位置上的光敏单元收到的光生电荷送到移位寄存器 2 串行输出，最后上、下输出的光生电荷合二为一，恢复光生电荷的原来顺序。显然，双排结构的图像分辨率是单排结构分辨率的 2 倍。

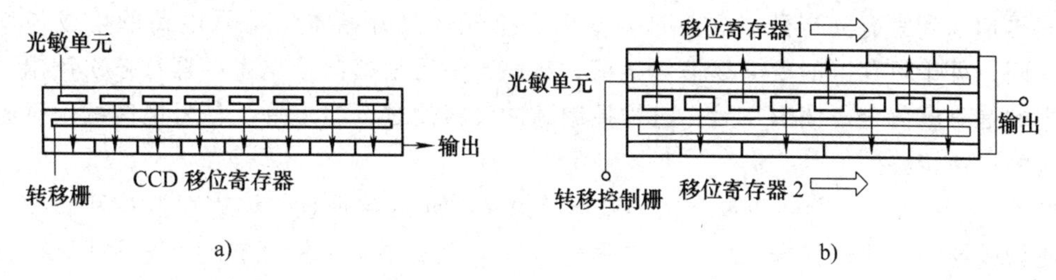

图 3-71 线列阵图像传感器结构

a）单排结构 b）双排结构

在光敏元件进行曝光（或称光积分）后产生光生电荷。在转移栅作用下，将光敏单元的光生电荷耦合到各自对应的 CCD 移位寄存器中去，这是一个并行转换过程。然后光敏元件进入下一次光积分周期，同时在时钟作用下，从 CCD 移位寄存器中依次输出各位信息直至最后一位信息为止，这是一个串行输出的过程。

从以上分析可知，线列阵图像传感器输出的信息是一个个脉冲，脉冲的幅度取决于对应光敏单元上受光的强度，而输出脉冲的频率则和驱动时钟的频率一致。因此，只要改变驱动脉冲的频率就可以改变输出脉冲的频率。

（二）面列阵图像传感器

如图 3-72 所示，面列阵图像传感器有四种基本构成方式。

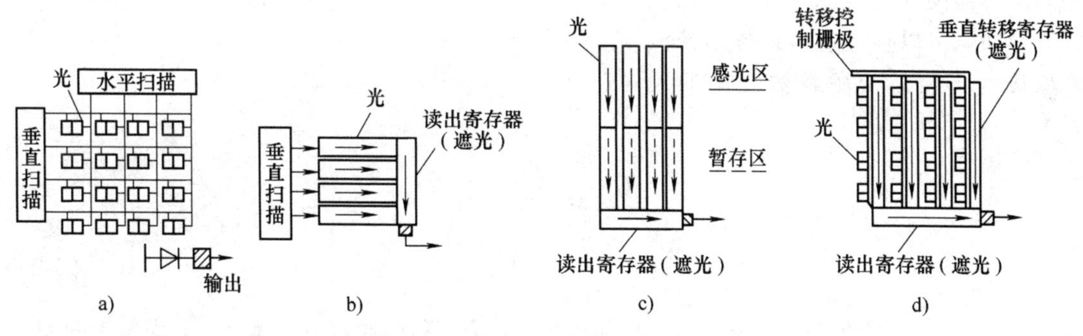

图 3-72 面列阵图像传感器的构成

a）x-y 选址 b）行选址 c）帧场传输 d）行间传输

图 3-72a 所示为 x-y 选址方式，它也是用移位寄存器对 PD 阵列进行 x-y 二维扫描，信号电荷最后经二极管总线读出。x-y 选址式面列阵图像传感器存在的问题是图像质量不是很好。

图 3-72b 是行选址方式，它是由若干个结构简单的线列阵图像传感器平行地排列起来构成的。为切换各个线列阵图像传感器的时钟脉冲，必须具备一个选址电路。同时，行选址方式的传感器，垂直方向上还必须设置一个专用读出寄存器，当某一行被选址时，就将这一行的信号电荷读至一垂直方向的读出寄存器。这样，各行间就会有不相同的延时时间，为补偿这一延时，往往需要非常复杂的电路和相关技术；另外，由于行选址方式的感光部分与电荷转移部分共用，很难避免光学拖影劣化图像画面的现象。正是由于以上两个原因，行选址方式未能得到继续发展。

如图 3-72c 所示，帧场传输方式的特点是感光区与电荷暂存区相互分离，但两区构造基本相同，并且都是用 CCD 构成的。感光区的光生信号电荷积蓄到某一定数量之后，用极短的时间迅速送到常有光屏蔽的暂存区。这时，感光区又开始本场信号电荷的生成与积蓄过程；此间，处于暂存区的上一场信号电荷，将一行一行地移向读出寄存器被依次读出，当暂存区内的信号电荷全部读出之后，时钟控制脉冲又将使之开始下一场信号电荷的由感光区向暂存区的迅速转移。

如图 3-72d 所示，行间传输方式的基本特点是感光区与垂直转移寄存器相互邻接，这样可以使帧或场的转移过程合二为一。在垂直转移寄存器中，上一场在每个水平回扫周期内，将沿垂直转移信道前进一级，此间，感光区正在进行光生信号电荷的生成与积蓄过程。若使垂直转移寄存器的每个单元对应两个像素，则可以实现隔行扫描。

三、图像传感器的应用

CCD 图像传感器直接将图像转化为电荷信号，以实现图像的存储、处理和显示，因此其应用领域极为广泛，涉及航空航天、机械、电子、医疗、纺织、钢铁等行业，最近几年广泛应用于手机、个人计算机和 PDA 小型装置中。

（一）尺寸测量

图 3-73 所示为用线列阵图像传感器测量物体尺寸的基本原理。

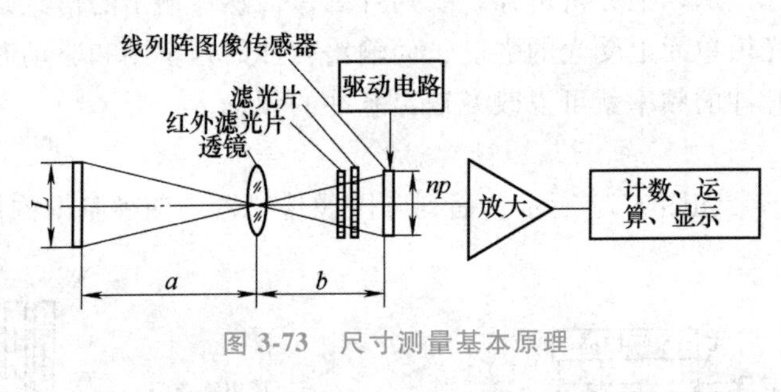

图 3-73　尺寸测量基本原理

当所用光源含红外光时，可在透镜与传感器间加红外滤光片。利用几何光学知识可以很容易地推导出被测对象长度 L 与系统各参数之间的关系为

$$L=\frac{1}{M}np$$

$$=\left(\frac{a}{f}-1\right)np \tag{3-29}$$

式中，f 为所用透镜焦距；a 为物距；M 为倍率；n 为现行传感器的像素数；p 为像素间距。

若选定透镜（即 f 和视场 l_1 已知）并且已知物距为 a，那么所需传感器的长度（被测参数在传感器中反映出的长度）l_2 可由下式求出：

$$l_2=\frac{f}{a-f}l_1 \tag{3-30}$$

则有

$$\frac{l_1}{l_2}=\frac{a}{f}-1$$

代入式（3-29）得

$$L=\frac{l_1}{l_2}np$$

测量精度取决于传感器像素数与透镜视场的比值。为提高测量精度应当选用像素多的传感器，并且应当尽量缩窄视场。因为固态图像传感器所感知的光像之光强，是被测对象与背景光强之差，因此，就具体测量技术而言，测量精度还与两者比较基准值的选定有关。

（二）英国 IPL 公司的 ORBIS 测量仪

ORBIS 测量仪由测头、计算机信号处理装置和显示器三个主要部分组成。测头的光路如图 3-74 所示，光源 1 所发出的光反射到平行光透镜 2 后变成平行光。当轧件 3 穿过中间空腔的测头时，挡住了一部分平行光。摄像机检测到被遮挡的光束之后，将信号送至计算机，转换成轧件尺寸的数据，然后送至显示器上进行实测数据的数字显示和图形显示。为了能够测量不同方位上的轧件尺寸，ORBIS 测头以 100r/min 的速度绕其中心旋转。每隔 2°进行 1 次测量，将测得的最大、最小尺寸和其他任意四个部位的尺寸（如圆钢的垂直尺寸、水平尺寸及两个肩部尺寸）在显示器上显示出来，且测头每转半圈刷新一次显示内容。这种测头的优点是，除了可以测量任意方位的轧件尺寸，还可以根据轧件肩部尺寸出现的方位来判断轧件在出成品机架到测量仪之间的扭转。

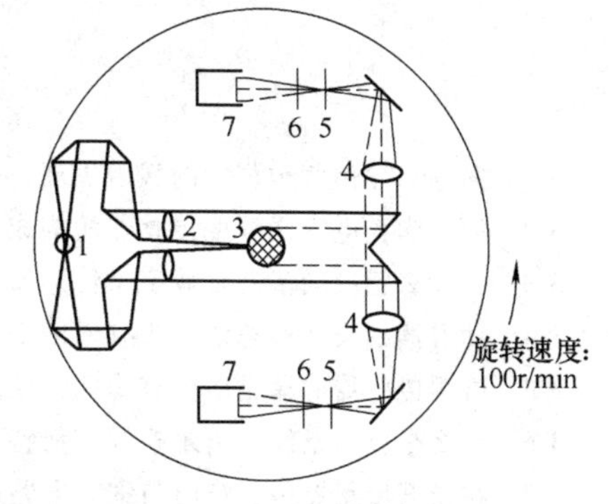

图 3-74　ORBIS 测量仪测头的光路

1—光源　2—平行光透镜　3—轧件　4—物镜　5—光栏　6—滤光器　7—摄像机

（三）计算机视觉三维测试

计算机视觉技术具有非接触、速度快、精度适中、可在线测量等特点，目前已被广泛应用于航空航天、生物医疗、物体识别，工业自动化检测等领域，特别是用于对大型物体及表面形状复杂物体的形貌测量。汽车车身的检测就是一个典型的实例。

图 3-75 所示为应用激光三角法测量汽车车身曲面装置的原理。该装置实质上是一个以 CCD 为核心器件的三维测试系统。

采用以激光三角法为基础的激光等距测量，其基本思路是：控制非接触光电测头与被测曲面保持恒定的距离对曲面进行扫描，这样测头的扫描轨迹就是被测曲面的形状。为了实现这种等距测量，系统采用两束等波长激光，每束激光经聚焦准直系统后，与水平面成一个 θ 角被对称地反射到被测曲面上。当两束激光在被测曲面上形成的光相重合并

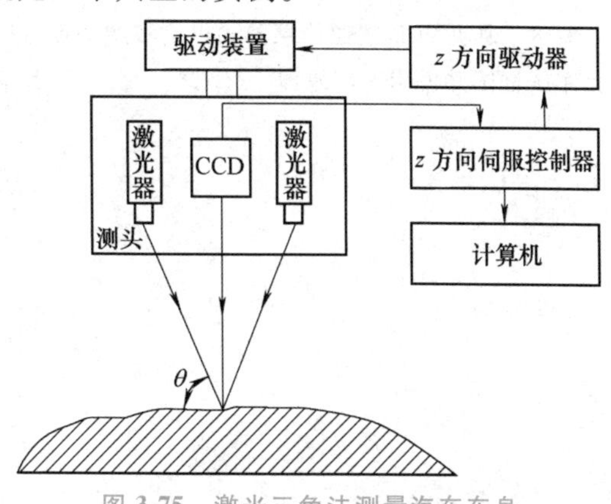

图 3-75　激光三角法测量汽车车身曲面装置的原理

通过 CCD 传感器轴线时，CCD 中心像元将监测到成像信号并输出到控制计算机。光电测头安装在一个能在 z 方向随动的由计算机控制伺服的机构上，伺服控制系统会根据 CCD 传感器的信号输出控制伺服机构带动测头作方向随动，以确保测头与被测曲面在 z 方向始终保持一个恒定的高度。测量系统采用半导体激光器做光源，线列阵 CCD 做光电接收器件，配以高精密导轨装置，对图像进行处理及曲面最优拟合，使系统的合成标准不确定度达到 0.1mm。

随着社会的进步，对新型传感器的需求越来越多；随着科学技术的进步，新型传感器的种类越来越多，质量越来越好。在这里，所有的新型传感器并不能全部涉及，大家可以通过阅读材料了解智能手机上的七大传感器。

智能手机上的七大传感器

习题与思考题

3-1　简述半导体气敏材料的气敏机理，并说明大多数气敏元件都附有加热器的原因。

3-2　简述陶瓷电容式湿度传感器的构成及工作原理。

3-3　为什么感应同步器是数字量传感器？简述感应同步器的特点。

3-4　动态读磁头与静态读磁头有何区别？

3-5　磁栅传感器的输出信号有哪几种处理方法，区别何在？

3-6　什么是莫尔条纹？莫尔条纹有何特点？

3-7　在光栅传感器中，辨向与细分电路的作用是什么？

3-8　光电效应有哪几种？与之对应的光电器件各有哪些？

3-9　光电传感器由哪些部分组成？被测量可以影响光电传感器的哪些部分？

3-10　试设计一种用光电传感器测转速的测试系统，画出原理结构简图，并说明其工作原理。

3-11　简述光纤的结构和传光原理。

3-12　光纤传感器有哪几类？有何区别？

3-13　简述光纤传感器常用的调制方式。

3-14　超声波在介质中传播有什么特点？

3-15　超声波传感器有哪些结构类型？

3-16　举例说明超声波测流量和超声波探伤的工作原理。

3-17　试比较热探测器和光子探测器的优缺点。

3-18　说明 CCD 图像传感器输出信号的特点。拟定一个用 CCD 图像传感器测量小孔直径的检测系统，画出系统框图并说明工作原理。

第四章

信号的转换与调理

在许多检测技术的应用场合，因为传感器输出的信号比较弱，且波形不适当，加上大多数传感器具有较高的输出阻抗，没有直接适用的输出电压范围，再加上环境条件因素的影响，还包括了工频、静电和电磁耦合等共模干扰，所以通常不能直接用于工业系统的状态显示和控制。因此，传感器输出的信号通常需要放大器或有关器件进行缓冲、隔离、放大、电平转换、电压-电流转换及电流-电压转换、频率-电压转换等处理，使之适于显示或控制。信号调理电路就是对传感器的输出信号施行一定预处理的装置。

第一节　信号的放大与隔离

根据传感器输出信号的特点可知，对传感器输出的信号需要进行放大与隔离，并且要求放大电路具有很好的共模抑制比以及高增益、低噪声和高输入阻抗。这些电路通常要用到集成运算放大器。习惯上，将具有这样特点的运算放大器称为测量放大器或仪用放大器。

本章主要介绍测量系统中由集成运算放大器组成的一些典型放大器。

一、测量放大器

在典型的工业环境中，传感器到放大器的距离有时在3m以上，为了测量由远距离处的传感器输送的低电平信号，采用的放大器就应有足够的共模抑制比、电压增益、输入阻抗和稳定性。干扰主要包括工频、静电和电磁耦合干扰。同时对两条或两条以上信号线的电压耦合被称为共模干扰。在仪器应用中，这些信号线即为运算放大器的同相和反相输入端的输入引线。运算放大器的差模增益和共模增益之比定义为运算放大器的共模抑制比（ComMon-Mode Rejection Ratio，CMRR）。

共模信号和差模信号是指差动放大器双端输入时的输入信号。

共模信号：双端输入时，两个信号同相。

差模信号：双端输入时，两个信号的相位相差180°。

任何两个信号都可以分解为共模信号和差模信号。

设两路的输入信号分别为x_1、x_2，c、d分别为输入信号x_1、x_2的共模信号成分和差模信号成分。则共模信号为$c=(x_1+x_2)/2$，差模信号为$d=(x_1-x_2)/2$。输入信号x_1、x_2可分别表示为$x_1=c+d$和$x_2=c-d$。

传感器输出的信号往往很微弱，而且伴随有很大的共模电压（包括干扰电压），一般对于这种信号需要采用测量放大器或仪用放大器。

（一）三运算放大器测量放大器

图 4-1 所示为并联差动输入测量放大器。由于该放大器结构简单、性能较完善，因此广泛应用在仪器仪表和测控系统中。

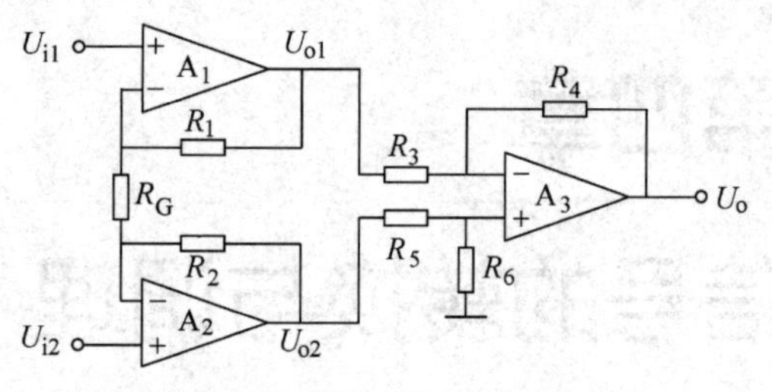

图 4-1　并联差动输入测量放大器

图 4-1 所示电路中，输入级由两个同相放大器并联构成。设同相放大器的输入阻抗为 r_{in+}，则差动输入阻抗 $r_{ind}=2r_{in+}$，共模输入阻抗 $r_{inc}=r_{in+}/2$。

因为运算放大器输入阻抗高，设运算放大器两输入端的电压相等，所以有

$$\frac{U_{i1}-U_{i2}}{R_G}=\frac{U_{o1}-U_{o2}}{R_1+R_G+R_2} \tag{4-1}$$

即

$$U_{o1}-U_{o2}=\frac{R_1+R_G+R_2}{R_G}(U_{i1}-U_{i2}) \tag{4-2}$$

代入式（4-1），可得放大器前级的差模增益 A_{VD1} 和共模增益 A_{VC1} 分别为

$$A_{VD1}=\frac{R_1+R_G+R_2}{R_G} \tag{4-3}$$

$$A_{VC1}=0 \tag{4-4}$$

由式（4-4）可以看出，前级电路不需要匹配电阻，理论上放大器的共模抑制比为无穷大。但这是双端输出的情况，对后级电路而言，共模信号是按系数为 1 的比例由第一级传输到第二级：$U_{i1}=U_{i2}=U_{ic}$，则 $U_{o1}=U_{o2}=U_{ic}$。所以，三运算放大器总的差模增益 A_{VD} 为（$R_3=R_5$，$R_4=R_6$）

$$A_{VD}=\frac{R_1+R_G+R_2}{R_G}\,\frac{R_4}{R_3}=\frac{R_4}{R_3}\left(1+\frac{R_1}{R_G}+\frac{R_2}{R_G}\right) \tag{4-5}$$

由式（4-5）可以看出，改变 R_G 可以在不影响共模增益的情况下改变三运算放大器测量放大器的差模增益。

三运算放大器测量放大器的共模增益表达式与基本差动放大器相同，即

$$A_{VC}=\frac{R_6}{R_5+R_6}\,\frac{R_3+R_4}{R_3}-\frac{R_4}{R_3} \tag{4-6}$$

因此，三运算放大器测量放大器的共模抑制比在运算放大器性能对称（输入阻抗和电压增益对称）的情况下，要比基本差动放大器高，温漂将大大减小。

目前，测量放大器已经模块化，已经作为一种精密的差分电压增益器件使用，在传感器接口和计算机数据采集系统的接口电路中，是一种非常重要的接口部件。

（二）集成测量放大器

上述内容从原理角度介绍了测量放大器。在实际应用中，电阻的误差及温漂会造成增益不准和共模抑制比的降低。此外，集成运算放大器的输入失调电压会造成整个仪用放大器的失调，并降低放大器的参数对称性和共模抑制比。如果采用电位器调节电路的对称性和增益，则电路中需用多只电位器，且电位器的漂移也是一个需要克服的问题。这样的电路体积大、调节复杂，在传感器中作为前置放大器时，或在批量生产的调试时，都带来了工艺的不

便。而在集成器件中，采用高精度内置电阻解决了这些问题。

现以INA114集成测量放大器为例说明集成测量放大器的工作原理。

INA114是一种通用测量放大器，尺寸小，精度高，价格便宜。图4-2所示为INA114的内部结构。

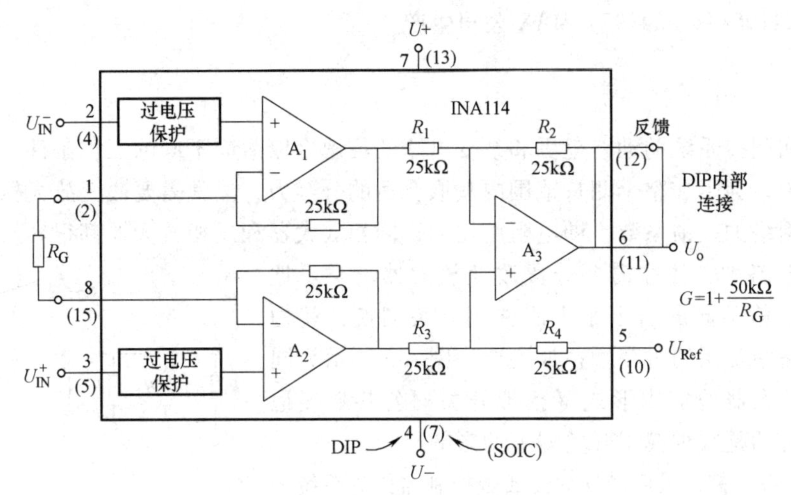

图4-2 INA114的内部结构

从图4-2可以看到：$R_1=R_2=R_3=R_4=25\text{k}\Omega$，所以，INA114的输出为

$$U_o=-\left(1+\frac{50\text{k}\Omega}{R_G}\right)(U_{IN}^{-}-U_{IN}^{+})+U_{Ref}$$

应当注意的是，由于电路存在共模电压，应当选用共模抑制比较高的集成运算放大器，才能保证一定的运算精度。差分式放大电路除了可作为减法运算单元外，也可用于自动检测仪器中。性能更好的差分式放大电路可用多只集成运算放大器来实现。

INA114的引脚图如图4-3所示，典型应用电路如图4-4所示。

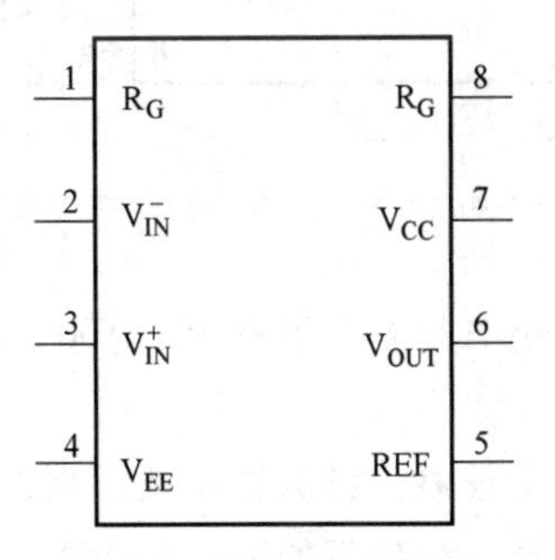

图4-3 INA114引脚图

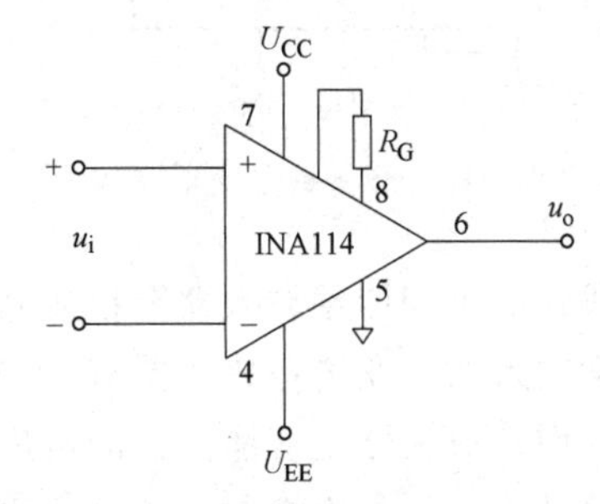

图4-4 INA114典型应用电路

INA114是一种通用仪用放大器，可用于电桥、热电偶、数据采集和医疗仪器等。INA114只需一个外部电阻即可设置1~10000之间的任意增益值，内部输入保护能够长期耐受±40V，失调电压低（50μV），温度漂移小（0.25μV/℃），共模抑制比高（$A_V=1000$时为50dB）；工作电源范围为±(2.25~18)V，使用电池(组)或5V单电源系统，静态电流最大为3mA；输入电压范围为−40~+40V；当$A_V=1000$时，频带宽度为1kHz，而当$A_V=1$时，频带宽度为1MHz。

集成测量放大器种类繁多，除了 INA114 以外，还有一些各具特色的仪用放大器。典型的集成电路芯片有：

1）AD521、AD522、AD612、AD620、AD623：AD 公司生产。

2）INA114/118：BB 公司生产的高精度仪用放大器。

3）MAX4195/4196/4197：MAX 公司生产。

二、程控增益放大器

为了增加测控系统的动态范围和改变电路的灵敏度以适应不同的工作条件，特别是在通用测量仪器中，为了在整个测量范围内获取合适的分辨力，经常需要改变放大器的增益。通过改变反馈网络的反馈系数，即电阻的比例，同相放大器和反相放大器都很容易改变增益。

在实际电路中，往往需要分段改变放大器增益。把电位器换成阻值不同的若干个电阻并用开关切换，就构成了实际电路中常用的可变增益放大器。图 4-5 所示为同相可变增益放大器的实用形式（模拟开关的公共端接地或输出端，目的是减少模拟开关漏电的影响）。

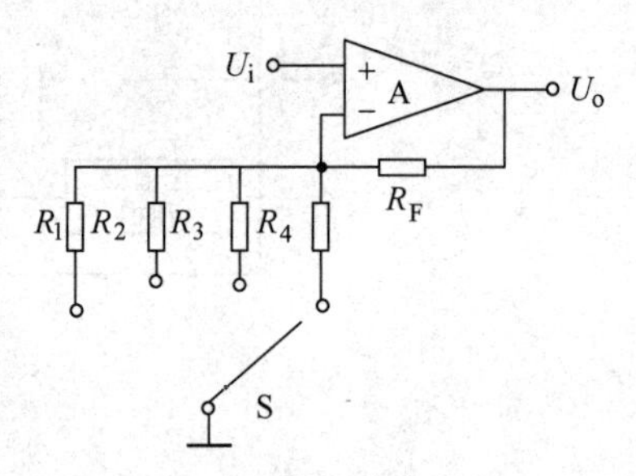

图 4-5 同相可变增益放大器的实用形式

现代测控系统都是采用微处理器或微控制器作为系统的控制核心，因而可变增益放大器总是采用数控放大器的形式。用模拟开关、数字电位器代替图 4-5 中可变电阻或波段开关，可得到数控增益放大器，如图 4-6、图 4-7 所示。

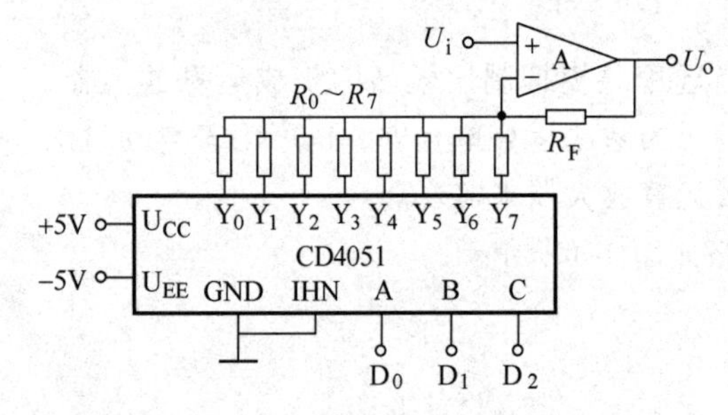

图 4-6 采用模拟开关的可变增益放大器

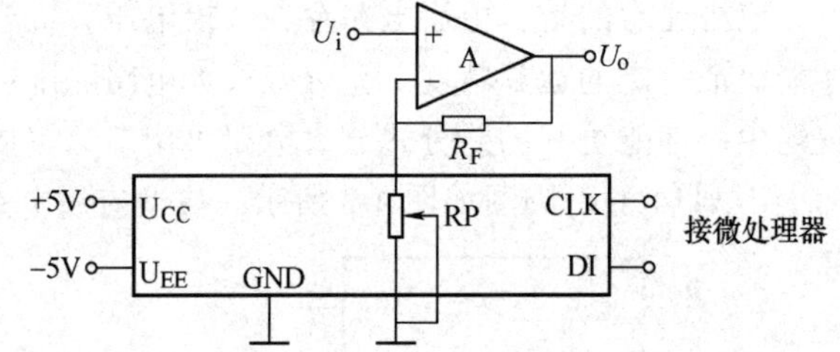

图 4-7 采用数字电位器的可变增益放大器

集成化的可变增益放大器有很多品种。单端输入的可变增益放大器有 PGA100、PGA103 等；差动输入的可变增益放大器有 PGA204、PGA205 等。

程控增益放大器是智能仪器的常用部件之一。在智能仪器中，可变增益放大器的增益由仪器内置计算机的程序控制，这种由程序控制增益的放大器，称为程控增益放大器，其原理框图如图 4-8 所示。

程控增益（Instrument Amplifier，IA）的增益由使用者对每个通道输入信号大小预先作出估计，编成代码存入计算机。通道切换时，由计算机将相应的增益代码送入程控增益，即可得到预期结果。增益调控放大器如图 4-9 所示。

图 4-10 所示为单片集成程控增益放大器 LH0084 的原理图。它是由可变增益输入级、输出级、译码器和开关驱动器以及电阻网等组成。它是由测量放大器构成，是一种通用性很强的放大器，不仅增益可由程序控制，而且具有输入阻抗高、失调电压小、共模抑制比高、速

度快、增益准确度高、非线性小等优点。值得注意的是：在使用时，为了保证电路正常工作，必须满足 $R_2=R_3$，$R_4=R_5$，$R_6=R_7$。

控制信号 D_1D_0 通过控制逻辑驱动模拟开关，切换运算放大器反馈电阻。开关网络的数字输入由 D_0 和 D_1 的状态决定，经译码后可有四种状态输出，分别控制四组双向开关，从而实现对输入级增益 G_U（1）的控制。LH0084 程控增益放大器增益控制关系见表 4-1。通过选择 R_1、R_1+R_2 或 $R_1+R_2+R_4$ 作为反馈电阻，来确定输出级的增益。程控增益放大器总的增益为

$$G_U=G_U(1)G_2(2) \tag{4-7}$$

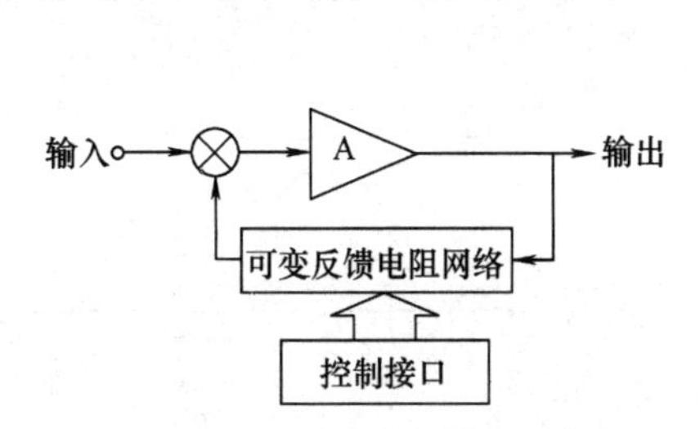

图 4-8 程控增益放大器原理框图

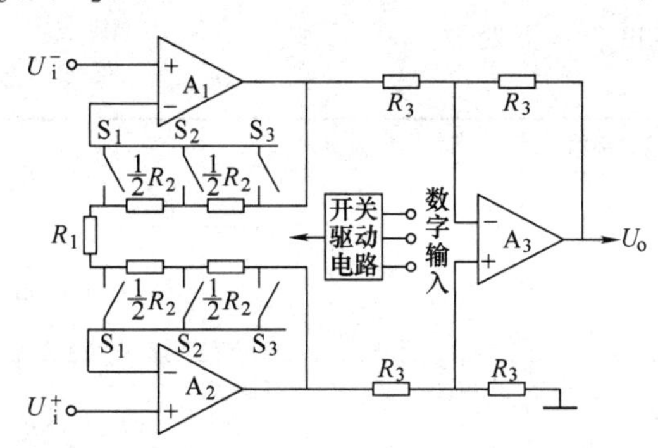

图 4-9 增益调控放大器

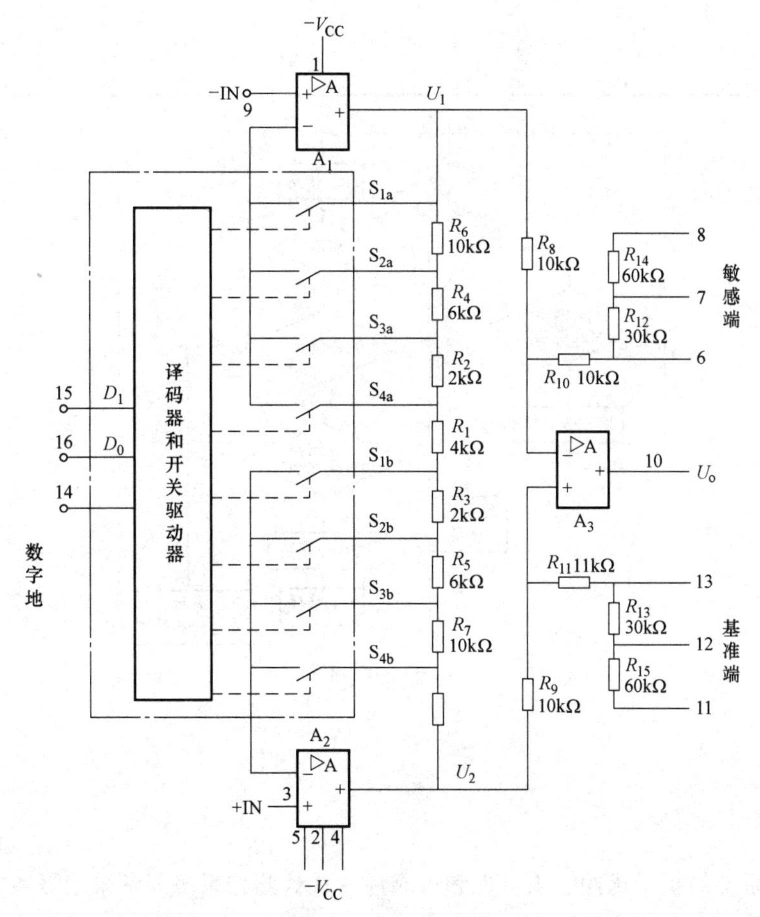

图 4-10 单片集成程控增益放大器 LH0084 的原理图

值得注意的是：当被测参数动态范围比较宽时，为了提高测量精度，必须进行量程切换。程控增益放大器的量程由程序控制进行自动切换。图 4-11 所示为量程自动切换程序框图。首先对被测信号进行检测，并进行 A/D 转换，然后判断是否超值。若超值，判断这时 PGA 的增益是否为最高档，若是，则转至超量程处理；否则，则把 PGA 的增益降一档，再重复前面的处理。若不超值，便判断最高位是否为零，如果是零，则再查增益是否为最高档，若不是最高档，将增益升高一级，再进行 A/D 转换及判断是否超值；如果最高不是零或 PGA 已经升到最高档，则说明量程已经切换到最合适档，可对所测得的数据再进一步处理。

表 4-1　LH0084 程控增益放大器增益控制关系表

数字输入		输入级增益	端子连接	输出级增益	总增益 G_U
D_1	D_0	$G_U(1)$		$G_U(2)$	
0	0	1	6-10,13-地	1	1
0	1	2			2
1	0	5			5
1	1	10			10
0	0	1	7-10,12-地	4	4
0	1	2			8
1	0	5			20
1	1	10			40
0	0	1	8-10,11-地	10	10
0	1	2			20
1	0	5			50
1	1	10			100

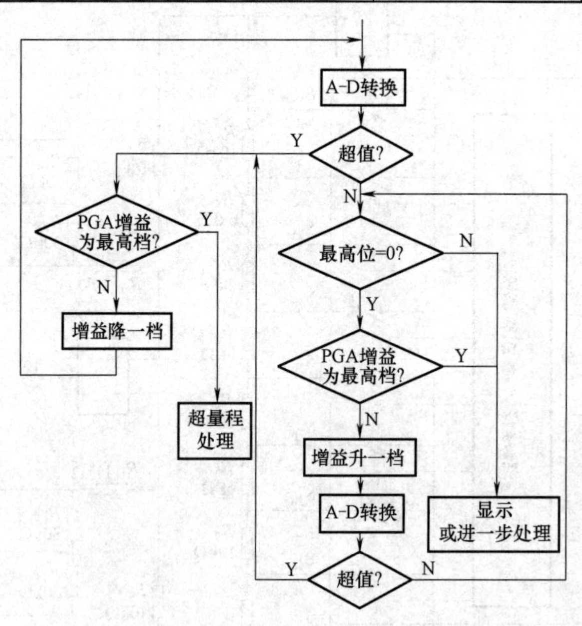

图 4-11　量程自动切换程序框图

三、隔离放大器

为了提高系统的抗干扰性、安全性和可靠性，现代测控系统经常采用隔离放大器。所谓隔离放大器，是指前级放大器与后级放大器之间没有电的联系，而是利用光或磁来耦合信号。目前一般采用变压器或光耦合器传递信号。

（一）光耦合器件

目前应用较多的是利用光来耦合信号。用光来耦合信号的器件叫光耦合器，其内部有作为光源的发光二极管和作为光接收的光电二极管或光电晶体管。图 4-12 所示为常见的几种光耦合器的内部电路。

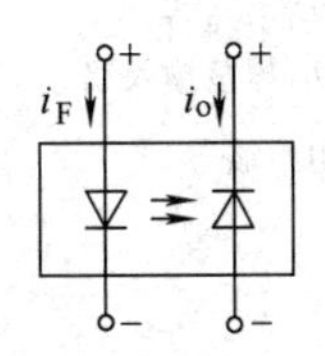
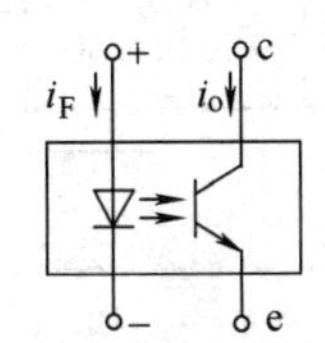
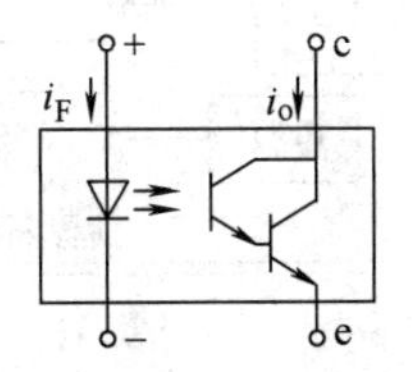
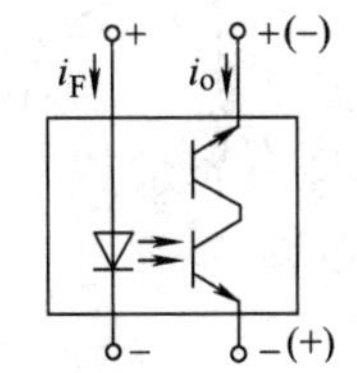

图 4-12 常见光耦合器的内部电路

图 4-13 所示为采用光耦合器的光电隔离放大器。前级电路把输入电压信号转换成与之成正比的电流信号，经光耦合器耦合到后级，光耦合器中的硅光电晶体管输出电流信号，运算放大器 A_2 把电流信号转换成电压信号。图中使用晶体管 VT 补偿光耦合器的非线性。即便如此，在要求较高时仍然难以消除由于光耦合器造成的非线性。原因之一是晶体管的非线性与光耦合器的非线性并不完全一致。

图 4-14 所示的电路采用两个光耦合器，这样可得到较高的线性。

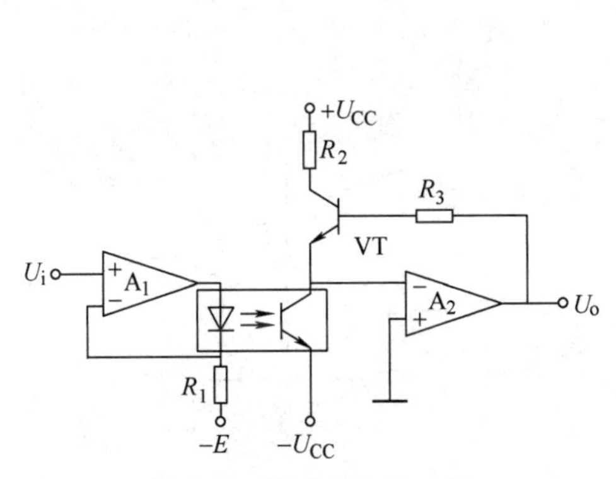

图 4-13 光电隔离放大器

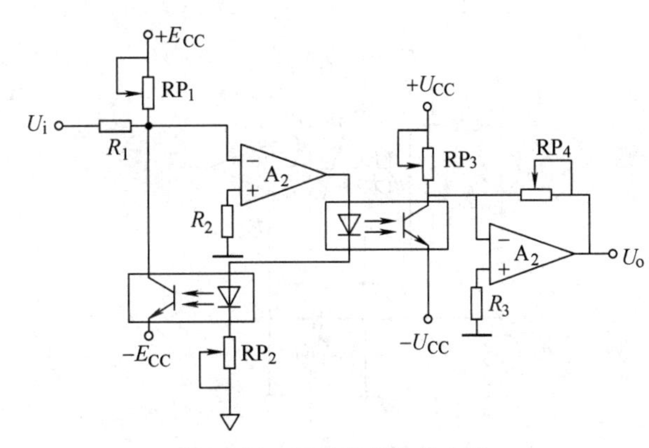

图 4-14 线性光耦合放大器

光耦合器中的发光二极管的工作电流极限值通常为 30mA，超过发光二极管的电流极限值将导致光耦合器的损坏，因而光电隔离放大器的设计主要是设置光耦合器的工作电流。

选用集成化的光电隔离放大器，可以提高测控系统的可靠性及其他性能。集成化的隔离放大器把光耦合器和前级差动放大器、后级缓冲输出放大器全部集成在一个芯片上。有的甚至还把隔离电源也集成到芯片上。采用集成化的光电隔离放大器可以大幅度地提高电路的性能。

隔离放大器作用是对模拟信号进行隔离，并按照一定的比例放大。在隔离、放大的过程中要保证输出的信号失真要小，线性度、精度、带宽、隔离耐压等参数都要达到使用要求。对被测对象和数据采集系统予以隔离，从而可以提高共模抑制比，保护电子仪器设备和人身安全。

（二）变压器耦合器件

图 4-15 所示为 284 型隔离放大器的电路结构。

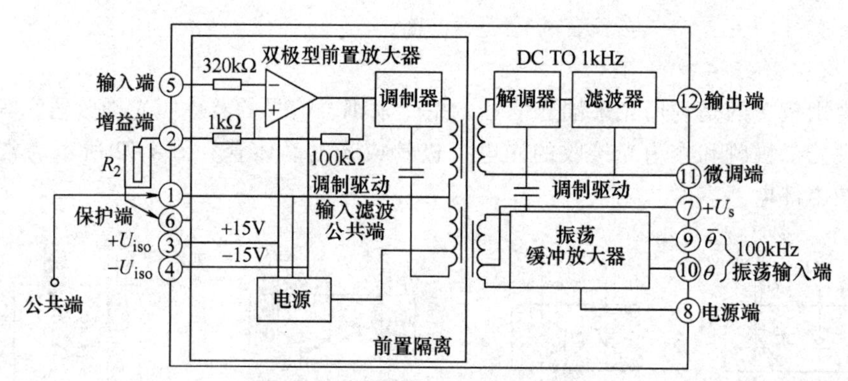

图 4-15　284 型隔离放大器的电路结构

284 型隔离放大器为提高微电流和低频信号的测量精度，减小漂移，其电路采用调制式放大，其内部分为输入、输出和电源三个彼此相互隔离的部分，并由低泄漏高频载波变压器耦合在一起。通过变压器的耦合，将电源电压送入输入电路并将信号从输出电路送出。输入部分包括双极型前置放大器、调制器；输出部分包括解调器和滤波器，一般在滤波器后还有缓冲放大器。

隔离放大器由输入放大器、输出放大器、隔离器以及隔离电源等几部分组成，如图 4-16 所示。图 4-17 所示为隔离放大器的图形符号。

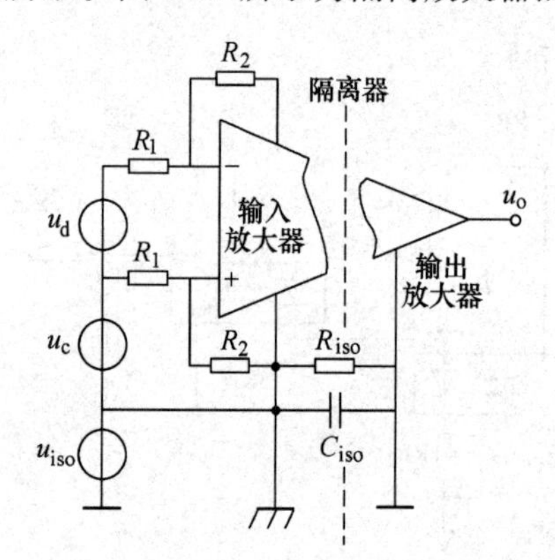

图 4-16　隔离放大器的基本组成

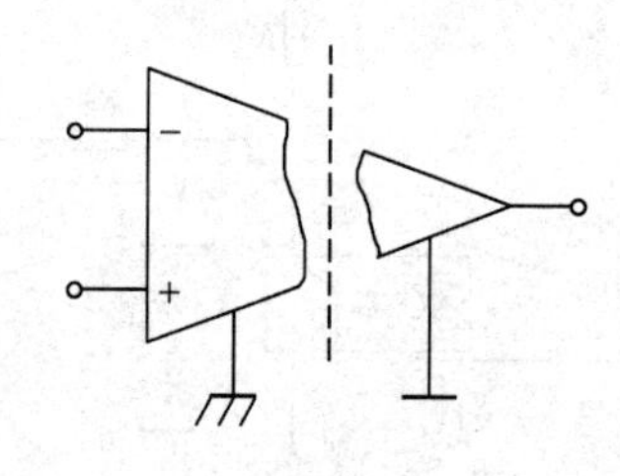

图 4-17　隔离放大器的图形符号

由于隔离放大器采用浮置式（浮置电源、浮置放大器输入端）设计，输入、输出端相互隔离，不存在公共地线的干扰，因此具有极高的共模抑制能力，能对信号进行安全准确的放大，可有效防止高压信号对低压测试系统造成的破坏。

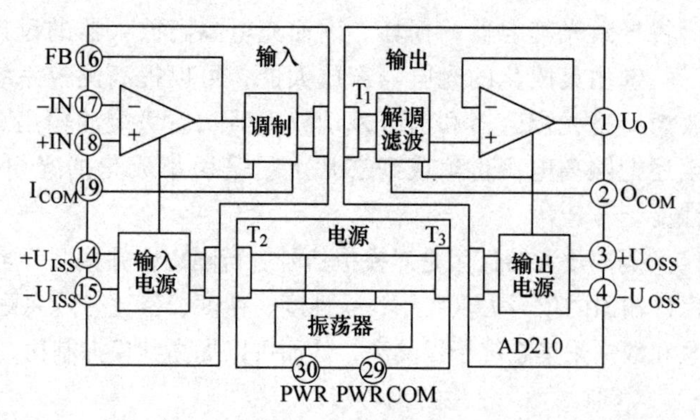

图 4-18　AD210 功能框图

隔离放大器结构主要采用电磁（变压器、电容器）耦合和光耦合。例如，采用变压器耦合的 AD210 隔离放大器，其功能框图如图 4-18 所示。

AD210 是三端口、宽带宽隔离放

大器，具有完整的隔离功能，通过模块内部的变压器耦合提供信号隔离和电源隔离。采用+15V单电源供电；与光耦合隔离器件不同，它无须外部DC/DC转换器。其三端口设计结构使该器件可以用作输入或输出隔离器，适合单通道或多通道应用。AD210提供高精度和完整的电流隔离，中断接地回路和泄漏路径，并抑制共模电压和噪声，从而防止测量精度降低。此外，AD210可提供故障保护，防止测量系统的其他部分受到损害。

AD210的特性如下：

1）高共模电压隔离：2500V（方均根值、连续）。

2）±3500V（峰值、连续）。

3）三端口隔离：输入、输出、电源。

4）低非线性度：±0.012%（最大值）。

5）宽带宽：20kHz全功率带宽（−3dB）。

AD210的技术指标如下：

1）低增益漂移：$\pm25\times10^{-6}$/℃（最大值）。

2）高共模抑制：120dB（G=100V/V）。

3）隔离电源：±15V（±5mA）。

4）非专用输入放大器。

AD210精密宽带三端隔离放大器采用变压器耦合，信号由变压器T_1耦合至输出端，全功率信号带宽高达20kHz。其内部包含了DC/DC电源变换模块，只需外部提供单个+15V直流电源至PWR及PWR COM引脚，即可产生隔离放大器内部所需的输入及输出侧电源。并且内部产生的输入及输出侧电源可以引出供其他电路使用，使用方便。

第二节 调制与解调

对应于信号的三要素，即幅值、频率和相位，根据载波的幅值、频率和相位随调制信号而变化的过程，调制可以分为调幅、调频和调相。其波形分别称为调幅波、调频波和调相波，如图4-19所示。

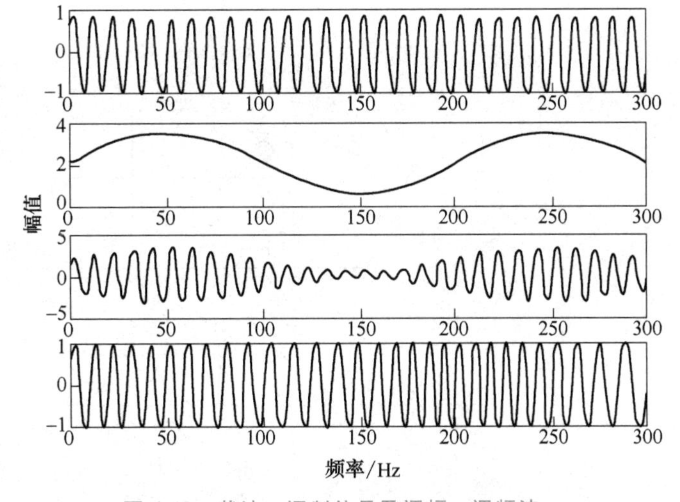

图4-19 载波、调制信号及调幅、调频波

一、调幅与解调

调幅是将一个高频简谐信号（载波）与测试信号（调制信号）相乘，使高频信号的幅值随测试信号的变化而变化。现以频率为f_0的余弦信号作为载波进行讨论。

若以高频余弦信号作为载波，把信号$x(t)$和载波信号相乘，其结果就相当于把原信号的频谱图形由原点平移至载波频率f_0处，其幅值减半，如图4-20所示。所以调幅过程就相当于频谱“搬移”过程。

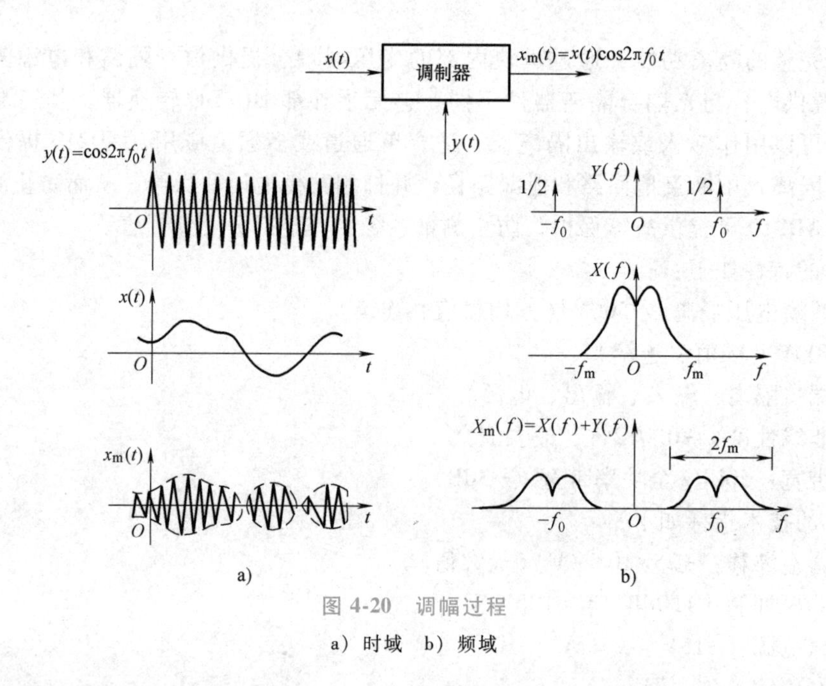

图 4-20　调幅过程

a）时域　b）频域

若把调幅波再次与原载波信号相乘，则频域图形将进行二次“搬移”，其结果如图 4-21 所示。若用一个低通滤波器滤去中心频率为 $2f_0$ 的高频成分，那么将可以复现原信号的频谱（只是其幅值减小为一半，这可用放大处理来补偿），这一过程称为同步解调。“同步”指解调时所乘的信号与调制时的载波信号具有相同的频率和相位。用等式表示为

$$x(t)\cos 2\pi f_0 t\cos 2\pi f_0 t=\frac{x(t)}{2}+\frac{1}{2}x(t)\cos 4\pi f_0 t \tag{4-8}$$

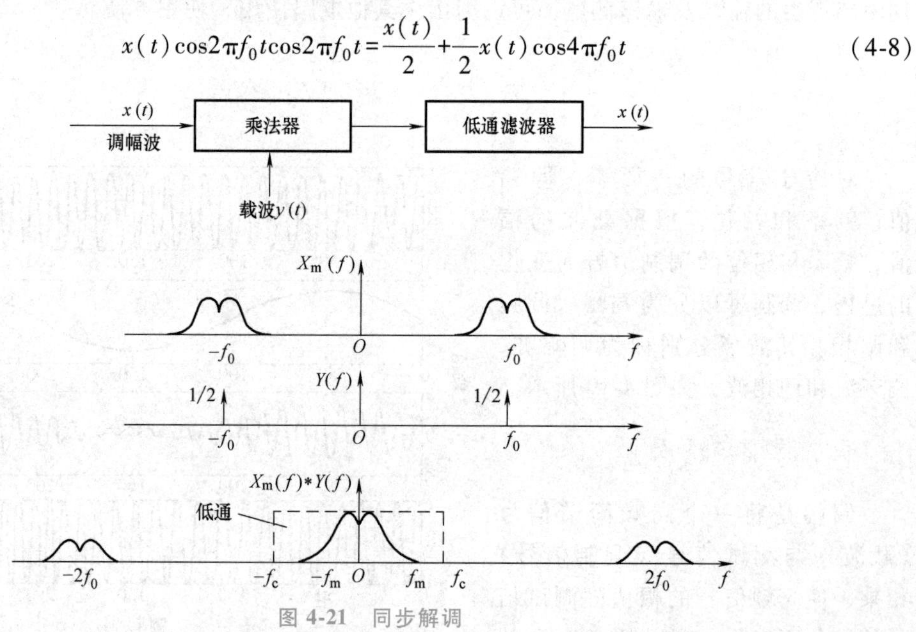

图 4-21　同步解调

由此可见，调幅的目的是使缓变信号便于放大和传输，解调的目的则是为了恢复原信号。广播电台把声音信号调制到某一频段，既便于放大和传送，也可避免各电台之间的干扰。在测试工作中，也常用调制-解调技术在一根导线中传输多路信号。

从调幅原理（见图 4-20）可见，载波频率 f_0 必须高于原信号中的最高频率 f_m 才能使已

调波仍保持原信号的频谱图形，不致重叠。为了减小放大电路可能引起的失真，信号的频宽（$2f_m$）相对中心频率（载波频率 f_0）应越小越好。实际载波频率应至少数倍甚至数十倍于调制信号。

幅值调制装置实质上是一个乘法器，现在已有性能良好的线性乘法器组件。霍尔元件也是一种乘法器。交流电桥在本质上也是一个乘法装置，若以高频振荡电源供给电桥，则输出（u_y）为调幅波。

低通滤波器是将频率高于 f_0 的高频信号滤去，即上述等式中的 $2f_0$ 部分滤去。

最常见的解调方法是整流检波和相敏检波。若把调制信号进行偏置，叠加一个直流分量，使偏置后的信号都具有正电压，那么调幅波的包络线将具有原调制信号的形状，如图4-22a所示。把该调幅波进行简单的半波或全波整流、滤波，并减去所加的偏置电压就可以恢复原调制信号。这种方法又称作包络分析。

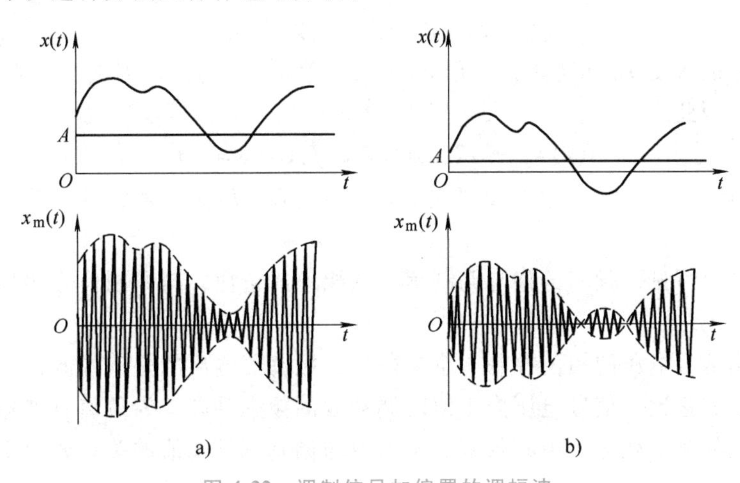

图 4-22 调制信号加偏置的调幅波

a）偏置电压足够大 b）偏置电压不足

若所加的偏置电压未能使信号电压都为正，则从图4-22b可以看出，只用简单的整流是不能恢复原调制信号的，这时需要采用相敏检波方法。图4-23所示为应变仪电路中常用的环形相敏检波器电路。

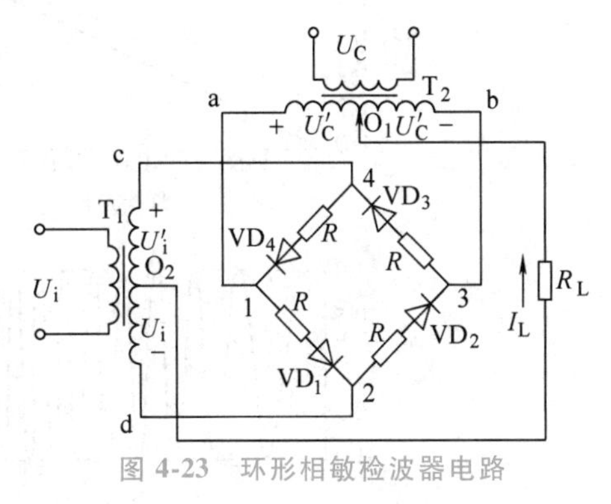

图 4-23 环形相敏检波器电路

图4-24所示为动态电阻应变仪的框图。电桥由振荡器供给等幅高频振荡电压（一般频率为10kHz或15kHz），被测量（应变）通过电阻应变片调制电桥输出，电桥输出为调幅波，经过放大，最后经相敏检波与低通滤波取出所测信号。

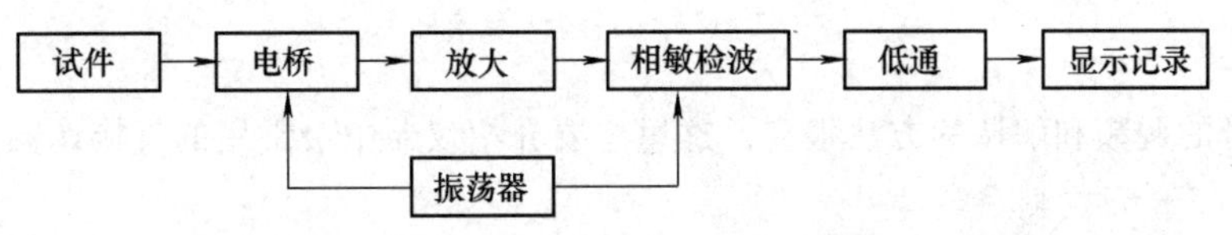

图 4-24 动态电阻应变仪的框图

二、调频与解调

调频和调相比较容易实现数字化，特别是调频信号在传输过程中不易受到干扰，所以在测量、通信和电子技术的许多领域中得到了越来越广泛的应用。

(一) 频率调制的基本原理

设调频波的瞬时频率为

$$f=f_0 \pm \Delta f$$

式中，f_0 为载波频率；Δf 为频率偏移，与调制信号的幅值成正比。

设调制信号 $x(t)$ 为幅值为 X_0、频率为 f_m 的余弦波，其初始相位为零，有

$$x(t)=X_0\cos 2\pi f_m t \tag{4-9}$$

载波信号为

$$y(t)=Y_0\cos(2\pi f_0 t+\varphi_0) \qquad f_0>f_m \tag{4-10}$$

调频时载波的幅度 Y_0 和初始相位角 φ_0 不变，瞬时频率 $f(t)$ 围绕着 f_0 随调制信号电压作线性的变化，因此

$$f(t)=f_0+k_f X_0\cos 2\pi f_m t=f_0+\Delta f_f\cos 2\pi f_m t \tag{4-11}$$

式中，Δf_f 为由调制信号 X_0 决定的频率偏移，$\Delta f_f=k_f X_0$；k_f 为比例常数，其大小由具体的调频电路决定。

由式（4-11）可见，频率偏移与调制信号的幅值成正比，与调制信号的频率无关，这是调频波的基本特征之一。

调频是利用信号电压的幅值控制一个振荡器，振荡器输出的是等幅波，但其振荡频率偏移量和信号电压成正比。信号电压为正值时调频波的频率升高，为负值时则降低；信号电压为零时，调频波的频率就等于中心频率。调频波与调制信号幅值的关系如图 4-25 所示。

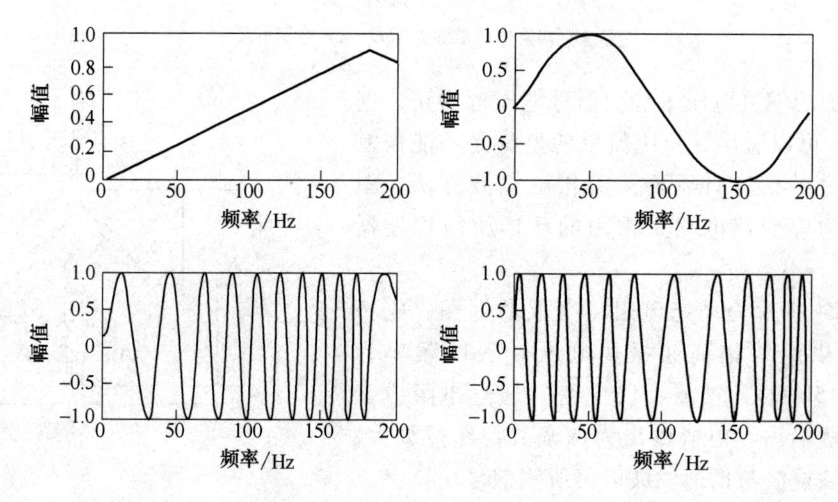

图 4-25　调频波与调制信号幅值的关系

实现信号的调频和解调的方法很多，这里主要介绍仪器中最常用的直接调频式测量电路。

(二) 直接调频式测量电路

在测量系统中，常利用电抗元件组成调谐振荡器，以电抗（电感或电容）作为传感器

参量，以它感受被测量的变化，作为调制信号的输入，振荡器原有的振荡信号作为载波。当有调制信号输入时，振荡器的输出即为调频波。当电容和电感并联组成振荡器的谐振回路时，电路的谐振频率将为

$$f=\frac{1}{2\pi\sqrt{LC}} \tag{4-12}$$

若在电路中以电容为调谐参数，对式（4-11）进行微分，有

$$\frac{\partial f}{\partial C}=-\frac{1}{2}\frac{1}{2\pi}(LC)^{-\frac{3}{2}}L=-\frac{1}{2}\frac{f}{C} \tag{4-13}$$

所以，在 f_0 附近有频率偏移

$$\Delta f=-\frac{f_0}{2}\frac{\Delta C}{C} \tag{4-14}$$

这种把被测量的变化直接转换为振荡频率的变化的电路称为直接调频式测量电路，其输出也是等幅波。

（三）调频波的解调

调频波是以正弦波频率的变化来反映被测信号的幅值变化的，因此，调频波的解调是先将调频波变换成调频调幅波，然后进行幅值检波。调频波的解调由鉴频器完成。鉴频器通常由线性变换电路与幅值检波电路组成，如图 4-26a 所示。

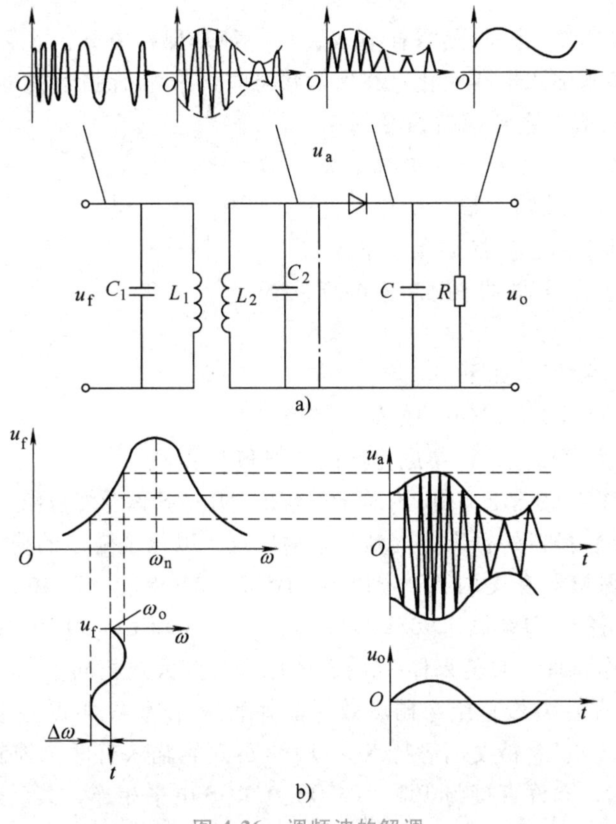

图 4-26 调频波的解调

a）鉴频器 b）电压-频率特性曲线

图 4-26a 中，调频波 u_f 经过变压器耦合，加于 L_2、C_2 组成的谐振回路上，在 L_2、C_2 并联振荡回路两端获得如图 4-26b 所示的电压-频率特性曲线。当等幅调频波 u_f 的频率等于回路的谐振频率 f_n 时，线圈 L_1、L_2 中的耦合电流最大，二次侧输出电压 u_a 也最大。u_f 的频率离开 f_n，u_a 也随之下降。通常利用特性曲线的亚谐振区近似直线的一段实现频率-电压变换。将 u_a 经过二极管进行半波整流，再经过 RC 组成的滤波器滤波，滤波器的输出电压 u_o 与调制信号成正比，复现了被测量信号。至此，解调完毕。

第三节　信号调理电路

一、采样-保持器

如果直接将模拟量送入 A/D 转换器进行转换，则应考虑到任何一种 A/D 转换器都需要用一定的时间来完成量化及编码的操作。在转换过程中，如果模拟量产生变化，将直接影响转换精度。特别是在同步系统中，几个并联的参量需取自同一瞬时，而各参数的 A/D 转换又共享一个芯片，所得到的几个量不是同一时刻的值，无法进行计算和比较。所以，既要求输入到 A/D 转换器的模拟量在整个转换过程中保持不变，但转换之后，又要求 A/D 转换器的输入信号能够跟随模拟量变化。能够完成上述任务的器件叫作采样-保持器（Sample/Hold），简写为 S/H。

S/H 有两种工作方式：一种是采样方式，另一种是保持方式。在采样方式中，采样-保持器的输出跟随模拟量输入电压变化。在保持状态时，采样-保持器的输出将保持在命令发出时刻的模拟量输入值，直到保持命令撤销（即再度接到采样命令）时为止。此时，采样-保持器的输出重新跟踪输入信号变化，直到下一个保持命令到来为止。描述上述采样-保持器工作方式的示意曲线图如图 4-27 所示。

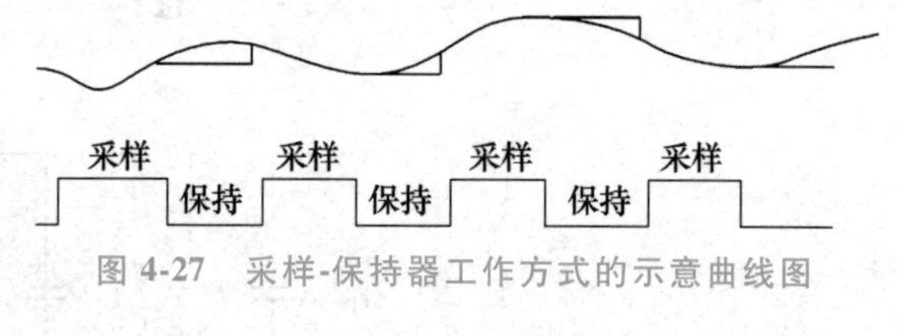

图 4-27　采样-保持器工作方式的示意曲线图

采样-保持器的主要用途如下：

1）保持采样信号不变，以便完成 A/D 转换。

2）同时采样几个模拟量，以便进行数据处理和测量。

3）减少 D/A 转换器的输出毛刺，从而消除输出电压的峰值及缩短稳定输出值的建立时间。

4）把一个 D/A 转换器的输出分配到几个输出点，以保证输出的稳定性。

最常用的采样-保持器有美国 AD 公司的 AD582、AD585、AD346、AD389、ADSHC-85，以及国家半导体公司的 LF198/LF298/LF398 等。下面以 LF198/LF298/LF398 为例，介绍集成采样-保持器的工作原理，其他采样-保持器的原理与其大致相同。

LF198/298/398 是由双极型绝缘栅场效应晶体管组成的采样-保持电路，具有采样速度快，保持下降速度慢，以及精度高等特点。LF198 的逻辑输入有两个控制端，全部为具有低输入电流的差动输入，允许直接与 TTL、PMOS、CMOS 电平相连，其门限值为 1.4V。LF198 供电电源范围为±(5~18)V。

LF198/LF298/LF398 的原理及引脚排列如图 4-28 和图 4-29 所示。

LF198/LF298/LF398 芯片各引脚功能如下：

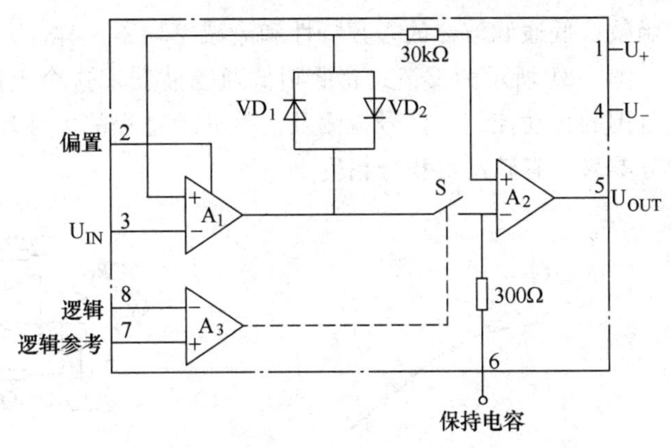

图 4-28　LF198/LF298/LF398 原理

1）U_{IN}：模拟量电压输入。

2）U_{OUT}：模拟量电压输出。

3）逻辑（Logic）和逻辑参考（Logic ReFerence）：逻辑及逻辑参考电平，用来控制采样-保持器的工作方式。当引脚 8 为高电平时，通过控制逻辑电路 A_3 使开关 S 闭合，电路工作在采样状态；反之，当引脚 8 为低电平时，则开关 S 断开，电路进入保持状态。它可以接成差动形式（对 LF198 而言），也可以将参考电平直接接地，然后，在 8 脚用一个逻辑电平控制。

4）偏置（OFFSET）：偏差调整引脚，可用外接电阻调整采样-保持器的偏差。

5）CH：保持电容引脚，用来连接外部保持电容。

6）U_+、U_-：采样-保持电路电源引脚，电源变化范围为±(5~18) V。

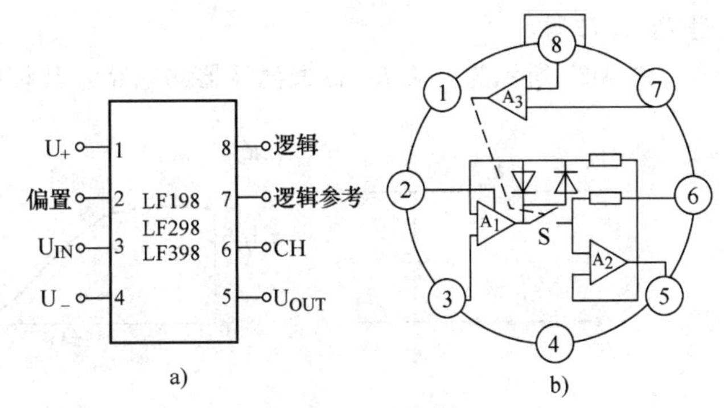

图 4-29　LF198/LF298/LF398 引脚排列

a）双列直插式　b）金属封装式

二、滤波器

由传感器转换得到的电信号中，往往含有与被测量无关的频率成分，需要通过滤波器进行滤波。滤波器分为无源滤波器及有源滤波器。根据其滤波特性又可分为低通滤波器、高通滤波器、带通滤波器和带阻滤波器。在智能传感器系统中又往往使用数字滤波器。本章主要介绍最基本的几种滤波器：理想滤波器、低通滤波器、高通滤波器、带通滤波器和带阻滤波器。

（一）理想滤波器

理想滤波器是指通带内信号的幅值和相位都不失真，阻带内的频率成分都衰减为零的滤波器，其通带和阻带之间有明显的分界线。也就是说，理想滤波器在通带内的幅频特性应为常数，相频特性的斜率为常值；在通带外的幅频特性应为零。理想低通滤波器的频率响应函数为

$$|H(f)|=\begin{cases}A_0 & -f_c<f<f_c\\ 0 & \text{其他}\end{cases}$$

$$\phi(f)=-2\pi f t_0$$

（二）低通滤波器

低通滤波器的功能是让直流信号及低于指定截止频率的低频分量通过，而使大于阻带频率的高频分量有很大衰减。低通滤波器一般用截止频率 ω_c、阻带频率 ω_s、直流增益 H_0、通带波纹和阻带衰减等参数来表示。图 4-30 所示为低通滤波器幅频特性曲线。选择不同的传

递函数，低通滤波器的幅频特性和衰减率均不一样。

图 4-31 所示为反馈式超低频低通滤波器。这个电路的时间常数可达数百秒。用于超低频范围的自动控制、信号检测及信号处理过程的惯性环节或作超低频积分器，可有效地避免积分漂移，有较高的积分精度。

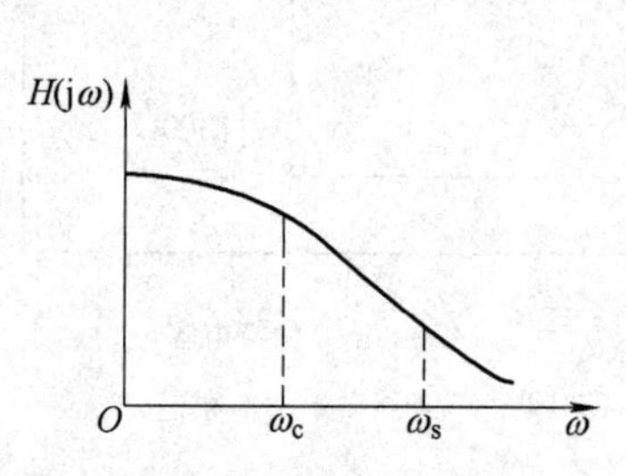

图 4-30　低通滤波器幅频特性曲线

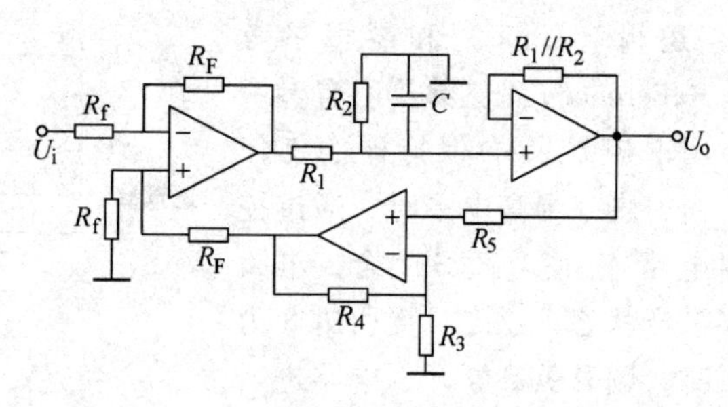

图 4-31　反馈式超低频低通滤波器

在测试系统这一领域中，信号频率相对来说不高。*RC* 滤波器电路简单，抗干扰性强，有较好的低频性能，并且可选用标准的阻容元件，所以在工程测试领域中经常用到的滤波器是 *RC* 滤波器。

图 4-32 所示为一阶 *RC* 低通滤波器的电路及其幅频、相频特性曲线。

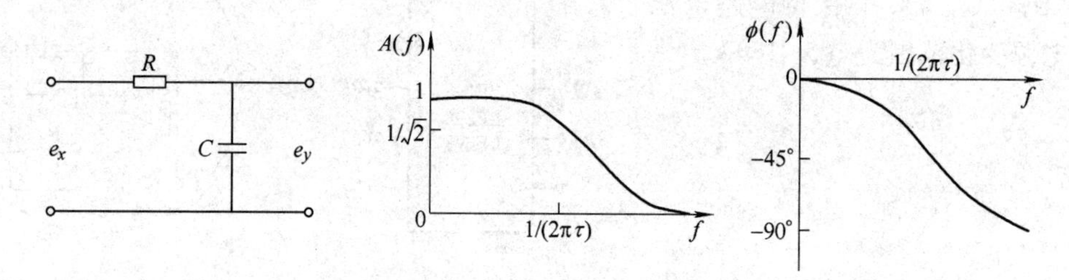

图 4-32　一阶 *RC* 低通滤波器的电路及其幅频、相频特性曲线

（三）高通滤波器

高通滤波器的功能是让高于指定截止频率 ω_c 的频率分量通过，而使直流及在指定阻带频率 ω_s 以下的低频分量有很大衰减；同样，与低通滤波器情况相似，没有理想的幅频特性。图 4-33 所示为一实际的高通滤波器的幅频特性曲线。理论上讲，高通滤波器在 $\omega\to\infty$ 处也应是通带。但实际上由于寄生参数的影响及有源器件带宽的限制，当频率增至一定值时，幅值将下降。

图 4-34 所示为正增益单放大器组成的单端反馈二阶高通滤波器。

图 4-35 所示为 *RC* 高通滤波器的电路及其幅频、相频特性曲线。

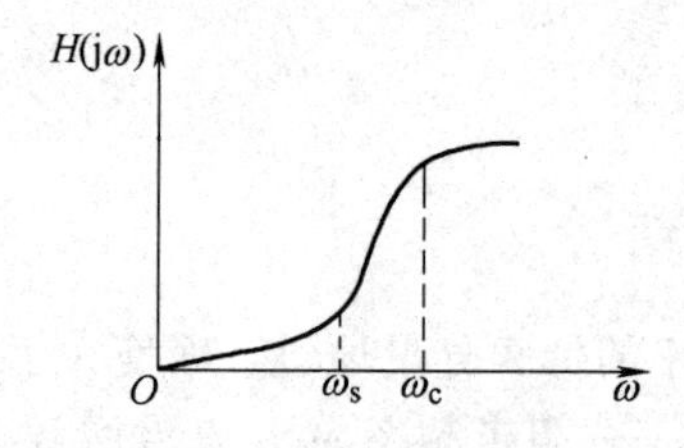

图 4-33　高通滤波器幅频特性曲线

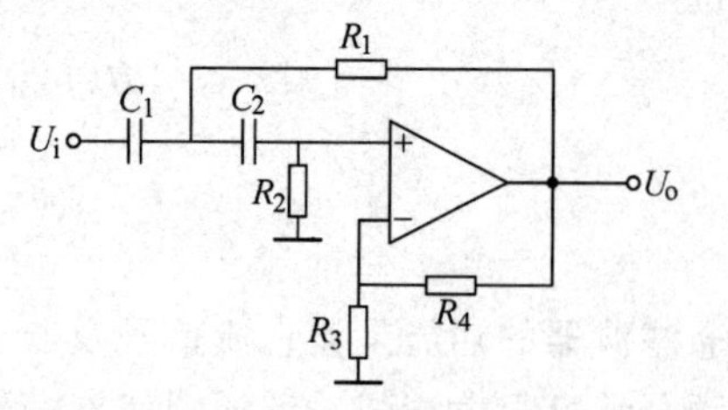

图 4-34　单端反馈二阶高通滤波器

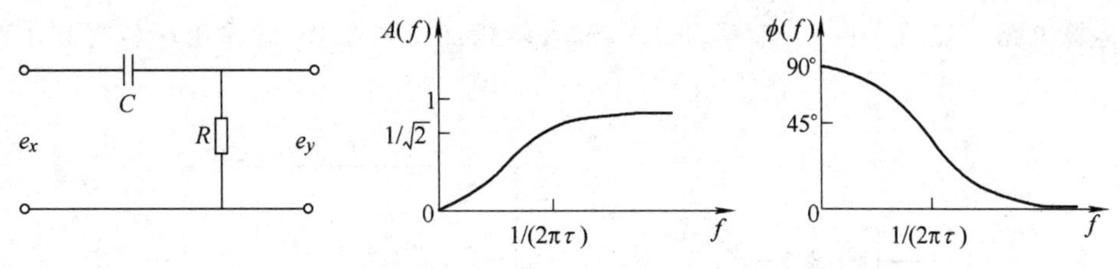

图 4-35　RC 高通滤波器的电路及其幅频、相频特性曲线

（四）带通滤波器

带通滤波器是只允许通过某一频段的信号，而在此频段两端以外的信号将被抑制或衰减，其特性曲线如图 4-36 所示。图中，实线为理想特性，虚线为实际特性。可见，在 $\omega_1 \leqslant \omega_0 \leqslant \omega_2$ 的频带内，有恒定的增益；而当 $\omega>\omega_2$、$\omega<\omega_1$ 时，增益迅速下降。规定带通滤波器通过的宽度叫作带宽，以 B 表示。带宽中点的角频率叫作中心角频率，用 ω_0 表示。

二阶带通有源滤波器如图 4-37 所示。其品质因数 Q 可表示为

$$Q=\frac{\omega_0}{B} \tag{4-15}$$

式中，ω_0 为中心频率；B 为带宽。

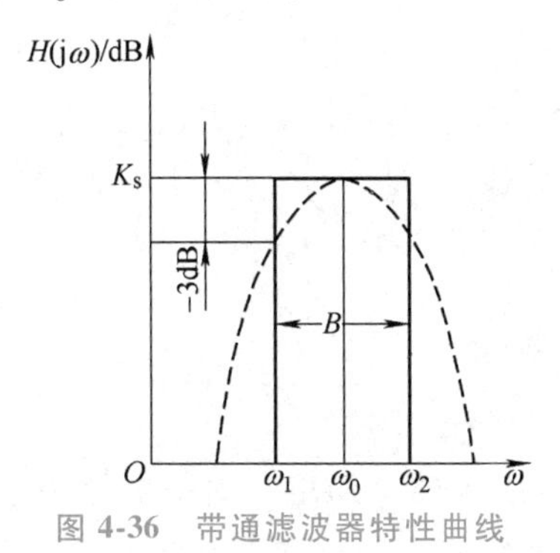

图 4-36　带通滤波器特性曲线

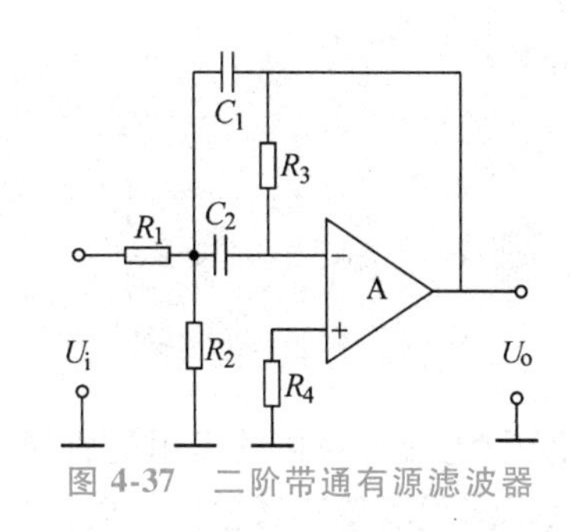

图 4-37　二阶带通有源滤波器

B 和 ω_0 的表示式为

$$\begin{cases} B=\omega_2-\omega_1 \\ \omega_0=\dfrac{1}{2}(\omega_1+\omega_2) \end{cases} \tag{4-16}$$

（五）带阻滤波器

带阻滤波器的特性与带通滤波器相反，是专门用来抑制或衰减某一频段的信号，而让该频段以外的信号通过。带阻滤波器的特性曲线如图 4-38 所示。图中，实线是理想特性，虚线是实际特性。

由此可见，如果从输入信号中减去经带通滤波器处理过的信号，就可以得到带阻信号。因此，将带通滤波器和减法电路结合起来，就是一个带阻滤波器，其框图如图 4-39 所示。

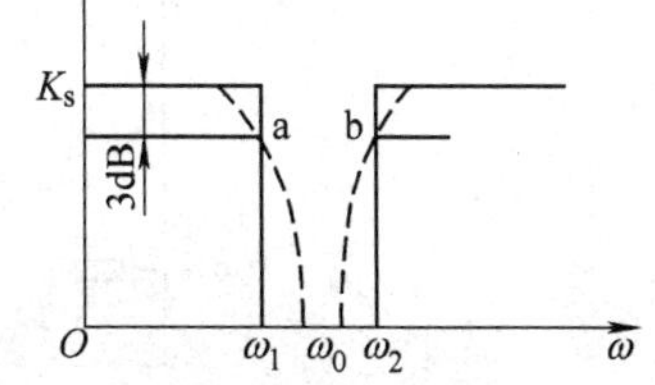

图 4-38　带阻滤波器特性曲线

图 4-40 所示为二阶带阻滤波器具体电路，A_1 组成反相输入型带通滤波器，也就是 A_1 的输出电压 U_{o1} 是输入电压 U_i 的反相带通电压。A_2 组

成加法运算电路，显然，将 U_i 与 U_{o1} 在 A_2 输入端相加，则在 A_2 的输出端就得到了带阻信号输出。

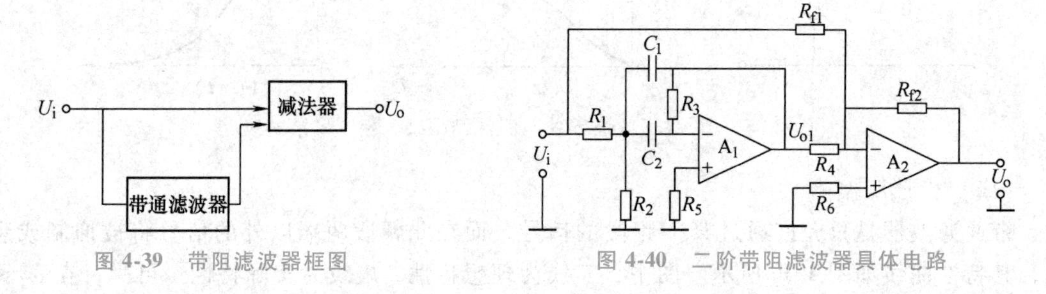

图 4-39　带阻滤波器框图

图 4-40　二阶带阻滤波器具体电路

（六）数字滤波器

数字滤波实际上是利用相应的数学运算对信号进行频率选择。其中，如果只是为了消除随机噪声的数字滤波又称为数据的平滑处理或平滑滤波，对数字信号进行频率选择则称为数字滤波。详细内容请参考有关资料，这里不再详述。

第四节　信号转换电路

信号转换电路用于将各类型的信号进行相互转换，使具有不同输入、输出的器件可以联用。在信号进行转换时，需要考虑以下两个问题：

1）转换电路应具有线性特性。

2）要求信号转换电路具有一定的输入阻抗和输出阻抗，以与之相连的器件阻抗匹配。

一、电压/电流变换器

电压/电流变换器的作用是将输入的电压信号转换成电流信号输出。当检测装置输入信号为远距离现场传感器输出的电压信号时，为了有效地抑制外来杂散电压信号的干扰，常把传感器输出的电压信号经电压/电流变换器转换成具有恒流特性的电流信号输出，然后在接收端再由电流/电压变换器还原成电压信号。

利用单位增益运算放大器与精密运算放大器可以组成差动输入电压/电流变换器，如图 4-41 所示，该电路的特点是负载电流与负载电阻无关，仅与两输入电压之差成比例。

此电路可看成差动输入三信号的加减运算电路，其中 R 为输出采样电阻，R_L 为负载电

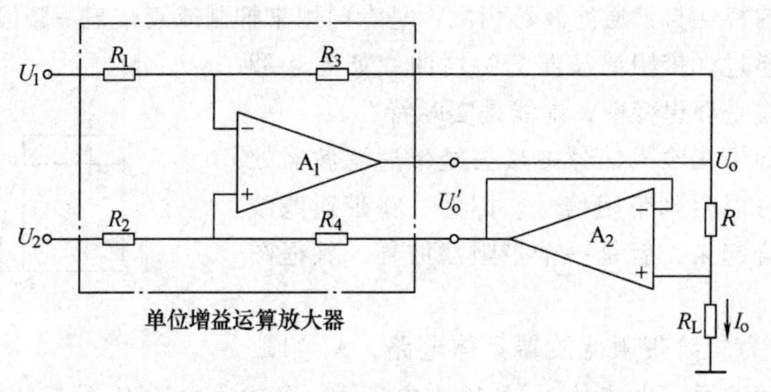

图 4-41　差动输入电压/电流变换器电路

阻，$R_1=R_3$、$R_2=R_4$，I_0R_L 为负载端电压，负载端电压经运算放大器隔离后送 A_1 的基准端，由此可推导出输出电流与输入差动电压的关系为

$$I_o=\frac{U_2-U_1}{R} \tag{4-17}$$

其中输出电流 I_o 与负载 R_L 无关。

单位增益运算放大器可采用美国 BB 公司生产的 INA105。使用 INA105 时应通过尽可能靠近引脚的 1μF 的旁路电容连接正负电源，并可通过基准端接调整电路调整运算放大器的失调电压。

图 4-42 所示为采用 INA105 组成的差动输入电压/电流变换器电路。图中的输出电流与输入差动电压的关系为

$$I_o=(U_2-U_1)\left(\frac{1}{25\text{k}\Omega}-\frac{1}{R}\right) \tag{4-18}$$

输出电流 I_o 与负载 R_L 无关，且当 $R=200\Omega$ 时，电路的性能最好。

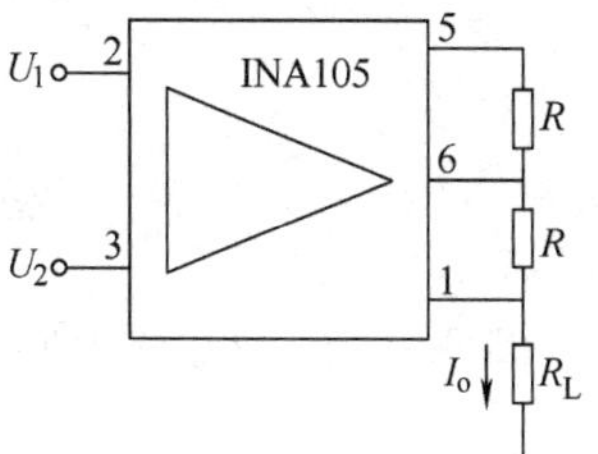

图 4-42　INA105 差动输入电压/电流变换器电路

二、电流/电压变换器

电流/电压变换器的作用是将输入的电流信号变换成电压信号。

图 4-43 所示为采用 RCV420 组成的精密电流/电压变换器电路，它能将 4～20mA 输入电流转换成 0～5V 的电压输出。即当输入电流为 4mA 时，变换器输出电压为 0V；当输入电流为 20mA 时，输出电压为 5V。其单位电流的电压变化率为

$$\frac{U_o}{I_i}=\frac{(5-0)\text{V}}{(20-4)\text{mA}}=0.3125\text{V/mA} \tag{4-19}$$

该电流/电压变换器性能良好，其增益、失调及共模抑制比都不必调整，并且有一个低温漂的 10V 基准电压源。

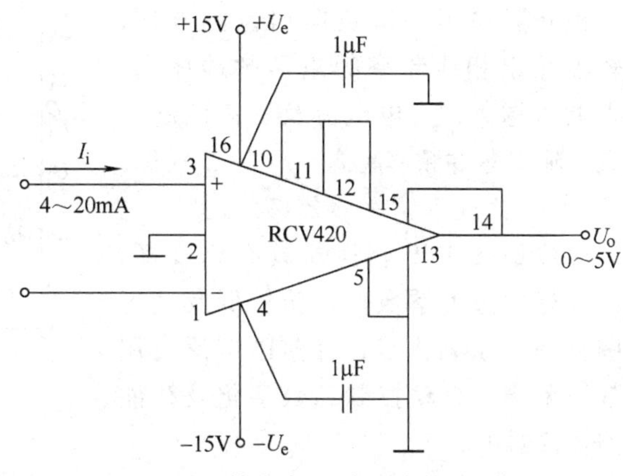

图 4-43　精密电流/电压变换器电路

三、V/F 转换器

定义：V/F（电压/频率）转换器能把输入信号电压转换成相应的频率信号，即它的输出信号频率与输入信号电压值成比例，故又称为电压控制（压控）振荡器（VCO）。

应用：在调频、锁相和 A/D 转换等许多技术领域得到非常广泛的应用。

指标：包括额定工作频率和动态范围、灵敏度或变换系数、非线性误差、灵敏度误差和温度系数等。

（一）通用运算放大器 V/F 转换电路

图 4-44 所示为一个由通用运算放大器组成的 V/F 转换电路，A_1、电阻、电容构成积分器，A_2 是比较器。

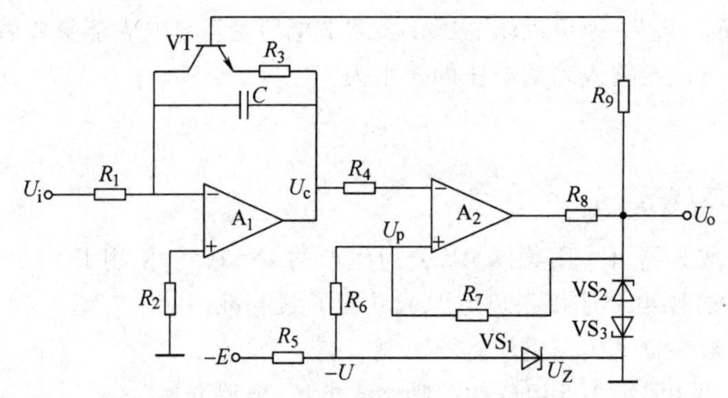

图 4-44　通用运算放大器组成的 V/F 转换电路

图 4-44 中，U_p 两个典型值 U_1 与 U_2 分别为

$$U_1=-U\frac{R_7}{R_6+R_7}+U_Z\frac{R_6}{R_6+R_7}$$

$$U_2=-U\frac{R_7}{R_6+R_7}-U_Z\frac{R_6}{R_6+R_7}$$

V/F 转换器输出信号波形如图 4-45 所示。

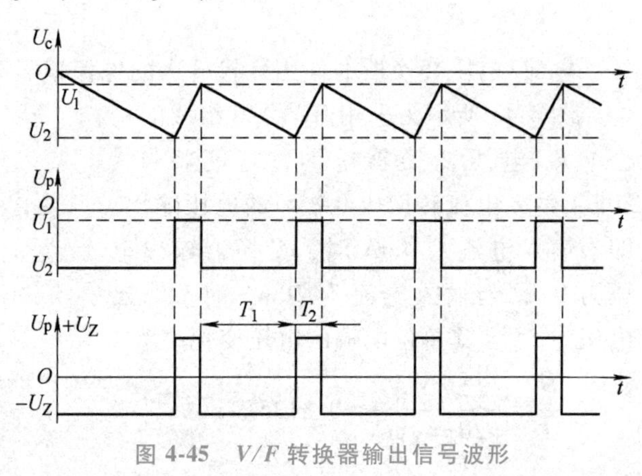

图 4-45　V/F 转换器输出信号波形

积分器输出一串负向锯齿波电压，比较器输出相应频率的矩形脉冲序列。输入电压越大，充电电流及锯齿波斜率越大，输出脉冲频率越高。

（二）集成 V/F 转换器

模拟集成 V/F 转换器具有精度高、线性度好、温度系数低、功耗低及动态范围宽等一系列优点，目前已广泛应用于数据采集、自动控制和数字化及智能化测量仪器中。

集成 V/F 转换器大多采用电荷平衡型 V/F 转换电路作为基本电路，如典型的 LM131 系列转换器。

LM131 由输入比较器、定时比较器和 RS 触发器构成的单稳定时器、基准电源电路、精密电流源、电流开关及集电极开路输出管等部分组成。LM131 系列转换器功能框图如图 4-46 所示。

图 4-47 和图 4-48 分别是 LM131 用作 V/F 转换器的简化电路及振荡波形。其原理分析如下：

1）$u_i>u_6$ 时，比较器输出高电平，$Q=1$，VT 导通，$u_o=0$；开关 S 闭合，i_S 对 C_L 充电，u_6 逐渐上升；与引脚 5 相连的芯片内放电管截止，U 经 R_t 对 C_t 充电，C_t 上升，直至 $u_5=u_{C_t}\geqslant\frac{2U}{3}$。

2）当 $u_5=u_{C_t}\geqslant\frac{2U}{3}$时，$Q=0$，VT 截止，$u_o=+E$；开关 S 断开，$C_L$ 通过 R_L 放电，u_6 下降；C_t 通过芯片内放电管迅速放电到零。当 $u_6\leqslant u_i$ 时，开始新周期。

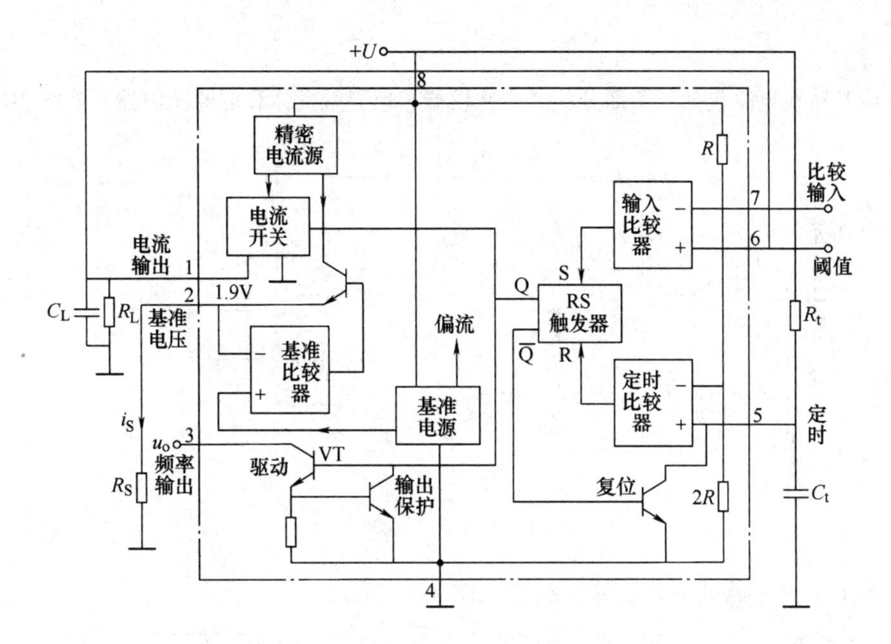

图 4-46　LM131 系列转换器功能框图

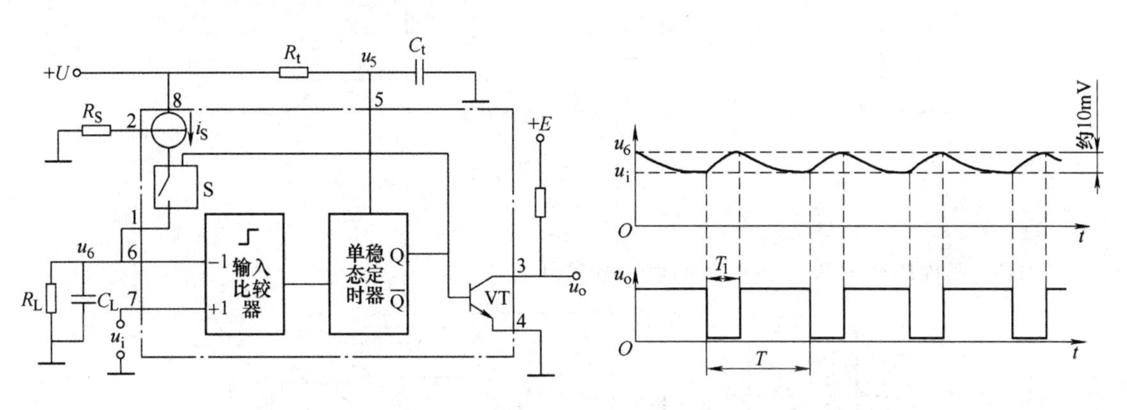

图 4-47　LM131 用作 V/F 转换器的简化电路　　图 4-48　LM131 用作 V/F 转换器的振荡波形

四、F/V 转换器

定义：F/V 转换器能把频率变化的信号线性地转换成电压变化的信号。

一般来说，F/V 转换器主要包括电平比较器、单稳触发器和低通滤波器三部分。输入信号通过电平比较器转换成快速上升/下降的方波信号去触发单稳触发器，产生定宽、定幅度的输出脉冲序列。将此脉冲序列经低通滤波器平滑，可得到比例于输入信号频率 f_i 的输出电压。转换原理如图 4-49 所示。

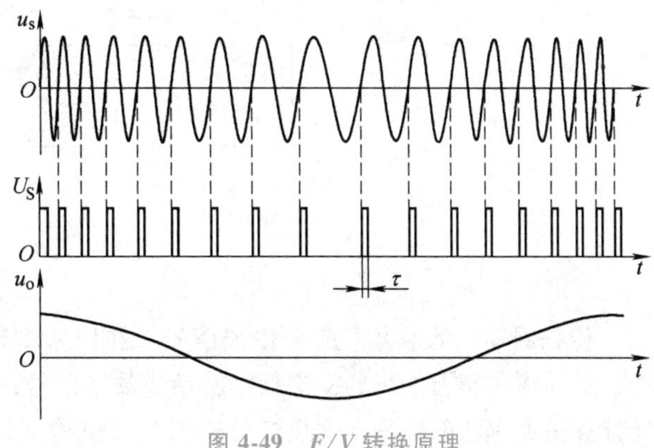

图 4-49　F/V 转换原理

（一）通用 F/V 转换电路

通用 F/V 转换电路包括三个部分：电平比较器、单稳触发器和低通滤波器，如图 4-50 所示。

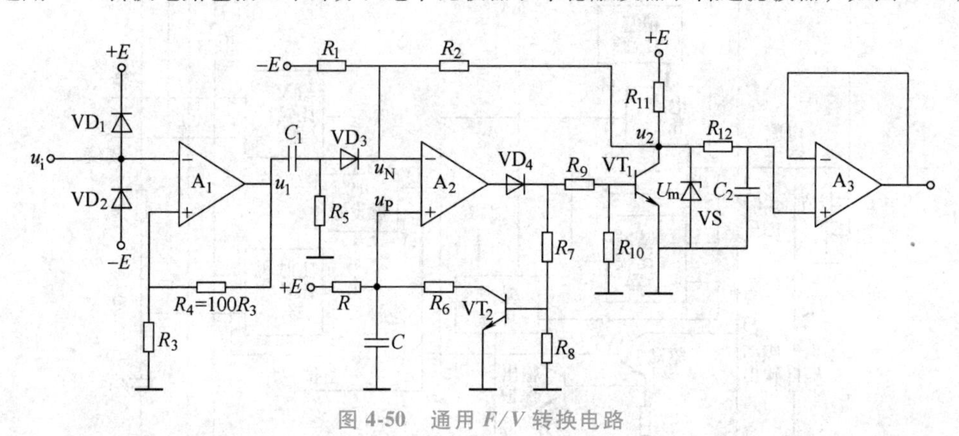

图 4-50 通用 F/V 转换电路

通用 F/V 转换电路的输入、输出波形如图 4-51 所示。

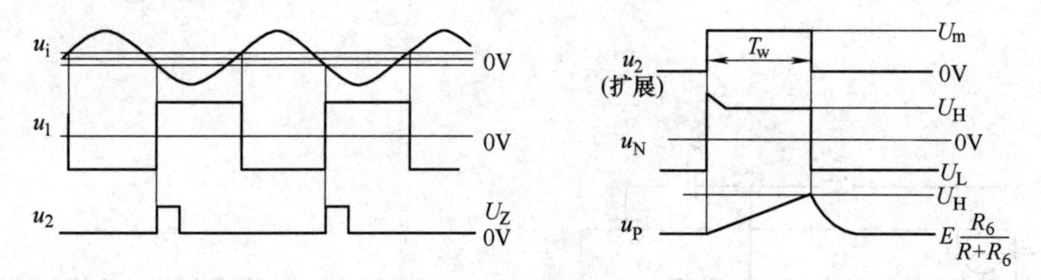

图 4-51 输入、输出波形

（二）集成 F/V 转换电路

LM131 器件用作 F/V 转换电路的原理如图 4-52 所示。

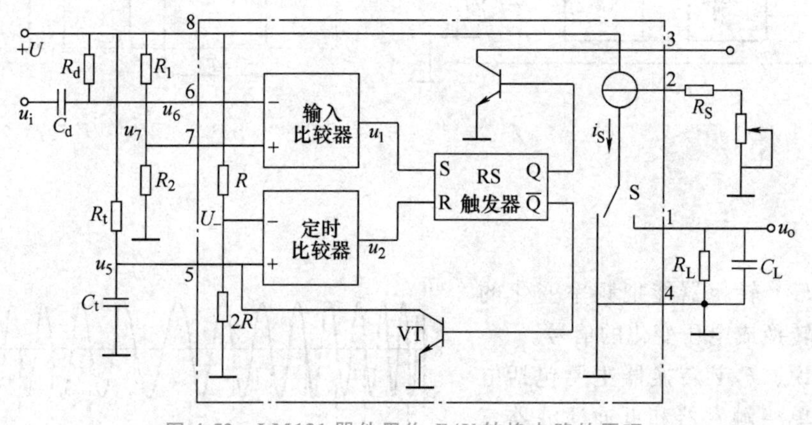

图 4-52 LM131 器件用作 F/V 转换电路的原理

五、A/D 转换器

传感器输出的信号一般为模拟信号，在以微型计算机为核心组成的数据采集及控制系统中，必须将传感器输出的模拟信号转换成数字信号，为此要使用模/数转换器（A/D 或 ADC）。经计算机处理后的信号常需反馈给模拟执行机构，如执行电动机等，因此还需要数/模转换器

（D/A 或 DAC）将数字量转换成相应的模拟信号。因此 A/D 和 D/A 转换器是微型计算机与输入、输出装置之间的接口，是数字化测控系统中的重要组成部分。

（一）A/D 转换器

A/D 转换器实现模拟量数字化的过程如图 4-53 所示。这一过程包括采样、量化和编码三个阶段。

采样：依据采样定理按照一定的时间间隔从连续的模拟信号中抽取一系列的时间离散样值。采样频率需满足

$$f_s \geqslant 2f_{max}$$

量化：将幅度连续取值的模拟信号变为只能取有限个某一最小当量的整数倍数值的过程称为量化。

量化误差：通过量化将连续量转换成离散量，必然存在类似于四舍五入产生的误差，最大误差可达到 1LSB 的 1/2。其中，LSB（Least Significant Bit）意为最低有效位。

分辨率：对应一个数字输出的模拟输入电压有一定的幅度范围，若超过这个幅度范围，数字输出就会发生变化，这样能分别的电压范围叫作分辨率。通常用 LSB 表示。

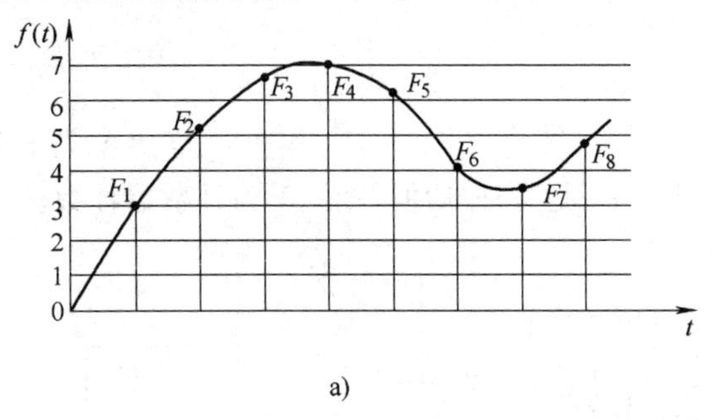

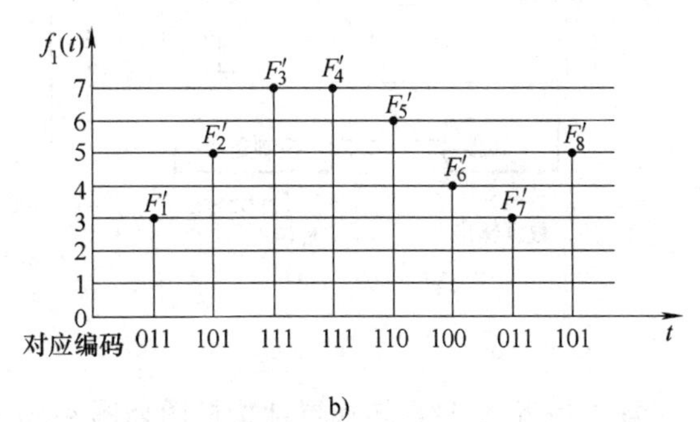

图 4-53 A/D 转换器实现模拟量数字化的过程

a）采样 b）量化编码

编码：一般编码与量化是同时完成的，通常所用的码制是二进制原码。n 位二进制编码（$d_1d_2\cdots d_n$）为

$$U_i = U_R(d_1 \times 2^{-1} + d_2 \times 2^{-2} + \cdots + d_n \times 2^{-n}) = U_R\sum_{i=1}^{n} d_i \times 2^{-i}$$

（二）A/D 转换器的类型

A/D 转换器种类繁多，一般可分为直接型与间接型两类。

直接型：又称比较型，它将模拟输入电压与基准电压比较后直接得到数字输出（逐次逼近式 A/D、并行式 A/D）。

间接型：又称积分型，它先将模拟电压转换成时间间隔或频率信号，然后再把时间或频率转换成数字量输出，通常比直接型要慢 1000 倍左右（双积分式 A/D）。

1. 双积分式 A/D 转换器

双积分式 A/D 转换器结构及原理分别如图 4-54 和图 4-55 所示。

采样阶段，对输入电压 U_i 积分，积分电路输入电压为

$$U_C(T_1) = -\frac{1}{RC}\int_0^{T_1} U_i \mathrm{d}t = -\frac{1}{RC}U_{iav}T_1$$

保持阶段，对基准电压 U_R 反向积分，积分电路输出电压为

$$U_C(T_2) = U_C(T_1) - \frac{1}{RC}\int_0^{T_2}(-U_R)\mathrm{d}t$$

$$=U_C(T_1)+\frac{1}{RC}U_R T_2=0$$

$$T_2=\frac{T_1}{U_R}U_{iav}$$

$$T_1=N_1T_C,\ T_2=N_2T_C$$

式中，T_C 是时钟脉冲周期；N 为计数器计数。

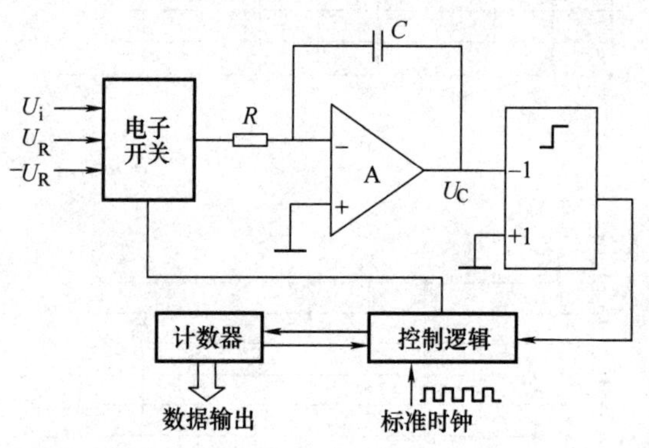

图 4-54　双积分式 A/D 转换器结构

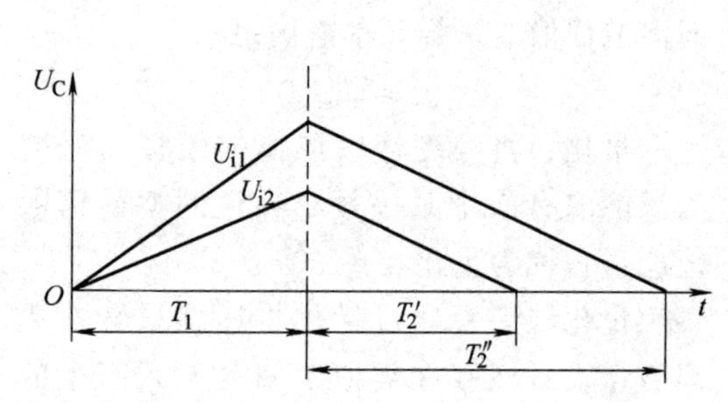

图 4-55　双积分式 A/D 转换器原理

2. 逐次逼近式 A/D 转换器

逐次逼近式 A/D 转换器结构框图如图 4-56 所示。

转换原理：

第一步：置逐次逼近寄存器的最高位为 1，即 100000。

第二步：经 D/A 转换为 U_S，与输入电压 U_i 进行比较：若 $U_S>U_i$，表示数字码大，第一位置 0；若 $U_S<U_i$，表示数字码小，保留第一位为 1。

第三步：置次高位为 1；……。

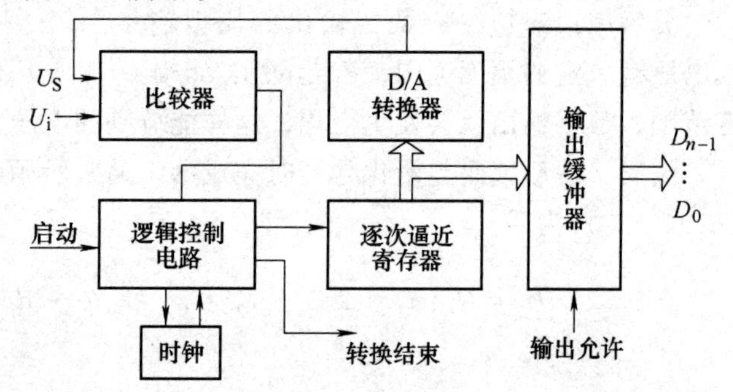

图 4-56　逐次逼近式 A/D 转换器结构框图

优点：转换速度高、精度高、电路结构简单、应用广泛，尤其在实时控制系统中应用最多。

3. 并行比较式 A/D 转换器

并行比较式 A/D 转换器转换原理如图 4-57 所示。

以 2 位并行比较器为例：

1）$U_i>U_R/2$ 时，N_2 输出“1”电平，$d_1=1$。

2）$U_i>3U_R/4$ 时，N_3 输出“1”电平，$d_0=1$。

3）$U_R/2>U_i>U_R/4$ 时，N_2 输出“0”电平，$d_1=0$，N_1 输出“1”电

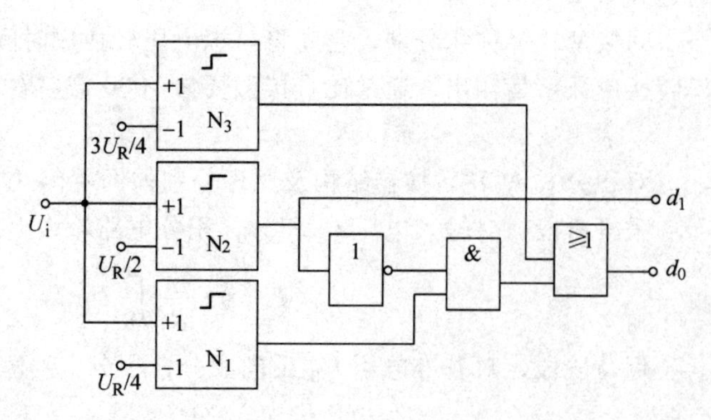

图 4-57　并行比较式 A/D 转换器转换原理

平，$d_0=1$。

优缺点：优点是转换速度高；缺点是难以达到高分辨率，组成电路复杂，价格昂贵。

六、D/A 转换电路

对于 n 位 D/A 转换器，设其输入是 n 位二进制数字输入信号 $D_i(d_1, d_2, \cdots, d_n)$，其中 $d_i(i=0, 1, \cdots, n)$ 表示数字输入第 i 位的数码，取 0 或 1，数字量 D_i 表示为

$$D_i=d_1\times2^{-1}+d_2\times2^{-2}+\cdots+d_n\times2^{-n}$$

如果 D/A 转换器的基准电压为 U_R，则理想 D/A 转换器的输出电压 U_o 可表示为

$$U_o=U_R D_i=U_R(d_1\times2^{-1}+d_2\times2^{-2}+\cdots+d_n\times2^{-n})$$

单片 D/A 转换器的基本组成包括基准电压源、电阻解码网络、电子开关阵列和相加运算放大器四部分。为了降低成本，某些 D/A 转换器只包含电阻解码网络和电子开关阵列。电阻解码网络是 D/A 转换器的核心，常用的电阻网络有二进制加权电阻网络和 R-$2R$ 梯形电阻网络。

（一）加权电阻网络

加权电阻网络 D/A 转换器如图 4-58 所示。

工作原理：模拟开关由相应位二进制数码控制，当某位为 1 时，模拟开关将参考电压 U_R 接通，则该位权电流流向求和点 A，权电流由权电阻决定。即

$$I_o=\sum_{i=1}^{n}\frac{U_R}{R\times2^{i-1}}d_i=\frac{2U_R}{R}\sum_{i=1}^{n}d_i\times2^{-i}$$

$$U_o=-I_oR_1=-\frac{2U_RR_1}{R}\sum_{i=1}^{n}d_i\times2^{-i}$$

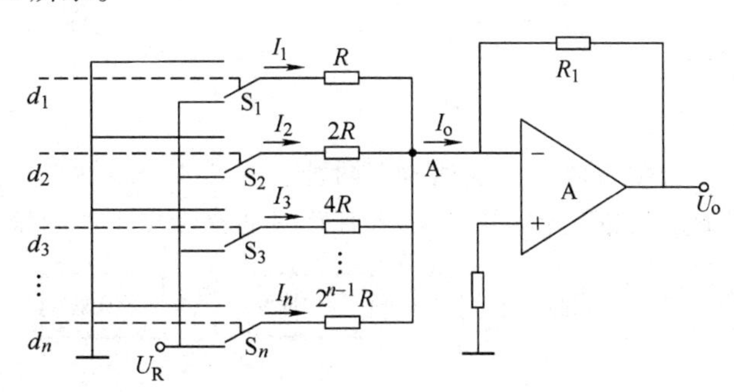

图 4-58　加权电阻网络 D/A 转换器

缺点：权电阻规格太多，高低位权电阻及权电流的差值过大，一般用于二进制位数不多的情况下。

（二）R-$2R$ 梯形电阻网络

R-$2R$ 梯形电阻网络 D/A 转换器如图 4-59 所示。

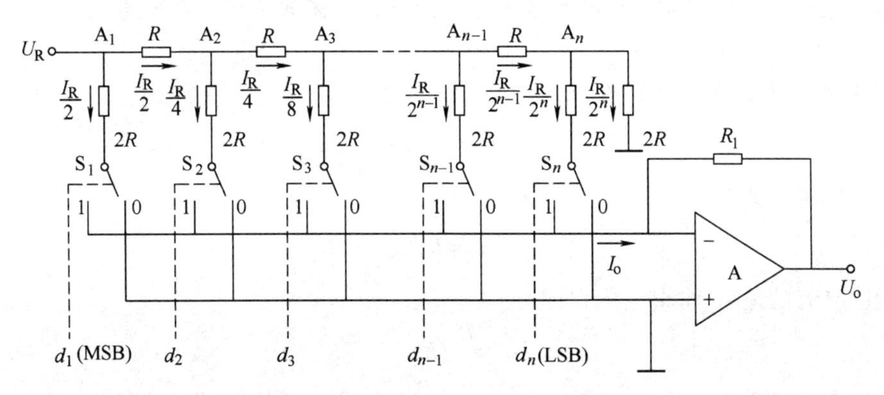

图 4-59　R-$2R$ 梯形电阻网络 D/A 转换器

输出电压为

$$U_o = -I_oR_1 = -\frac{U_R R_1}{R}(d_1 \times 2^{-1} + d_2 \times 2^{-2} + \cdots + d_n \times 2^{-n}) = -\frac{R_1}{R}U_R\sum_{i=1}^{n} d_i 2^{-i}$$

第五节　线性化处理

在自动检测系统中，利用多种传感器把各种被测量转换成电信号时，大多数传感器的输出信号和被测量之间的关系并非是线性关系。这首先是由于不少传感器的转换原理并非线性，其次是由于采用电路（如电桥电路）的非线性。要解决这个问题，在模拟量自动检测系统中可采用三种方法：①缩小测量范围，取近似值；②采用非均匀的指示刻度；③增加非线性校正环节。显然，前两种方法的局限性和缺点比较明显。本节重点介绍增加非线性校正环节的方法。

在设计测量仪表时，通常希望得到均匀的指示刻度，一方面仪表读数清楚、方便，另一方面仪表的线性刻度，能保证仪表在整个量程内具有相同的灵敏度，从而有利于分析和处理测量结果。为了保证测量仪表的输出与输入之间的线性关系，可以在仪表中引入一种特殊环节，即非线性校正环节或称为“线性化器”，用以补偿其他环节的非线性。

一、非线性校正方法

非线性校正方法通常有两种：开环式非线性校正法和非线性反馈校正法。这里重点介绍开环式非线性校正法。具有开环式非线性校正的测量仪表，其结构框图如图 4-60 所示框图。

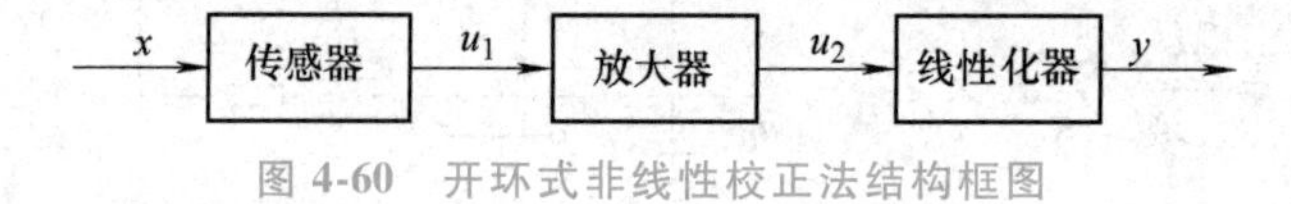

图 4-60　开环式非线性校正法结构框图

被测物理量 x 经传感器转换成电量 u_1，这种转换通常是非线性的。u_1 经放大器放大后变为电量 u_2，放大器一般是线性的。线性化器就是利用它本身的非线性来补偿传感器的非线性，从而使系统的输出 y 和输入 x 之间具有线性关系。线性化器有以下两个步骤：一是在给定 y-x 线性关系的前提下，根据已知的 u_1-x 非线性关系和 u_1-u_2 线性关系求出线性化器应当具有的 y-u_2 非线性关系；二是设计适当电路实现线性化器的非线性特性。

工程上求取线性化器非线性特性的方法有两种，分述如下。

（一）解析计算法

设图 4-60 所示的传感器特性解析式为

$$u_1 = f_1(x) \tag{4-20}$$

放大器特性的解析式为

$$u_2 = K_1 u_1 \tag{4-21}$$

要求测量应具有的输入-输出电压方程为

$$u_o = K_2 x \tag{4-22}$$

将以上三式联立，消去中间变量 u_1 和 x，就可以得到线性化器非线性特性的解析式为

$$u_2=K_1f_1\left(\frac{u_o}{K_2}\right) \tag{4-23}$$

根据式（4-23），即可设计出线性化器的具体电路。

（二）图解法

当传感器等环节的非线性特性用解析式表示比较复杂或比较困难时，可以用图解法求取线性化器的输入-输入特性曲线。可以根据此曲线设计出线性化器的具体电路，具体内容请参考有关资料，这里不再详述。

二、非线性校正电路

当用解析法或图解法求出线性化器的输入-输出特性曲线之后，接下来的问题就是如何用适当的电路来实现它。显然，在这类电路中需要有非线性器件或者利用某种器件的非线性区域，例如，将二极管或晶体管置于运算放大器的反馈回路中构成的对数运算放大器就能对输入信号进行对数运算，构成非线性函数运算放大器，它可以用于射线测厚仪的非线性校正电路中。目前最常用的是利用二极管组成非线性电阻网络，配合运算放大器产生折线形式的输入-输出特性曲线。由于折线可以分段逼近任意曲线，从而可以得非线性校正环节（线性化器）所需要的特性曲线。

折线逼近法如图 4-61 所示。将非线性校正环节所需要的特性曲线用若干有限的线段代替，然后根据各转折点 x_i 和各段折线的斜率 k_i 来设计电路。

根据折线逼近法所做的各段折线可列出下列方程：

$$\begin{cases} y=k_1x & x_1>x>0 \\ y=k_1x+k_2(x_2-x_1) & x_2>x>x_1 \\ \vdots \\ y=k_1x+k_2(x_2-x_1)+k_3(x_3-x_2)+\cdots+k_{n-1}(x_{n-1}-x_{n-2})+k_n(x-x_{n-1}) \end{cases} \tag{4-24}$$

式中，x_i 为折线的各转折点；k_i 为各线段的斜率，即

$$k_1=\tan\alpha_1,\ k_2=\tan\alpha_2,\ \cdots,\ k_n=\tan\alpha_n$$

可以看出，转折点越多，折线越逼近曲线，精度也越高，但转折点太多会因电路本身误差而影响精度。在校正电路中通常采用运算放大器，当输入电压为不同范围时，相应改变运算放大器的增益，从而获得所需要的斜率，其本身就是一个非线性放大器。

图 4-62 所示为一个简单转折点电路，其中 E 决定了转折点偏置电压，二极管 VD 作开关用，其转折电压为

$$U_1=E+U_{VD} \tag{4-25}$$

式中，U_{VD} 为二极管正向压降。

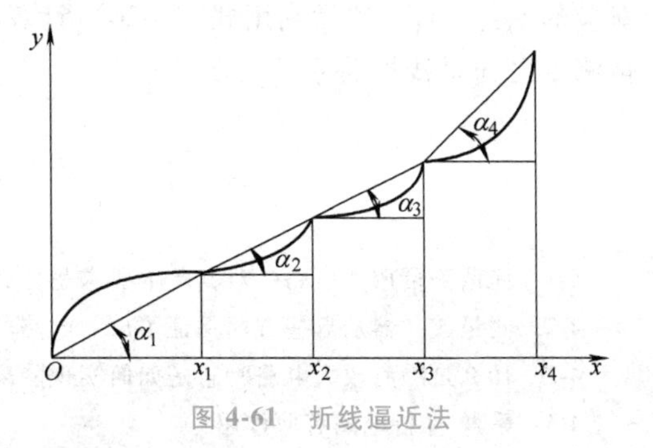

图 4-61　折线逼近法

三、非线性特性的软件线性化处理

对测量系统非线性环节的线性化处理，除了采用前述的硬件电路来实现外，还可以利用软件方法方便地实现。这种方法精度高，成本低，应用灵活。

设传感器非线性校正曲线如图 4-63 所示，它是一个非线性函数关系。将输入量 x 按一定要求分为 N 个区间，每个 x_k 都对应一个输出 y_k。把这些（x_k，y_k）编制成表格存储起来。实际的输入量 x_i 一定会落在某个区间（x_{k-1}，x_k）内，即 $x_{k-1}<x_i<x_k$。软件线性法的本质是用一段直线近似地代替这段区间里的实际曲线，然后通过近似插值公式计算出 y_i，这种方法称为线性插值法。

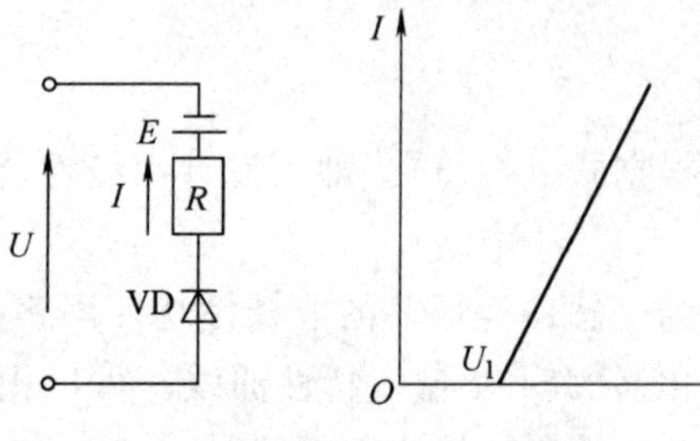

图 4-62　简单转折点电路

由图 4-64 可以看出，通过图中 $k-1$、k 两点的直线斜率 k 为

$$k=\frac{\Delta y}{\Delta x}=\frac{y_k-y_{k-1}}{x_k-x_{k-1}}$$

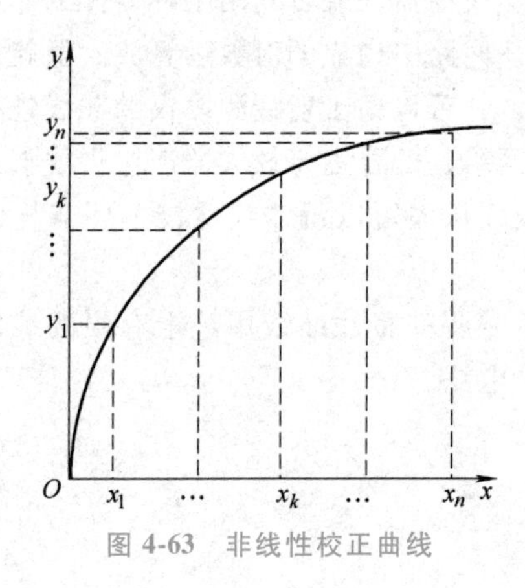

图 4-63　非线性校正曲线

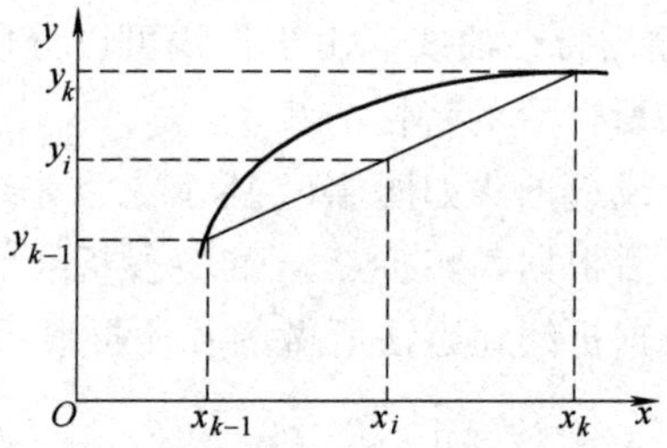

图 4-64　局部非线性特性

而 y_i 的计算公式为

$$y_i=y_{k-1}+k(x_i-x_{k-1})=y_{k-1}+\frac{(y_k-y_{k-1})(x_i-x_{k-1})}{x_k-x_{k-1}} \tag{4-26}$$

软件线性插值法的线性化精度由折线的段数决定，所分段数越多，精度越高，但数表所占内存越多。具体分段数可视非线性特性曲线形状而定，可以是等分的，也可以是不等分的。在 x_i 确定后首先通过查表确定 x_i 所在区间，查出后顺序取出区间两端点 x_{k-1}、x_k 及其对应的 y_{k-1}、y_k，然后利用式（4-26）计算出 y_i。这样，得到的输出量 y_i 和传感器所检测的被测量之间呈线性关系。

习题与思考题

4-1　何谓测量放大电路？对其基本要求是什么？

4-2　测量放大器从哪些方面保证了放大电路的性质？

4-3　什么是隔离放大电路？它是如何实现隔离的？应用于何种场合？

4-4　采样-保持电路有何作用？

4-5　什么是无源滤波器？什么是有源滤波器？各有何优缺点？

4-6　试述反相放大器与同相放大器的异同点。

4-7　在检测系统中，为何常常对传感器信号进行调制？常用的调制方法有哪些？

4-8　已知调制信号是幅值为 10V、周期为 1s 的方波信号，载波信号是幅值为 1V、频率为 10Hz 的正弦波信号。试求：

（1）画出已调制波的波形；

（2）画出已调制波的频谱。

4-9　已知调幅波 $x_a(t)=(100+30\cos2\pi f_1t+20\cos6\pi f_1t)(\cos2\pi f_ct)$V，其中 $f_c=10$kHz，$f_1=500$Hz。试求：

（1）所包含的各分量的频率及幅值；

（2）绘出调制信号与调幅波的频谱。

4-10　交流应变电桥的输出电压是一个调幅波。设供桥电压为 $E_0=\sin2\pi f_0t$V，电阻变化量为 $\Delta R(t)=R_0\cos2\pi ft$，其中 $f_0>f$。试求电桥输出电压 $e_y(t)$ 的频谱。

4-11　实现幅值调制解调的方法有哪几种？各有何特点？

4-12　用图解法来说明信号同步解调的过程。

4-13　试述频率调制和解调的原理。

4-14　信号量化的误差是怎样产生的？如何减少量化误差？

4-15　在模拟量自动检测系统中常用的线性化处理方法有哪些？

4-16　图 4-65 所示为一个并联组合的差分运算放大器，试写出它的差动增益表达式。与基本差动放大器相比，该电路有何优缺点？

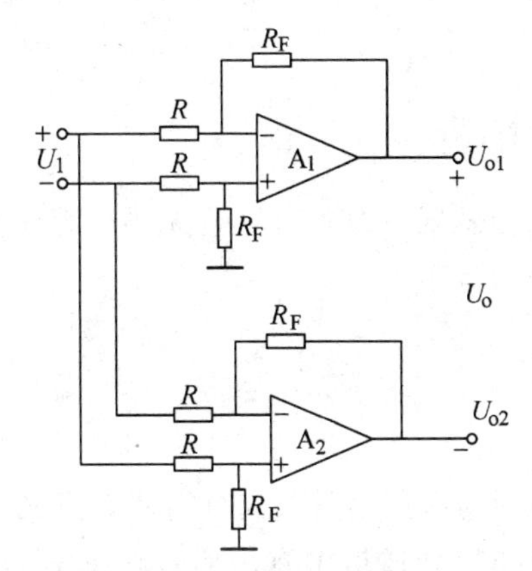

图 4-65　并联组合的差分运算放大器

第五章

抗干扰技术

在检测系统中，由于检测装置内部和外部因素的影响，信号在传输过程的各个环节中不可避免地要受到来自于系统内外的各种干扰，从而产生不同程度的畸变或失真。干扰可能使检测结果误差加大，严重时甚至使检测系统不能正常工作，因此，在设计检测系统时必须考虑各种干扰的影响，采取相关的抗干扰措施，以保证检测系统能最大限度地消除干扰对检测结果产生的影响。

第一节　检测系统中的干扰

一、干扰的种类、噪声源及防护办法

在非电量测量过程中往往会发现，总是有一些无用的背景信号与被测信号叠加在一起，这些无用信号称为干扰，也称为噪声。

噪声一般可分为外部噪声和内部噪声两大类。外部噪声有自然界噪声源（如电离层的电磁现象产生的噪声）和人为噪声源（如电气设备、电台干扰等）；内部噪声又称为固有噪声，它是由检测装置的各种元器件内部产生的，如热噪声、散粒噪声等。

噪声对检测装置的影响必须与有用信号共同分析才有意义。信噪比（S/N）常用来衡量噪声对有用信号的影响，它是指信号通道中有用信号功率 P_S 与噪声功率 P_N 之比或有用信号电压 U_S 与噪声电压 U_N 之比。信噪比常用对数形式来表示，单位为 dB。

在测量过程中应尽量提高信噪比，以减小噪声对测量结果的影响。即

$$S/N = 10\lg\frac{P_S}{P_N} = 20\lg\frac{U_S}{U_N} \tag{5-1}$$

由式（5-1）可知，信噪比越大，表示噪声的影响越小。

噪声干扰来自于噪声干扰源，工业现场的干扰源形式繁多，而且经常是几个干扰源同时作用于检测装置，只有仔细地分析其形式及种类，才能提出有效的抗干扰措施。

（一）机械干扰

机械干扰是指机械振动或冲击使电子检测装置中的元器件发生振动，改变了系统的电气参数，造成可逆或不可逆的影响。对于机械干扰，主要是用减振弹簧和减振橡胶来防护。

（二）化学及湿度干扰

化学物品如酸、碱、盐及其他腐蚀性气体侵入检测装置内部，腐蚀电子元器件，产生电化学噪声。环境湿度增大，会使绝缘体的绝缘电阻下降、电介质的电介常数增大、电感线圈

的 Q 值（电感线圈的品质因数）下降、金属材料生锈等。

在上述这些环境中工作的检测装置必须采取密封、浸漆、环氧树脂或硅橡胶封灌等措施来防护。

（三）热干扰

热量，特别是温度波动及不均匀温度场对检测装置的干扰主要体现在两个方面：

1）电子元器件均有一定的温度系数，温度升高时，电路参数也随之改变，从而引起误差。

2）接触热电动势。由于电子元器件多由不同金属构成，当它们相互连接组成电路时，如果各点温度不均匀，则不可避免地产生热电动势，叠加在有用信号上引起测量误差。

对于热干扰，除了选用低温漂元件，采用适当的软、硬件温度补偿措施外，仪器的前置输入级应远离发热元件，另外还要注意降低仪器的环境温度，加强仪器内部散热，采用热屏蔽等。

（四）固有噪声干扰

由检测装置内部电子元器件的无规则物理性运动所形成的宽频带固有噪声源有三种：热噪声、散粒噪声和接触噪声。

1）热噪声：又称为电阻噪声，是由电阻中电子的热运动所形成的。因为电子的热运动是无规则的，所以电阻两端的噪声电压也是无规则的，它所包含的频率成分是十分复杂的。

2）散粒噪声：存在于电子管和晶体管中，是由晶体管基区的载流子的无规则扩散以及电子-空穴对的无规则运动和复合而形成的。

3）接触噪声：由于两种材料之间不完全接触，从而形成电导率的起伏而产生的。它发生在两个导体连接的地方，如继电器的触点、电位器的滑动触点等。接触噪声通常是低频电路中最重要的噪声源。

（五）光的干扰

检测装置中的各种半导体器件对于光同样具有很强的敏感性。因为制造半导体的材料在光照的作用下会形成电子-空穴对，致使半导体器件产生电动势或使其电阻值发生变化，而影响测量结果。因此，半导体器件应封装在不透光的壳体内。对于具有光敏作用的器件，则应注意对光干扰的屏蔽。

（六）电、磁噪声干扰

各种电子设备的噪声干扰，其产生原因多数属于放电现象。在放电过程中会向周围空间辐射出从低频到高频的电磁波，且能传播得很远。在工频输电线路附近也存在强大的交变电场和磁场，产生工频干扰。另外还有电子开关和脉冲发生器的感应干扰等。

1）电晕放电噪声：主要来源于高压输电线，它具有间隙性，并产生脉冲电流，从而成为一种干扰噪声。

2）放电管（如荧光灯、霓虹灯）放电噪声：属于辉光放电和弧光放电，与外电路连接时容易引起高频振荡。

3）火花放电噪声：如雷电、电气设备中电刷间周期性放电、高频焊机火花、继电器触点的通断（电流很大时则会产生弧光放电）、汽车发动机的点火装置等。

4）工频干扰：大功率输电线是典型的工频噪声源，低电平的信号线只要一段距离与输电线相平行，就会受到明显的干扰；另外，在电子装置的内部，由于工频感应也会产生交流噪声，如果工频的波形失真较大（如供电系统接有大容量的晶闸管设备），由于高次谐波分量的增多，产生的干扰更大。

5）射频干扰：高频感应加热、高频焊接等工业电子设备以及广播、雷达等通过辐射或通过电源线会给附近的电子测量仪器带来干扰。

6）电子开关：电子开关虽然在通断时并不产生火花，但由于通断的速度极快，使电路中的电压和电流发生急剧的变化，形成冲击脉冲，成为噪声干扰源。

二、噪声耦合方式

干扰源产生的干扰必须经过一定的传播途径才能进入检测系统，这种途径叫作噪声的耦合方式。噪声耦合方式通常可归纳为下列几种。

（一）静电耦合

静电耦合又称为电场耦合或电容耦合。由于各种导线之间、元器件之间、线圈之间以及元器件与地之间均存在着分布电容（也称为寄生电容），使一个电路的电荷影响到另一个电路，从而使干扰电压经分布电容通过静电感应耦合于有效信号。

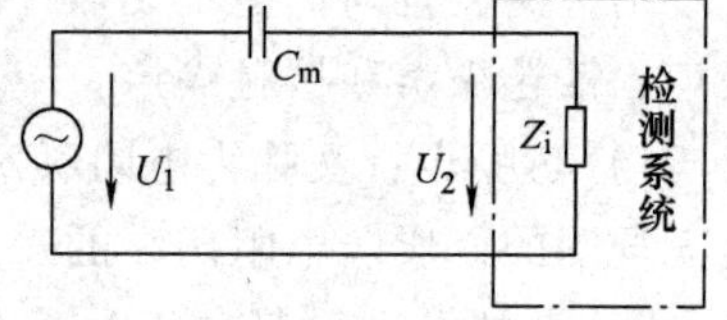

图 5-1　静电耦合的等效电路

在一般情况下，静电耦合的等效电路如图 5-1 所示。图中，U_1 表示静电干扰源输出电压，C_m 表示静电耦合的分布电容，Z_i 表示被干扰检测系统的等效输入阻抗，U_2 表示被干扰检测系统的静电耦合干扰电压。

一般情况下，$|j\omega C_m Z_i| \ll 1$，所以

$$U_2=\frac{Z_i}{Z_i+\frac{1}{j\omega C_m}}U_1=\frac{j\omega C_m Z_i}{j\omega C_m Z_i+1}U_1\approx j\omega C_m Z_i U_1 \tag{5-2}$$

由式（5-2）可以看出，接收电路上的干扰电压正比于噪声源频率、静电干扰源输出电压 U_1、耦合分布电容 C_m 和检测系统等效输入阻抗 Z_i。当有几个噪声源同时经静电耦合干扰同一个检测系统时，只要是线性的，就可以用叠加原理分别对各干扰源进行分析。

（二）电磁耦合

电磁耦合又称为互感耦合，它是由于两个电路之间存在互感，使一个电路的电流变化通过互感影响另一个电路。在一般情况下，电磁耦合可用图 5-2 所示的等效电路表示，图中 I_1 表示噪声源电流，M 表示两个电路之间的互感系数，U_2 表示通过电磁耦合感应的干扰电压。如果噪声源的角频率为 ω，则

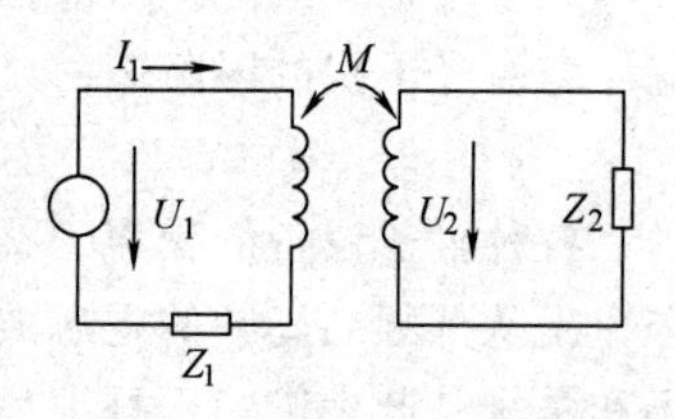

图 5-2　电磁耦合等效电路

$$U_2=j\omega MI_1 \tag{5-3}$$

（三）公共阻抗耦合

公共阻抗耦合的干扰是在同一系统的电路和电路之间、设备和设备之间的地线与地线等之间形成的公共阻抗，使一个电路中的电流，通过公共阻抗在另一个电路中产生干扰电压。

在检测系统内部，各个电路往往共用一个直流电源，这时电源内阻、电源线阻抗形成公共电源阻抗。当电流流经公共阻抗时，阻抗上的压降便成为噪声电压，如图 5-3 所示。

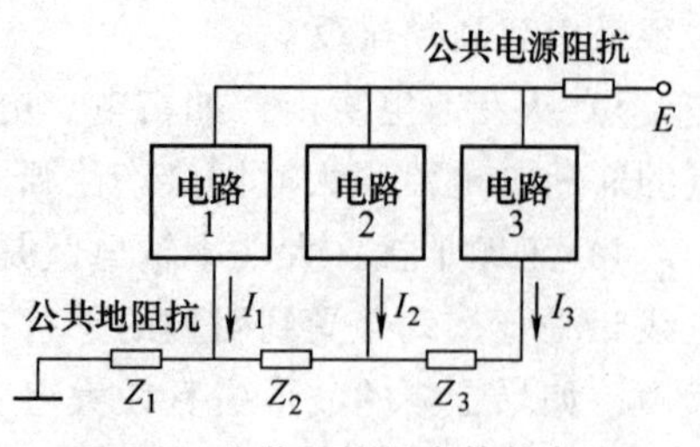

图 5-3　公共阻抗耦合等效电路

（四）漏电流耦合

由于绝缘不良，流经绝缘电阻的漏电流所引起的噪声干扰称为漏电流耦合。漏电流耦合可以用图 5-4 所示等效电路表示，U_1 表示干扰源输出电压，R 表示漏阻抗，Z_i 表示被干扰检测系统的等效输入阻抗，U_2 表示被干扰检测系统的漏电流耦合干扰电压，可得出

$$U_2=\frac{Z_i}{Z_i+R}U_1 \tag{5-4}$$

例如，用仪表测量较高的直流电压时，在检测装置附近有较高的直流电压源，在高输入阻抗的直流放大器中，漏电流耦合经常发生。高输入阻抗放大器漏电干扰如图 5-5 所示。

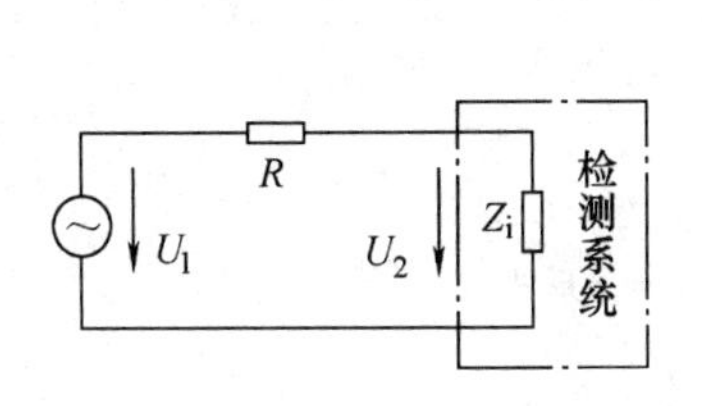

图 5-4 漏电流耦合等效电路

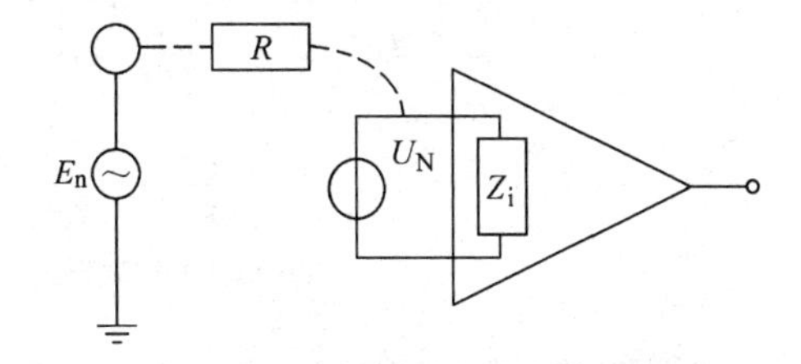

图 5-5 高输入阻抗放大器漏电干扰

设直流放大器的输入阻抗 $Z_i=10^8\Omega$，干扰源电动势 $E_n=15V$，绝缘电阻 $R=10^{10}\Omega$。根据上述给出的数据可以得出

$$U_N=\frac{Z_i}{R+Z_i}E_n=\frac{10^8}{10^{10}+10^8}\times 15V=0.149V \tag{5-5}$$

由式（5-5）的估算可知，对于高输入阻抗放大器来说，即使是微弱的漏电流干扰，也将造成严重的后果。所以必须要考虑与输入端有关的绝缘水平，特别是仪器的前置输入级。

（五）辐射电磁场耦合

辐射电磁场通常来源于大功率高频电气设备、广播发射台、电视发射台等电能量交换频繁的地方。如果在辐射电磁场中放置一个导体，则在导体上产生正比于电场强度的感应电动势。配电线，特别是架空配电线也都将在辐射电磁场中感应出干扰电动势，并通过供电线路侵入检测系统的电子装置，造成干扰。

（六）传导耦合

在信号传输过程中，当导线经过具有噪声的环境时，有用信号就会被噪声污染，并经导线传送到检测系统而造成干扰。最典型的传导耦合就是噪声经电源线传到检测系统中。事实上，经电源线引入检测系统的干扰是非常广泛和严重的。

三、放大器共模与差模干扰

各种噪声源产生的噪声干扰，必然要通过各种耦合方式进入检测系统对其产生干扰。根据噪声进入信号测量电路的方式以及与有用信号的关系，可将噪声干扰分为差模干扰与共模干扰。

（一）差模干扰

差模干扰又称为串模干扰，它使检测仪器的一个信号输入端子相对另一个信号输入端子的电位差发生变化，即干扰信号与有用信号按电压源形式串联起来作用于输入端。因为它和有用信号叠加起来直接作用于输入端，所以直接影响测量结果。差模干扰可用图 5-6 所示两

种方式表示。其中，图 5-6a 为串联电压源形式；图 5-6b 为并联电流源形式。图中，e_s 及 R_s 为有用信号源及内阻，U_n 表示等效干扰电压，I_n 表示等效干扰电流，Z_n 为干扰源等效阻抗，R_i 为接收电路的输入电阻。

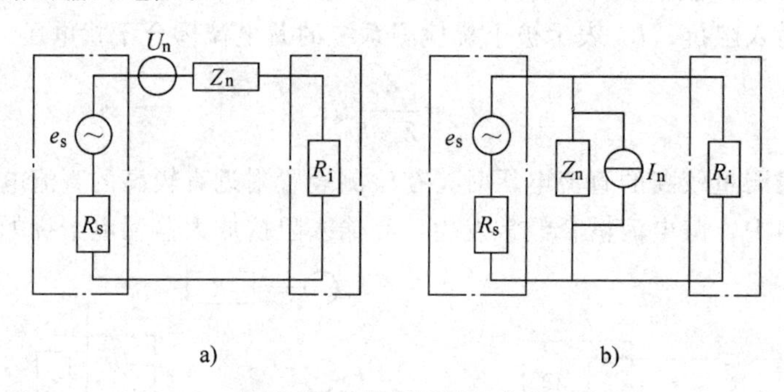

图 5-6 差模干扰等效电路

a）串联电压源形式 b）并联电流源形式

造成差模干扰的原因很多，其中外交变磁场对传感器的输入进行电磁耦合是常见的差模干扰。图 5-7 所示为用热电偶作敏感元件进行测温，交变磁通穿过信号传输回路产生干扰电动势，造成差模干扰的实例。对于不同情况，可以采用双绞线、传感器耦合端加滤波器、隔离、屏蔽等措施来消除差模干扰。

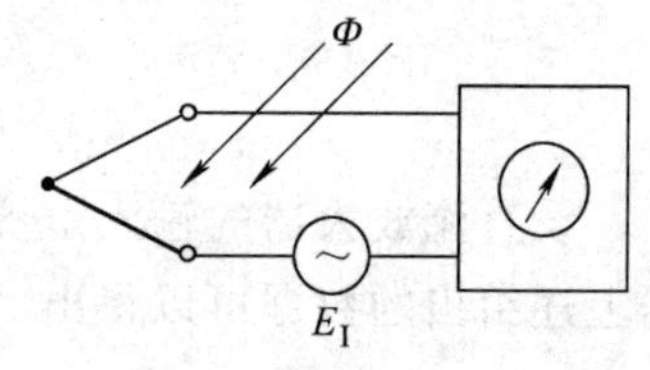

图 5-7 差模干扰实例

（二）共模干扰

共模干扰又称为对地干扰、同相干扰、共态干扰等，是相对于公共的电位参考点（通常为接地点）在检测系统的两个输入端子上同时出现的干扰。当信号输入电路参数不对称时，它会转化为差模干扰，对测量产生影响。在实际测量过程中，由于共模干扰的电压一般都比较大，而且它的耦合机理和耦合电路不易搞清楚，排除也比较困难，所以共模干扰对测量的影响更为严重。

（三）共模干扰抑制比

共模干扰只有转换成差模干扰才能对检测系统产生干扰影响，共模干扰对检测系统的影响大小，直接取决于共模干扰转换成差模干扰的大小。通常用“共模干扰抑制比”衡量检测系统对共模干扰的抑制能力。

共模干扰抑制比定义为作用于检测系统的共模干扰信号与使该系统产生同样输出所需的差模信号之比。通常以对数形式表示，即

$$CMRR = 20\lg \frac{U_{cm}}{U_{cd}} \tag{5-6}$$

式中，U_{cm} 为作用此检测系统的实际共模干扰信号；U_{cd} 为使检测系统产生同样输出所需的差模信号。

共模干扰抑制比也可以定义为检测系统的差模增益与共模增益之比。可用数学式表示为

$$CMRR = 20\lg \frac{K_d}{K_c} \tag{5-7}$$

式中，K_d 为差模增益；K_c 为共模增益。

以上定义说明，$CMRR$ 值越高，检测系统对共模干扰的抑制能力越强。共模干扰抑制比

有时简称为共模抑制比。图 5-8 所示是一个差动输入运算放大器受共模干扰的等效电路。电路 U_n 为共模干扰电压，Z_1、Z_2 为共模干扰源阻抗，R_1、R_2 为信号传输线路电阻，U_s 为信号源电压。由图 5-8 可知，共模干扰电压 U_n 通过 Z_1、Z_2 在放大器两输入端之间产生差模干扰电压

$$U_{cd}=U_n\left(\frac{Z_1}{R_1+Z_1}-\frac{Z_2}{R_2+Z_2}\right) \tag{5-8}$$

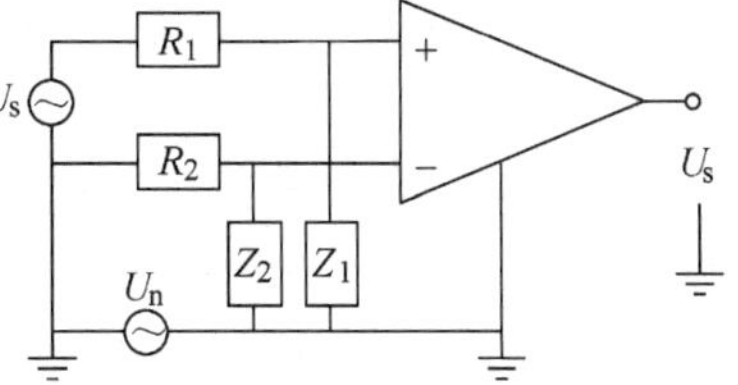

图 5-8 差动输入运算放大器受共模干扰的等效电路

此差动输入运算放大器的共模抑制比为

$$CMRR=20\lg\frac{U_n}{U_{cd}}=20\lg\frac{(R_1+Z_1)(R_2+Z_2)}{Z_1R_2-Z_2R_1} \tag{5-9}$$

式（5-9）中，当 $Z_1R_2=Z_2R_1$ 时，共模抑制比趋于无穷大，但实际上很难做到这一点。一般 Z_1、$Z_2 \geqslant R_1$、R_2，且 $Z_1 \approx Z_2=Z$，则式（5-9）可简化为

$$CMRR=20\lg\frac{Z}{R_2-R_1} \tag{5-10}$$

式（5-10）表明，提高 Z_1、Z_2，可以提高差动放大器的抗共模干扰能力。通过上例分析可见，共模干扰在一定条件下是要转换成差模干扰的，而且若电路对称性好，则共模抑制能力强。

第二节 常用抗干扰技术

干扰的形成必须同时具备三要素，即干扰源、干扰途径以及对噪声敏感性较高的接收电路——检测装置的前级电路，三者的联系如图 5-9 所示。

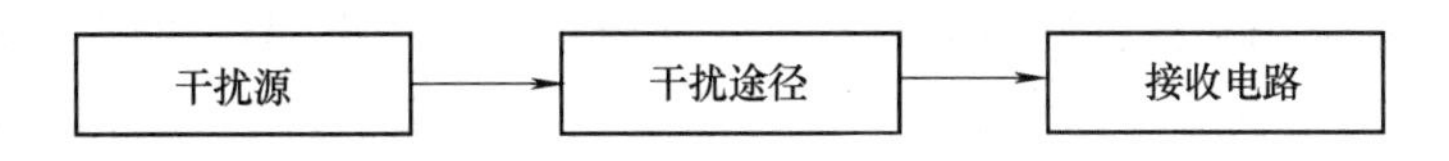

图 5-9 形成干扰的三要素之间的联系

针对这三要素，可采取以下三方面的措施来消除或减弱噪声干扰：

1）消除或抑制干扰源：积极的措施是消除干扰源，如使产生干扰的电气设备远离检测装置；将整流子电动机改为无刷电动机；在继电器、接触器等设备上增加消弧措施等。

2）破坏干扰途径：对于以“路”的形式侵入的干扰，可采取诸如提高绝缘性能，采用隔离变压器、光耦合器等方法切断干扰途径，采用退耦、滤波等手段引导干扰信号的转移，改变接地形式消除共阻抗耦合的干扰途径等。对于以“场”的形式侵入的干扰，一般采取各种屏蔽措施，如静电屏蔽、磁屏蔽、电磁屏蔽等。

3）削弱接收回路对干扰的敏感性：高输入阻抗的电路比低输入阻抗的电路更易受干扰，模拟电路比数字电路抗干扰能力差。一个设计良好的检测装置应该具备对有用信号敏感、对干扰信号不敏感的特性。

一、屏蔽技术

屏蔽一般是指电磁屏蔽。所谓电磁屏蔽，就是用电导率和磁导率高的材料制成封闭的容器，将受干扰的电路置于该容器之中，从而抑制该容器外的干扰与噪声对容器内电路的影

响。当然，也可以将产生干扰与噪声的电路置于该容器之中，从而减弱或消除其对外部电路的影响。屏蔽可以显著地减小静电（电容性）耦合和互感（电感性）耦合的作用，降低受干扰电路对干扰与噪声的敏感度，因而在电路设计中被广泛采用。

（一）屏蔽的原理

屏蔽的抗干扰功能基于屏蔽容器壳体对干扰与噪声信号的反射与吸收作用。如图5-10所示，P_1 为干扰与噪声的入射能量，P_1'为干扰与噪声在第一边界面上的反射能量，P_2'为干扰与噪声在第二边界面上被反射与在屏蔽层内被吸收的能量，P_2 为干扰与噪声透过第二边界面上的剩余能量。如果屏蔽形式与材料选择得好，可使由屏蔽容器外部进入其内部的干扰能量 P_2 明显小于 P_1，或者使屏蔽内部干扰源逸出到容器外面的干扰能量显著减小。

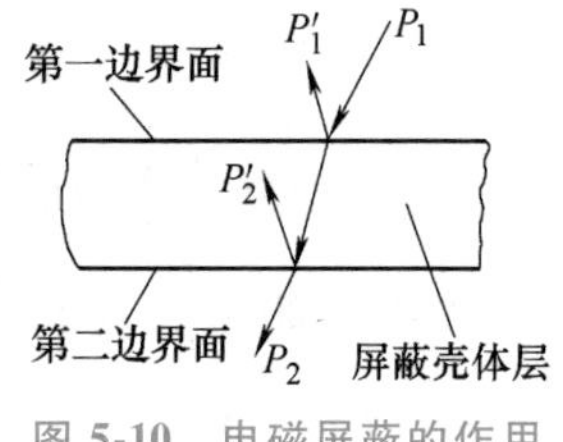

图 5-10　电磁屏蔽的作用

（二）常用屏蔽技术

1）静电屏蔽：在静电场中，密闭的空心导体内部无电力线，即内部各点等电位。静电屏蔽就是利用这个原理，以铜或铝等导电性良好的金属为材料，制作封闭的金属容器，并与地线连接，把需要屏蔽的电路置于其中，使外部干扰电场的电力线不影响其内部的电路；反之，内部电路产生的电力线也无法外逸去影响外电路。必须说明，作为静电屏蔽的容器，器壁上允许有较小的孔洞（作为引线孔），它对屏蔽的影响不大。

静电屏蔽能防止静电场的影响，用它可以消除或削弱两电路之间由于寄生分布电容耦合而产生的干扰。

在电源变压器的一次侧和二次侧之间插入一个梳齿形薄铜皮的导体，并将它接地，也属于静电屏蔽，可以防止两绕组间的静电耦合。

2）电磁屏蔽：采用导电良好的金属材料做屏蔽罩，利用电涡流原理，使高频干扰电磁场在屏蔽金属内产生电涡流，消耗干扰磁场的能量，并利用涡流磁场抵消高频干扰磁场，从而使电磁屏蔽层内部的电路免受高频电磁场的影响。

若将电磁屏蔽层接地，则同时兼有静电屏蔽作用。通常使用的铜质网状屏蔽电缆就能同时起电磁屏蔽和静电屏蔽的作用。

3）低频磁屏蔽：在低频磁场中，电涡流作用不太明显，因此必须采用高导磁材料作屏蔽层，以便将低频干扰磁力线限制在磁阻很小的磁屏蔽层内部，使低频磁屏蔽层内部的电路免受低频磁场耦合干扰的影响。例如，仪器的铁皮外壳就起到低频磁屏蔽的作用。若进一步将其接地，又同时起静电屏蔽和电磁屏蔽作用。在干扰严重的地方常使用复合屏蔽电缆，其最外层是低磁导率、高饱和的铁磁材料，中间层是高磁导率、低饱和的铁磁材料，最里层是铜质电磁屏蔽层，以便一层层地消耗干扰磁场的能量。在工业中常用的办法是将屏蔽线穿在铁质蛇皮管或普通铁管内，达到双重屏蔽的目的。

二、接地技术

接地通常有两种含义：一是连接到系统基准地；二是连接到大地。

连接到系统基准地是指各个电路部分通过低电阻导体与电气设备的金属底板或金属外壳连接，而电气设备的金属底板或金属外壳并不连接到大地。

连接到大地是指将电气设备的金属底板或金属外壳通过接地导体与大地连接。针对不同的情况和目的，可采用公共基准电位接地、抑制干扰接地、浮置和安全保护接地等方式。

（一）公共基准电位接地

测量与控制电路中的基准电位是各回路工作的参考电位，该参考电位通常选为电路中直流电源（当电路系统中有两个以上直流电源时则为其中一个直流电源）的零电压端。该参考电位与大地的连接方式有直接接地、悬浮接地、一点接地、多点接地等，可根据不同情况组合采用，以达到所要求的目的。

1）直接接地：适用于大规模的或高速高频的电路系统。因为大规模的电路系统对地分布电容较大，只要合理地选择接地位置，直接接地可消除分布电容构成的公共阻抗耦合，有效地抑制噪声，并同时起到安全接地的作用。

2）悬浮接地（简称浮地）：指各个电路部分通过低电阻导体与电气设备的金属底板或金属外壳连接，电气设备的金属底板或金属外壳是各回路工作的参考电位即零电平电位，但不连接到大地。悬浮接地的优点是不受大地电流的影响，内部元器件不会因高电压感应而击穿。

3）一点接地：有串联式（干线式）接地和并联式（放射式）接地两种方式。串联式接地如图 5-11a 所示，构成简单而易于采用，但电路 1～电路 3 各个部分接地的总电阻不同。当 R_1、R_2、R_3 较大或接地电流较大时，各部分电路接地点的电平差异显著，影响弱信号电路的正常工作。并联式接地如图 5-11b 所示，各部分电路的接地电阻相互独立，不会产生公共阻抗干扰，但接地线长而多，经济性差，可考虑电路 1～电路 3 位置重新组合，对相对远距离的电路 3 可考虑用分开的电源。另外，当用于高频场合时，接地线间分布电容的耦合比较突出，而且当地线的长度是信号 1/4 波长的奇数倍时还会向外产生电磁辐射干扰。

4）多点接地：为降低接地线长度，减小高频时的接地阻抗，可采用多点接地的方式。多点接地方式如图 5-12 所示，各个部分电路都有独立的接地连接，连接阻抗分别为 Z_1、Z_2、Z_3。

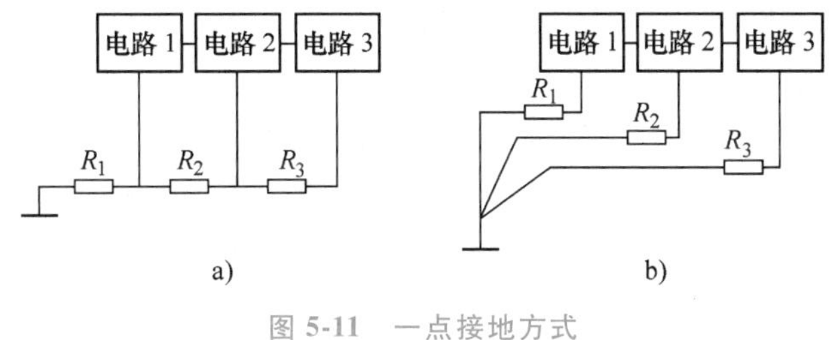

图 5-11　一点接地方式
a）串联式　b）并联式

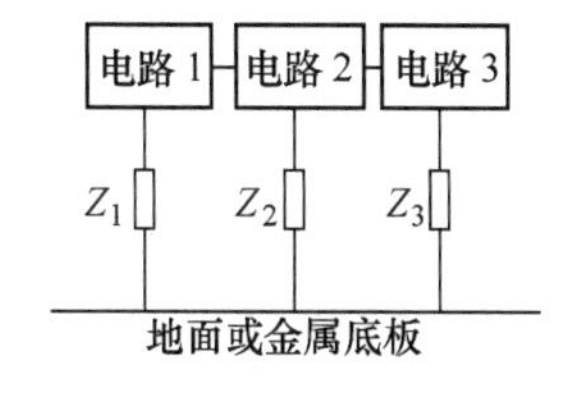

图 5-12　多点接地方式

如果 Z_1 用金属导体构成，Z_2、Z_3 用电容器构成，对低频电路来说仍然是一点接地方式，而对高频电路来说则是多点接地方式，从而可满足电路宽频带工作的要求。

如果 Z_1 用金属导体构成，Z_2、Z_3 用电感器构成，对低频电路来说是多点接地方式，而对高频电路来说则是一点接地方式，既能在低频时实现各部分的统一基准电位和保护接地，又可避免接地回路闭合而引入高频干扰。

（二）抑制干扰接地

电气设备中的某些部分与大地连接，可起到抑制干扰与噪声的作用。例如，大功率电路的接地可减小电路对其他电路的电磁冲击与噪声干扰，屏蔽壳体、屏蔽网罩或屏蔽隔板的接地可避免电荷积聚引起的静电效应，提高抑制干扰的效果等。

抑制干扰接地从具体连接方式上讲，有部分接地和全部接地、一点接地与多点接地、直接接地与悬浮接地等类型。由于分布与寄生参数难以确定，常常无法用理论分析估计选择哪一种方式最合适。因此，最好做一些模拟试验，以便设计制造时参考。

实际中，有时可采用一种接地方式，有时则要同时采用几种接地方式，应根据不同情况采用不同方式。

（三）浮置

浮置又称为浮空、浮接，它是指检测装置的输入信号放大器公共端不接机壳或大地。这种被浮置的检测装置的测量电路与机壳或大地之间无直流联系，阻断了干扰电路的通路，明显加大了测量电路放大器公共端与地（或机壳）之间的阻抗，因此浮置与接地相比能大大减小共模干扰电流。特别强调的是，若非常高电平的电路和非常低电平的电路必须用在一起，则需要浮置电路。

（四）安全保护接地

当电气设备的绝缘因机械损伤、过电压等原因被损坏，或无损坏但处于强电磁环境时，电气设备的金属外壳、操作手柄等部分会出现相当高的对地电压，危及操作维修人员的安全。将电气设备的金属底板或金属外壳与大地连接，可消除触电危险。在进行安全保护接地连接时，要保证较小的接地电阻和可靠的连接方式，防止日久失效。另外要坚持独立接地，即将接地线通过专门的低阻导线与近处的接地体连接。

三、隔离技术

在测控电路系统中，尽管从各方面加以注意，但由于分布参数无法完全控制，常常会形成如图 5-13a 所示的寄生环路（特别是地线环路），从而引入电磁耦合干扰。为此，在有些情况下，需要采取隔离技术，以切断可形成的环路，提高电路系统的抗干扰性能。

图 5-13b 所示为采用隔离变压器 T 切断地线环路的情况。这种方法在信号频率为 50Hz 以上时采用比较合适，在低频特别是超低频时不宜采用。

图 5-13c 所示为采用纵向扼流圈 T 切断地线环路的情况。由于扼流圈对低频信号的电流阻抗小，对纵向的噪声电流却呈现很高的阻抗，故在信号频率较低及超低频时采用比较合适。

图 5-13d 所示为采用光耦合器切断地线环路的情况。利用光耦合，将两个电路的电气连接隔开，两个电路用不同的电源供电，有各自的地电位基准，二者相互独立而不会造成干扰。

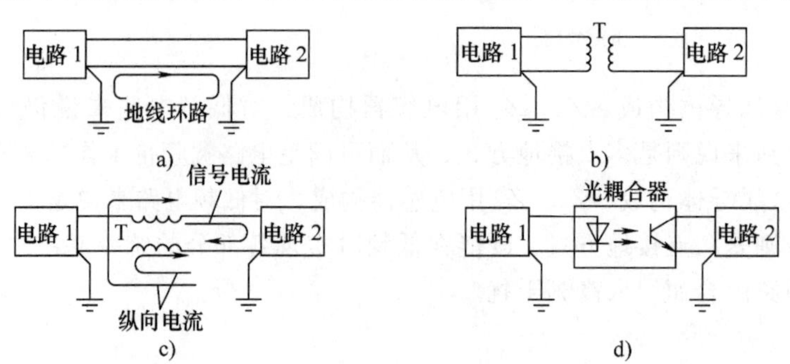

图 5-13　地线环路的形成及其隔离

a）地线环路的形成　b）隔离变压器隔离　c）纵向扼流圈隔离　d）光耦合器隔离

四、滤波器

滤波器是一种只允许某一频带信号通过或阻止某一频带信号通过的电路，是抑制噪声干扰的最有效手段之一，能抑制经导线传导耦合到电路中的噪声干扰。

（一）交流电源进线的对称滤波器

任何使用交流电源的检测装置，噪声会经电源线传导耦合到测量电路中去。为了抑制这种噪声干扰，可在交流电源进线端子间加装滤波器，如图 5-14 所示。其中，图 5-14a 为线间电压滤波器，图 5-14b 为线间电压和对地电压滤波器，图 5-14c 为简化的线间电压和对地电压滤波器。高频干扰电压对称滤波器可有效抑制中波段的高频噪声干扰。图 5-15 所示为低频干扰电压滤波电路，此电路对抑制因电源波形失真而含有较多高次谐波的干扰很有效。

（二）直流电源输出的滤波器

直流电源往往是检测装置几个电路共用的。为了减弱共用电源内阻在电路之间形成的噪声耦合，对直流电源输出需加装高、低频成分的滤波器，如图 5-16 所示。

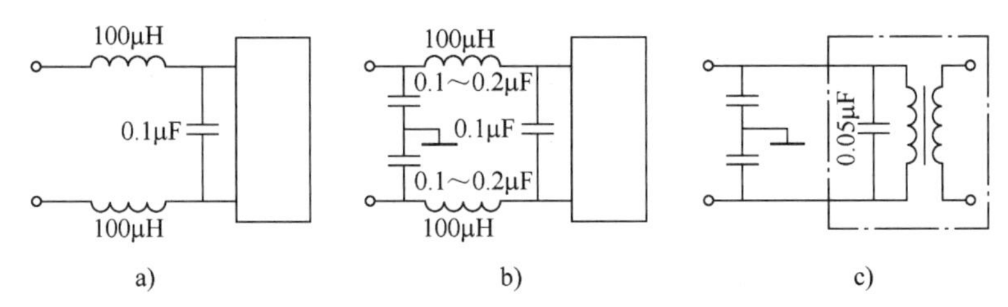

图 5-14 高频干扰电压对称滤波器

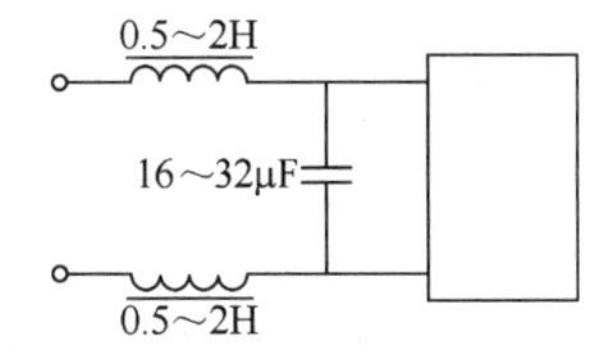

图 5-15 低频干扰电压滤波电路

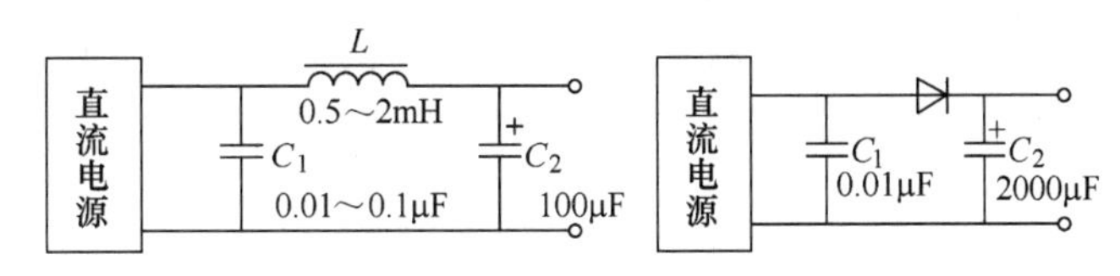

图 5-16 高、低频干扰电压滤波器

（三）退耦滤波器

当一个直流电源对几个电路同时供电时，为了避免通过电源内阻造成几个电路之间互相干扰，应在每个电路的直流电源与地线之间加装退耦滤波器，如图 5-17 所示。图 5-17a 所示为 *RC* 退耦滤波器，图 5-17b 所示为 *LC* 退耦滤波器。应注意，*LC* 滤波器有一个谐振频率，其值为

$$f_r=\frac{1}{2\pi\sqrt{LC}} \tag{5-11}$$

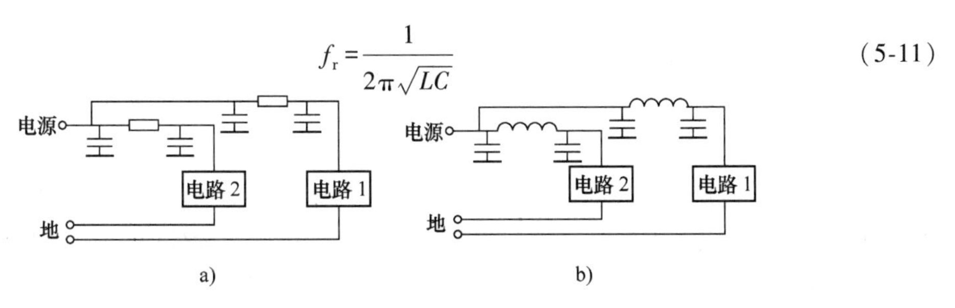

图 5-17 电源退耦滤波器

在这个谐振频率 f_r 上，经滤波器传输过去的信号，比没有滤波器时还要大。因此，必须将这个谐振频率取在电路的通频带之外。在谐振频率 f_r 下滤波器的增益与阻尼系数 ξ 成反比。LC 滤波器的阻尼系数为

$$\xi=\frac{R}{2}\sqrt{\frac{C}{L}}$$

式中，R 是电感线圈的有效电阻。

为了把谐振时的增益限制在 2dB 以下，应取 $\xi>0.5$。

对于一台多级放大器，各放大器之间会通过电源的内阻抗产生耦合干扰。因此，多级放大器的级间及供电必须进行退耦滤波，可采用 RC 退耦滤波器。由于电解电容在频率较高时呈现电感特性，所以退耦电容常由两个电容并联组成。一个为电解电容，起低频退耦作用；另一个为小容量的非电解电容，起高频退耦作用。

五、软件抗干扰措施

（一）软件滤波

由于经济和技术等因素，干扰无法通过硬件措施完全消除掉，在信号数据进入计算机正式使用之前，经过软件抗干扰会取得更好的抗干扰效果。软件抗干扰通常是采用数字滤波方法。在检测系统中，比较常用的数字滤波方法如下：

1）最小二乘滤波可滤除正态分布的零均值随机干扰。这种方法是对某一测量值连续采样数次，取其平均值作为本次测试值。

2）滤波系数法可消除一些瞬间干扰。这种方法是把上次采样值作为基础，加上或减去二次采样值，从而得到采样滤波后的数值。

3）加权滤波法速度较快，实时性强，适用于快速测试系统。这种方法是将前几次采样滤波后的数据和本次采样滤波前的数据各按一定的百分比计算后叠加而得到本次采样滤波后的数值。

4）中位值滤波法对去除脉冲性噪声比较有效。这种方法是对某被测参数，连续采三次以上的值，取其中位值作为该参数的测试值。

5）RC 低通数字滤波法是仿照模拟系统的 RC 低通滤波器的方法，用数字形式实现低通滤波。其计算公式如下：

$$Y_k=(1-\alpha)Y_{k-1}+\alpha X_k$$

式中，X_k 为第 k 次采样时滤波器输入值；Y_k 为第 k 次采样时滤波器输出值；Y_{k-1} 为第 $k-1$ 次采样时滤波器输出值；α 为滤波平滑系数，$\alpha=1-e^{-T/c}$，c 为数字滤波器的时间常数，T 为采样周期。

6）滑动平均滤波法可削弱瞬态干扰的影响，对频繁振荡的干扰抑制能力强。此法是每采样一次就与最近的 $N-1$ 次的历史采样值相加，然后用 N 去除，得到的商作为当前值。

（二）系统软件抗干扰措施

干扰不仅影响检测系统的硬件，而且对其软件系统也会形成破坏，如造成系统的程序弹飞、进入死循环或死机状态，使系统无法正常工作。因此，软件的抗干扰设计对计算机检测系统是至关重要的。

除了前面介绍的数字滤波软件抗干扰措施外，还有软件陷阱、“看门狗”技术等。

软件陷阱是通过指令强行将捕获的程序引向指定地址，并在此用专门的出错处理程序加以处理的软件抗干扰技术。前面提到干扰可能会使程序脱离正常运行轨道，软件陷阱技术可以让弹飞了的程序安定下来。在程序固化时，在每个相对独立的功能程序段之间，插入转跳指令，如 LJMP 0000H，将程序存储器（EPROM）后部未用区域全部用 LJMP 0000H 填满，一旦程序“跑飞”进入该区域，自动完成软件复位。将 LJMP 0000H 改为 LJMPERROR（故障处理程序），可实现“无扰动”复位。

“Watchdog”俗称看门狗，即监控定时器，是计算机检测系统中普遍采用的抗干扰和可靠性措施之一。“Watchdog”有多种用法，其主要的应用是用于因干扰引起的系统程序弹飞的出错检测和自动恢复。它实质上是一个可由 CPU 复位的定时器，原则上由定时器以及与 CPU 之间的适当的输入/输出接口电路组成，如振荡器加上可复位的计数器构成的定时器、各种可编程的定时器/计数器（如 Intel 8253/8254 等）、单片机内部的定时器/计数器等。

习题与思考题

5-1 常见的噪声干扰有哪几种？如何防护？

5-2 屏蔽有几种形式？各起什么作用？

5-3 接地有几种形式？各起什么作用？

5-4 在一热电动势放大电路的输入端，测得热电动势为 10mV，串模交流干扰信号电压有效值为 1mV。

（1）求施加在该输入端信号的信噪比；

（2）要采取什么措施才能提高加在该放大器输入端信号的信噪比？

5-5 图 5-18 所示为某个数据采集系统的接地电路示意图，请分析该电路接地特点，并说明从中可以得到哪些有益的结论。

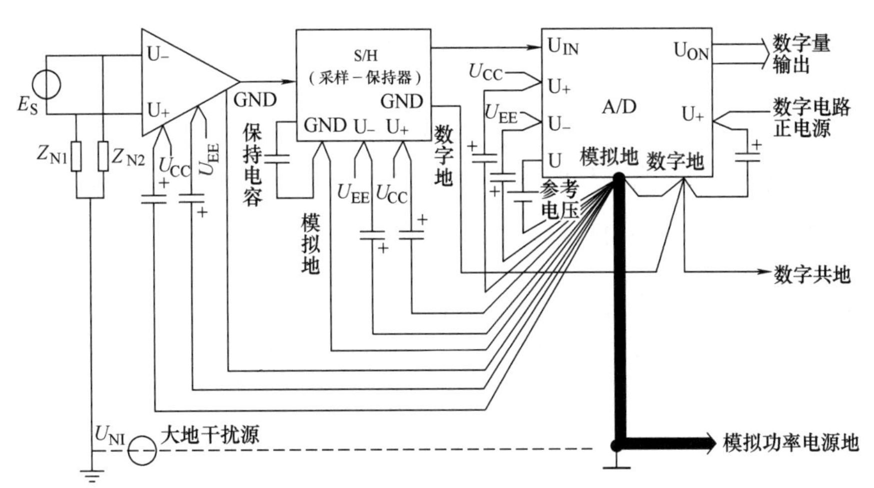

图 5-18 数据采集系统的接地电路示意图

第六章

自动检测系统的设计及应用

第一节　自动检测系统的设计原则及一般步骤

一、自动检测系统设计原则

自动检测系统主要用于对生产设备和工艺过程进行自动监视和自动保护，检测任务不同，对检测系统的要求也不一样，因此，在设计、组装和配置检测系统时，应考虑以下要求：

1）性能稳定：系统的各个环节具有时间稳定性。

2）精度符合要求：精度主要取决于传感器、信号调节采集器等模拟变换部件。

3）有足够的动态响应：现代检测中，高频信号成分迅速增加，要求系统必须具有足够的动态响应能力。

4）具有实时和事后数据处理能力：能在实验过程中处理数据，便于现场实时观察分析，及时判断实验对象的状态和性能。实时数据处理的目的是确保实验安全、加速实验进程和缩短实验周期。系统还必须有事后处理能力，待试验结束后能对全部数据做完整、详尽的分析。

5）具有开放性和兼容性：主要表现为检测设备的标准化。计算机和操作系统具有良好的开放性和兼容性，可以根据需要扩展系统硬件和软件，并便于使用和维护。

基于以上要求，在设计自动检测系统时，应当遵循以下的原则，以保证测量精度和满足所规定的使用性能要求。

（一）环节最少原则

组成自动检测系统的各个元器件或单元通常称为环节。如前所述，开环检测系统的相对误差为各个环节的相对误差之和，故环节越多，误差越大。因此，设计自动检测系统时，在满足检测要求的前提下，应尽量选用较少的环节。对于闭环测量系统，由于系统的误差主要取决于反馈环节，所以在设计此类自动检测系统时，应尽量减少反馈环节的数量。

（二）精度匹配原则

在对自动检测系统进行精度分析的基础上，根据各环节对系统精度影响程度的不同和实际的可能，分别对各环节提出不同的精度要求和恰当的精度分配，做到恰到好处，这就是精度匹配原则。

如前所述，开环检测系统的每个环节的误差都会影响整个检测系统的精度。因此，在设计开环检测系统时，应尽量减小各个环节的误差。然而，在设计中不加选择地普遍提高所有环节的精度，或者毫无根据地提高个别环节的精度，都是没有意义的，这样只会提高成本或增加制造上的困难。考虑到所有环节中误差最大的环节对检测系统的总误差起着决定性的作用，因此，在设计中应尽量降低这个环节的误差，并适当放宽对其他次要环节的要求，以降低成本。

具有反馈环节的闭环检测系统，其总误差主要取决于反馈回路的误差。因此，在设计时应重点考虑反馈回路中误差最大的环节。

（三）阻抗匹配原则

如前所述，测量信息的传输是靠能量流进行的。因此，设计检测系统时的一条重要原则是要保证信息能量最有效的传递。这个原则是由四端网络理论导出的，也即检测系统中两个环节之间的输入阻抗与输出阻抗相匹配的原则。如果把信息传输通道中的前一个环节视为信号源，下一个环节视为负载，则可以用负载的输入阻抗 Z_L 对信号源的输出阻抗 Z_0 之比 $\alpha=|Z_L|/|Z_0|$ 来说明这两个环节之间的匹配程度。当 $\alpha=1$ 或 $|Z_L|=|Z_0|$ 时，检测系统可以获得传送信息的最大传输效率。应当指出，在实际设计时为了照顾测量装置的其他性能，匹配程度 α 常常不得不偏离最佳值 1，一般允许在 $\alpha=3\sim5$ 范围内。

匹配程度 α 的大小决定了检测系统中两个环节之间的匹配方式。当 α 的数值较大，即负载的输入电阻较大时，负载与信号源之间应实现电压匹配；当 α 的数值较小，即负载的输入电阻较小时，两环节之间应实现电流匹配。当两个环节之间的输出电阻与输入电阻相同时，则取功率匹配，此时由信号源馈送给负载的信息功率最大。

（四）经济原则

在设计过程中，要处理好所要求的精度与仪表制造成本之间的矛盾。要尽量采用合理的结构形式与合理的工艺要求，恰当地进行各环节的灵敏度分配和误差分配，尽量以最少的环节、最低的成本建立起高精度的检测系统。必要时，可以采用软件来取代硬件设备，从而起到降低成本、提高精度、扩大功能的显著效果。

（五）标准化与通用性原则

为缩短研制周期，便于大批量生产和使用过程中的维修，在设计中应尽量采用已有的标准零部件，对于新设计的零部件，也要考虑到今后在其他方面可能使用的通用性问题。

二、自动检测系统设计的一般步骤

自动检测系统设计的一般步骤包括：自动检测系统的分析、系统总体方案的设计、系统硬件的设计、系统软件的设计、系统集成等。

（一）自动检测系统的分析

自动检测系统的分析是确定系统的功能、技术指标及设计任务，是设计自动检测系统总方向的重要阶段。在这个阶段主要是对要设计的系统运用系统论的观点和方法进行全面的分析和研究，以便明确对本设计课题提出了哪些要求和限制，了解被测对象的特点、所要求的技术指标和使用条件等。以下仅就几个主要方面作简要说明：

1）首先明确系统必须实现的功能和需要完成的测量任务。测量任务包括被测参数的定义和性质、被测量的数量、输入信号的通道数、测量结果的输出形式等。从能量的观点考虑，被测参数的性质可以分为两种：一种是压力、流量、液位、温度、电流等直接与能源相关的有源参数；另一种是长度、浓度、电阻等与能源没有直接关系的无源参数。在检测有源参数时，一般可直接利用被测对象本身的能源，但当被测对象本身不具有足够大的能量时，容易产生测量误差，这时必须注意选择适当的检测方法。在检测无源参数时，需要从外部供给必要的能源，通常采用零位法或比较法等检测方法。

2）了解设计任务所规定的性能指标。为了明确设计目标，应当了解对于被测参数的测量精度、测量速度、极限变化范围和常用测量范围、分辨率、动态特性、误差等方面的要求，以及对于仪器仪表的检测效率、通用程度和可靠性等要求。

3）了解测量系统的使用条件和应用环境。首先应当了解在规定的使用条件下，存在哪些影响被测参数的因素，以便在设计时设法消除其影响。在车间环境使用的测量装置，一般应考虑到温度、湿度、电磁场等环境条件的影响，甚至考虑设置必要的防尘、防油、防水等密封装置以及其他屏蔽措施。对于直接用于生产过程的在线自动检测系统，在设计时还应考虑到现场安装条件、运行条件以及对信号输出形式（显示、记录、远传或报警等）的要求。

（二）自动检测系统总体方案的设计

在自动检测系统分析的基础上，明确设计目标之后，即可进行总体方案的构思与设计。所谓总体方案的设计，是从总体角度出发对自动检测系统的带有全局性的重要问题进行全面考虑、分析和设计计算。总体方案的设计包括系统控制方式的选择、输入/输出通道及外围设备的选择、系统结构的选择等几个方面。

1. 系统的控制方式的选择

自动检测系统的控制方式应根据被测对象的测试要求确定，其控制方式如果按照信号传输方式可分为开环系统、闭环系统，或是数据处理系统。按实现方式可以分为手动控制、自动控制和半自动控制。被测对象在测试过程中无须人工干预的宜采用自动控制方式；而在测试过程中需要人工干预，如根据需要扳动开关、转接负载等，可采用半自动方式；在维修过程中，可能需要针对某一特定内容逐步检测时，手动控制方式则是必需的。

2. 输入/输出通道及外围设备的选择

自动检测系统中与计算机相连的输入/输出通道，通常根据被测对象参数的多少来确定，并根据系统的规模及要求，配以适当的外围设备，如打印机、CRT、磁盘驱动器、绘图仪等。选择时应考虑以下一些问题：

1）被测对象参数的数量。

2）各输入/输出通道是串行操作还是并行操作。

3）各通道数据的传输速率。

4）各通道数据的字长及选择位数。

5）对显示、打印有何要求。

3. 系统结构的选择

自动检测系统结构设计需要综合考虑散热、电磁兼容性、防冲振、维护性等，创造使设备正常、可靠地工作的良好环境。具体要求如下：

1）充分贯彻标准化、通用化、系列化、模块化要求。

2）人机关系谐调，符合有关人机关系标准，使操作者操作方便、舒适、准确。

3）设备具有良好的维护性，需经常维修的单元必须具有良好的可拆性。

4）结构设计必须满足设备对力学性能的要求，尽量减少重量、缩小体积。

5）尽量采用成熟技术，采用成熟、可靠的结构形式和零、部件。

6）造型协调，美观、大方，色彩宜人。

根据使用场地和用途的不同需求，可采用固定机柜式、移动方舱式和便携机箱式等多种结构形式。

4. 画出系统原理框图

基于以上方案选择之后，要画出一个完整的自动检测系统原理框图，其中包括各种传感器、变送器、外围设备、输入/输出通道及微型计算机。它是整个系统的总图，要求简单、清晰、明了。

（三）自动检测系统硬件的设计

1. 微型计算机的选择

微型计算机是自动检测系统的核心，对系统的功能、性能价格以及研发周期等起着至关重要的作用，一般应根据系统要求的硬件和软件功能选择计算机类型。为了加快设计速度，缩短研制周期，应尽可能采用熟悉的机型或利用现有系统进行改进。

目前自动化领域应用较广的计算机产品种类很多，常用的有 PC 和单片机两种。在选择时，首先应根据系统具体要求，确定是采用现成的微机系统还是采用某种单片机（微控制器）芯片研制专用系统。一般情况下，如果控制系统要求图形显示，并用软盘或硬盘存储数据，以及要求汉字库支持系统，那么可以选用现成的 PC；如果检测系统没有这类要求，则可以选用单片机（微控制器）芯片组成专用系统。单片机是将 CPU、RAM、ROM、I/O、接口、CTC 电路等集成在一个芯片上的超大规模集成电路，甚至在有些单片机上，还集成了 A/D 转换器、D/A 转换器和模拟多路开关等，它实际上是一个完整的微型计算机系统。与多芯片组成的微机相比，其体积小、功耗低、价格便宜，且具有功能较全、研制周期短、可靠性高等优点，所以适合智能仪器仪表及小型自动检测系统使用。而大型自动检测系统应选择工业控制机（PC）或高档微机作为主机。

自动检测系统的许多功能与主机的字长、寻址范围、指令功能、处理速度、中断能力以及功耗都有着密切关系，因此，在选择时应根据系统功能要求选择最适合的微型计算机作为主机，提高整个系统的性能价格比。

2. 检测元件的选择

在确定方案的同时，必须选择好检测元件，它是影响检测系统精度的首要因素。如何根据具体的检测目的、检测对象以及检测环境合理地选用传感器，是在进行某个量的测量时首先要解决的问题。当传感器确定之后，与之相配套的测量方法和测量设备也就可以确定了。测量结果的成败，在很大程度上取决于传感器的选用是否合理。传感器的选择原则及方法在第一章已作了介绍。

3. 模拟量输入通道的设计

（1）数据采集通道的结构形式

在自动检测系统中，选择何种结构形式采集数据，是进行模拟量输入通道设计中首先要考虑的问题。图 6-1 所示给出了两种结构形式。

图 6-1a 中，由于各参数是串行输入的，所以转换时间比较长，但它的最大优点是节省硬件开销，这是目前应用最多的一种模拟量输入通道结构形式。图 6-1b 中，每个模拟量输入通道都增加了一个采样-保持器（S/H），其目的是可以采样同一时刻的各个参数，以便进行比较。

（2）A/D 转换器的选择

一般应根据被测对象的实际要求选择 A/D 转换器。A/D 转换器的位数不仅决定数据采集电路所能转换的模拟电压动态范围，而且在很大程度上会影响转换精度。因此，应根据对

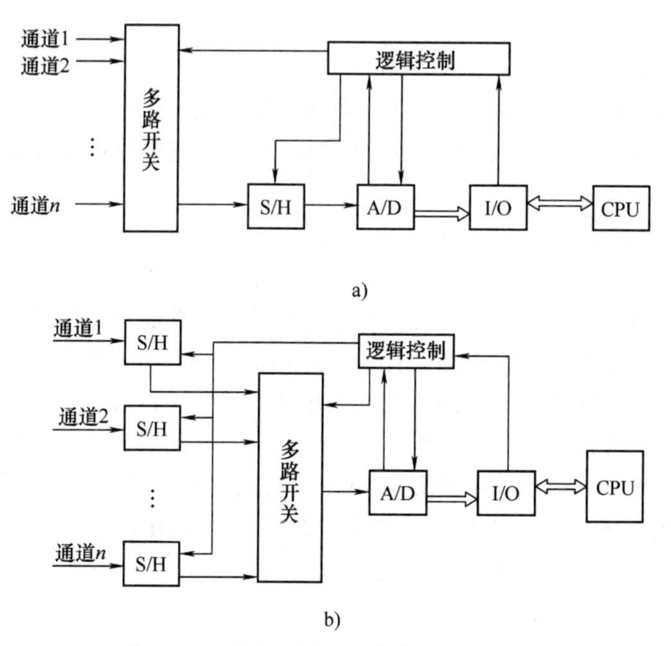

图 6-1　两种模拟量输入通道的结构形式

转换范围与转换精度两方面的要求选择 A/D 转换器的位数。在实际应用中，应在满足系统要求的前提下，尽量选用位数比较低的 A/D 转换器。

（3）采样-保持器的选择

目前，市场上除了有单独的多路模拟开关、采样-保持器、A/D 转换器等集成芯片外，也有把多路模拟开关和 A/D 转换器两者集成在一起的采集电路芯片，如 ADC0809，还有把多路模拟开关、采样-保持器和 A/D 转换器三者集成在一起的采集电路芯片，如 AD363、MAX1245/1246、MN715016 等。

4. 硬件调试

自动检测系统的硬件电路可以先采用某种信号作为激励，然后通过检查电路能否得到预期的响应来验证电路是否工作正常。但是系统硬件电路功能的调试没有相应的驱动程序是很难实现的，通常采用的方法是编制一些小的调试程序，分别对相应的各硬件单元电路的功能进行检查，而整个系统的硬件功能必须在硬件和软件设计完成之后才能进行。

（四）自动检测系统软件的设计

自动检测系统软件设计的质量直接关系到系统的正确使用和效率。软件的设计、开发、调试及维护需要花费巨大的精力和时间。一个好的软件应具有正确性、可靠性、可测试性、易使用性及易维护性等多方面的性能。

1. 软件的总体结构

当明确软件设计的总任务之后，即可进入软件总体结构设计。一般采用模块化结构，按“自顶向下”的方法，把任务从上到下逐步细分，一直分到可以具体处理的基本单元为止，如图 6-2 所示。模块化的总体结构具有概念清楚、组合灵活和易于调试及连接等优点。

模块的划分有很大的灵活性，但也不能随意划分，划分时应遵循以下原则：

1）每个模块应具有独立的功能，能产生明确的结果。

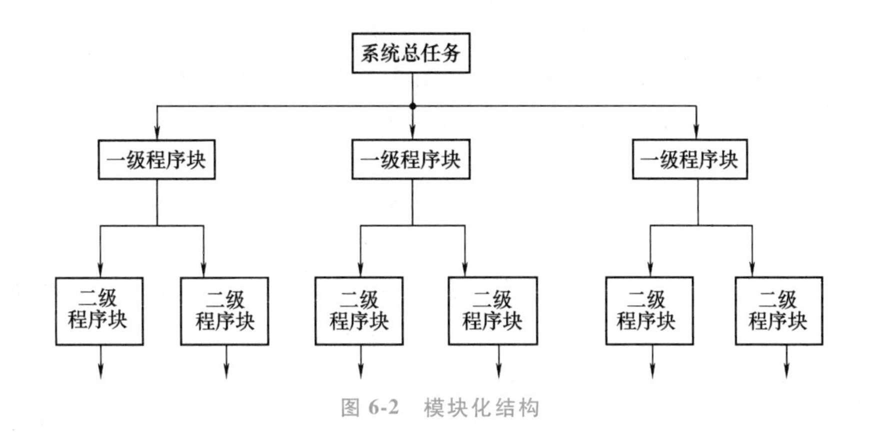

图 6-2　模块化结构

2）模块之间应尽量相互独立，限制模块之间的信息交换，以便于模块的调试。

3）模块长度适中。若模块太长，分析和调试比较困难；若过短，则模块的连接太复杂，信息交换太频繁，附加开销太大。

2. 软件开发平台

软件开发平台的任务是提供用户编写程序代码、编译和连接程序并生成可执行程序的环境。根据自动检测系统的硬件组成形式不同，其软件开发环境也不尽相同。对于标准总线检测系统，只需选择一种高级语言进行编程，所以可以直接采用现有的商品程序开发环境，如 LabVIEW、VC++、VB 等；对于单片机检测系统，则需要选择汇编语言或 C 语言进行开发。

3. 软件程序设计

软件程序设计是按照“自顶向下”的方法，不管检测仪器或系统的功能怎样复杂，分析设计工作都能有计划、有步骤地进行。并且为了使程序便于编写、调试和排除错误，也为了便于检验和维护，总是设法把程序编写成一个个结构完整、相对独立的程序段，这就是所谓的“程序模块”。“自顶向下”的软件设计方法编写程序模块应遵守下列原则：

1）适当划分模块。对于每一个程序模块，应明确规定其输入/输出和模块的功能。

2）模块功能独立。一旦认定一部分问题能够归入一个模块之内，就不要再进一步设想如何来实现它，即不要纠缠细枝末节。

3）对每一个模块作出具体定义，包括解决某问题的算法、允许的输入/输出值范围。

4）在模块中只有循环、顺序、分支三种基本程序结构。

5）可利用已有的成熟的程序模块，如加、减、乘、除、开方、延时程序、显示程序等。

4. 软件调试

为了验证编制出来的软件的正确性，需要花费大量的时间调试，有时调试工作量比编制软件本身所花费的时间还长。软件调试也是先按模块分别调试，直到每个模块的预定功能完全实现，然后再链接起来进行总调。自动检测系统的软件不同于一般的计算和管理软件，其与硬件密切相关，因此只有在相应的硬件系统中进行调试才能最后证明其正确性。

5. 软件的运用、维护和改进

由于经过测试的软件仍然可能隐含着错误，而且用户的要求也经常会发生变化，因为实际上，用户在整个系统未正式运行之前，往往并没有把所有的要求都考虑完全，在投运后，用户常常会改变原来的要求或提出新的要求；此外，仪表或系统运行的环境也会发生变化，因此，在运行阶段仍需要对软件进行维护，即继续排错、修改和扩充。另外，软件在运行中，设计者常常会发现某些程序模块虽然能实现预期功能，但在算法上不是最优或在运行时占用内存多等方面还有改进的必要，也需要修改程序，使其更完善。

（五）系统集成

经过硬件、软件单独调试后，即可进入硬件、软件系统集成，即将硬件系统和软件系统集成在一起进行联调，找出硬件系统和软件系统之间不相匹配的地方，反复修改和调试，直至排除所有错误并达到设计要求。实验室调试工作完成以后，即可组装成机，移至现场进行运行和进一步调试，并根据运行及调试中的问题反复进行修改。当然，在自动检测系统验收后即可交付使用方试用和使用，研制方的后续工作就是根据试用和使用情况对检测系统进行系统的维护和完善。

第二节 加热炉温度测控系统设计

温度测控系统是科研和生产中常见的一类控制。为了能够提高生产线的工作效率，提高产品质量和数量，节约能源，改善劳动条件，常使用温度测控系统对炉窑进行控制。

一、温度测控系统的设计要求与组成

（一）温度测控系统的设计要求

1）系统被控对象为用燃烧天然气加热的 8 座退火炉，有 8 路模拟量输入通道和 8 路模拟量输出通道。

2）能够进行恒温控制，也能按照一定的升温曲线控制，温度测量范围为 0~1000℃。

3）采用达林算法，可以实现滞后一阶系统没有超调量或有很小超调量。

4）采用 4 位 LED 数码管显示，1 位显示通道数，3 位显示温度。

5）具有超限报警功能，超限时，将发出声光报警信号。

6）具有掉电保护功能，在突发掉电事故时，能及时地保护重要的系统参数不丢失。

7）具有 16 个键码，10 个数字键、6 个功能键。

（二）温度测控系统的组成与工作原理

加热炉温度测控系统原理框图如图 6-3 所示。

测控系统工作原理：被测参数温度值由热电偶测量后得到毫伏信号，经变送器转换成 0~5V 电压信号；由多路开关把 8 座退火炉的温度测量信号分时地送到采样-保持器和 A/D 转换器，进行模拟/数字转换；转换后的数字量通过 I/O 接口传送到单片机（STM32）。在 CPU 中进行数据处理（数字滤波、标度变换和数字控制计算）后，一方面送去显示，并判断是否需要报警；另一方面与给定值进行比较，然后根据偏差值进行控制计算。单片机输出经 D/A 转换器转换成 4~20mA 电流信号，以控制执行机构动作。当采样值大于给定值时，把天然气调节阀关小，反之将开大调节阀。这样，通过控制退火炉天然气的流量，达到控制温度的目的。

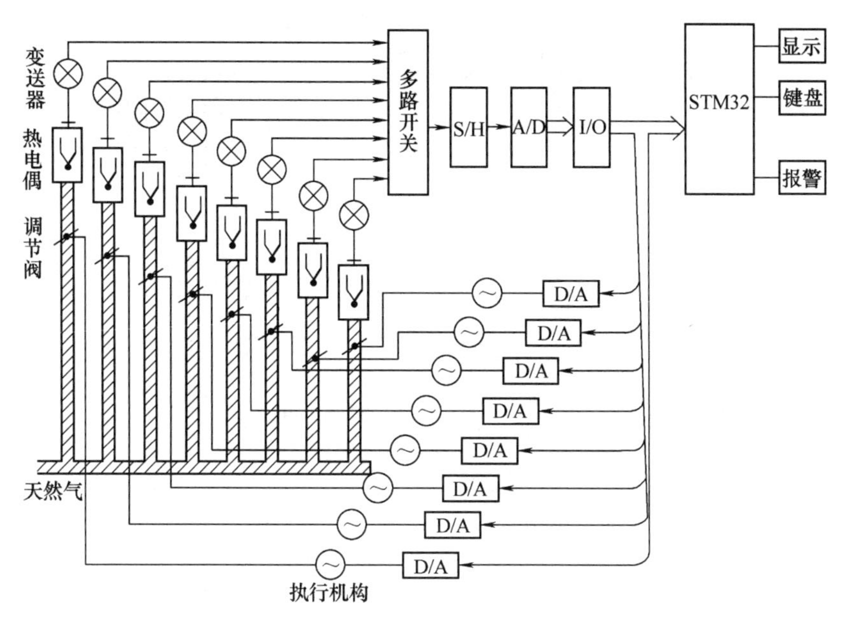

图 6-3 加热炉温度测控系统原理框图

二、温度测控系统的硬件设计

（一）主机电路

按照设计要求，选用低功耗、低价格、高性能的 STM32F103C8T6 作为主控芯片。STM32F103C8T6 是一款基于 ARM Cortex-M 内核 STM32 系列的 32 位的微控制器，程序存储器容量为 64KB，需要电压为 2~3.6V，工作温度为-40~85℃。单片机最小系统电路如图 6-4 所示，主要包括晶振电路和复位电路。

晶振电路由一个标准为 8M 的晶振、一个 10MΩ 的电阻和两个 22pF 的电容组成。选用一个 10kΩ 的电阻与一个 104（即 0.1μF）电容串联形成一个 *RC* 复位电路，电容上再并联一个按键开关，这样就形成一个低电平复位。由 3.3V 电源电压供电给复位电路。

（二）检测元件及温度变送器

根据退火炉的温度测量范围为 0~1000℃，检测元件选用镍铬-镍铝热电偶（分度号为 K），其对应输出信号为 0~41.2643mV。温度变送器选用集成一体化变送器，在 0~1010℃时对应输出为 0~5V。根据要求，本系统使用 12 位 A/D 转换器，因此，采样分辨度为 1010/4096≈0.25℃/LSB。其温度-数字量对照见表 6-1。

表 6-1 温度-数字量对照表

温度/℃	0	100	200	300	400	500	600	700	800	900	1010
热电偶输出/mV	0	4.10	8.14	12.21	16.40	20.65	24.90	29.13	33.29	37.33	41.66
变送器输出/V	0	0.49	0.98	1.47	1.97	2.48	2.99	3.50	4.00	4.48	5.00
A/D 输出(H)	000	191	322	4B3	64E	7F0	991	B33	CCD	E56	FFF

（三）A/D 转换器及数据采样

为了满足精度要求，选用 12 位的 A/D 转换器，有两种方案可供选择，一是选用 K 型热电偶专用模数转换器 MAX6675。MAXIM 公司的集成电路 MAX6675 能独立完成信号放大、

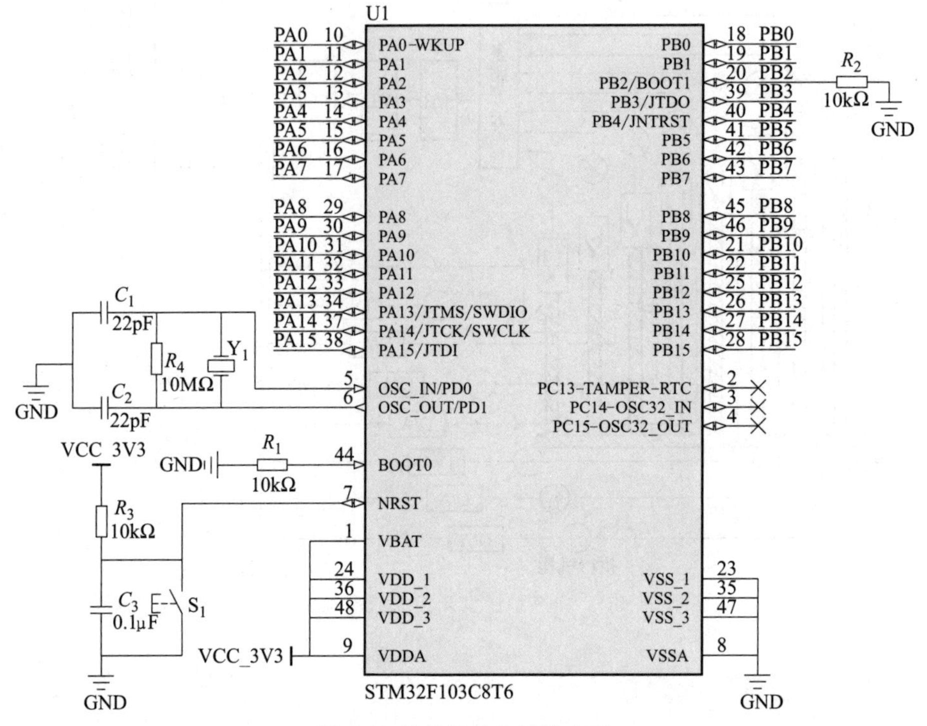

图 6-4　单片机最小系统电路

冷端补偿、线性化、12 位 A/D 转换及 SPI 串口数字化输出功能，可以直接与单片机连接。其连接电路如图 6-5 所示，8 路热电偶信号经过 CD4051 多路开关选择电路选择其中一路送入 MAX6675 进行 A/D 转换后，通过 SPI 串行接口送入到 STM32 单片机。二是利用 A/D 转

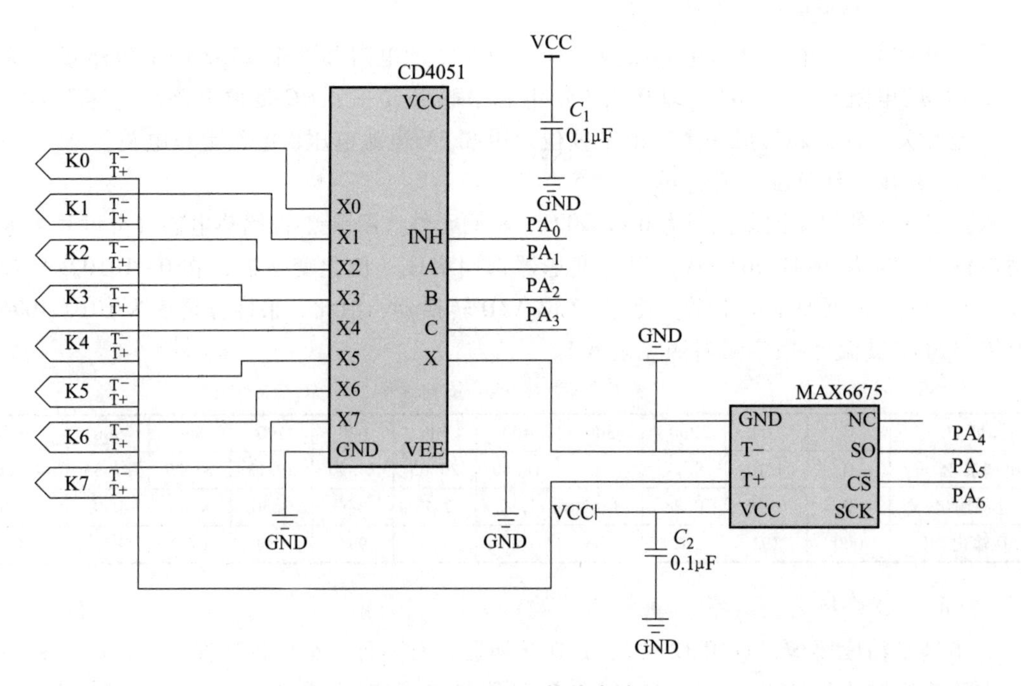

图 6-5　MAX6675 接线电路图

换芯片 AD574 将模拟量转换为数字量，如图 6-6 所示。8 路热电偶信号经过 CD4051 多路开关选择电路选择其中一路送入图 6-6 模拟量输入端子，经过采样-保持器 LF398 后，由 AD574 进行 A/D 转换。

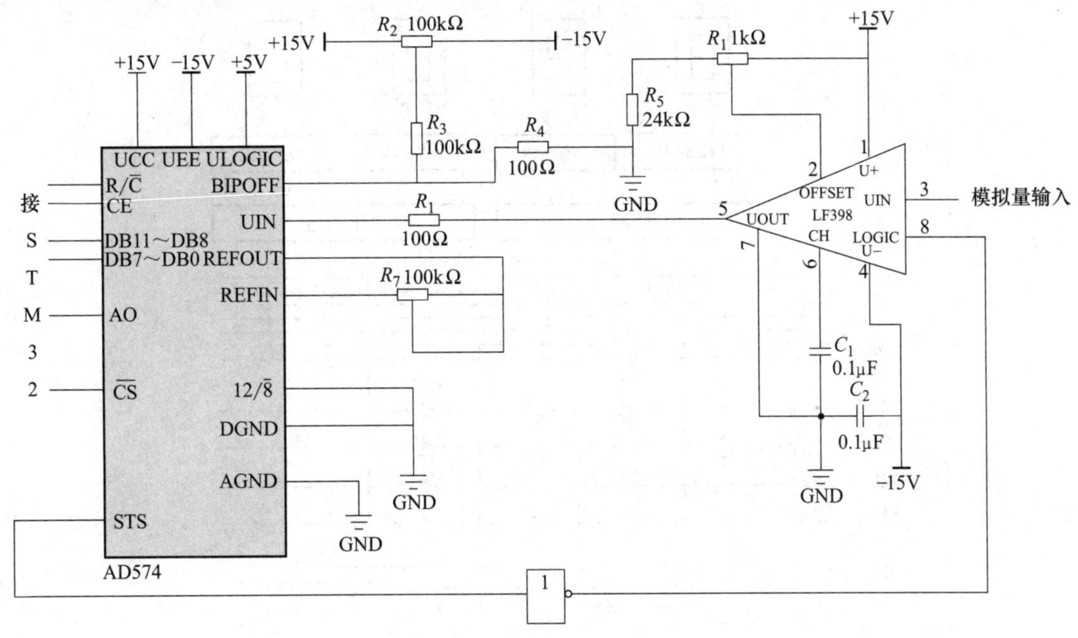

图 6-6 AD574 接线电路图

（四）掉电检测电路

如图 6-7 所示，掉电保护功能的实现有两种方案：一是选用 E^2PROM，将重要数据置于其中；二是加接备用电池。稳压电源和备用电池分别通过二极管接于存储器的 U_{CC} 端，当稳压电源电压大于备用电池电压时，备用电池不供电；当稳压电源掉电时，备用电池工作。

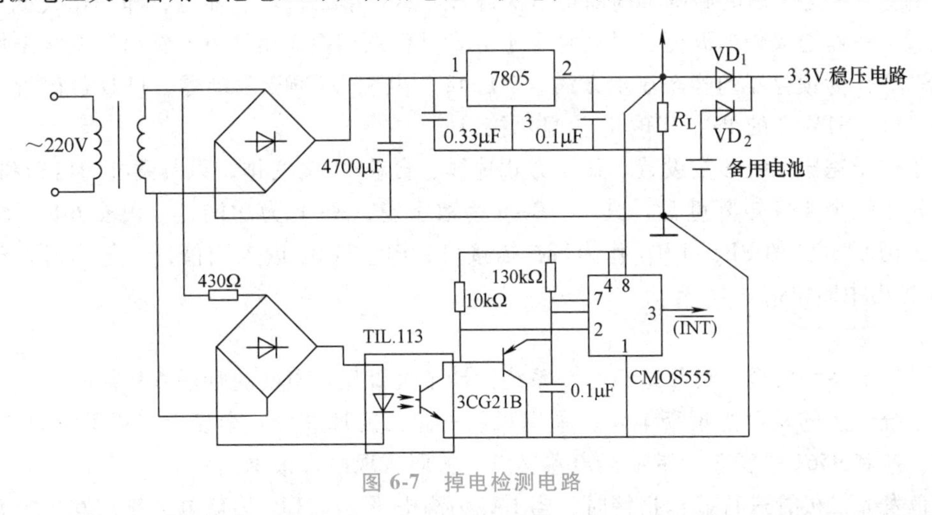

图 6-7 掉电检测电路

仪器内还应设置掉电检测电路，一旦检测到掉电，将断点内容保护起来。图中 CMOS555 接成单稳形式，掉电时 3 端输出低电平脉冲，作为中断请求信号。光耦合器的作用是防止干扰而产生误动作。在掉电瞬时，稳压电源在大电容支持下，仍维持供电（约几十毫秒），这段时间内，主机执行中断服务程序，将断点和重要数据置入 RAM。

（五）键盘与显示接口电路

键盘与显示接口电路如图 6-8 所示。

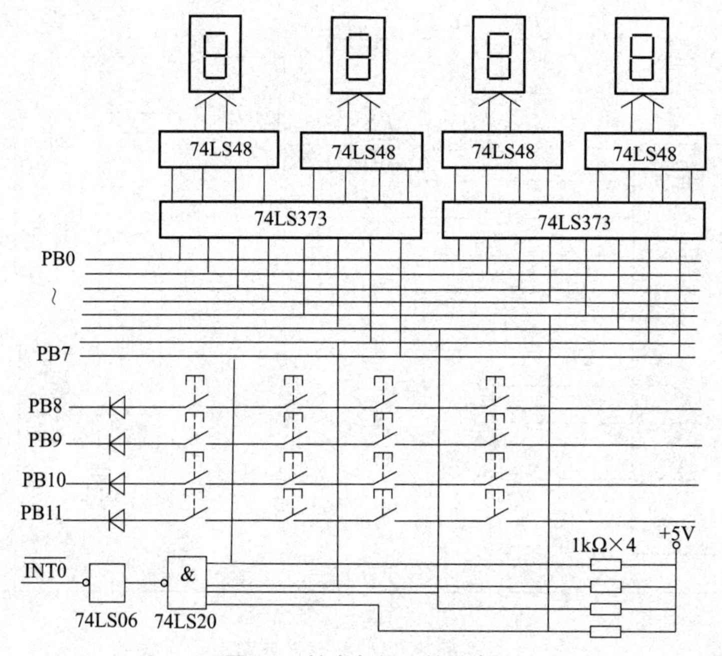

图 6-8 键盘与显示接口电路

为了使系统能够直观地显示其温度变化，系统设置了 4 位 LED 显示器。设显示缓冲单元位 28H 和 29H；其显示器第 1 位显示通道号；第 2~4 位显示温度，最大为 999℃。为了便于操作，显示方法设计成两种方式：第一，自动循环显示，在这种方式下，计算机可自动地把采样的 1#~8#退火炉的温度不间断地依次进行显示；第二，定点显示，即操作人员可随时任意查看某一座退火炉的温度，且两种显示方式可任意切换。由图 6-8 看出，系统采用的是以 74LS373 作为锁存器的静态显示方法。74LS48 为共阴极译码/驱动器，LED 数码管采用的是 CS5137T，STM32 的 PB_0~PB_7 作为显示接口。

为了便于完成系统参数设置、显示方式选择、自动/手动安排，以及系统的启动和停止，系统设置了一个 4×4 矩阵键盘，其中，0~9 为数字键，A~F 为功能键。由图 6-8 可知，键盘接口采用 STM32 的 PB_8~PB_{11} 作为行扫描接口，PB_4~PB_7 读入列值，经与非门和非门后向 CPU 提出中断申请。

（六）报警电路

为了保证系统安全、可靠地运行，系统设计了报警显示电路，如图 6-9 所示。

本系统选用的是声光报警电路，采用双色发光二极管进行安全显示，用 PA_7 驱动 8050 晶体管，控制 9561 语音芯片带动扬声器发声，从而实现声音报警。

双色发光二极管进行显示报警时，当 LA_i 为高电平，而 LB_i 为低电平时，发光二极管显示绿色；反之，当 LA_i 为低电平，而 LB_i 为高电平时，发光二极管显示红色；若两者均为高电平，则显示黄色。系统每个发光二极管指示一座退火炉，温度正常时显示绿色，高于上限值时显示红色，低于下限值时显示黄色。

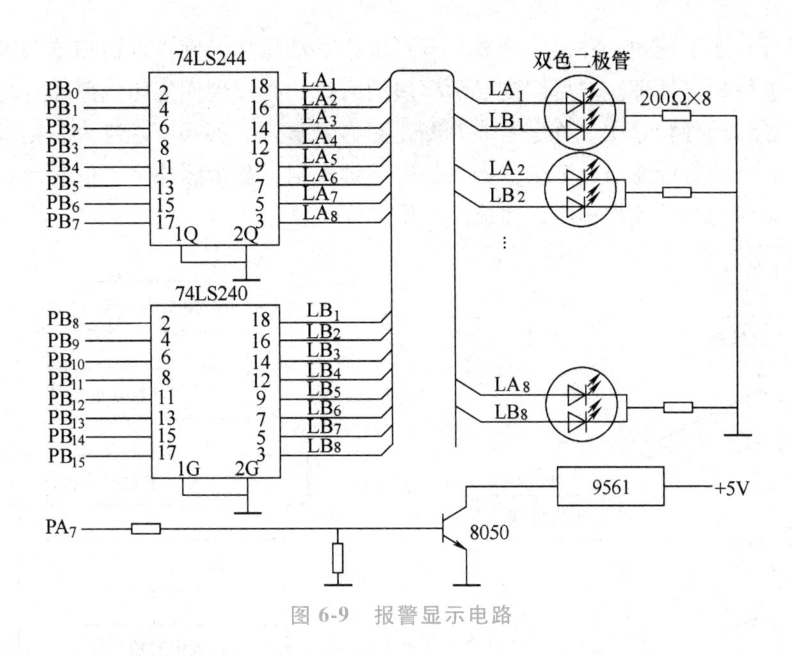

图 6-9　报警显示电路

（七）D/A 转换电路

该系统还设有 8 路 D/A 转换电路，分别将处理器输出给各路的控制量转换成模拟量，送至对应的执行机构。D/A 转换器选用 8 路、双缓冲的 DAC0832，输出为 4～20mA 电流信号。其中 1 路 D/A 转换电路如图 6-10 所示，其他 7 路类同。

三、温度测控系统的软件设计

整个系统的软件采用结构化与模块化设计，分为主程序、中断服务程序，以及许多功能独立模块。

（一）系统主程序

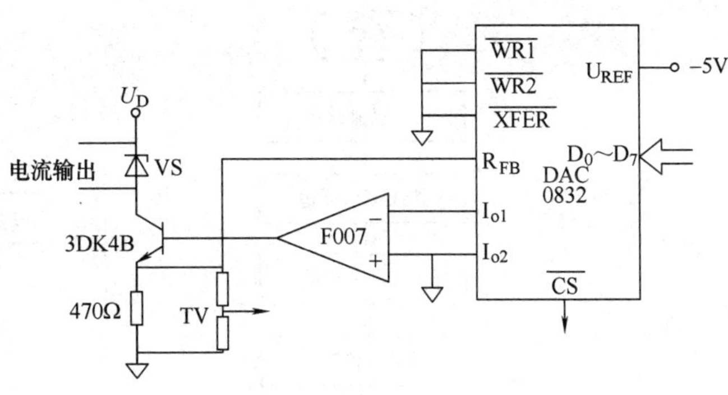

图 6-10　部分 D/A 转换电路

主程序主要由初始化模块、监控主程序模块、自诊断程序模块、键扫描与处理模块、显示模块和手动模块等几部分组成。初始化与监控主程序、自诊断程序、键扫描与处理程序的流程图分别如图 6-11～图 6-14 所示。

系统上电复位之后，单片机首先进入系统的初始化模块，该模块的主要任务是设置堆栈指针、初始化 RAM 工作区以及通道地址、设置中断和开中断等，模块流程图如图 6-12 所示。然后程序进入自诊断模块，在该模块中，先由程序自身设置一个测试数据，由 D/A 转换器转换成模拟量输出，再将多路开关、放大器和 A/D 转换器转换成数字量后送入 CPU。CPU 把得到的数据与原来设定的数据相比较，如两者的差距在允许范围之内，表明自诊断正常，程序可以进行；否则出错，表明仪器工作不正常，发出警告，等待出错处理。如诊断正常，程序进入显示模块，进行动态测量数据的显示刷新。然后程序判断是否进行手动操作。手动操作是在仪器部分功能失灵时人工干预的一种操作功能。若不进行手动操作，则进入键扫描与处理模块，等待接收按键并进行相应处理。然后回到显示模块的入口，程序周而复始地循环进行下去。

在键盘扫描和处理程序中，程序首先判断是否有键键入，如果有键键入，则求键值。然后判断被按下的键是功能键还是数字键。如果是数字键，则送显示缓冲区，供显示；如果是功能键，则转到相应的功能键处理程序，完成功能操作。

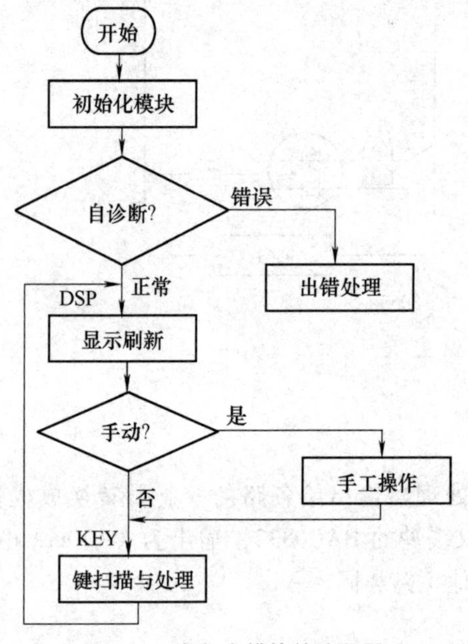

图 6-11　主程序模块的流程图

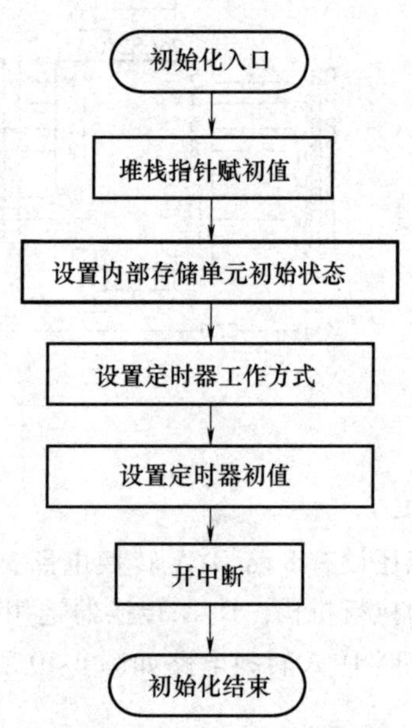

图 6-12　初始化模块的流程图

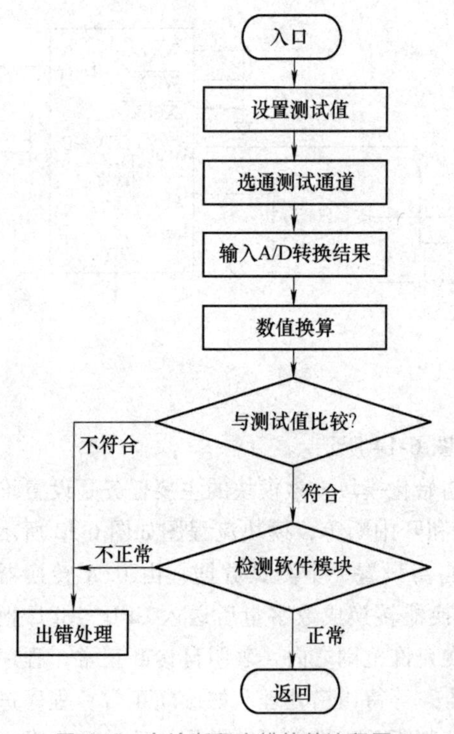

图 6-13　自诊断程序模块的流程图

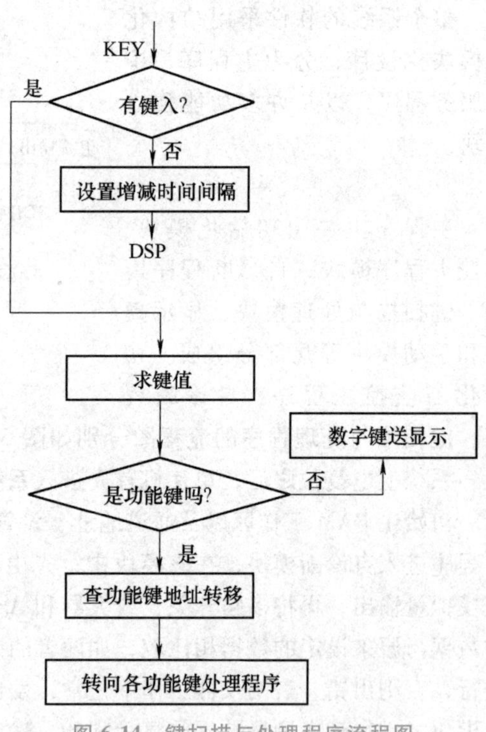

图 6-14　键扫描与处理程序流程图

（二）定时器采样处理中断服务程序

定时器采样处理中断服务程序即 5s 定时中断服务程序，主要包括数字滤波、数据采集、标度变换、报警处理、显示通道号及温度、直接数字控制计算和控制输出等。其流程图如图 6-15 所示。

本程序的基本思想是 8 个通道按功能模块一个一个地处理，如先采样全部数据，再完成各个通道的数字滤波等，直到控制输出。所以，采用模块设计方法，即每一个功能设计成一个模块，这样一是比较简单，二是采集数据存放、处理均比较方便。因此，在中断服务程序中，只需按顺序调用各功能模块子程序即可。下面介绍几个常用的模块。

1. 数据采集模块

数据采集程序的主要任务是巡回检测 8 个退火炉的温度参数，并把它们存放在外部 RAM 指定单元。巡回检测的方法是先把 8 个通道各采样 1 次，然后再采样第 2 次、第 3 次、……直到每个通道均采样 5 次为止。其采样程序流程图如图 6-16 所示。

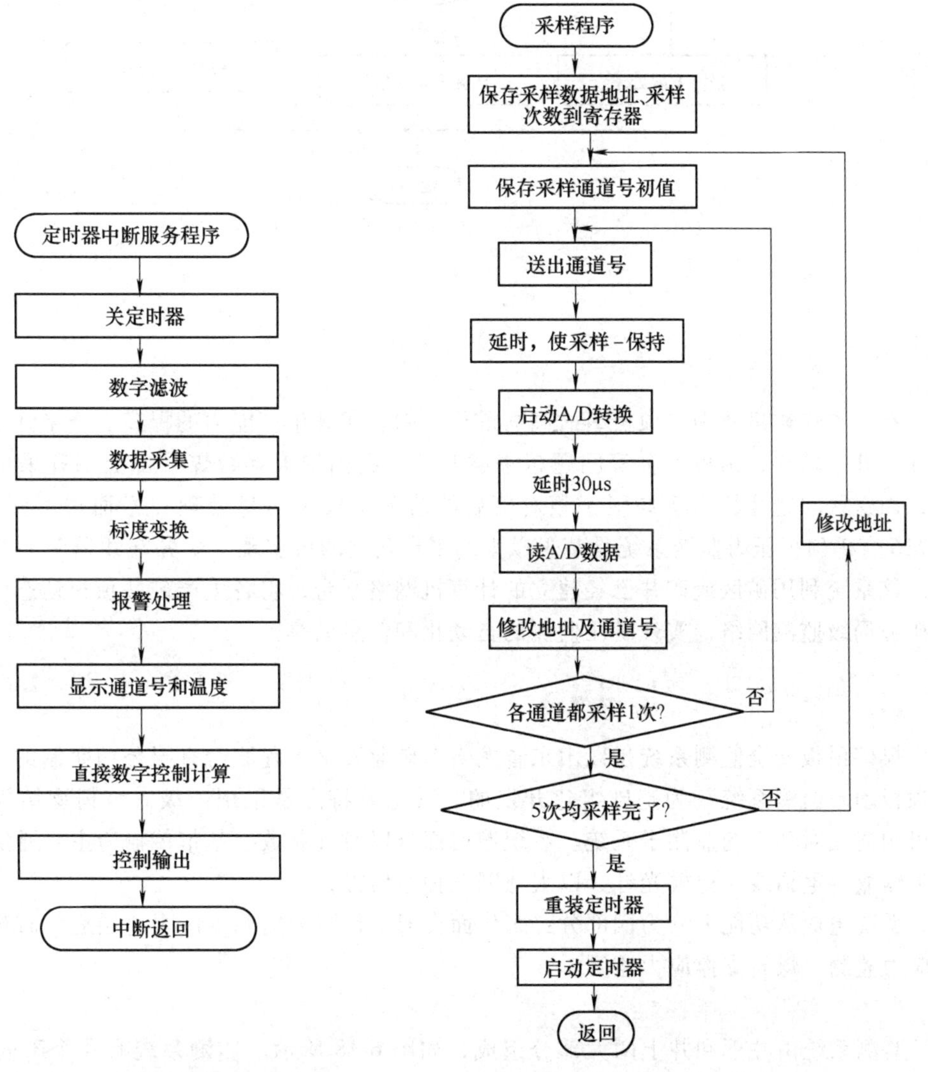

图 6-15　中断服务程序流程图　　　图 6-16　采样程序流程图

2. 报警处理模块

温度报警处理程序流程图如图 6-17 所示。该程序基本思想是：设 8 座退火炉上、下限报警值分别与检测值比较，并将相应的报警标志位置位。

其他一些程序，如数字滤波、标度变换、线性化处理、数字控制器以及掉电保护等程序，编写方式类似，请读者自行编写，这里不再叙述。

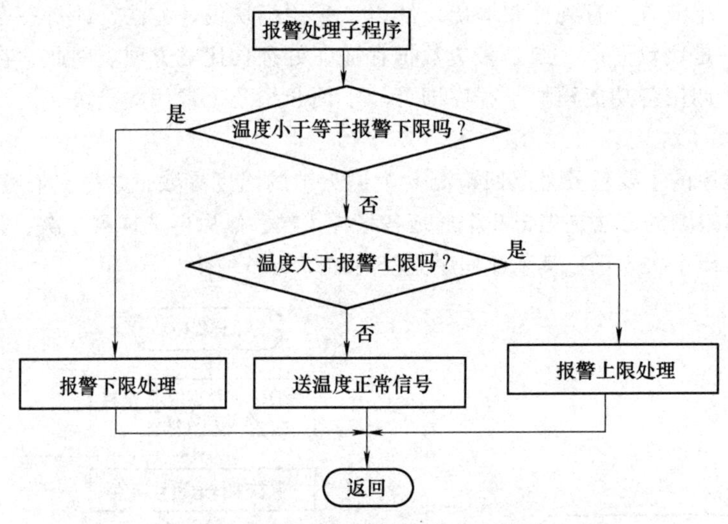

图 6-17 温度报警处理程序流程图

第三节 煤矿顶板安全监测系统

在各类煤矿事故中，顶板事故高居前位。随着矿井生产能力的提高、开采强度的增大和向深部开采转移，顶板安全等问题越来越凸现。我国绝大多数煤矿都面临开采顶板安全问题，而这些问题往往由于局限于相对落后的监测手段和信息处理技术而得不到有效解决。KJ216 煤矿顶板压力监测系统是基于以太网平台建立的可实现全矿井在线监测的综合监测系统。该系统利用矿区或矿井已经建立的计算机网络平台，将各生产矿井顶板动态监测系统组成矿务局级监测网络，实现矿压监测的自动化和信息共享。

一、煤矿顶板安全监测系统结构与组成

煤矿顶板安全监测系统是以山东省尤洛卡矿业安全工程股份有限公司研制的“KJ216 煤矿顶板动态监测系统”为基础组建开发的。其主要特点是采用两级总线树型结构，每个采区可构建相对独立的监测子系统。系统通信部分以时分制数字基带传输为主要通信形式。数据传输兼容电话线、单模光纤、以太环网三种通信方式。

系统组成从功能上分为四部分：工作面支架工作阻力监测、围岩离层运动监测、锚杆载荷应力监测、煤岩支撑应力监测。

1. 系统的监测功能组成

监测系统由井下和井上两大部分组成，如图 6-18 所示。监测系统有 4 个不同监测功能的子系统，4 个监测子系统从功能上加以区分，硬件结构使用统一的总线地址编码，系统的

实际布置上分站可以混合排列，监测服务器通过通信协议区分数据类型。井上监测服务器（计算机）可接入矿区局域网络，支持网络在线监测和信息共享。

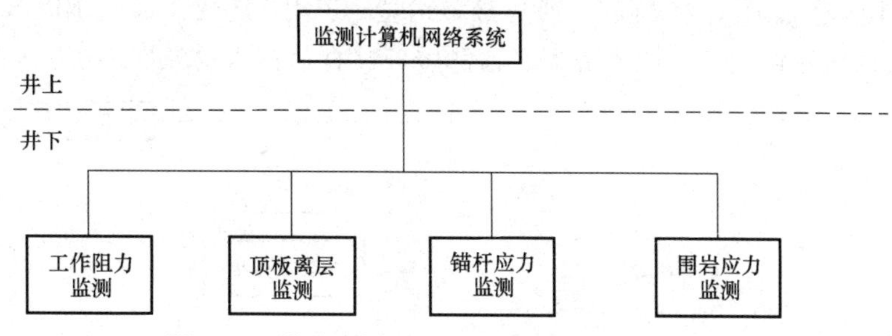

图 6-18 煤矿顶板安全监测系统功能组成示意图

2. 井上监测信息与报警网络

井上监测信息与报警网络如图 6-19 所示，包括：数据接收单元、监测服务器；矿井办公局域网和客户端；GPRS 数据收发器和图文短信手机用户群。

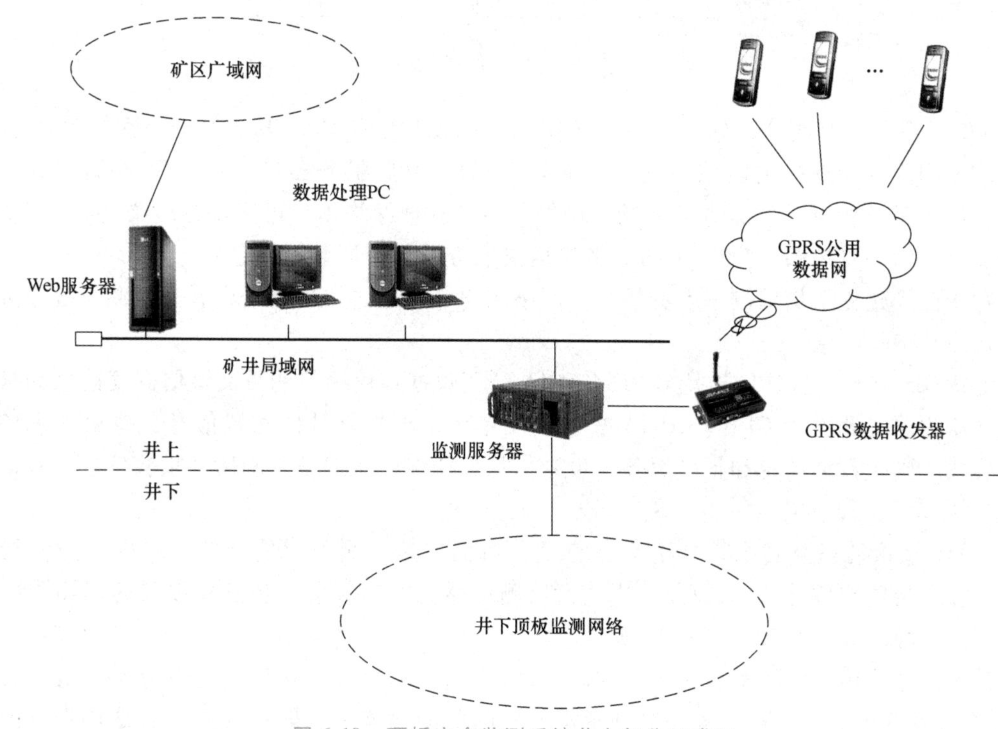

图 6-19 顶板安全监测系统井上部分组成图

井下监测网络通过井下的监测主站接入矿井工业以太环网交换机或电话通信电缆，将数据传送到井上。当使用工业以太环网时，传输数据选用主站的 RJ45 接口并将主站设置成 NPORT（以太网联网服务器）模式。当选用电话通信线路时将主站配置成 RDS（基带差分传输）通信模式。

监测系统接入矿井以太环网时，监测服务器需接入环网段，监测服务器配置了双网口。监测服务器接入局域网的方式有两种，第一种方式通过微软公司提供的 OPC 接口连接到局域网（外网），如图 6-20 所示，局域网的客户端和 Web 服务器可安装 C/S 和 B/S 版监测软件，通过操作系统底层链接获取矿井环网（内网）的监测数据；另一种方式是将通信接口接入到矿井环网内，如图 6-21 所示，通信接口内置 NPORT 模块，通过 NPORT 模块转化为 RS-232/485 接口信号连接到监测服务器，监测服务器直接接入局域网中。

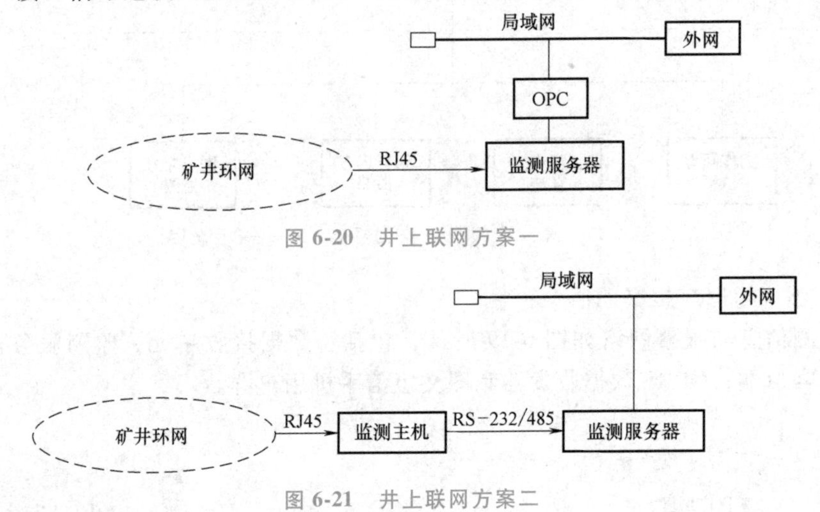

图 6-20　井上联网方案一

图 6-21　井上联网方案二

KJ216 系统的监测分析软件采用了 SQL Server 数据库和 C/S+B/S 结构，支持 Web 模式访问。监测服务器连接到监控内网，监测软件提供 OPC 服务器接口或 FTP 数据传送方式（符合 KJ95 系统标准）接入办公自动化网络。生产管理网络用户可安装客户端（C/S）实现在线实时监测。管理层用户以 IE 方式共享监测服务器发布的数据信息。

对于已经建立了局域网平台的场合，网络用户可以通过局域网平台共享监测系统服务器 B/S 软件发布的信息。

CMPSES 监测分析软件支持 GPRS/CDMA 公用数据传输网络的图文短信群发信息和报警功能。监测服务器连接 GPRS/CDMA 数据接发单元，根据软件的配置信息，授权的手机用户可接收不同的数据信息和报警服务。报警信息分两级：预警信息和紧急报警信息。

3. 井下部分硬件组成

KJ216 顶板动态监测系统井下部分包括：通信主站、测区通信分站、测区压力监测分机、顶板离层监测传感器、锚杆/锚索应力监测传感器、钻孔应力传感器以及防爆型供电电源和通信电缆，如图 6-22、图 6-23 所示。

井下部分采用两级隔离 RS-485 总线，通信主站下位总线连接测区通信分站，最大可连接 16 个独立测区分站。测区通信分站承担不同的监测功能，一般一台通信分站负责监测一个开采工作面及回采巷道，测区内总线连接压力分机、离层总线式传感器、锚杆总线式传感器、钻孔应力总线式传感器。每个通信分站最大可连接 128 个监测站点（分机或传感器），可满足国内大型矿井多采区布置的矿压监测需要。不同类型的监测站点采用统一编码。通过通信协议中的标志符区分参数类型。

通信主站内置 RDS-100、PTS485、DE311 通信接口，分别支持电话线、单模光纤、以太网（TCP/IP）数据传输。井下通信主站可通过电话线路、单模光纤或以太环网与井上的监测服务器连接。

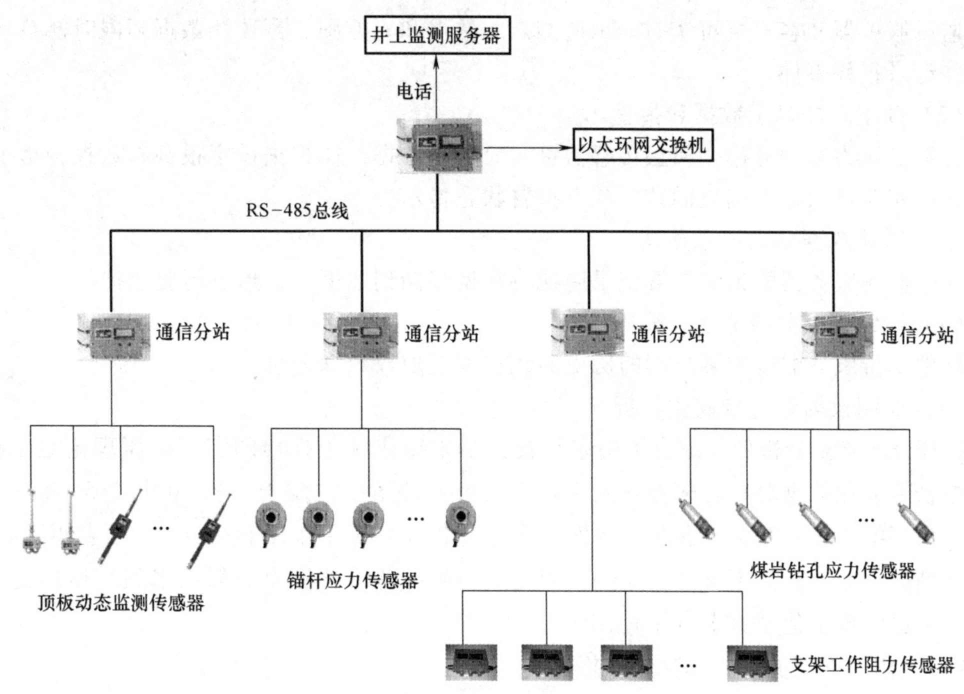

图 6-22　KJ216 煤矿顶板动态监测系统井下结构图

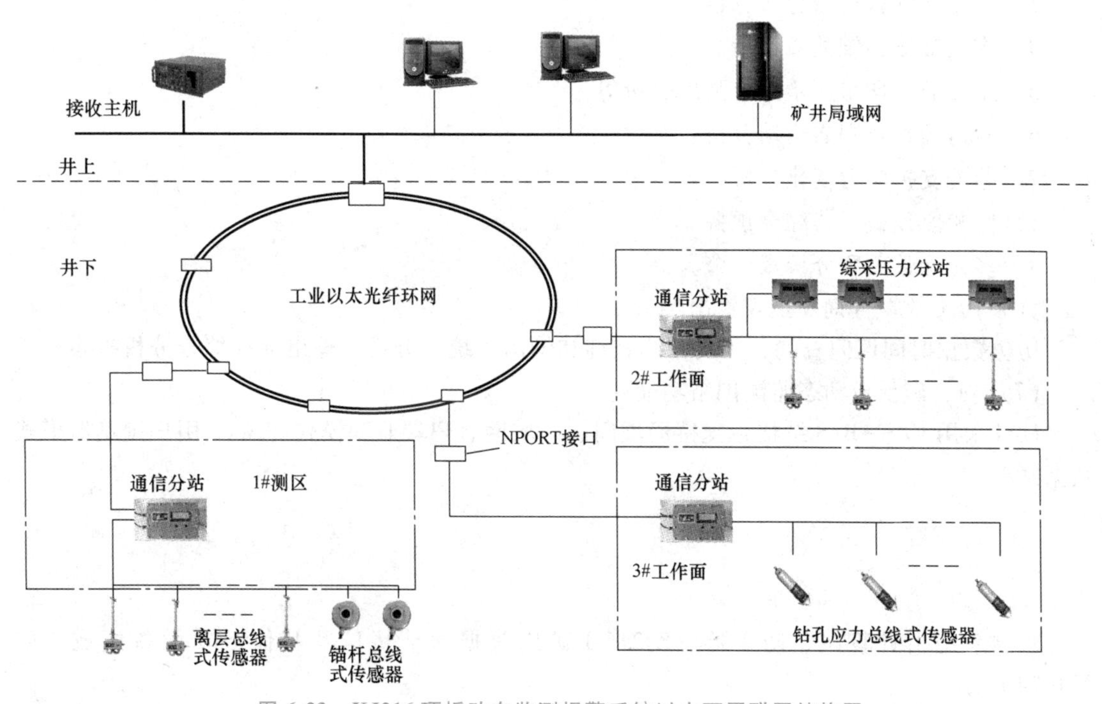

图 6-23　KJ216 顶板动态监测报警系统以太环网联网结构图

二、系统实现功能

（1）井上计算机动态模拟显示监测参数、报警监测服务器和客户端可实时显示监测点的数据和直方图，当监测数据超限时能自动声音报警并记录报警事件。

（2）井下现场显示数据和报警

井下的压力监测分站、离层传感器可实时监测数据，能根据设定报警参数报警指示，通信分站可实时显示每个测点的数据并有报警状态指示。

（3）监测数据自动记录存储

井上监测服务器能根据设置记录周期将数据存储到数据库，形成历史数据。

（4）连续监测曲线显示、分析

软件支持服务器端和客户端的历史曲线和测线加权数据分析。

（5）监测数据综合专业化分析

CMPSES 监测分析软件综合了山东科技大学宋振骐院士提出的实用矿压理论数学模型，支持综合专业化数据分析。宋振骐院士是煤炭行业的第一位院士，从 20 世纪 50 年代开始，宋院士为了解决顶板压力预测预报问题，常年在各大煤矿工作面上穿梭，为了获得顶板来压关键时刻的数据，甚至不顾生命危险，因此实用矿压理论被称为“累出来的矿压理论”，宋振骐院士也实现了他“撑起井下艳阳天”的梦想。

1）工作面支架循环工作阻力分析。

2）测线（或上、中、下部）顶板运动规律分析。

3）工作面顶板压力分布分析。

4）支架液压系统故障诊断。

5）工作面周期来压步距、强度分析等。

6）巷道顶板及围岩运动分析。

7）巷道支护应力变化分析。

8）监测段顶板冒落综合预警。

9）多元参数关联分析及预警。

（6）历史数据查询及报表输出

历史数据时间区间查询，历史曲线查询和输出，统计分析，输出标准综合分析报表。

（7）局、矿顶板动态监测网络功能

软件采用 C/S +B/S 结构，支持局域网、广域网客户端监测模式和 Web 用户浏览器模式数据共享。

三、KJ216 顶板动态监测系统

1. 系统的组成

监测系统由计算机、防雷器、KJ216-J 矿用数据通信接口及其他必要设备组成，如图 6-24 所示。

2. 系统供电电源

与系统配套提供的供电电源为 KDW22、KDW28 两种隔爆兼本安型电源。KDW22 为普通非延时型供电电源，KDW28 为带后备延时的供电电源。对于经常性短时停电的使用场合，宜采用 KDW28 电源供电，KDW28 电源内置免维护电池。

3. 矿压参数的检测方法

（1）工作阻力监测及工作过程

工作面顶板支护的基本手段是液压支架或单体液压支柱，乳化液为压力传递介质，支架或支柱对顶板的支撑能力称为支护阻力，支护阻力反映了顶板对支护设备的作用强度，顶板的压力作用可通过支架或支柱内腔的介质压力显现出来。液压压力的测量是很经典的测量方式，方法也很多，本系统采用了电阻应变式测量方法实现。

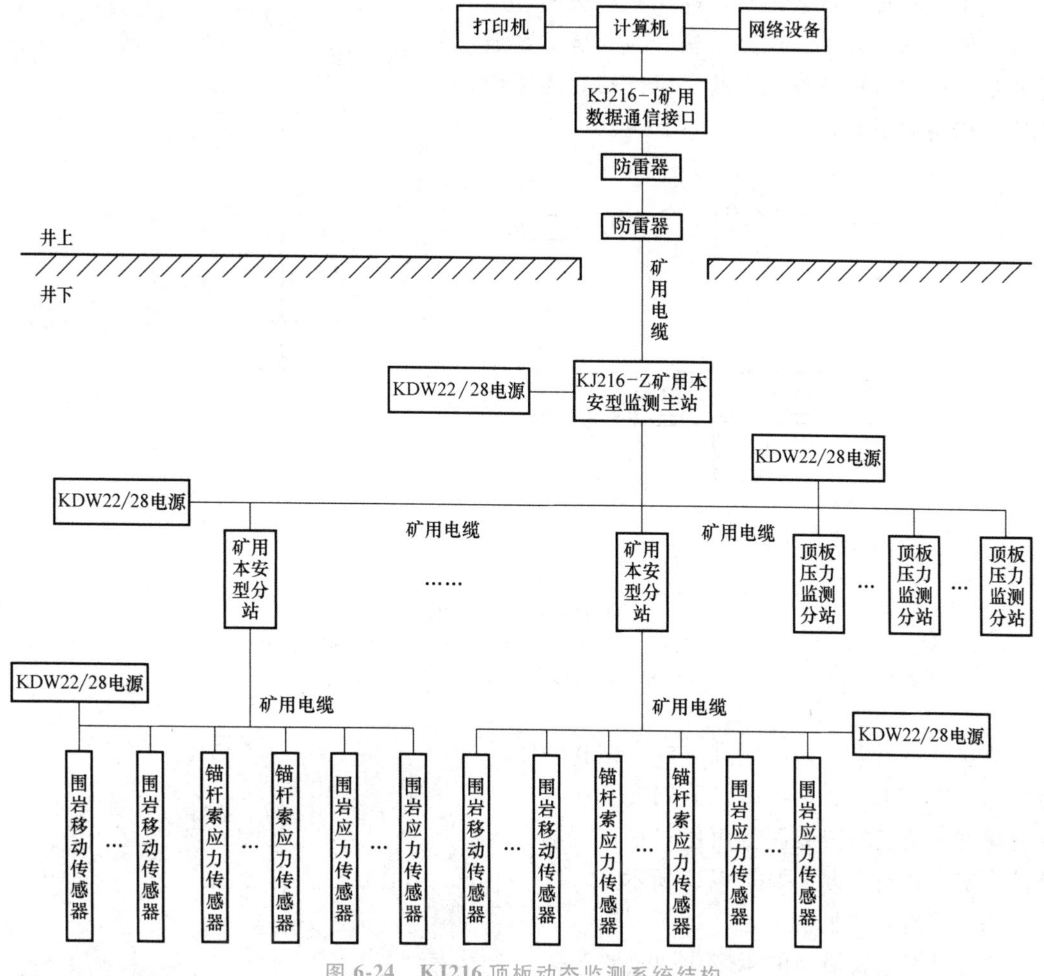

图 6-24　KJ216 顶板动态监测系统结构

测量支架或支柱液体压力的电阻应变式压力传感器，是由一带有液压腔的金属圆柱体及电阻应变片、测量电桥等部分组成。如图 6-25 所示。金属圆柱体的液压腔与支架液压腔是连通的，支架压力变化，通过液体传递给金属圆柱体，液体压力的变化转化为圆柱体的弹性应变。在金属圆柱体的圆顶部粘贴电阻应变片，将圆柱体圆顶部的应变转换为应变片电阻值的变化，再通过电桥测量电路将应变片电阻值的变化转换为电压信号的变化，经过运算放大器放大输出给 A/D 电路转换后，由计算机采集并进行处理。

（2）顶板离层监测过程

顶板离层传感器是电位器式位移传感器，采用基点位移测量方法，在顶板上打一钻孔，在钻孔内布置两组基点，当顶板发生运动时，基点的位置也发生变化，基点由钢丝绳牵引传感器内的机械部件运动，将位移变化转换为电位器电压的变化，传递出电压信号。基点的运动属直线位移的变化，传感器的机械结构将位移的运动转换成角位移的旋转运动，旋转部件连接角位移传感器，角位移传感器输出与角度比例对应的电压信号。电压信号被单片电路采集转换，显示数据并通过总线接口将数据发送到上位分站。离层传感器的结构如图 6-26 所示。

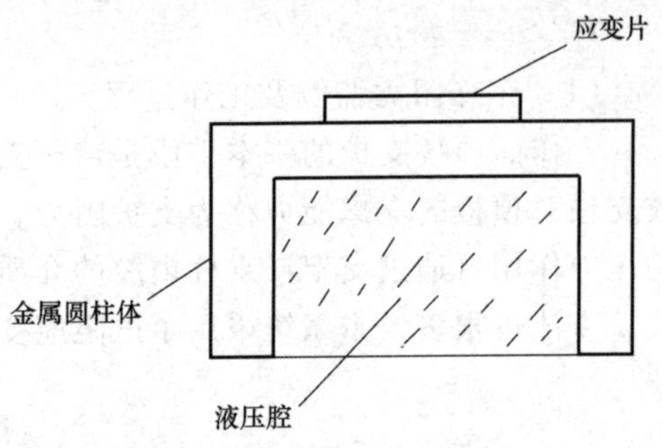

图 6-25　电阻应变式压力传感器结构示意

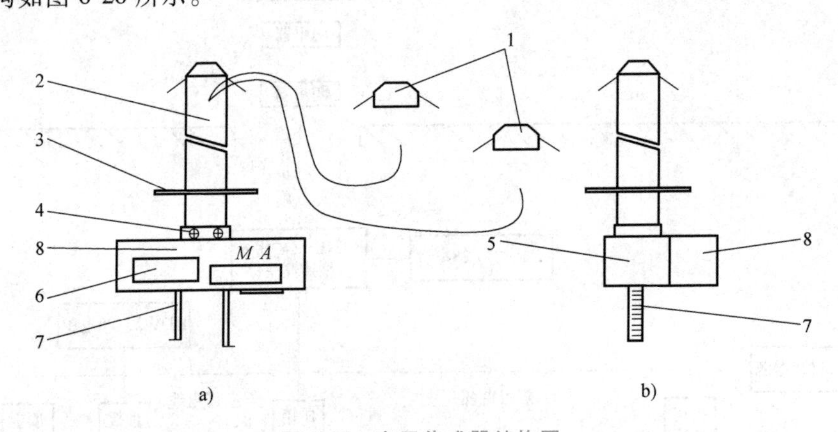

图 6-26　离层传感器结构图

a）正视图　b）侧视图

1—锚爪（基点）　2—固定管　3—托盘　4—钢丝绳紧固螺丝

5—壳体　6—铭牌　7—刻度尺　8—变送器

离层传感器采用顶板钻孔安装，钻孔的直径为 ϕ27~29mm，两个基点分别安装在不同的深度，基点的安装深度由用户根据现场条件确定。其安装方法如图 6-27 所示。

（3）锚杆应力监测

端头锚固金属锚杆的承载应力反映为锚杆螺栓与托盘的作用力，将一个带有通孔的载荷应力传感器安装在锚杆的螺母与托盘之间即可测量出锚杆的受力，锚杆应力并非锚杆的锚固力，锚杆应力反映了锚杆对顶板的支护能力。

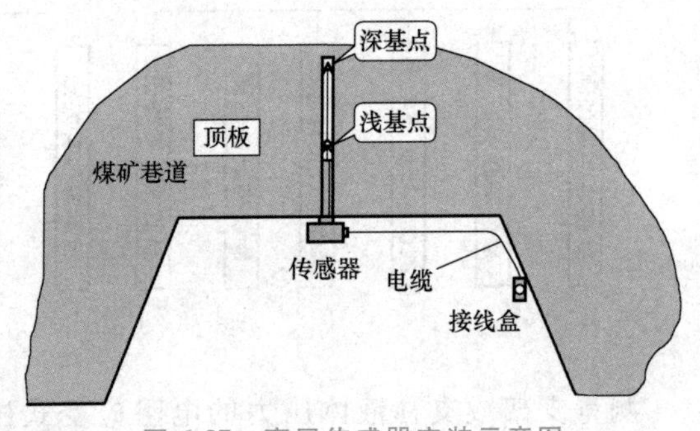

图 6-27　离层传感器安装示意图

锚杆应力传感器也采用了电阻应变载荷测量方法，首先设计一个弹性元件，当力作用到弹性元件上时，弹性体产生形变，在弹性体筒壁上 90°等分粘贴有 4 个电阻应变片，4 个电阻应变片组成一个电阻全桥，当筒壁受力产生形变时，电桥失去原有的平衡，输出一个不平衡电压，电压信号经放大器放大后再经过 A/D 转换，由单片计算机采集，通过接口输出到上位通信分站。锚杆应力传感器结构如图 6-28 所示。

锚杆应力传感器采用穿孔固定安装，穿孔直径 ϕ25mm，导向盘的穿孔直径依锚杆的直径确定。锚杆传感器安装在锚杆的托盘和紧固螺母之间，传感器安装时要注意居中，偏离中心安装时会造成一定的测量误差。其安装方法如图 6-29 所示。

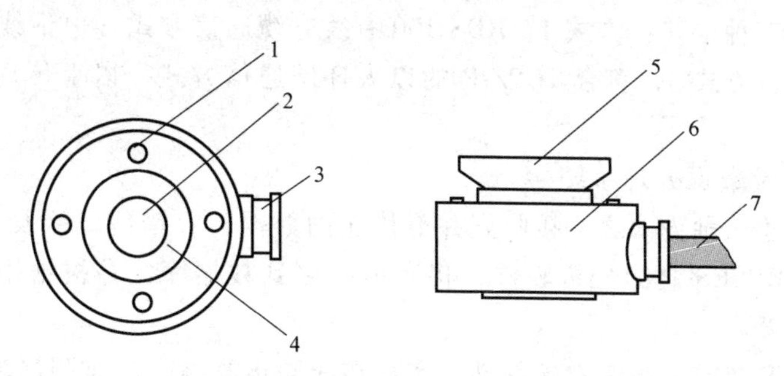

图 6-28 锚杆应力传感器结构示意图

1—紧固螺钉 2—穿孔 3—出线咀 4—应变体

5—导向盘 6—外壳 7—信号电缆

（4）钻孔应力监测

钻孔应力监测是一种力的测量，准确地说是压力的测量。钻孔应力的测量可以间接地测量煤岩深部的局部作用应力，为分析采场应力分布和运动提供重要依据。

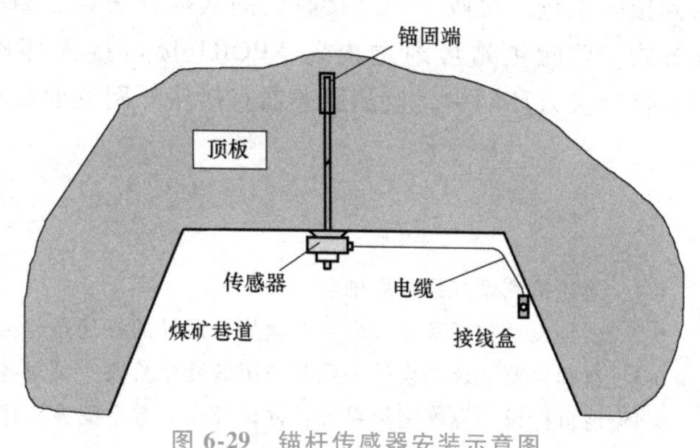

图 6-29 锚杆传感器安装示意图

具体实现方法是设计一个压力形变转换弹性部件——弹性体，压力作用到弹性体的工作膜上，使弹性体的工作膜产生形变，工作膜上粘贴有应变计（圆膜片），应变计电桥失去平衡，输出微信号电压。

煤岩支撑应力监测传感器又称为钻孔应力传感器，其结构如图 6-30 所示。钻孔应力传感器配套总线变送器工作，固定设置变送器编码，传感器输出标准的电压信号。变送器由 CPU 控制监测传感器输出信号，变送器内置总线接口连接到 RS-485 总线，变送器收到总线请求发送数据指令时，自动将数据发送到总线。

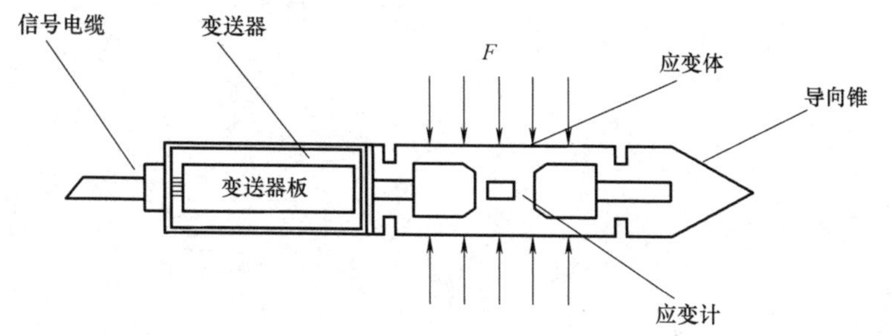

图 6-30 钻孔应力传感器结构示意图

4. 数据传输与处理

（1）井下数据通信系统

通信主站与多台通信分站构成上下位主从关系，主站与分站之间通过一级总线连接。通信分站固定设置地址编码，主站依次巡测每个分站，分站接收巡测指令后，将分站已经存储的数据帧发送到通信主站。通信主站将每次巡测的数据通过主传输系统发送到井上接收主机。主传输系统有三种接口：方式1，RDS-100有线电缆通信方式（电话线）；方式2，单模光纤专线通信方式；方式3，符合TCP/IP的以太环网通信方式。以上传送方式均支持串行异步透明传送。

（2）井上接收及数据处理系统

接收主机以上述三种方式之一接收到井下传送的数据，容错后直接发送到监测服务器，监测服务器安装CMPSES监测分析软件，将数据存储到数据库，并根据用户的要求进行不同的数据分析和报警。

局域网用户可安装或下载客户端软件，实现在线同步监测。若监测局域网Web服务器，可安装B/S监测软件，局域网或互联网用户可通过浏览器方式共享监测信息。

用户若选择了电话线或光纤通信方式，井下的数据信号通过RDS-100或光纤收发器接入到接收主机，接收主机将接收到的数据发送到监测服务器串口。若用户选择了以太环网通信方式，监测主站可通过内置NPORT接口接入环网，监测服务器可通过内部以太网卡（RJ-45）接入环网中，监测服务器直接从环网读取数据。

习题与思考题

6-1　简述检测系统设计原则。

6-2　软件设计包括哪几个环节？模块化设计的好处是什么？

6-3　自动检测系统的设计大致要经历哪几个阶段？试对各阶段的内容作简要叙述。

6-4　请自行设计温度测控系统软件设计中的数字滤波程序、标度变换程序、线性化处理程序以及数字控制器程序等。

第七章

智能传感器与现场总线智能传感器

第一节　智能传感器概述

随着自动化领域不断扩展，需要测量的参量日益增加，而且一些特殊领域需要传感器小型化和轻量化。如在线监测，除了温度、压力、流量等热工参量外，还迫切需要监测机械振动参量以及化学成分与物理成分，在线监测电站每一个燃烧器的煤粉量和一次风量等。特别是自动控制系统的飞速发展，进一步对传感器提出了数字化、智能化、标准化的迫切需求。

一、智能传感器的定义

智能传感器这一概念，最初是在美国宇航局开发宇宙飞船过程中提出的，用来处理宇宙飞船在太空中飞行的速度、位置、姿态等数据。为使宇航员在宇宙飞船内能正常工作、生活，需要控制舱内的温度、湿度、气压、空气成分等，因而需要安装各式各样的传感器；而宇航员在太空中进行各种实验也需要大量的传感器，这样一来，要处理众多的传感器获得的信息，就需要大量的计算机来处理，这在宇宙飞船上显然是行不通的。因此，宇航局的专家们希望有一台计算机就能解决这些问题，于是出现了智能传感器。智能传感器可以对信号进行检测、分析、处理、存储和通信，具备了人类的记忆、分析、思考和交流的能力，即具备了人类的智能。智能传感器是一种带有微处理器，兼有信息检测、信号处理、信息记忆、逻辑思维与判断等智能化功能的传感器，是传感器和通信技术结合的产物。

二、智能传感器的功能与特点

1. 智能传感器的功能

概括而言，智能传感器的主要功能如下：

1）具有自校零、自标定、自校正功能。

2）具有自动补偿功能。

3）能够自动采集数据，并对数据进行预处理。

4）能够自动进行检验、自选量程、自寻故障。

5）具有数据存储、记忆与信息处理功能。

6）具有双向通信、标准化数字输出或者符号输出功能。

7）具有判断、决策处理功能。

2. 智能传感器的特点

与传统传感器相比，智能传感器的特点如下：

1）精度高。智能传感器有多项功能来保证它的高精度，如通过自动校零去除零点误差；与标准参考基准实时对比以自动进行整体系统标定；自动进行整体系统的非线性等系统误差的校正；通过对采集的大量数据的统计处理以消除偶然误差的影响，从而保证了智能传感器有高的精度。

2）高可靠性与高稳定性。智能传感器能自动补偿因工作条件与环境参数发生变化后引起系统特性的漂移，如温度变化而产生的零点和灵敏度的漂移；当被测参数变化后能自动改换量程；能实时自动进行系统的自我检验，分析、判断所采集到的数据的合理性，并给出异常情况的应急处理（报警或故障提示）。因此，有多项功能保证了智能传感器的高可靠性和高稳定性。

3）高信噪比与高分辨力。由于智能传感器具有数据存储、记忆与信息处理功能，通过软件进行数字滤波、相关分析等处理，可以去除输入数据中的噪声，将有用信号提取出来；通过数据融合及神经网络技术，可以消除多参数状态下交叉灵敏度的影响，从而保证在多参数状态下对特定参数测量的分辨能力，故智能传感器具有高信噪比与高分辨力。

4）自适应性强。由于智能传感器具有判断、分析与处理功能，它能根据系统工作情况决策各部分的供电情况和上位计算机的数据传送速率，使系统工作在最优低功耗状态和最佳传送速率上。

5）性能价格比高。智能传感器所具有的上述高性能，不同于传统传感器在技术上追求传感器自身的完善，对传感器的各个环节进行精心设计与调试，进行“手工艺品”式的精雕细琢，而是通过与微处理器/微计算机相结合，采用廉价的集成电路工艺和芯片以及强大的软件来实现，所以性能价格比高。

三、智能传感器的实现途径

目前传感技术的发展是沿着三条途径来实现智能传感器的。

1. 非集成化实现

非集成化智能传感器是将传统的经典传感器（采用非集成工艺制作的传感器，仅具有获取信号的功能）、信号调理电路、带数据总线接口的微处理器组合为整体而构成的一个智能传感器系统。其框图如图 7-1 所示。

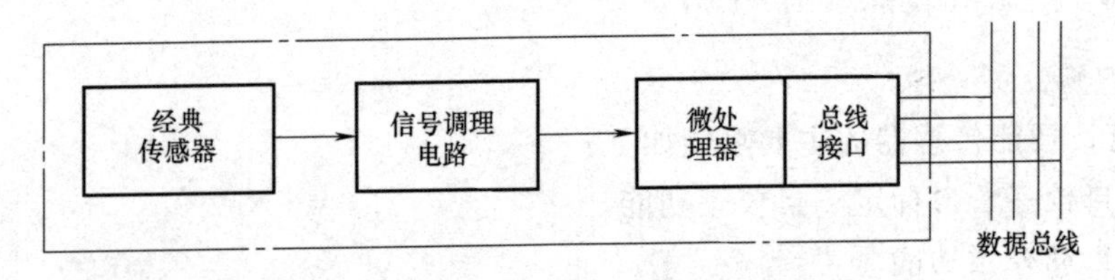

图 7-1 非集成化智能传感器框图

图 7-1 中的信号调理电路是用来调理传感器的输出信号，即将传感器输出信号进行放大并转换为数字信号后送入微处理器，再由微处理器通过接口挂接在现场数据总线上。

这是一种实现智能传感器系统的最快途径与方式。例如，美国罗斯蒙特公司、SMAR 公司生产的电容式智能压力（差）传感器系列产品，就是在原有传统式非集成化电容式传感器基础上附加一块带数据总线接口的微处理器插板组装而成的，并开发配备可进行通信、控制、自校正、自补偿、自诊断等功能的智能化软件，从而实现智能传感器。

2. 集成化实现

这种智能传感器系统是采用微机械加工技术和大规模集成电路工艺技术，利用硅作为基本材料来制作敏感元件、信号调理电路、微处理器单元的，并把它们集成在一块芯片上面构成的，故又称为集成智能传感器。其外形如图 7-2 所示。

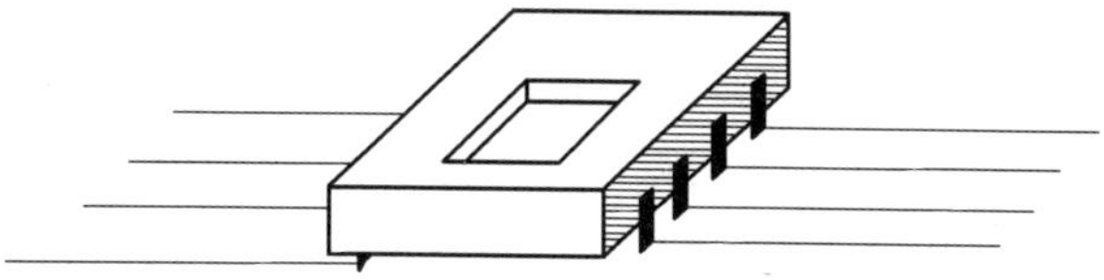

图 7-2 集成智能传感器外形示意图

现代集成化传感器技术以硅材料为基础（硅既有优良的电性能，又有极好的机械性能）、采用微机械加工技术和大规模集成电路工艺技术来实现各种仪表传感器系统的微米级尺寸化。国外又称它为专用集成微型传感技术（ASIM）。其发展主要有两种趋势：一种是多功能化与阵列化，加上强大的软件信息处理功能；另一种是发展谐振式传感器，加上软件信息处理功能。

3. 混合实现

混合集成实现是指根据需要将系统中各集成化环节，如敏感单元、信号调理电路、微处理器单元、数据总线接口，以不同的组合方式集成在两块或三块芯片上，并装在一个外壳里，如图 7-3 所示。

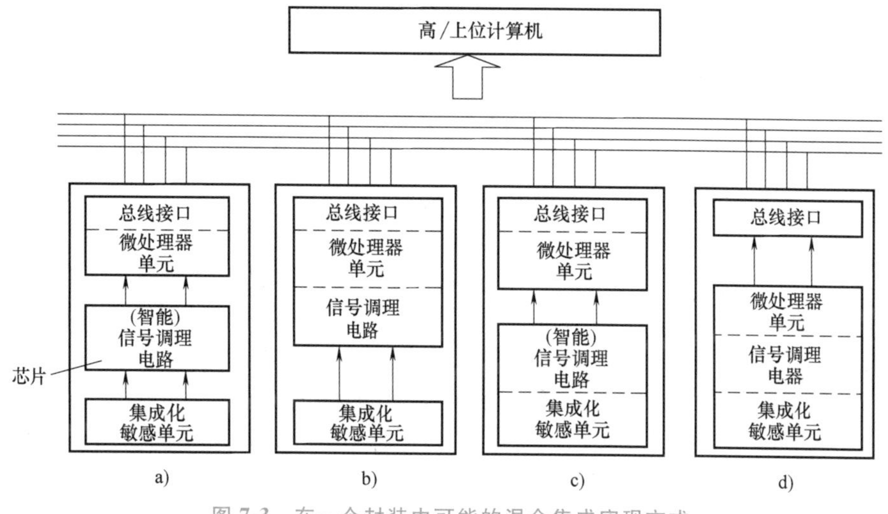

图 7-3 在一个封装中可能的混合集成实现方式

集成化敏感单元包括弹性敏感元件及变换器（对结构型传感器）。信号调理电路包括多路开关、仪用放大器、基准、模/数转换器（ADC）等。微处理器单元包括数字存储器（E-PROM、ROM、RAM）、I/O 接口、微处理器、数/模转换器（DAC）等。

图 7-3a、c 中的（智能）信号调理电路带有零点校正电路和温度补偿电路，故具有部分智能化功能，如自校零、自动进行温度补偿。

四、智能传感器的分类

智能传感器有以下较常用的几种分类形式。

1. 按被测物理量的类型来分

有温度、压力、湿度、角速度、液位、磁场、生物、化学等智能传感器。

2. 按照智能化程度来分

有初级形式、中级形式和高级形式三种。

（1）智能传感器的初级形式

初级智能传感器不含有微处理器单元，仅仅包含敏感元件、补偿电路（如温度补偿、线性补偿等）、校正电路、信号调理电路。这类传感器具有简单的信号处理能力，提高了传统传感器的精度和性能。这些简单的智能化功能是由硬件电路来实现的，通常称这种硬件电路为智能调理电路。因此这类传感器属于智能传感器的初级形式。

（2）智能传感器的中级形式

这类传感器除包含初级智能传感器的功能外，还具有自诊断、自校正功能，并且带有数据通信接口和微处理器等。这类传感器以微处理器为核心自成一独立系统，智能化主要由强大的软件来实现。这类传感器系统功能大大增加，性能进一步提高，自适应性加强，本身是一个基本完善的传感器系统。

（3）智能传感器的高级形式

这类传感器除具有上述两种形式的所有功能外，还具有多维检测、图像识别、分析理解、模式识别、自学习和逻辑推理等功能。因此，它涉及的理论领域也包括模糊理论、神经网络和人工智能等。该传感器系统具有人类“五官”的功能，能从复杂背景中提取有用信息，进行智能化处理，是真正意义上的智能传感器。

五、智能传感器的发展趋势

为了适应自动化系统对智能传感器越来越高的要求，智能传感器融合计算机技术、通信技术和其他科学技术，正朝着单片集成化、微型化、网络化、系统化、高精度、多功能、低成本、高可靠性与安全性的方向发展。

1. 采用新机理、新材料、新技术、新工艺

采用新的检测原理并通过微机械精细加工工艺设计新的结构，使之能真实地反映被测对象的完整信息。美国研究人员研发出了新的化学传感器，并将其直接印在“智能内衣”的松紧带上，即使按压、展开传感器上的电极，也不会影响其感应能力。这种传感器能够嵌入基于逻辑计算的生物计算机系统中，用于监控从人的汗水和眼泪中探测到的乳酸盐、氧气、去甲肾上腺素、葡萄糖等生物标记，并据此自动诊断士兵的伤势、患者健康状况的变化等。根据这些诊断，生物计算机系统能够自动释放出一定量的药物，在救助人员到达之前实施治疗。该传感器可在未来的战场上大显身手。

新型功能材料如功能陶瓷、功能有机薄膜、生物功能薄膜、复合敏感材料等的研制开发，也是智能传感器技术发展的一个重要方面。由复旦大学研制成功的具有电致变色的新型智能材料是将对环境敏感的高分子材料，即聚二炔与碳纳米管形成复合纤维，通过电流刺激迅速改变或还原颜色。变色纤维在不同环境条件下能显示粉、蓝、红、橙、绿、黑、褐、黄等多种颜色。变色纤维是敏感材料，使用在太阳能电池上，可以使沉重硕大的太阳能电池板像席子一样被卷起来携带。变色纤维可以成为制作霓虹灯的好材料，还可以应用到电子安全开关、显色器、智能窗等多个领域。

2. 传感器微型化技术和低功耗技术

近年来，随着微电子技术的不断发展和日益成熟，微电子机械加工技术（Micro-Electro-Mechanical Technology，MEMT）已获得飞速发展，成为开发新一代微传感器（Microsensor）、微机电系统（Micro-Electro-Mechanical System，MEMS）的重要手段。微机电系统是集微传感器、微执行器、微机械结构、微电源微能源、信号处理和控制电路、高性能电子集成器件、接口、通信等于一体的微型器件或系统。其特征尺寸已进入从毫米到微米的数量级。MEMS 是一项革命性的新技术，广泛应用于高新技术产业，是一项关系到国家科技发展、经济繁荣和国防安全的关键技术。但我国 MEMS 发展面临高端研发人员缺失、产业链尚未形成、企业盈利难等问题。就此类问题，党的二十大指出：必须坚持科技是第一生产力、人才是第一资源、创新是第一动力，加快实施创新驱动发展战略，加快实现高水平科技自立自强，以国家战略需求为导向，集聚力量进行原创性引领性科技攻关。

MEMS 阅读材料

智能微尘（Smart Micro Dust）是一种超微型传感器。未来智能微尘的体积可以做得更小，甚至可以悬浮在空中几个小时，用来收集处理无线发射信息。智能微尘还可以“永久”使用，因为它不仅自带微型薄膜电池，还有一个微型太阳能电池为其充电。智能微尘的应用范围很广，最主要的应用领域是军事侦察监视网络、森林灭火、海底板块调查、行星探测、医学、生活等。

随着集成化、微型化、便携式、手持式传感器及无线网络传感器的发展，低功耗已成为智能传感器发展的热点之一。

低功耗的微处理器和敏感元件不断被推出。美国德州仪器 MSP430 可提供高达 24MHz 的峰值性能，而功耗却低至 160μA/MIPS（微安/MIPS），具有业界最快的唤醒时间，可在 1μs 之内即时访问准确、稳定的时钟。灵活的时钟系统和 6 个低功率工作模式使用户能够为延长电池寿命进行优化。Allegro 的微功耗霍尔效应开关 A3212 运行功率低于 15μW。

而智能传感器的低功耗控制技术也在迅速发展，智能传感器的功耗控制是通过软件来实现的。常用的技术有：

1）尽量采用待机运行方式。

2）有效控制外围器件与电路的功耗。

3）选用运算度快的算法。

4）尽量用定时中断替代软件延时。

5）尽量用静态显示替代动态显示。

6）缩短通信时间。

7）硬件软件化。

8）降低时钟频率。

3. 智能信息处理技术

在同样的硬件条件下，智能传感器中的数据处理方法的优劣往往决定着智能传感器性能的高低。嵌入式计算机技术、网络通信技术及计算机智能技术的发展，推动了智能传感器系统在信息采集、传输、存储和处理等方面的飞速发展。智能信息处理方法的核心概念是智能，而智能包括三个层次，即生物智能、人工智能和计算智能。生物智能是由人脑的物理化学过程体现出来的，其物质基础是有机物。相对生物智能而言，人工智能则是非生物的，是人为实现的，通常采用符号表示。人工智能的基础是人类的知识和传感器测量得到的数据。计算智能是由计算机软件和现代数学计算方法实现的，其基础是数值方法和传感器测量得到的数据。概括地说，上述三个层次的智能分别由有机过程、符号运算和数值计算实现，且人工智能和计算智能都依赖于现代测试系统的信息获取过程。计算智能的核心是采用数学计算方法对信息进行智能处理。就目前研究而言，基于计算智能方法的智能信息处理主要包括人工神经网络、进化计算、模糊逻辑等计算智能方法和小波分析、数据融合等信息处理方法。一些新思想、新理论、新算法、新器件也不断涌现，所有这些为未来信息处理技术的发展，描绘出了一幅诱人的前景。

4. 网络化智能传感器技术

传感器、感知对象和观察者构成了传感器网络的三个要素。具有 Internet/Intranet 功能的网络化智能传感器技术已经不再停留在论证阶段或实验室阶段，越来越多的成本低廉且具备 Internet/Intranet 网络化功能的智能传感器、执行器涌向市场，正在并且将会更多更广地影响着人类生活。

传感器网络，尤其是无线传感器网络已经在社会生产生活的诸多领域（如工业测控、远程医疗、环境监测、农业信息化、航空航天及国防领域）中得到了广泛应用，正在逐渐成为信息化社会建设的重要组成部分。随着无线传感器应用广度和深度的不断扩展，单纯的无线传感器系统已经不能满足社会对信息沟通的需求，无线传感器网络与移动通信网络的结合越来越紧密，产生出泛在传感器网络，并将创造出新型物物通信（M2M Communication）的系统与应用平台。泛在网络（Ubiquitous Network）是指无所不在的网络。泛在网络时代的显著特征是人们可随时随地利用网络资源，每个人周围的物品（如家电、汽车、计算机、机器、仪表等）都可以互联，实现人与人（P2P）、人与物（P2W）、物与物（M2M）的交流和互动。对网络而言，无处不在意味着网络、设备的多样化及无线通信手段的广泛运用。其中，各类传感器是人们获取物理世界信息的重要途径，传感器网络是泛在网络的末梢神经网络，也成为泛在传感器网络。人与人通信能扩展到更为丰富多彩的人与物、物与物通信，人们可以利用网络提供的多维环境信息，如位置、家电等机器设备状态、温度、湿度等，进行精确的处理和控制，从而开发和实现丰富的业务，更好地满足不断增长的社会生活对信息技术的需求。

在泛在传感器网络发展、建设与推广过程中，将先后经过多个不同的层次与阶段，如数据传输与互通、网络管理与控制的结合。通过不同层次的发展与建设，人类社会信息沟通网络的边界将从目前的人逐渐扩展至机器设备为代表的物，并实现人与人、人与物和物与物间的泛在信息化沟通。

第二节　传感器智能化技术

随着微机械加工技术和大规模集成电路工艺技术的迅猛发展，沿着非集成化、集成化、混合集成化三条途径，智能传感器系统获得了飞速发展。目前，已经有单片集成及各种不同集成度商品化芯片及功能极强的 I/O 接口设备——数据采集卡可供构建智能传感器系统使用。

一、智能传感器的基本组成形式

智能传感器系统主要由传感器、调理电路、数据采集与转换、计算机及其 I/O 接口设备四大部分组成，如图 7-4 所示。系统各组成部分的功能分述如下。

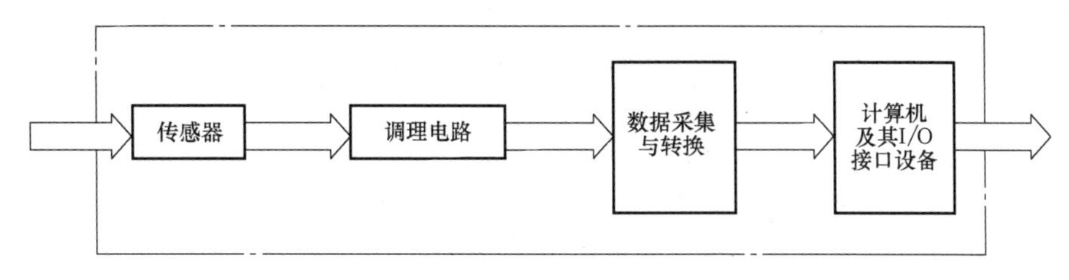

图 7-4 智能传感器系统的基本组成

1. 传感器

传感器完成信号的获取，它将规定的被测参量按一定规律转换成相应的可用输出信号。被测参量可以是各种非电参量，也可以是电参量。

2. 调理电路

来自传感器的输出信号通常是含有干扰噪声的微弱信号。因此，后面配接的信号调理电路的基本作用有三个：其一是放大，将信号放大到与数据采集卡（板）中的 A/D 转换器相适配；其二是预滤波，抑制干扰噪声信号的高频分量，将频带压缩以降低采样频率，避免产生混淆，如果信号调理电路输出的是规范化的标准信号，即 4~20mA 的电流信号，则称这种信号调理电路与传感器的组合为变送器；其三是转换，将传感器输出的电参量，如电容 C、电感 L 或 M、电阻 R 的变化量，转换为电压或频率量。此外，还可以根据需要进行信号的隔离与变换等。

3. 数据采集与转换

数据采集部分由采样-保持（S-H）与多路切换开关（MUX）组成，实现对多传感器多点多通道输入信号的分时或并行采样。时间连续信号 $x(t)$ 经过采样后变为离散时间序列 $x(n)$，$n=0$，1，2，…。

数据转换部分为 A/D、D/A 转换器或 V/F 转换器。A/D（模/数）转换器将信号的采样值转换为幅值离散化的数字量，或由 V/F（伏/频）转换器转换为脉冲频率；D/A（数/模）转换器输出模拟控制信号。在以 PC 与传感器接合的非集成化实现方式中，A/D、D/A、MUX 以及可编程放大器 PAG 集中放在一块 DAQ［数据采集卡（板）］中，并将 DAQ 插入 PC 相应的空槽中。

4. 计算机及其 I/O 接口设备

计算机是神经中枢，它使整个测量系统成为一个智能化的有机整体，在软件导引下按预定的程序自动进行信号采集与存储，自动进行数据的运算分析与处理，以适当的形式输出指令，显示或记录测量结果。根据采用的计算机类型，传感器系统可分为以下两种形式。

（1）智能仪器式智能传感器系统

该传感器系统以微型计算机或微处理器（Microprocessor）为核心，于 20 世纪 80 年代初开始应用，是测量技术与计算机最初结合的形式。如美国霍尼韦尔公司的 ST-3000 型和美国罗斯蒙特公司的 3051 型智能压力变送器，将微处理器所在的数据处理主板放到压力传感器腔内，将传感器与计算机赋予智能，形成了智能传感器/变送器，打破了传感器与仪器的界限。

（2）虚拟/集成仪器式智能传感器系统

该传感器系统以个人计算机（Personal Computer）为核心，充分利用PC的运算与分析处理功能和显示功能，打破了计算机与仪器的界限。由于其有更强大的运算与信号分析处理和显示功能，所以与微处理器为核心构成的仪器相比，虚拟/集成仪器式智能传感器系统有更强大的智能，实现起来更容易、更快捷。

图7-4所示的智能传感器系统有多种集成实现方式，如不同组成环节的集成，有配接电阻型、电容型、电感型等不同类型传感器的信号调理芯片，有数据采集、转换与微处理器的集成芯片，还有全系统的单片集成，或采用PC与其I/O接口设备DAQ（数据采集卡）硬件集成。

二、传感器智能化实例

智能式应力传感器用于测量飞机机翼上各个关键部位的应力大小，并确定机翼的工作状态是否正常及故障情况。该智能式传感器具有较强的自适应能力，可以根据工作环境因素的变化，进行必要的修正，以保证测量的准确性。

1. 总体结构

智能式应力传感器包括硬件结构和软件结构两大部分，主要由传感器、微处理器及其相关电路组成。微处理器是智能式应力传感器的核心，不但可以对传感器测量的数据进行计算、存储、处理，还可以通过反馈回路对传感器进行调节。

2. 敏感元件和检测原理

智能式应力传感器共有6路应力传感器和1路温度传感器。应力传感器的敏感元件是电阻应变片，其中每一路应力传感器由4个电阻应变片构成的全桥电路和前级放大器组成，用于测量应力的大小。温度传感器采用温敏二极管，用于测量环境的温度，从而对应力传感器进行温度误差修正。

3. 硬件结构

智能式应力传感器具有测量、程控放大、转换、处理、模拟量输出、打印、键盘监控及通过串行接口与上位微型计算机进行通信的功能。它的硬件结构如图7-5所示。

多路开关根据单片机发出的命令轮流选通各个传感器通道，各路信号通过放大、A/D转换进入单片机，经过处理输出模拟信号或数字信号，可以存储、显示或打印，通过串行通信接口与外界通信。

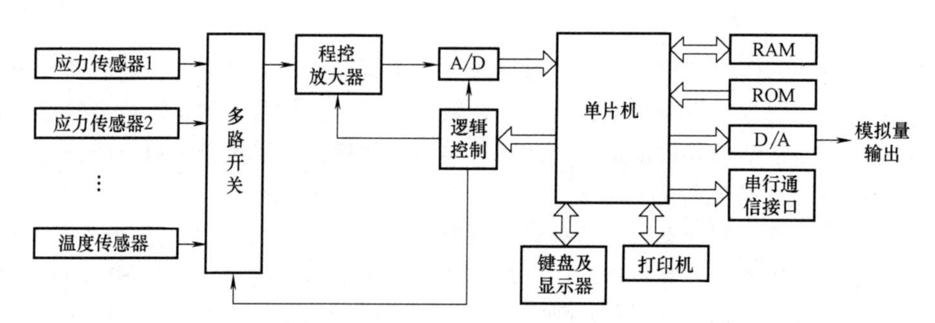

图7-5　智能式应力传感器硬件结构图

4. 软件结构

智能式应力传感器软件采用模块化和结构化的设计方法，软件流程如图7-6所示。

智能式应力传感器的模块结构如图 7-7 所示。各个模块的功能如下：

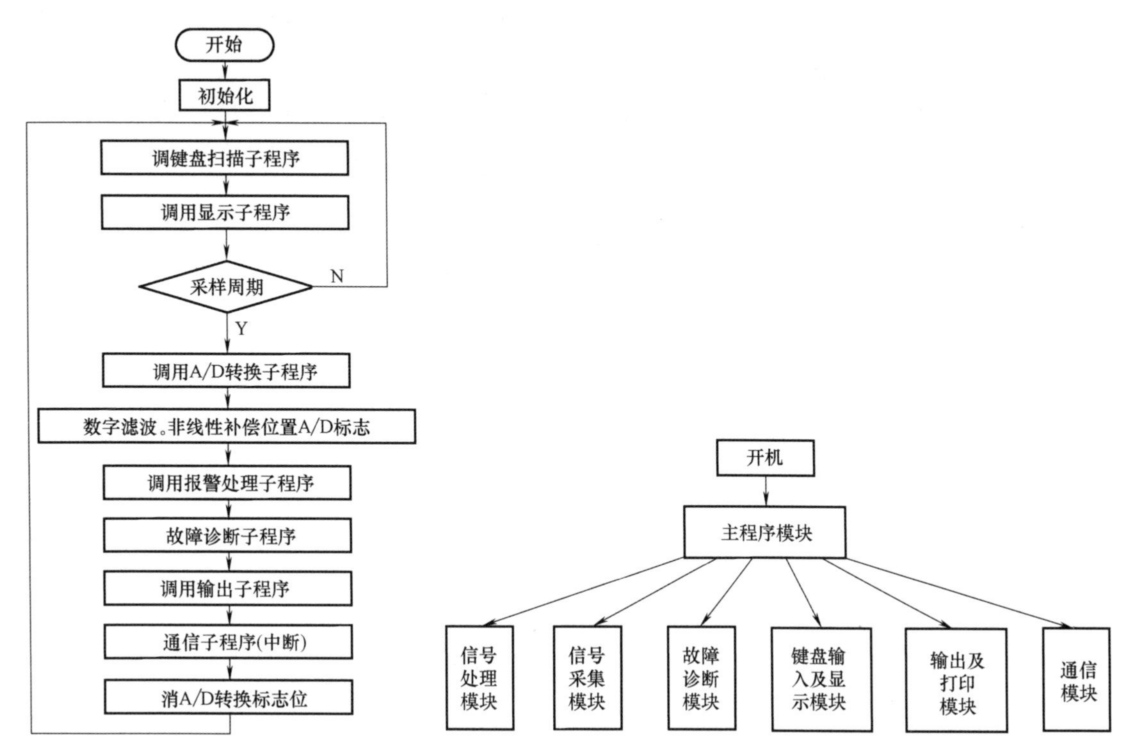

图 7-6　智能式应力传感器软件流程　　图 7-7　智能式应力传感器的模块结构图

1）主程序模块主要完成自检、初始化、通道选择及调用各个功能模块的功能。

2）信号采集模块主要完成各路信号的放大、A/D 转换和数据读取的功能。信号采集模块的程序流程如图 7-8 所示。

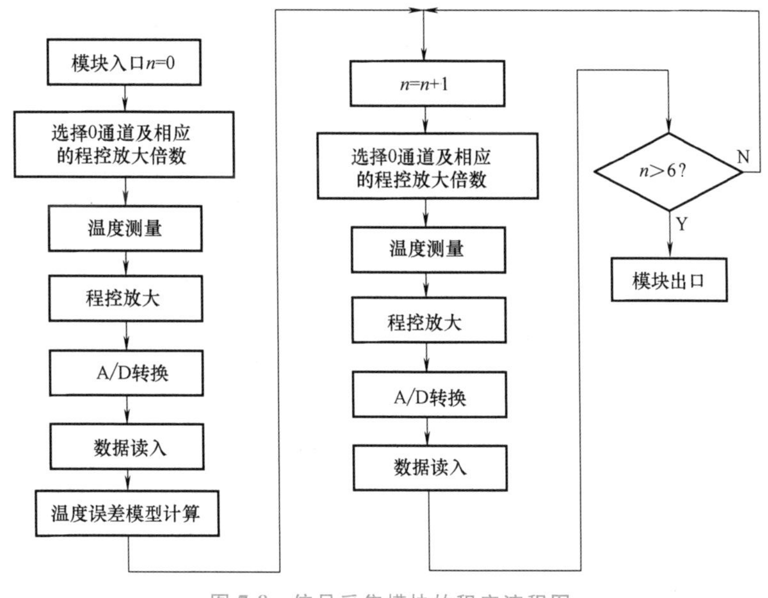

图 7-8　信号采集模块的程序流程图

3）信号处理模块主要完成数据滤波、非线性补偿、信号处理、误差修正及检索查表等功能。

4）故障诊断模块的任务是对各个应力传感器的信号进行分析，判断飞机机翼的工作状态及是否有损伤或故障存在。

5）键盘输入及显示模块的任务：一是查询是否有键被按下，若有键被按下，则反馈给主程序模块，主程序模块根据键意执行或调用相应的功能模块；二是显示各路传感器的数据和工作状态（包括按键信息）。

6）输出与打印模块主要是控制模拟量输出及控制打印机完成打印任务。

7）通信模块主要控制 RS-232 串行通信接口和上位微机的通信。

第三节　基于现场总线技术的智能传感器

现场总线（Fieldbus）是一种工业数据总线，它主要解决智能化仪器仪表、控制器、执行机构等现场设备间的数字通信及这些现场控制设备与高级控制系统之间的信息传递问题。现场总线具有简单、可靠、经济实用等一系列突出的优点。

一、现场总线技术概述

现场总线技术是以计算机技术的飞速发展为基础，它对工业控制技术的发展起到了极大的推动作用，自 20 世纪 90 年代以后，现场总线控制系统（Fieldbus Control System，FCS）不断兴起和逐渐成熟，成为 21 世纪工控系统的主流技术。

1. 现场总线的定义

根据国际电工委员会（International Electrotechnical Commission，IEC）标准和现场总线基金会（Fieldbus Foundation，FF）的定义，现场总线是指连接智能现场设备和自动化系统的数字式、双向传输、多分支结构的通信网络。现场总线的含义表现在以下五个方面。

（1）现场通信网络

传统的分布式计算机控制系统（Distributed Control System，DCS）的通信网络截止于控制站或I/O 单元，现场仪表与控制器之间均采用一对一的物理链接，一只现场仪表需要一对传输线来单向传送一个模拟信号，所有这些输入/输出的模拟信号都要通过 I/O 组件进行信号转换，如图 7-9 所示。这种传输方法要使用大量的信号电缆，给现场安装、调试及维护带来困难，而且模拟信号的传输精度和抗干扰能力较低。

现场总线是用于过程自动化和制造自动化的现场设备或现场仪表互连的现场通信网络，把通信线一直延伸到生产现场或生产设备，如图 7-10 所示。

图 7-10 中现场设备或现场仪表是指传感器、变送器或执行器等，这些设备通过一对传输线互连，传输线可以使用双绞线、同轴电缆和光缆等。现场总线允许在一条通信电缆上挂接多个现场设备，而不再需要 A/D、D/A 等 I/O 组件。

（2）互操作性

互操作性的含义是来自不同制造厂的现场设备，不仅可以相互通信，而且可以统一组态，构成所需的控制回路，共同实现控制策略。也就是说，用户选用各种品牌的现场设备集成在一起，实现“即接即用”。现场设备互连是基本要求，只有实现操作性，用户才能自由地集成 FCS（Field Control System）。

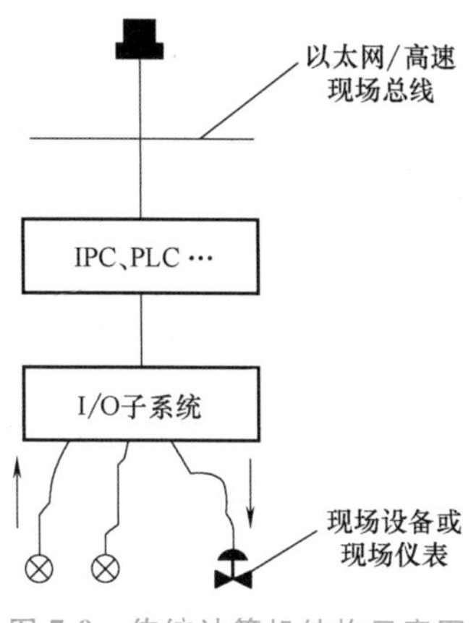

图 7-9　传统计算机结构示意图

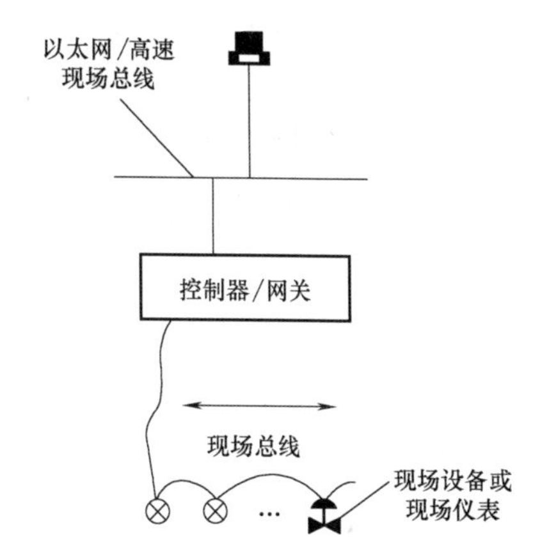

图 7-10　现场总线控制系统结构示意图

（3）分散功能块

FCS 废弃了 DCS 的 I/O 单元和控制站，把 DCS 控制站的功能块分散给现场仪表，从而构成虚拟控制站。例如，流量变送器不仅具有流量信号变换、补偿和累加输入功能块，而且有 PID 控制和运算功能块；调节阀除了具有信号驱动和执行功能外，还内含输出特性补偿功能块、PID 控制和运算功能块，甚至有阀门特性自校验和自诊断功能。由于功能块分散在多台现场仪表中并可以统一组态，用户可以灵活选用各种功能块，构成所需要的控制系统，实现彻底的分散控制。

（4）通信线供电

现场总线的常用传输线是双绞线，通信线供电方式允许现场仪表直接从通信线上摄取能量，这种低功耗现场仪表可以用于本质安全环境，与其配套的还有安全栅。有的企业生产现场有可燃性物质，所有现场设备必须严格遵循安全防爆标准，现场总线也不例外。

（5）开放式网络互联

现场总线为开放式互联网络，既可与同类网络互联，也可与不同类网络互联。开放式互联网络还体现在网络数据库共享，通过网络对现场设备和功能块统一组态，天衣无缝地把不同厂商的网络及设备融为一体，构成统一的现场总线控制系统。

2. 现场总线的分类

现场总线产品较多，较流行的有德国 Bosch 公司设计的 CAN 网络（Controller Area Network），美国 Echelon 公司设计的 Lon Works 网络（Local Operation Network），按德国标准生产的 Profibus（Process FieldBus）总线，Rosemount 公司设计的 HART（Highway Addressable Remote Transducer）总线，罗克韦尔自动化公司的 DeviceNet 和 ControlNet 等。它们在一定程度上获得了应用并取得了效益，对现场总线技术的发展发挥了重要作用，但都未能统一为国际标准，因而其应用必然受到产品技术水平的限制，难以构成真正的现场总线控制系统（FCS）。

现场总线的分类方法很多，这里采用 IECSC65C/WG6 委员会主席 Richard H. Caro 的分类方法，将现场总线分为以下三类：

1）全功能数字网络。这类现场总线提供从物理层到用户层的所有功能，标准化工作进行得较为完善。这类总线包括 IEC/ISA 现场总线、IEC 和美国国家标准。Foundation Fieldbus

实现了 IEC/ISA 现场总线的一个子集。Profibus-PA 和 DP 是德国国家标准，为欧洲标准的一部分。FIP 是法国国家标准，也为欧洲标准的一部分。Lon Works 是 Echelon 公司的专有现场总线，在建筑自动化、电梯控制、安全系统中得到了广泛应用。

2）传感器网络。这类现场总线包括罗克韦尔自动化公司的 DeviceNet 和 Honeywell Microswitch 公司的 SDS。它们的基础是 CAN（高速 ISO11898，低速 ISO11519）。CAN 出现于20世纪80年代，最初应用于汽车工业。许多自动化公司在 CAN 的基础上建立了自己的现场总线标准。

3）数字信号串行线。这是最简单的现场总线，不提供应用层和用户层，如 Seriplex、Interbus-S 和 ASI 等。

3. 现场总线单元设备

现场总线系统的现场设备或现场仪表称为节点设备。节点设备的名称及功能由厂商确定，一般用于过程自动化并构成现场总线控制系统的基本设备，分类如下：

1）变送器。常用的现场总线变送单元有温度、压力、流量、物位和分析五大类，每类又有多个品种。与电动单元组合仪表的变送器不同，现场总线变送单元既有检测、变换和非线性补偿功能，同时还常嵌有 PID 控制和运算功能。

2）执行器。常用的现场总线执行单元有电动和气动两大类，每类又有多个品种。现场总线执行单元除具有驱动和执行的基本功能，以及内含调节阀输出特性补偿外，还嵌有 PID 控制和运算功能。另外，某些执行器还具有阀门特性自检验和自诊断功能。

3）服务器和网桥。例如，用于 FF 现场总线系统的服务器和网桥，在 FF 的服务器下可连接 H1 和 H2 总线系统，而网桥用于 H1 和 H2 之间的连通。

4）辅助设备。指现场总线系统中的各种转换器、安全栅、总线电源和便携式编程器等。

5）监控设备。指供工程师对各种现场总线系统进行组态的设备和供操作员对工艺操作与监视的设备，以及用于系统建模、控制和优化调度的计算机工作站等。

这里所说的各种现场总线设备和仪表，除专门用于各种现场总线系统的网络设备、辅助设备和监控设备外，其他设备或仪表单元均是在原有的电动单元组合仪表的基础上发展而来的。该升级过程主要包括原有仪表单元的数字化或微机化，增加支持各种现场总线系统的接口卡以及编制支持该种现场总线系统通信协议的运行程序。

因此，不失一般性地，基于任何一种现场总线系统的、由现场总线变送单元和执行单元组成的网络系统可表示为图 7-11 所示的结构。传统的检测单元和变送单元合二为一，再加上现场总线接口，组成变送器节点设备，按照通信协议把传感器采集的现场信号上传。现场总线执行单元则与变送单元的工作顺序正好相反，它由微计算机根据现场总线系统的网络通

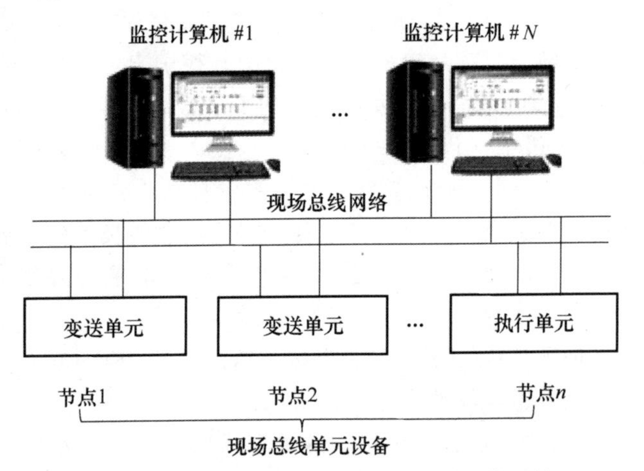

图 7-11　由现场总线单元设备组成的网络系统

信协议从总线上获得所需的信息，经信号驱动单元的驱动后，交执行机构实施控制作用，以达到对被控变量的调节作用。

与现场总线变送单元和执行单元相对应，除以上所列的现场设备和现场仪表外，其他的传统仪表单元（如显示单元、记录单元和打印单元等）均可由相应的软件通过网络上的监控计算机来完成。只有在特殊要求的情况下，现场总线显示单元、记录单元和打印单元才被使用。

二、现场总线技术智能传感器

1. 现场总线设备为什么需要“智能”

如果传感器与仪表都是没有智能的，只会采集数据，对采得的数据毫无“感觉”，甚至是否进行数据采集也要由中心控制室下达命令，势必会使中心控制室的中心计算机不得不时刻关注每台传感器与仪表（对电站有 5000 台，对钢铁厂有 2 万台，对石油化工厂有 6000 台，……）的详细状况，如传感器及其仪表的温度补偿情况、自校准情况，工作是否正常，数据是否可靠等，再根据所知情况与数据进行分析、判断后作出决策，之后对某个执行器发出控制命令，这就相当于 5000 人、6000 人或 2 万人的军团，每个士兵的动作都只由一个总司令来指挥一样。这样，中心计算机负担过重，难以适应现代工业化大生产日益复杂的要求。解决此问题的办法是“分散”或“分布”智能，也就是给现场的传感器/变送器、执行器等设备配备“大脑”——微计算机/微处理器。这样，传统的传感器/变送器与微计算机/微处理器相结合并被赋予智能而成为智能传感器/变送器。例如，智能流量变送器由微型计算机中的非线性校正、温度补偿软件等功能模块处理后可以获得排除干扰噪声后的瞬时流量值，经累加运算软件功能模块可获得累计流量值。而且还有控制功能软件智能化模块，可将获得的瞬时流量值与设定值相比较后对执行器——调节阀经现场总线下达控制驱动指令。

决策模式既可以是 PID 控制模式，也可以是模糊控制模式或其他模式，依控制软件功能模块的类型而定，同时还可以采用调节阀的阀门特性的自校验和自诊断软件功能模块等。这样可以清楚看到：在这种现场总线控制系统的现场设备中，已经组成了对单一量的自测量、自行数据处理、自行分析判断与决策的控制系统。也就是说，FCS 废弃了 DCS 的控制站，把 DCS 控制站的功能块分散地分配给现场仪表，从而构成虚拟控制站。这样，许多控制功能从控制室移至现场仪表，大量的过程检测与控制的信息就地采集、就地处理、就地使用，在新的技术基础上实施就地控制。现场智能传感器/变送器将调控了的对象状态参量（如流量）通报给控制室的上位计算机。上位机主要对其进行总体监督、协调、优化控制与管理，实现了彻底的分散控制。例如，处于监控中心的上位计算机，根据全局优化分析，确定某位置压力值的设定值，该位置处的测控系统就根据设定的压力值进行控制。若上位机下达新的压力设定值，则该位置处的测控系统按新的设定值进行自动调控。在这个局域的分散控制系统中的现场传感器/变送器及执行器都是智能型的，并带有标准数字总线接口，之间的信息反馈与指令均通过现场总线进行。

随着自动控制系统的飞速发展，对智能型传感器/变送器的需求成为智能传感器产生、发展的强大社会推动力。目前，用于现场总线控制系统中的、具有智能的智能传感器/变送器也称为现场总线仪表。

2. 现场总线仪表的主要特点

与 DCS 系统中的现场仪表相比，FCS 系统现场仪表的主要特点如下：

1）具有多种基本的智能化功能，可用于改善静态、动态特性，提高精度和稳定性。如量程设定和零点调整，刻度转换可以多种单位表示被测量，非线性自校正、频率补偿、温度补偿、自检等。

2）具有控制与基本参数存储功能，可实现自我管理并提高自适应能力。大量过程检测与控制信息实行现场采集、现场处理、现场使用、现场实时控制，使过程控制基本分散到现场。现场设备都是具有微处理器的，不论是智能传感器/变送器还是执行元件的微处理器中均可装入 PID（或其他模式）控制模块以实现现场实时控制功能。控制模块通常装入智能传感器/变送器的微处理器中。

在这些现场总线智能设备的微处理器中，不仅存储着各种智能化功能软件模块，还存储了自身的基本信息，如出厂日期批号、技术指标及基本参数，以方便查询与系统维护。

3）开放性与互换性。最高理想情况是采用统一的国际标准通信协议，在未能实现最高理想的情况下，可采用同一种通信协议，不同厂家的产品在硬件、软件、通信规程、连接方式等方面可相互兼容、互换使用。这对用户的安装、使用、操作、维修和产品的扩展都十分有利。

4）带有数字总线接口，实现通信功能。所有的智能化现场设备，包括变送器、执行器等都通过接口挂接在总线上。现场设备之间，如流量变送器与调节阀之间要执行闭环控制功能需要的信息传递，同时它们与管理中心的上位机之间的通信均是通过各自的接口经现场总线传输进行的。现场总线采用双绞线、光缆或无线方式，目前主要以双绞线为主。也就是说，上位机与所有现场设备的连接只有两根导线，这两根导线不仅可以承担现场设备所需的供电，而且承担了它们之间的全数字化、双向串行通信。用数字信号取代模拟信号可以提高抗干扰能力，延长信息传输距离，而且大量削减了现场与控制室之间的导线安装费用。而在 DCS 系统中，每一台现场设备就要有一对导线与控制室相连。当然，这种多站的通信必须遵守统一的通信规范和标准。

3. 现场总线智能传感器的设计

基于现场总线技术的智能传感器包括传统的传感元件、信号调理、信号转换、微计算机、现场总线接口几部分，如图 7-12 所示。传感元件检测被测变量的信息，信号调理单元对测量信号进行放大滤波后，送入信号转换单元，把被测变量转换为微计算机能接收的标准信号，现场总线接口完成总线协议控制并提供与物理传输线路连接的接口，有了现场总线接口就可以把传统的传感器作为一个节点挂接到现场总线网络上。

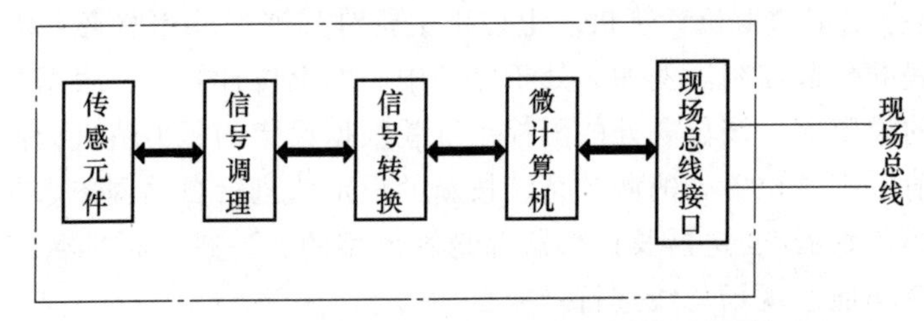

图 7-12　基于现场总线技术的智能传感器结构简图

因此，现场总线智能传感器具有以下功能：多个传感器可以共用一条总线传递信息，具有多种计算、数据处理及控制功能，从而减少主机的负担；取代 4～20mA 模拟信号传输，实现传输信号的数字化，增强信号的抗干扰能力；采用统一的网络化协议，成为 FCS 的节点，实现传感器与执行器之间的信息交换；系统可对之进行校验、组态、测试，从而改善系统的可靠性；接口标准化，具有即插即用特性。

现场总线智能传感器是未来工业过程控制系统的主流仪表。

三、现场总线仪表经典实例简介

现场总线智能传感器/变送器的开发研究方向多种多样。有的生产厂家提供 OEM 集成/固态传感器芯片器件；有的公司专为 OEM 芯片器件配备含有微处理器及通信接口电路系统的印制电路板，并把印制电路板与 EM 芯片器件组装成一个智能传感器；有的按某种现场总线标准对现有的用于工业自动化中的传统传感器/变送器加装微处理器与数字总线接口，使之成为智能化传感器。但追本溯源主要有三种类型：基于集成/固态压力（差）传感器的美国霍尼韦尔公司的压阻式传感器，日本横河电机株式会社的谐振式传感器以及基于传统传感器的美国罗斯蒙特与南美 SMAR 公司的差动电容式传感器，它们在智能传感器/变送器的历史进程以及当今的市场份额中都占据着重要地位。

1. ST-3000 系列智能变送器

美国霍尼韦尔（Honeywell）公司于 1983 年率先推出的压阻式智能压力变送器 ST-3000，是世界上第一台智能变送器，其对传统的现场仪表而言是一次深刻的变革，它开创了现场仪表的新纪元，为工业自动化及其系统应用向更高层次发展奠定了基础。

（1）ST-3000 智能变送器的结构及工作原理

图 7-13 为 ST-3000 智能变送器的结构框图。它由两部分组成：一部分为传感器芯片及调理电路；另一部分为微处理器及存储器。传感器芯片上有由集成工艺制作的三个传感器：压力/压差（ΔP）、静压（P）和温度（T）传感器。其中压力/压差传感器和静压传感器均接成全桥差动电路形式。三个传感器的静态标定数据，即表征输入输出特性的标定数据均存入 PROM 中。整个变送器的测压原理为：待测压力首先作用在传感器芯片的硅膜片上，引起传感器的电阻值的相应变化，此阻值的变化由传感器芯片上的惠斯登电桥检出，桥路输出信号经调理电路进行调理，并由 A/D 转换器转换成数字信号，送入微处理器。与此同时，在此传感器芯片上形成的两个辅助传感器（温度传感器和静压传感器）检测出表体温度和过程静压。辅助传感器的输出也被转换成数字信号并送至微处理器。在微处理器内，来自三个传感器的数字信号进行运算处理，转换成一个对应的 4～20mA 的模拟输出信号或数字输出信号。

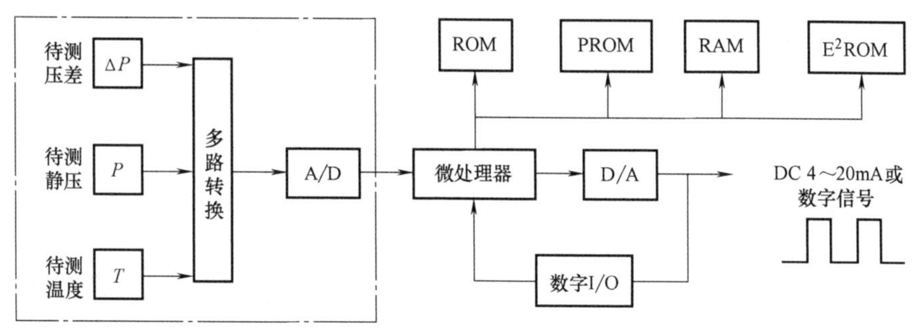

图 7-13 ST-3000 智能变送器的结构框图

（2）ST-3000 智能变送器的性能特点

ST-3000 智能变送器的主要性能特点如下：

1）宽量程比。ST-3000 的量程比通常可达 100∶1，最大可达 400∶1（一般传感器仅为 10∶1），当被测压力发生显著变化时，只需调整量程，而不必更换或增加变送器，故一台 ST-3000 变送器可覆盖多台变送器的量程。这是因为 PROM 中的输入输出特性是在宽量程范围内标定的，也反映了传感器本身硅膜片的大量程性能。

2）高精度和高稳定性。由于每台 ST-3000 出厂前都在与工作现场相似的环境进行了实验标定，其内存储器 PROM 中存储着一套完整的用于消除交叉灵敏度的特征参数和三个传感器数据的融合计算方程式，从而可以消除环境温度及静压变化对被测压力/压差的影响，保证高精度和高稳定性的特点。ST-3000 模拟输出方式时的精度达量程的±0.075%，其数字输出（DE）方式时的精度可达量程的±0.062%或读数的±0.125%。

3）双向通信能力。由于 ST-3000 所具有的双向数字通信能力，使其能方便地用于现场总线测控系统中，符合现代自动化测控系统的要求，且通过与现场通信器（SFC）的远距离通信，可以很容易地实现工作现场与中央控制室之间所进行的参数设定、调整和作业。

4）完善的自诊断功能。自诊断功能通过 SFC 实现，将 SFC 与 ST-3000 连接通信，由 SFC 发出自诊断命令，可对 ST-3000 的通信线路、过程回路和变送器不断进行检测，将检测的结果以简明的语言在 SFC 上显示出来。如在 SFC 上显示“STATUS CHECK = OK”，则表示变送器和 SFC 工作正常；否则，就会把发生的故障显示出来，使用户知道问题所在及如何去修正。这种诊断可远程进行，这样一方面可使操作员不必处于恶劣的工作环境现场，又可大大减少维护时间，既方便了操作，又可降低维修成本。

5）宽域温度及静压补偿。ST-3000 的温度使用范围可达−40～110℃，静压可达 0～210kgf/cm^2（1kgf/cm^2 = 0.1MPa），且在这么宽的使用范围内可使温度和静压得到补偿。这是因为 ST-3000 具有内部温度与静压传感器，由三个传感器数据进行融合给出最终输出值。

2. 3051 型智能压力变送器

3051 型智能压力变送器是美国罗斯蒙特公司（现为费希尔-罗斯蒙特公司，FISHER-ROSEMOUNT）在保持 20 世纪 80 年代 1151 型差动电容式变送器优良传统的基础上进行连续改进，于 20 世纪 90 年代初推出的现场总线智能仪表系列之一，并于 1998 年开始向我国市场供货。

（1）3051 型智能压力变送器的特点

归纳起来，3051 型智能压力变送器具有如下特点：

1）3051 型智能压力变送器测量性能优越，可用于所有压力、液位与流量测量场合，测量精度为±0.075%，其稳定性可做到工作 5 年不需要调整传感器零点漂移。其优异的总体性能为压力变送器树立了一个新的标准，即将温度影响和静压影响考虑在内的综合指标作为精度的指标。

2）3051 型智能压力变送器具有多种输出协议：标准输出为 4～20mA 并基于 HART 协议的数字信号。

3）3051 型智能压力变送器的性能和功能不断改进，具有向前、向后的兼容性。

（2）3051 型智能压力变送器结构

3051 型智能压力变送器由传感和数据处理两部分组成，其原理结构如图 7-14 所示。

图中各部分的组成和功能阐述如下：

1）传感部分。传感部分由测量压力的差动电容式传感器、用于对压力传感器进行温度

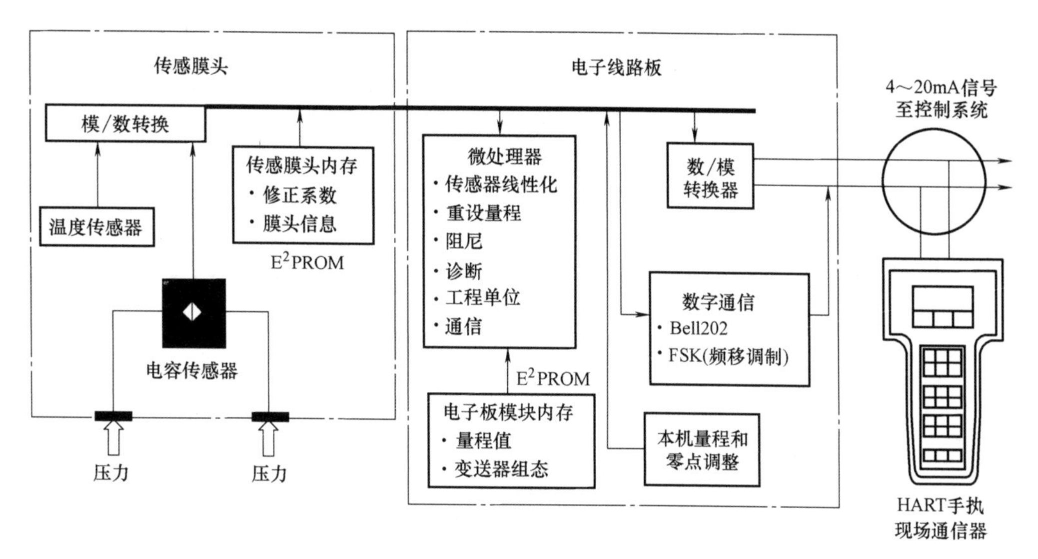

图 7-14 3051 型智能压力变送器原理结构框图

补偿的温度传感器、模/数转换器以及保存传感器修正系数、传感器膜片参数的片外传感膜头存储器组成。

2）数据处理部分。数据处理部分由微处理器、片外存储器、数/模转换器、数字通信以及本机量程和零点调整几部分组成。

微处理器要完成如下功能：①修正传感器特性；②设置量程；③设置阻尼系数；④对传感器进行故障自诊断；⑤设定工程单位；⑥确定智能传感器与上位机的通信接口与通信格式。

片外存储器用来存放传感器量程以及智能变送器组态参数等。变送器的工作参数包括：①零点与量程设定值；②线性或二次方根输出；③阻尼；④工程单位选择。

片外存储器将有关信息数据输入变送器，以便对变送器进行识别与物理描述。

3. 现场总线压力变送器 LD302

LD302 是南美 SMAR 公司于 1995 年推出的第一代现场总线仪表的系列之一。它已在我国安庆石化总厂的腈纶厂投入使用。

（1）硬件构成框图

LD302 是一种测控压差、绝对压力、表压、液位和流量等工业过程参数的现场总线变送器，也称为现场仪表。其硬件构成框图如图 7-15 所示。它由传感器组件板、主电路板和显示板组成。

1）传感器组件板。C_L 和 C_H 是电容式传感器中电容变换器的两个差动电容，直接感受压力或压差，由压力或压差作用产生的电容改变量 $\pm\Delta C$ 将引起振荡器输出交流信号的振荡频率发生变化（$\pm\Delta f$）。频率所反映的被测压力或压差信号的交流振荡信号经“隔离”送至 CPU。温度传感器是用来监测电容式传感器的工作环境温度的。电容式传感器在不同温度时的输入（ΔP）输出（Δf）特性存储在传感器组件板的 E^2PROM 中，用于非线性自校正和温度自补偿。来自主电路板的供电电源高频振荡信号经过“电源隔离”单元转换为其他单元所需的供电电压。所有与 CPU 之间的信息传递都经过光耦合隔离器来进行，从而使传感器

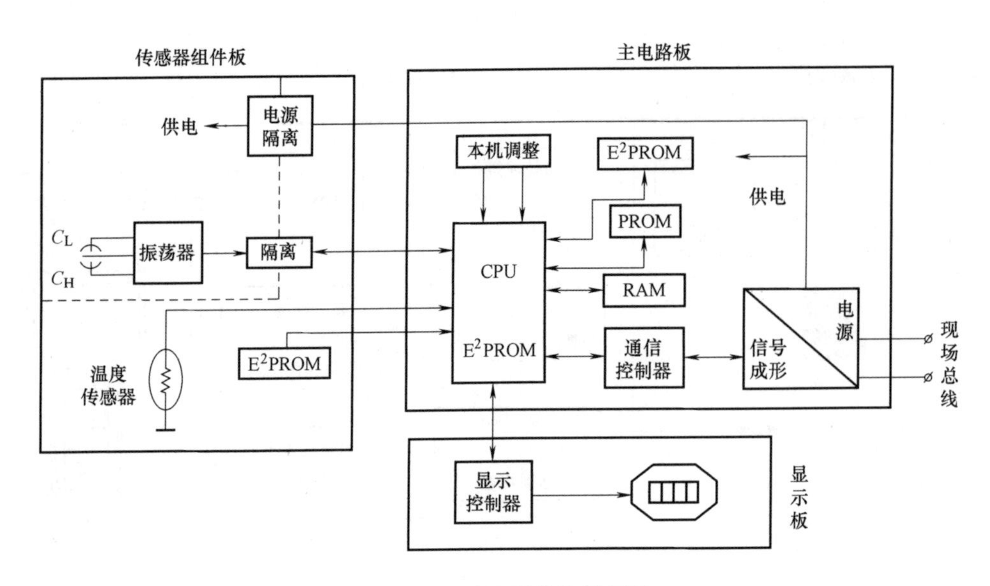

图 7-15　LD302 硬件构成框图

组件板与主电路板在电气上完全隔离，提高了抗干扰能力。

2）主电路板。中央处理单元 CPU 是 LD302 的核心，控制着整个仪表系统各个部件的协调工作、传感器的线性化及温度补偿、控制和通信。系统的程序存储于 CPU 外部的只读存储器 PROM 中。运算数据暂时存储于 RAM，如果电源中断，RAM 中的数据就会丢失。在 CPU 外还有一个非易失性存储器 E^2PROM，这里的数据不会因掉电而丢失，因此一些重要的标定、组态和辨识等应用程序都存储在这里。CPU 与信号成形（Signal Shaping）单元之间是一个通信控制器。该控制器用来监视现场总线上的占空情况，调制和解调通信信号，引入和删除数字信号中的开始和结束定界符。测量结果的数据经信号成形单元转换为符合标准的通信数字信号形式，由现场总线送到控制室或其他现场仪表。供电电源信号来自现场总线，它经电源单元转换后作为主电路板中各单元的供电电压，同时以高频振荡形式传给传感器组件板。

3）显示板。它由显示控制器（电路）与微功耗液晶显示器（LCD）组成，可用工程单位显示被测压力、流量和液位。显示器为 4 位半数字值和 5 位字母 LCD。

（2）特点

LD302 的主要特点如下：

1）传感器性能好，传感器组件板与主电路板具有互换性。电容式压力（差）传感器是一种运行可靠、性能优越并经受过现场长时间考验的传感器，其测量范围为 0~125Pa 或 0~40MPa，精度在校准量程时为 0.1%，校准范围为从 URL（测量范围上限）到 URL/40（40 为量程比）。压力传感器在不同温度时的输入输出特性存储在同一组件板内的 E^2PROM 中，可供刻度变换、非线性自校正、温度补偿用。因此，传感器组件板与主电路板之间具有互换性，大大方便了仪表的制造与现场的运行维护。

2）现场总线速率为 31.25kbit/s，总线电源为直流 9~32V。

3）LD302 内装有 AI（输入）、PID（控制）、INTG（累加）、ISS（输入选择）、CHAR（信号特征描绘）和 ARTH（算术）等功能软件模块。选用不同功能模块可以实现由压差或压力获得瞬时流量值或累计流量值、液位高度值或控制指令等。因此，各功能软件模块可由用户组态。各模块都有输入、输出，装有参数和一个算法程序。各功能模块用一个标识符来表示，模块的输入、输出可用其他现场总线仪表从总线上读出，他们之间也能互相连接。其他现场总线仪表也能写入模块的输入。

4. EJA 型压差/压力智能变送器

EJA 型压差/压力智能变送器（Differential Pressure High Accurany Resonant Sensor Pressure Transmitter）是由日本横河电机株式会社于 1994 年开发的智能型压差/压力变送器，它采用了先进的单晶硅谐振式传感器技术，自投放市场以来，以其优良的性能受到广大用户的好评。

（1）EJA 型压差/压力智能变送器的特点

EJA 型压差/压力智能变送器具有如下特点：

1）EJA 型压差/压力智能变送器采用先进的单晶硅谐振式传感器技术，它除了保证有 0.075%的高精度外，还有效地克服了静压、温度等环境因素的影响，可长期连续可靠地运行。

2）EJA 型压差/压力智能变送器采用微机械加工技术（MEMS），传感器直接输出频率信号，简化了与数字系统的接口电路。

3）EJA 型压差/压力智能变送器具有体积小、重量轻等特点，使其不受安装场所的限制。

4）EJA 型压差/压力智能变送器具有完善的自诊断功能与远程通信功能。

（2）EJA 型压差/压力智能变送器原理框图

由单晶硅谐振式传感器上的两个 H 形振动梁分别将压差、压力信号转换成频率信号，送到脉冲计数器，再将两频率信号直接传送到微处理器进行数据处理，经模/数转换器转换为与输入信号相一致的 4~20mA 直流输出信号，并在 4~20mA 模拟信号上叠加一个符合 HART 协议的数字信号进行通信。EJA 型压差/压力智能变送器原理框图如图 7-16 所示。

图 7-16 中，膜盒组件由单晶硅谐振式传感器和特性修正存储器两部分组成。特性修正存储器存储传感器的环境温度、静压及输入/输出特性修正数据，经微处理器（CPU）运算，可使变送器获得优良的温度特性、静压特性及输入/输出特性。

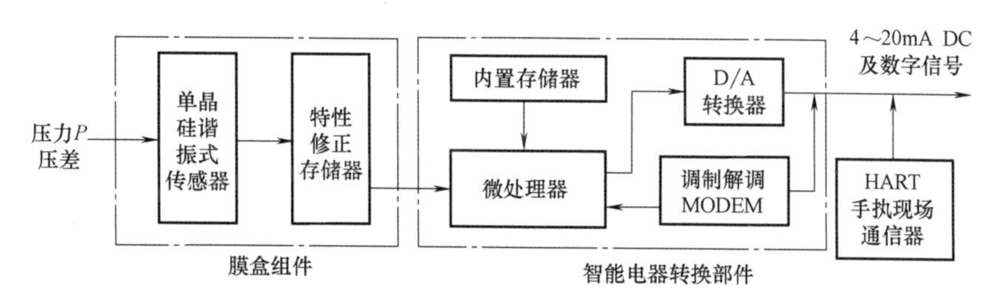

图 7-16　EJA 型压差/压力智能变送器原理框图

智能变送器通过输入/输出接口与外部设备（HART 手执现场通信器）以数字通信方式传递数据，且在数字通信时，频率信号不对 4~20mA 直流信号产生任何扰动影响。

第四节　智能传感器应用举例

智能传感器可以输出数字信号，带有标准接口，能接到标准总线上，在工业上有广泛的应用。下面介绍几种典型的智能传感器。

一、利用通用接口（USIC）构成的智能温度、压力传感器

通用接口芯片 USIC 具有智能传感器所需要的信号处理能力。该芯片中每个单元的输出均有引脚引出，用户可以根据自己的需要灵活地组织使用。因此，只需少量的外围元件就可以方便地组成各种电路，实现信号的高质量处理。图 7-17 为利用通用接口构成的智能温度、压力传感器框图。

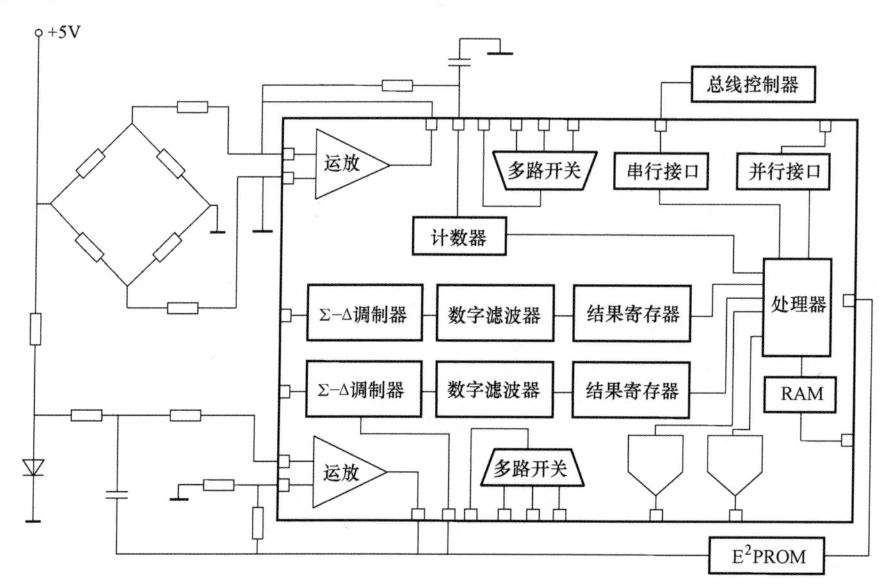

图 7-17　利用通用接口构成的智能温度、压力传感器框图

在该智能传感器中，利用压阻效应测量压力变化，利用半导体 PN 结的温度特性测量温度。压力传感器由具有压阻效应的敏感元件构成测量电桥，当受外界压力作用时，电桥失去平衡，输出信号直接供给差动放大电路。其输出通过一个 PC 网络组成的低通滤波器提供给 A/D 转换器。

温度传感器采用 PN 结的方式。电阻 R 和温度传感器（二极管）构成分压电路，当温度变化时，由于 PN 结的正向导通电阻变化，从而使分压电路上的压降有所变化，该信号提供给由运放构成的切比雪夫滤波器，其增益达到 4mV/℃。

温度传感器是一个非线性元件，采用模拟的方法很难修正由灵敏度漂移等因素引起的误差，因此，校准、线性化和偏移标准由处理器实现，片外 E^2PROM 可用来存储查表数据等，这样可使传感器的测量精度更高。USIC 可以通过串行接口 RS-485 同现场总线控制器连接，这样，智能压力传感器就能够通过现场总线接入测控系统。

二、利用信号调节电路 SCA2095 构成的智能传感器

SCA2095 利用了压阻效应，是采用全桥设计的传感器（如压力传感器、应力计、加速度计等）的信号调节电路的集成芯片，如图 7-18 所示。

该调节电路采用 E^2PROM 存储的数据进行校准、温度补偿，具有输出保护、诊断、调节增益和修正灵敏度误差等功能。芯片的外部数据接口有串行时钟 SLCK、数据输出 D_o、数据输入 D_i。通过 CPU 的控制，能够完成设置零点漂移寄存器、温度寄存器、零点温度补偿

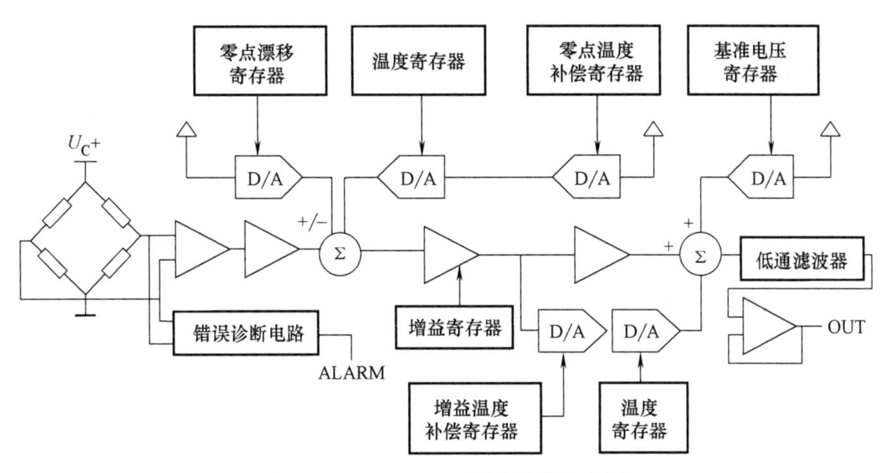

图 7-18　SCA2095 信号调节电路图

寄存器、基准电压寄存器、增益温度补偿寄存器等操作。这些寄存器中的值通过 D/A 转换器变成模拟量叠加在调节电路中，从而改变了传感器的特性。

三、基于微处理器的单片集成压力传感器

在芯片上集成 MCU、A/D 转换器、D/A 转换器、数字通信接口、信号调节电路以及传感器，可以构成具有微处理器的单片集成传感器。下面以摩托罗拉公司开发的单片 CMOS 压力传感器为例加以说明。这种传感器采用 SOI（Sillicon On Insulator）衬底工艺制作。为了准确地测量待测压力，可以利用芯片中的 MCU，按一定数学模型对传感器的输出信号进行校准，从而实现对非线性误差和温度漂移的补偿。

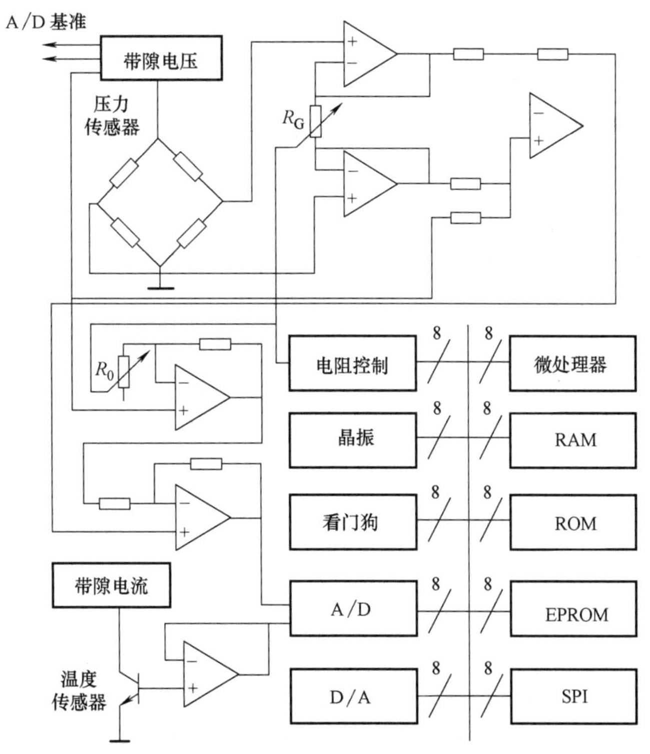

图 7-19　单片集成压力传感器系统的电路结构框图

整个集成压力传感器系统主要包含压阻式桥路压力传感器、温度传感器、CMOS 模拟信号调节电路、稳压供电电源和稳流供电电源、8 位微处理器、10 位模/数转换器、系统引导程序存储器以及数字通信外围电路接口等。整个系统的电路结构框图如图 7-19 所示。从图中可以看出，传感器可通过调节可变电阻 R_G 来调整电路的放大倍数，传感器的零点调节可由可变电阻 R_0 进行，这两个可调电阻均由 MCU 控制调节。通过调节 R_G 和 R_0，可以把压力传感器的输出信号调整至 A/D 转换器的

最佳转换范围，保证其有效工作。温度传感器主要用于输出校准用的温度信号，它通常靠近压敏电阻，以准确测量工作环境温度的变化。带隙恒压供电电源为压力传感器、调整放大电路和 A/D 转换电路提供恒压电源，带隙恒流供电电源为温度传感器提供恒流电源。

集成压力传感器的所有电路均在 10μm 厚的 SOI 衬底硅片上制成。制作基于双多晶硅、单金属 CMOSA 工艺，然后再附加几个工艺步骤，完成压力及温度传感器的制作，形成单片集成结构，弹性应变膜片成型工艺在 CMOS 工艺之后进行。最后将整个芯片封装在一个 40 引脚的 DIP 陶瓷衬底上，并在其上留有一个金属管接口，作为待测压力的输入口，芯片用 RTV 黏合在封装衬底上，以便隔绝封装应力。

将微处理器和传感器进行单片集成，实现了传感器系统的小型化，有利于避免信号噪声的影响；另外，由于芯片上集成了微处理器，从而使得传感器具有了更多的智能功能。

四、基于 ZMD31050 芯片的数字式气压传感器

ZMD31050 是一款高精度桥式传感器信号调理电路，可以直接以数字信号输出，只需简单的外围电路，即可构成单片数字传感器。

该芯片的特点是高精度数字输出，外接电路简单，通用性强，多种输出方式可选择。

ZMD31050 对传感器的偏移、灵敏度、温漂和非线性可以有效进行补偿和校正。目前基于 ZMD31050 的数字式气压传感器系统已经在地震前兆辅助观察领域中投入使用，其设计经验值得在其他桥式传感器设计中推广应用。

1. 功能框图与引脚排列

ZMD31050 功能框图如图 7-20 所示，其封装外形及引脚定义如图 7-21 所示。

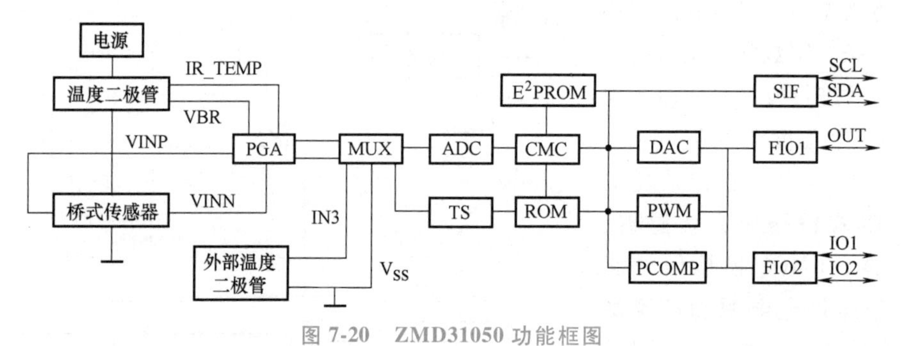

图 7-20　ZMD31050 功能框图

图 7-20 中，ZMD31050 的各组成部分说明如下：

PGA——可编程增益放大器；

MUX——多路器；

ADC——A/D 转换器；

CMC——校准控制器；

DAC——D/A 转换器；

FIO1——可选 IO1，模拟输出（电压/电流），PWM2（脉宽调制），ZACwireTM（一线接口）；

FIO2——可选 IO2，PWM1，SPI，SPI 从机选择，Alarm1、Alarm2 串行接口，I^2C，时钟；

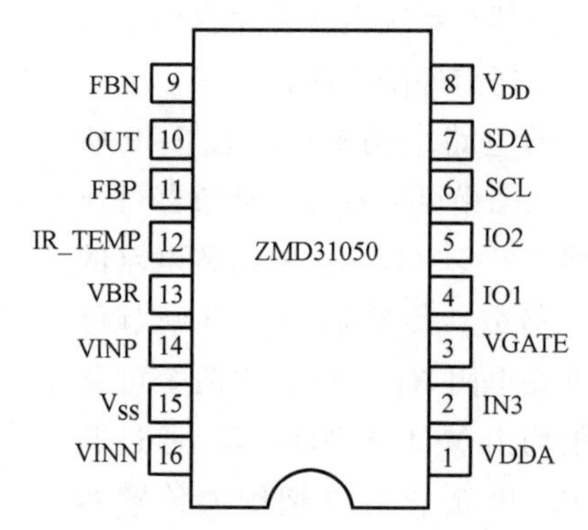

图 7-21　ZMD31050 封装外形及引脚定义

PCOMP——可编程比较器，提供报警输出信号；
E^2PROM——用于校准参数设置和校准配置；
TS——片上温度传感器；
ROM——存放校准模式；
PWM——脉宽调制模式。

ZMD31050具有内部E^2PROM，共包含32个16位地址空间。ZMD31050工作所必需的32个参数存储在E^2PROM中。其中，22个校准常量用于传感器信号的计算校准，7个参数用于配置应用程序，1个CRC字（word）用于检查E^2PROM内容的正确性，另外还有2个16位的字供用户自由使用。

每次上电后，E^2PROM中的内容被复制到RAM中，根据RAM中的配置，器件自动完成信号调理过程。首先，桥式传感器传递出的信号在PGA中进行预放大，MUX将该信号与外部二极管或分立温度传感器信号按照某种序列传送给ADC单元，ADC单元对这些信号进行A/D转换。然后，CMC根据ROM中存放的校正公式和E^2PROM中存放的校准参数对信号进行校正。根据设置，传感器信号以模拟量、数字量或PWM的形式输出，输出信号由串行接口及FIO1、FIO2提供。

2. 主要参数

ZMD31050的主要参数如下：

1）电源电压：+2.7~+5.5V。

2）输入信号：1~275mV。

3）多种输出方式可供选择：电压（0~5V），电流（420mA），PWM，I^2C，SPI，ZACwireTM（一线接口），报警输出。

4）桥式传感器的激励源可选：比例电压、恒压模式或恒流模式。

5）高精度：-25~+85℃时的误差为0.1%，-40~+125℃时的误差为0.25%。

6）可对传感器的偏移、灵敏度、温漂和非线性进行数字补偿。

7）输出分辨率最高为15位，可选择相对应的采样频率（最高3.9kHz）。

8）PC通过数字接口实现器件的配置和校准。

3. 气压传感器系统

ZMD31050接收来自前端桥式传感器的微弱模拟信号，将这一信号放大，经A/D转换、补偿与校正后以数字信号形式传给后端微处理器；微处理器获取信号并进行处理；串口电平转换器MAX202完成电平转换，从而实现系统与PC的通信。

图7-22所示为基于ZMD31050设计的数字式气压传感器应用系统框图。J_1为桥式压力传感器与ZMD31050的接口，J_2是系统供电电源接口，J_3为系统与PC的接口。桥式压力传感器与ZMD31050简单连接即构成了数字式气压传感器，主要应用于观测气体压力的变化。其中，桥式压力传感器为美国Silicon Microstructures公司的SMI5502-015-A。该器件量程为1个标准大气压，满足目标测量要求。采用恒压源供电，输出电压信号，便于整个系统设计。本数字式气压传感器对温度无特殊要求，温度测量选择内置温度二极管。经ZMD31050调理过的信号通过数字串口以15位数字信号的形式输出。

外接的微控制器与其外围的晶体振荡器、看门狗、MAX202构成微控制系统。其中，外接微控制器为51系列单片机的AT89C4051，可满足全部数据处理和通信的要求。晶振Y_1选

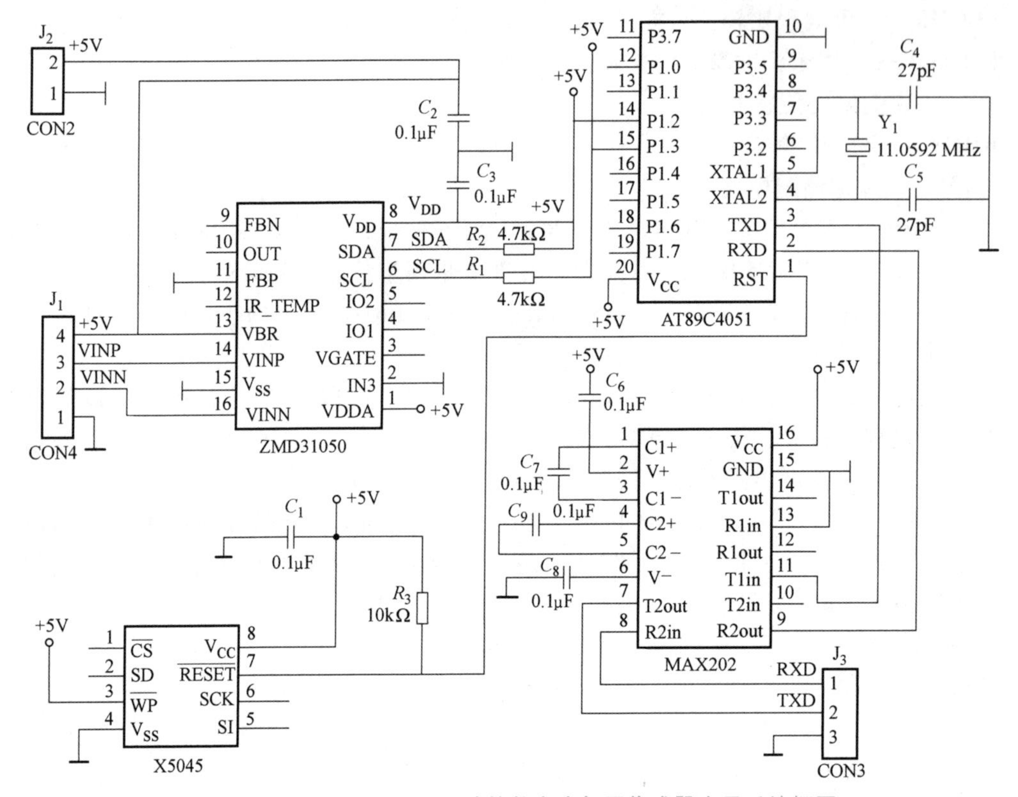

图 7-22　基于 ZMD31050 设计的数字式气压传感器应用系统框图

择 11.0592MHz，为 AT89C4051 提供时钟信号。X5045 为 AT89C4051 工作产生复位信号。MAX202 完成电平转换，实现 AT89C4051 与上位机通信。

数字式气压传感器与微控制系统构成数字式气压传感器应用系统，整个系统采用+5V 电源供电。数字式气压传感器支持 I^2C 通信模式，由 SDA、SCL 线经上拉后与后端微控制器系统连接。通信过程中，ZMD31050 为从机模式，其默认通信地址为 0x78。

五、基于全系统单片集成芯片 ADXL202 的振动测量系统

ADXL202 是美国 ADI 公司生产的低成本、低功耗、功能完善的双轴加速度传感器。它有以下功能特点：

1）将敏感元件和调理电路集成在一个芯片上，小巧紧凑，提高了可靠性，可广泛地应用在斜度测量、惯性导航、地震监测装置和交通安全系统等领域。

2）既能测量动态加速度（如振动加速度），又能测量静态加速度（如重力加速度）。

3）在 3dB 带宽情况下的频率响应达 5kHz。

4）与电解质型、水银型、热敏型等传感器相比，ADXL202 响应速度更快。

5）耐冲击性，可耐高达 1000g 的冲击。

1. 结构框图与功能

ADXL202 结构框图如图 7-23 所示，它是基于单块集成电路完善的双轴加速度测量系统，采用以多晶硅为表面的微电机传感器和信号控制环路来执行操作的开环加速测量结构。对每根轴而言，输出环路将模拟信号转换为脉宽占空比的数字信号，这些数字信号直接与微处理

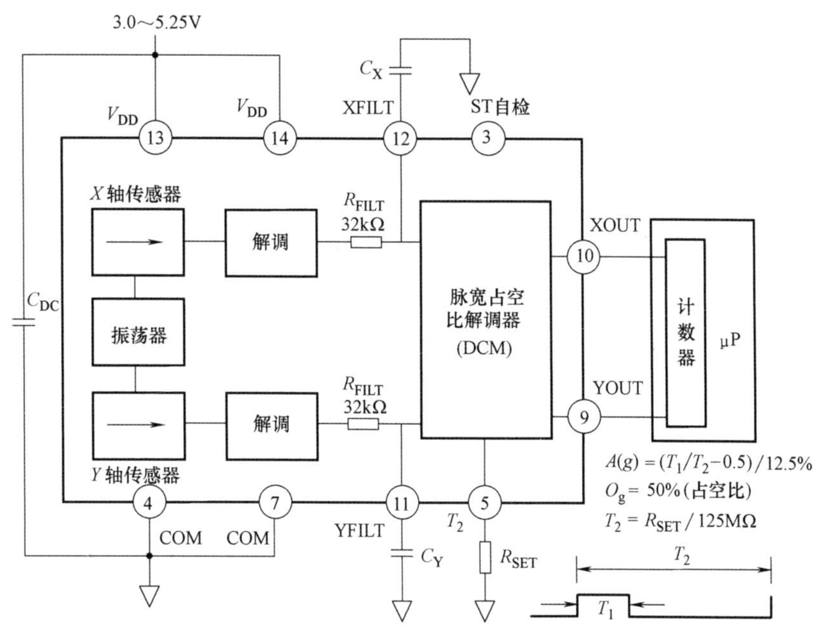

图 7-23 ADXL202 结构框图

器接口。ADXL202 可测量正负加速度，其最大测量范围为±2g。ADXL202 也可测量静态加速度，亦可用作斜度测量。传感器采用在硅片上经表面微加工的多晶硅结构，用多晶硅的弹性元件支撑它并提供平衡加速度所需的阻力。结构偏转是通过由独立的固定极板和附在移动物体上的中央极板组成的可变电容来测量的。固定极板通过方波的每 π 个相位控制。加速度计受到加速度力后改变了可变电容的平衡，使输出方波的振幅与加速度成正比。而相位解调技术用来提取信息，判断加速方向。解调器的输出通过 32kΩ 的固定电阻输出到脉宽占空比解调器。这时，允许用户改变滤波电容的大小来设置输出信号的带宽。这种滤波提高了测量的精度，并有效地防止频率混叠。经过低通滤波后，模拟信号由 DCM（脉宽占空调制器）转换为脉宽占空比信号。通过一个电阻 R_{SET} 将 T_2 设定在 0.5～10ms 范围内，在零加速度时使输出占空比为 50%。可由一计数器/计时器或低功耗的微控制器通过测量 T_1、T_2 来得到加速度。模拟输出信号可通过以下两种方法获得：一种从 XFILT 和 YFILT 引脚得到；一种是通过 *RC* 滤波器对 XOUT 和 YOUT 引脚输出的脉冲信号滤波后得到的直流值推算。

ADXL202 的引脚排列如图 7-24 所示，其引脚定义及功能见表 7-1。

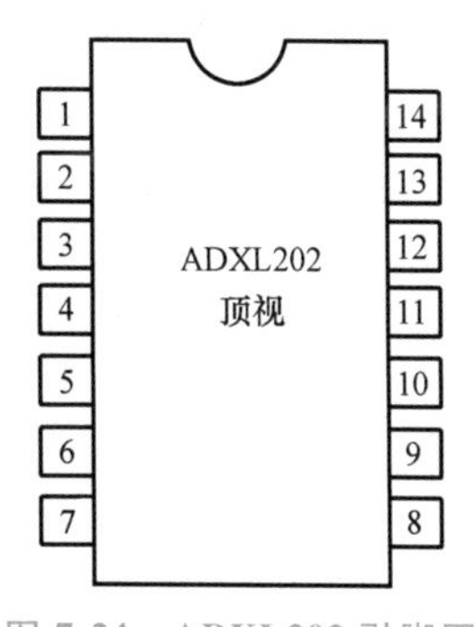

图 7-24 ADXL202 引脚图

表 7-1 ADXL202 引脚定义及功能

引脚序号	名　称	功　能
1,6,8	N. C.	空置端
2	VTP	检测端
3	ST	自我测试端
4,7	COM	公共接地端

（续）

引脚序号	名　　称	功　　能
5	T2	外接 R_{SET}，可设定 T_2 周期
9	YOUT	Y 轴脉宽信号输出端
10	XOUT	X 轴脉宽信号输出端
11	YFILT	连接 Y 滤波电容
12	XFILT	连接 X 滤波电容
13	V_{DD}	电源端，接+3～+5.25V，与 14 引脚连接
14	V_{DD}	电源端，接+3～+5.25V，与 13 引脚连接

2. 主要参数特点

ADXL202 的主要参数特点如下：

1）两种工作温度范围：商业温度范围为 0～70℃，工业温度范围为-40～+85℃。

2）具有两种输出信号：①从 XFILT 端与 YFILT 端输出直流信号；②从 XOUT 端与 YOUT 端输出一定占空比的数字量信号。

3）灵敏度、重力、加速度的检测分辨率优于 5×10^{-3}g，直流输出灵敏度为 312mV/g。

4）可以承受电源开关反复接通断开的冲击，电源开关断开后再接通时的恢复时间约为 1.6ms。

5）低功耗（<0.6mA）。

6）每根轴的带宽均可通过电容调整。

7）直流工作电压为+3～+5.25V。

8）可承受 1000g 的剧烈冲击。

3. ADXL202 加速度计在振动测试中的应用

ADXL202 用于振动测试的测量原理图如图 7-25 所示。

其中，加速度计部分电路主要由 ADXL202 构成，并辅助以一些滤波及调节电路；系统控制电路主要由 AT89C2051 单片机构成，利用它处理 ADXL202 产生的占空比调制信号；微机接口电路主要实现单片机与 PC 之间的串行通信接口，通过该接口，测量结果可以传送到 PC 中，同时 PC 可以通过命令来控制测量电路的工作。此外，在控制电路中还使用了串行 E^2PROM 来存储本测量装置的标号、采样参数以及与占空比计算相关的参数，这样有利于提高测量准确度，并有利于多点测量。

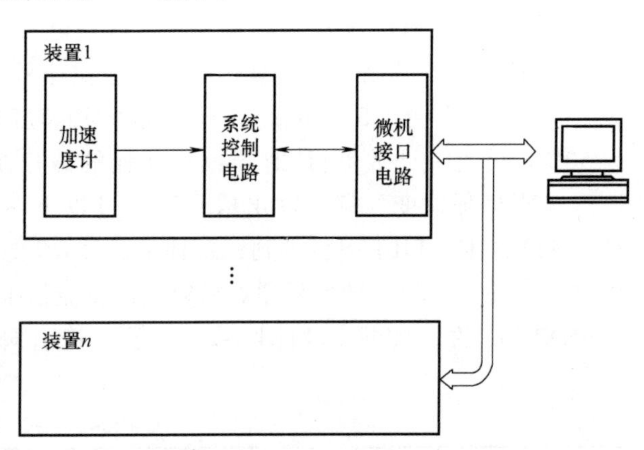

图 7-25　ADXL202 用于振动测试的测量原理图

在单片机控制中使用中断方式进行串行通信，使用定时器产生一个时间基准来记录 ADXL202 输出信号。当单片机接收到 PC 发送的指令后，单片机开始执行数据采集及计算，并将计算结果以及运行状态存放在指定单元中，PC 可以随时读取。此外，单片机可以执行 PC 发送的多种命令，如存取标定参数，存取指定装置数据，更改测试终端的编号等。由于 T_2 是由 R_S 确定的，在测量过程中变化很小，利用这一特点可以简化采样程序，提高占空比计算速度。在 PC 中，使用 VC6.0 编制控制程序。

六、基于现场总线的 SCR 烟气脱硝控制系统

面对严峻的环境形势，氮氧化物（NO_x）成为继粉尘和硫化物（SO_x）之后燃煤电厂污染物治理的重点。在众多控制 NO_x 排放的措施中，选择性催化还原（Selective Catalytic Red-ccetion，SCR）是一种技术成熟、脱硝效率高的方法，因此应用最为广泛。

1. SCR 烟气脱硝反应系统

SCR 的原理是通过还原剂（如 NH_3）在适当的温度并有催化剂存在的条件下，将烟气中的 NO_x 转化为氮气（N_2）和水（H_2O）。电厂 SCR 烟气脱硝装置包括氨气供应和脱硝反应两大系统。其中脱硝反应系统按单元机组配置，由催化还原反应器、氨喷射、稀释空气、吹灰等组成，布置在省煤器与空气预热器之间。来自氨区的氨气经稀释后通过喷氨格栅进入烟道与烟气充分混合。在 SCR 反应器内，NH_3 与 NO_x 在催化剂的作用下反应生成 N_2 和 H_2O，从而完成烟气中 NO_x 的脱除。为了防止烟尘在催化剂上积灰板结，SCR 反应器各层还设置了声波吹灰器。

典型的脱硝反应系统 P&I 图如图 7-26 所示。

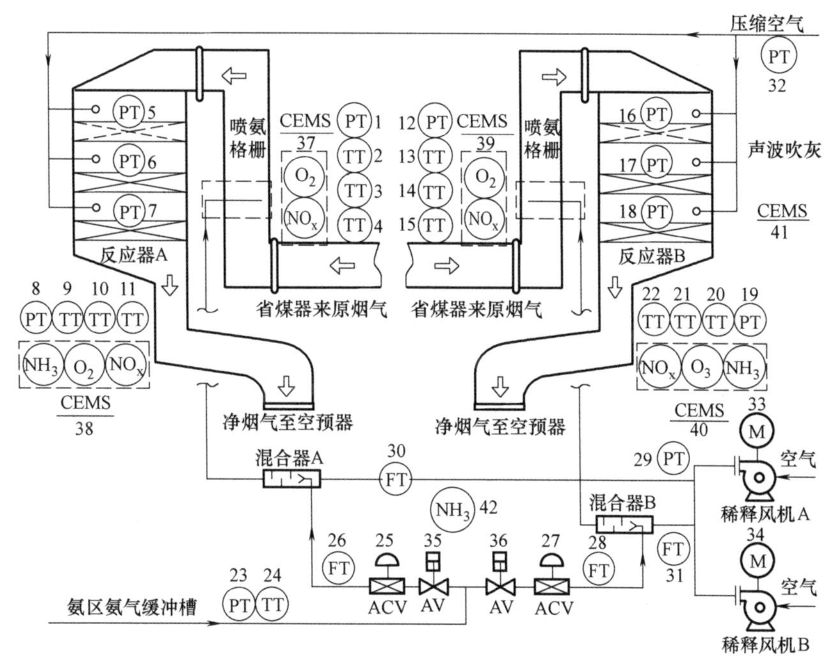

图 7-26　脱硝反应系统 P&I 图

ACV—气动调节阀　AV—气动开关阀　PT—压力变送器　FT—流量变送器　TT—温度变送器

NH_3—氨气泄漏报警仪　M—电机　CEMS—烟气排放连续监测系统

根据易燃物质（NH_3）的性质、释放源的级别和布置，氨区及 SCR 氨喷射区域为防爆 2 区。虽然工艺装置采取露天或开敞式布置，上述区域可看作非爆炸危险区，但工程实施过程

中出于安全考虑，要求相应的电气设备（阀门、电机、仪表等）仍采用隔爆或本安类型。

2. 现场总线及就地设备

（1）现场总线

现场总线选用目前工业生产中应用最为广泛的过程现场总线（Profibus）。它是由德国西门子公司提出并极力倡导的，符合德国国家标准 DIN19245 和欧洲标准 EN50170 的现场总线标准，在 IFC 现场总线国际标准 IEC61158 第 4 版中被定义为 Type3。Profibus 家族主要包括适合于以逻辑顺序控制为主的 Profibus DP 和适合于控制过程复杂、安全性要求严格的以模拟量为主的 Profibus PA。

（2）智能压力/差压变送器

智能压力/差压变送器选用带 Profibus PA 接口的 SITRANS P、3051 系列。3051 差压变送器集差压变送器、温度变送器、压力变送器、流量积算仪于一体，可显示工作压力、温度、瞬时及积累流量，并可对气体、蒸汽进行自动温度压力补偿、实现现场直接显示标况流量、质量流量的功能；还可以提供电流、频率、RS-485 的远传输出。

（3）智能温度变送器

温度测量选用带 Profibus PA 接口的一体化 PA 总线温度变送器 TF12 系列产品。该变送器测温范围可在-200～+2300℃之间选取，具有稳定性好，温度线性输出，较强的自诊断功能（对测量值数字化、长期可靠处理用户自定义线性化，备有电压保护与固定的总线电流限制）。

（4）超声波液位计

超声波液位计选用带 Profibus PA 接口的 SITRANS Probe LU 产品，该液位计测量范围为 0.25～12m，输出信号为 4～20mA，工作环境条件为-40～+85℃。适合应用于测量化学储罐和滤池及其他简单过程容器中的液位。

（5）其他就地设备

气动调节阀的控制选用带 Profibus PA 接口的 SIPART PS2 智能阀门定位器。气动开关阀的控制选用带 Profibus DP 接口的阀岛 FESTO CPV Direct，该阀岛由现场总线节点、阀岛和输入模块组成。

烟气排放连续监测系统（CEMS）和声波吹灰器控制采用的 PLCS7 系列带 Profibus DP 接口。

3. 现场总线系统

某 2×300MW 燃煤机组采用 Siemens 公司基于 Profibus 总线技术的 SPPA—T3000 控制系统及其系列产品为硬件平台，与该工程配套的 SCR 烟气脱硝反应系统的现场总线控制网络配置如图 7-27 所示。

脱硝反应系统的控制直接纳入单元机组（锅炉）控制系统，按机组各设置两面通信柜，分别布置在 SCR 反应区 A、B 侧 CEMS 分析室内。脱硝反应系统现场总线由单元机组（锅炉）控制器下的双 DP 主站引出，通过光电转换模块（OLM）经光纤延伸到现场。一路连接 SCR 区 A 侧的一个 DP 网段、3 个 PA 网段，另一路连接 B 侧的 1 个 DP 网段、2 个 PA 网段。

脱硝反应系统可不另行配置 Profibus 主站，现场 26 个 PA 仪表按 A/B 侧分组，通过 8 只 AFD 有源现场分配器接入 DP/PA 连接器。6 台本安型仪表通过 2 只 AFDis 有源现场分配器接入 DP/PA 连接器。2 台气动开关阀（含电磁阀、行程开关）和 1 台氨气泄漏报警仪通

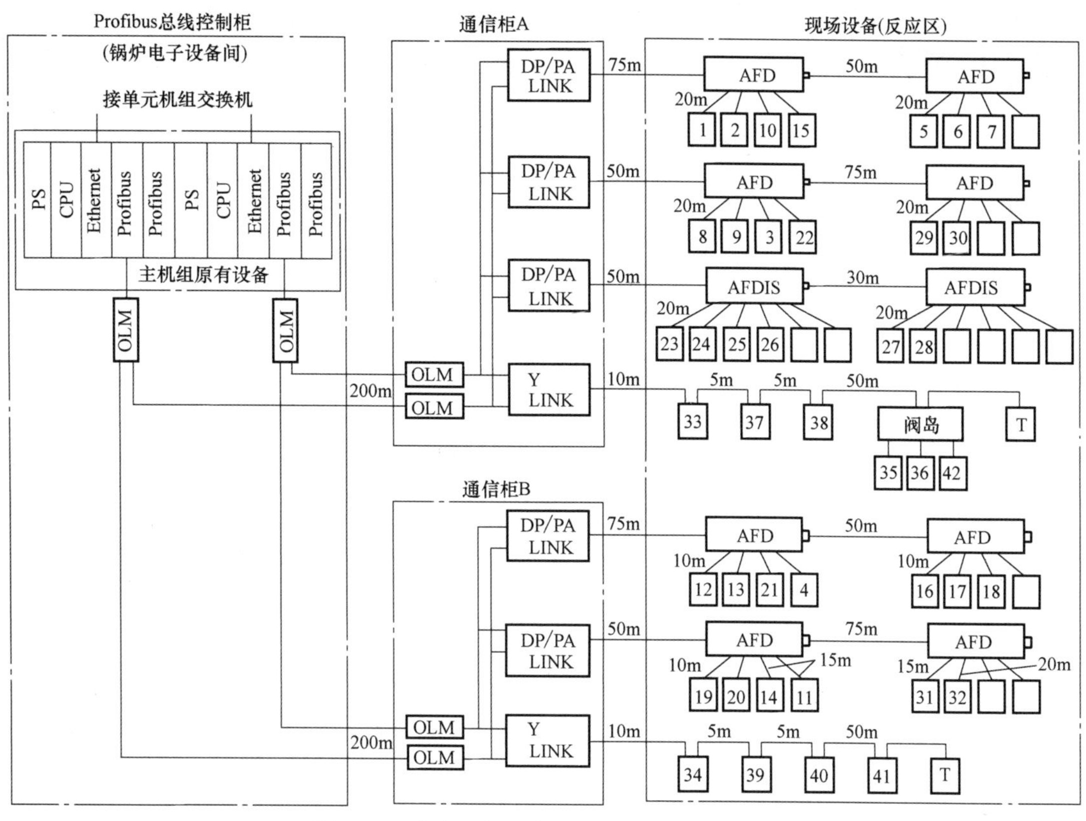

图 7-27 脱硝反应系统现场总线控制网络配置

过 1 只阀岛与 2 台 DP 电机保护装置和 5 套带 DP 接口的 PLC 接入 Y 型连接器。图 7-27 中的现场设备代号 1—42 对应于图 7-26 中的设备编号。

SCR 烟气脱硝采用现场总线技术，有利于提升电厂的控制水平，减少投产后的运行维护工作量。与常规 DCS 控制系统相比，可以减少大量的现场电缆、电缆桥架，并省去相当数量的 I/O 模件和机柜，从而减少了大量的设备占用空间和经费投入。

习题与思考题

7-1 什么是智能传感器？

7-2 传感器的智能化主要包括什么内容？

7-3 传感器智能化的途径有哪些？

7-4 简述现场总线的定义及含义。

7-5 现场总线系统发展过程中，出现了哪些较流行的现场总线？

7-6 现场总线设备为什么需要智能化？

7-7 现场总线系统的主要特征和优点有哪些？

第八章
虚拟仪器技术

由于电子技术、计算机技术的高速发展及其在电子测量技术与仪器领域中的应用，新的测试理论、测试方法、测试领域及仪器结构不断出现，电子测量仪器的功能和作用也发生了质的变化，计算机处于核心地位，计算机软件技术和测试系统更紧密地结合成一个有机整体，仪器的结构概念和设计观点等发生了突破性的变化。由此出现了全新概念的仪器——虚拟仪器。

第一节　虚拟仪器概述

一、虚拟仪器的基本概念

虚拟仪器（Virtual Instrument，VI）是虚拟技术在仪器仪表领域中的一个重要应用，它是现代计算机技术（硬件、软件和总线技术）和仪器技术深层次结合的产物，是当今计算机辅助测试（CAT）领域的一项重要技术。虚拟仪器就是在以计算机为核心的硬件平台上，由用户设计定义具有虚拟面板，其测试功能由测试软件实现的一种计算机仪器系统。也就是说，虚拟仪器是利用计算机显示器模拟传统仪器控制面板，以多种形式输出检测结果；利用计算机软件实现信号数据的运算、分析和处理；利用I/O接口设备完成信号的采集、测量与调理，从而完成各种测试功能的一种计算机仪器系统。VI以透明的方式把计算机资源（如微处理器、内存、显示器等）和仪器硬件（如A/D转换、D/A转换、数字I/O、定时器、信号调理等）的测量、控制能力结合在一起，通过软件实现对数据的分析处理与表达（见图8-1）。

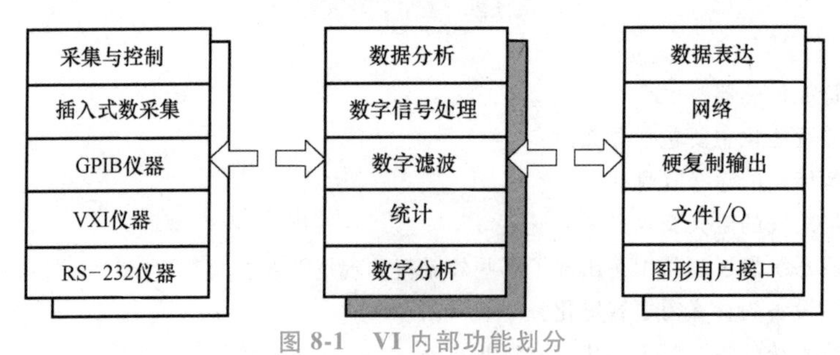

图8-1　VI内部功能划分

二、虚拟仪器的构成

虚拟仪器由通用仪器硬件平台（简称硬件平台）和应用软件两个部分构成。

1. 虚拟仪器的硬件平台

虚拟仪器的硬件平台一般分为计算机硬件平台和测控功能硬件（I/O 接口设备）。计算机硬件平台可以是各种类型的计算机，如 PC、便携式计算机、工作站、嵌入式计算机等。计算机管理着虚拟仪器的硬件资源，是虚拟仪器的硬件支撑。计算机技术在显示、存储能力、处理性能、网络、总线标准等方面的发展，推动着虚拟仪器系统的发展。

I/O 接口设备主要完成被测输入信号的采集、放大、模/数转换。不同的总线有其相应的 I/O 接口硬件设备，如利用 PC 总线的数据采集卡（DAQ）、GPIB 总线仪器、VXI 总线仪器模块、串口总线仪器等。

虚拟仪器的硬件构成有多种方案，通常采用以下几种（见图 8-2）。

（1）基于数据采集的虚拟仪器系统

这种方式借助于插入计算机内的数据采集卡与专用的软件如 Lab VIEW（或 Lab Windows/CVI）相结合，通过 A/D 转换将模拟、数字信号采集到计算机进行分析、处理、显示等，并可通过 D/A 转换实现反馈控制。根据需要还可加入信号调理和实时 DSP 等硬件模块。这种系统采用 PCI 或 ISA 总线，将数据卡（DAQ）插入计算机的 PCI 或 ISA 插槽中。充分利用计算机的资源，大大增加了测试系统的灵活性和扩展性。利用 DAQ 可方便快速地组建基于计算机的仪器，实现“一机多型”和“一机多用”。该方式是构成 VI 最基本的方式，也是最廉价的方式。

（2）基于通用接口总线 GPIB 接口的仪器系统

GPIB（General Purpose Interface Bus）仪器系统的构成是迈向虚拟仪器的第一步，即利用 GPIB 接口卡将若干 GPIB 仪器连接起来，用计算机增强传统仪器的功能，组织大型柔性自动测试系统，技术易于升级，维护方便，仪器功能和面板自定义，开发和使用容易。它可高效灵活地完成各种不同规模的测试测量任务。利用 GPIB 技术，可由计算机实现对仪器的操作和控制，替代传统的人工操作方式，排除人为因素造成的测试测量误差。同时，由于可预先编制好测试程序，实现自动测试，提高了测试效率。

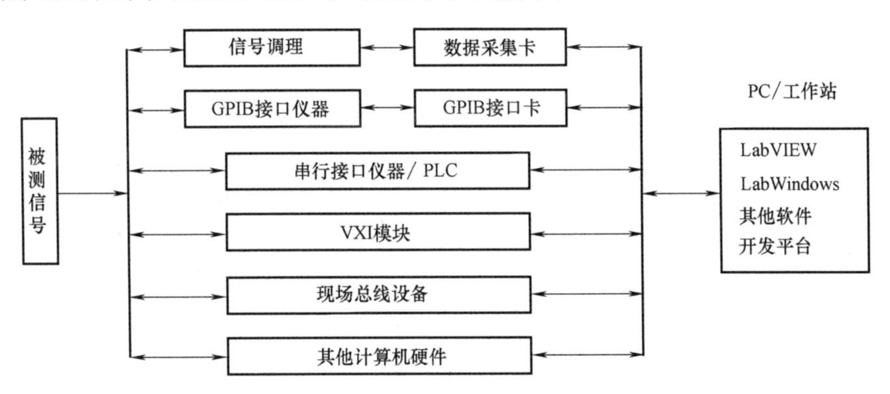

图 8-2 虚拟仪器的硬件构成框图

（3）基于 VXI 总线仪器实现虚拟仪器系统

VXI（VMEbus Extension for Instrumentation）总线为虚拟仪器系统提供了一个更为广阔的发展空间。VXI 总线是一种高速计算机总线——VME（Versa Module Eurocard）总线在仪器领域的扩展。由于其标准开放、传输速率高、数据吞吐能力强、定时和同步精确、模块化设计、结构紧凑、使用方便灵活，已越来越受到重视。它便于组织大规模、集成化系统，是仪器发展的一个方向。

（4）基于串行口或其他工业标准总线的系统

将某些串行口仪器和工业控制模块连接起来，组成实时监控系统。将带有RS-232总线接口的仪器作为I/O接口设备，通过RS-232串口总线与PC组成虚拟仪器系统，目前仍然是虚拟仪器的构成方式之一。当今，PC已更多地采用了USB总线和IEEE1394总线。

值得注意的是：目前较常用的虚拟仪器系统是数据采集系统、GPIB控制系统、VXI仪器系统以及这三者之间的任意组合。

2. 虚拟仪器软件

虚拟仪器软件主要由两部分组成，即应用程序和I/O接口仪器驱动程序。其中：应用程序主要包括实现虚拟面板功能的软件程序和定义测试功能的流程图软件程序两类；I/O接口仪器驱动程序主要完成特定外部硬件设备的扩展、驱动与通信。

虚拟仪器技术最核心的思想，就是利用计算机的硬件/软件资源，使本来需要硬件实现的技术软件化（虚拟化），以便最大限度地降低系统成本，增强系统的功能与灵活性。

为此，开发虚拟仪器必须有合适的软件工具，目前的虚拟仪器软件开发工具有以下两类：

1）文本式编程语言，如Visual C++，Visual Basic，LabWindows/CVI等。

2）图形化编程语言，如LabVIEW，HPVEE等。

这些软件开发工具为用户设计虚拟仪器应用软件提供了最大限度的便利条件和良好的开发环境。测试软件是虚拟仪器的“主心骨”，测试软件的主要任务是：

1）规范组成虚拟仪器的硬件平台的哪些部分被调用，并且规范这些部分的技术特性。

2）规范虚拟仪器的调控机构，设置调控范围，其中不少功能和性能直接由软件实现。

3）规范测试程序。

4）调用数据处理和高级分析库，处理和变换测试结果。

5）在计算机的显示屏上显示测试结果的数据、曲线族、模型甚至多维模型。

6）规范测试结果的信息存储、传送或记录。

三、虚拟仪器的特点

虚拟仪器与传统仪器相比，具有以下特点。

1）传统仪器的面板只有一个，其表面布置着种类繁多的显示与操作元件，由此可能导致认读与操作错误。虚拟仪器与之不同，它可以通过在几个分面板上的操作来实现比较复杂的功能。虚拟仪器融合计算机强大的硬件资源，突破了传统仪器在数据处理、显示、存储等方面的限制，大大增强了传统仪器的功能。高性能处理器、高分辨率显示器、大容量硬盘等已成为虚拟仪器的标准配置。

2）在通用硬件平台确定后，由软件取代传统仪器中的硬件来完成仪器的功能。

3）仪器的功能可以由用户根据需要通过软件自行定义，而不是由厂家事先定义，增加了系统灵活性。

4）仪器性能的改进和功能扩展只需要更新相关软件设计，而无须购买新的仪器，节省了物质资源。

5）研制周期较传统仪器大为缩短。

6）虚拟仪器是基于计算机的开放式标准体系结构，可与计算机同步发展，与网络及其周围设备互连。

决定虚拟仪器具有传统仪器不可能具备的特点的根本原因在于“虚拟仪器的关键是软件”。

第二节　虚拟仪器图形化语言 LabVIEW

LabVIEW（Laboratory Virtual Instrument Engineering Workbench）是一种图形化的编程语言，被广泛地视为一个标准的数据采集和仪器控制软件。LabVIEW 功能强大、灵活，它集成了满足 GPIB、VXI、RS-232 和 RS-485 协议的硬件及数据采集卡通信的全部功能，还内置了能应用 TCP/IP、ActiveX 等软件标准的库函数，利用它可方便地搭建虚拟仪器，其图形化的界面使编程及使用过程十分生动有趣。

图形化的程序语言又称为“G 语言”。使用这种语言编程时，基本上不写程序代码，取而代之的是流程图。它尽可能地利用技术人员、科学家和工程师所熟悉的术语、图标和概念。LabVIEW 是一个面向最终用户的工具，可以增强构建自己的科学和工程系统的能力，同时还提供了实现仪器编程和数据采集系统的便捷途径。用它进行原理研究、设计、测试并实现仪器系统时，能大大提高工作效率。

利用 LabVIEW 可产生独立运行的可执行文件，是一个真正的 32 位编译器。LabVIEW 还提供 Windows、UNIX、Linux、Macintosh 的多种版本。

一、LabVIEW 应用程序

所有的 LabVIEW 应用程序，即虚拟仪器，均包括前面板（Front Panel）、流程图（Block Diagram）以及图标/连接器（Icon/connector）三部分。

1. 前面板

前面板是图形用户界面，也是 VI 的虚拟仪器面板，这个界面上有用户输入和显示输出两类对象，具体有开关、旋钮、图形以及其他控制（Control）和显示对象（Indicator）。图 8-3 是一个随机信号发生和显示的简单 VI 前面板，上面有一个显示对象，以曲线的方式

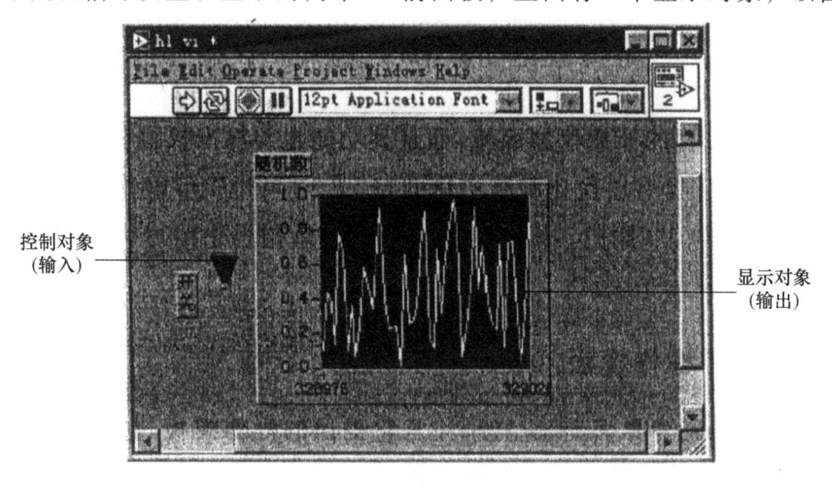

图 8-3　随机信号发生器前面板

显示了所产生的一系列随机数。还有一个控制对象——开关，可以启动和停止工作。当然，并非简单地画两个控制件就可以运行，在前面板后还有一个与之配套的流程图。

2. 流程图

流程图提供 VI 的图形化源程序。在流程图中对 VI 编程，以控制和操纵定义在前面板上的输入和输出功能。流程图中包括前面板上控制件的连线端子，还有一些前面板上没有，但编程必须有的东西，例如函数、结构和连线等。图 8-4 是与图 8-3 对应的流程图。可以看到流程图中包括了前面板上的开关和随机数显示器的连线端子，还有一个随机数发生器的函数及程序的循环结构。随机数发生器通过连线将产生的随机信号送到显示控件，为了使它持续工作下去，可设置一个 While Loop 循环，由开关控制这一循环的结束。

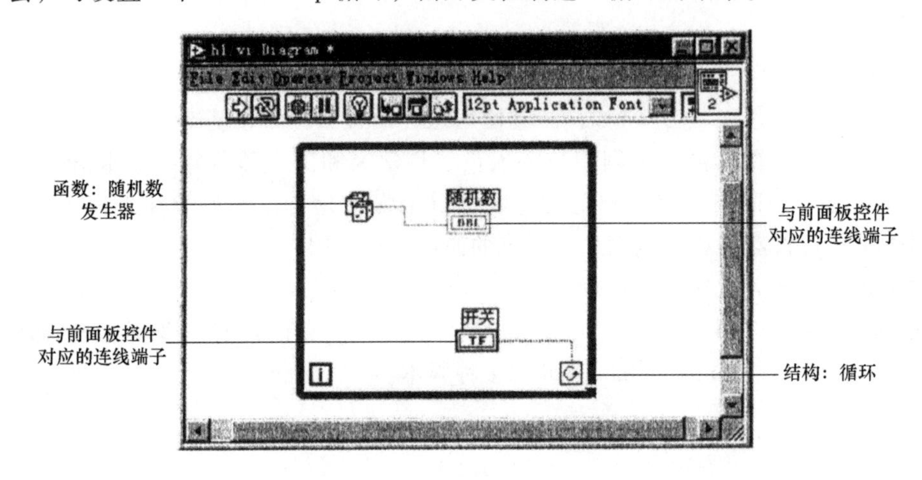

图 8-4　随机信号发生器流程图

将 VI 与标准仪器相比较，可看到前面板上的东西就是仪器面板上的东西，而流程图上的东西相当于仪器箱内的东西。在许多情况下，使用 VI 可以仿真标准仪器，不仅在屏幕上出现一个惟妙惟肖的标准仪器面板，而且其功能也与标准仪器相差无几。

3. 图标/连接器

VI 具有层次化和结构化的特征。一个 VI 可以作为子程序，这里称为子 VI（SubVI），被其他 VI 调用。图标与连接器在这里相当于图形化的参数，详细情况稍后介绍。

二、LabVIEW 操作模板

在 LabVIEW 的用户界面上，应特别注意它提供的操作模板，包括工具（Tools）模板、控制（Controls）模板和功能（Functions）模板。这些模板集中反映了软件的功能与特征。

1. 工具模板（Tools Palette）

工具模板提供了各种用于创建、修改和调试 VI 程序的工具，可以在 Windows 菜单下选择 Show Tools Palette 命令以显示该模板（见图 8-5）。当从模板内选择了任一种工具后，鼠标箭头就会变成该工具相应的形状。当从 Windows 菜单下选择了 Show Help Window 功能后，把工具模板内选定的任一种工具光标放在流程图程序的子程序（Sub VI）或图标上，就会显示相应的帮助信息。

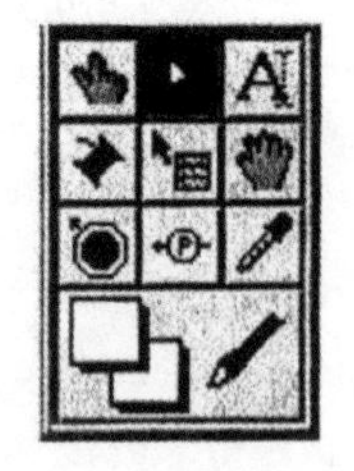

图 8-5　工具模板

表 8-1 列出了常用的工具图标的名称及功能。

表 8-1 工具图标的名称及功能

序号	图标	名称	功能
1		Operate Value（操作值）	用于操作前面板的控制和显示。使用它向数字或字符串控制中键入值时，工具会变成标签工具
2		Position/Size/Select（选择）	用于选择、移动或改变对象的大小。当它用于改变对象的连框大小时，会变成相应形状
3		Edit Text（编辑文本）	用于输入标签文本或者创建自由标签。当创建自由标签时它会变成相应形状
4		Connect Wire（连线）	用于在流程图程序上连接对象。如果联机帮助的窗口被打开时，把该工具放在任一条连线上，就会显示相应的数据类型
5		Object Shortcut Menu（对象弹出式菜单）	用鼠标左键可以弹出对象的弹出式菜单
6		Scroll Windows（窗口漫游）	使用该工具就可以不用滚动条而在窗口中漫游
7		Set/Clear Breakpoint（断点设置/清除）	使用该工具在VI的流程图对象上设置断点
8		Probe Data（数据探针）	可在框图程序内的数据流线上设置探针。通过探针窗口来观察该数据流线上的数据变化状况
9		Get Color（颜色提取）	使用该工具来提取颜色用于编辑其他对象
10		Set Color（颜色设置）	用来给对象定义颜色。它也显示出对象的前景色和背景色

第 9 个和第 10 个模板是多层的，其中每一个子模板下包括多个对象。

2. 控制模板（Control Palette）

控制模板用来给前面板设置各种所需的输出显示对象和输入控制对象，每个图标代表一类子模板。可以用 windows 菜单的 Show Controls Palette 功能打开它，也可以在前面板的空白处单击鼠标右键，以弹出控制模板。

控制模板如图 8-6 所示，它包括表 8-2 所示的一些子模板。

表 8-2 控制模板所含子模板的名称及功能

序号	图标	子模板名称	功能
1		Numeric（数值量）	数值的控制和显示，包含数字式、指针式显示表盘及各种输入框

（续）

序号	图标	子模板名称	功　能
2		Boolean（布尔量）	逻辑数值的控制和显示，包含各种布尔开关、按钮以及指示灯等
3		String&Path（字符串和路径）	字符串和路径的控制和显示
4		Array&Cluster（数组和簇）	数组和簇的控制和显示
5		List&Table（列表和表格）	列表和表格的控制和显示
6		Graph（图形显示）	显示数据结果的趋势图和曲线图
7		Ring&Enum（环与枚举）	环与枚举的控制和显示
8		I/O（输入/输出功能）	输入/输出功能与操作 OLE，ActiveX 的功能
9		Refnum	参考数
10		Digilog Controls（数字控制）	数字控制
11		Classic Controls（经典控制）	经典控制，指以前版本软件的面板图标
12		ActiveX	用于 ActiveX 等功能
13		Decorations（装饰）	用于给前面板进行装饰的各种图形对象
14		Select a Controls（控制选择）	调用存储在文件中的控制和显示的接口
15		User Controls（用户控制）	用户自定义的控制和显示

3. 功能模板（Functions Palette）

功能模板是创建流程图程序的工具。该模板上的每一个顶层图标都表示一个子模板。若功能模板不出现，则可以用 Windows 菜单下的 Show Functions Palette 功能打开它，也可以在流程图程序窗口的空白处单击鼠标右键以弹出功能模板。

功能模板如图 8-7 所示，其子模板见表 8-3（个别不常用的子模板未包含）。

图 8-6　控制模板

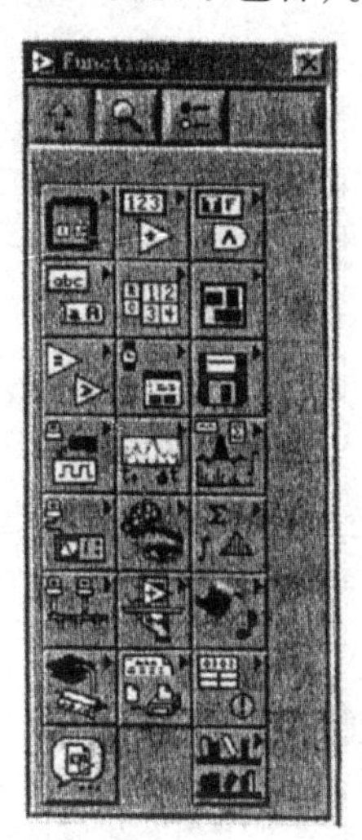

图 8-7　功能模板

表 8-3　功能模板常用子模板的名称及功能

序号	图标	子模板名称	功　能
1		Structure(结构)	包括程序控制结构命令(例如循环控制等)以及全局变量和局部变量
2		Numeric(数值运算)	包括各种常用的数值运算,还包括数制转换、三角函数、对数、复数等运算以及各种数值常数
3		Boolean(布尔运算)	包括各种逻辑运算符以及布尔常数
4		String(字符串运算)	包含各种字符串操作函数、数值与字符串之间的转换函数以及字符(串)常数等
5		Array(数组)	包括数组运算函数、数组转换函数以及常数数组等
6		Cluster(簇)	包括簇的处理函数以及群常数等。这里的群相当于 C 语言中的结构
7		Comparison(比较)	包括各种比较运算函数,如大于、小于、等于

（续）

序号	图标	子模板名称	功　能
8		Time&Dialog（时间和对话框）	包括对话框窗口、时间和出错处理函数等
9		File I/O（文件输入/输出）	包括处理文件输入/输出的程序和函数
10		Data Acquisition（数据采集）	包括数据采集硬件的驱动以及信号调理所需的各种功能模块
11		Waveform（波形）	各种波形处理工具
12		Analyze（分析）	信号发生、时域及频域分析功能模块及数学工具
13		Instrument I/O（仪器输入/输出）	包括 GPIB(488,488.2)、串行、VXI 仪器控制的程序和函数以及 VISA 的操作功能函数
14		Motion&Vision（运动与景像）	
15		Mathematics（数学）	包括统计、曲线拟合、公式框节点等功能模块以及数值微分、积分等数值计算工具模块
16		Communication（通信）	包括 TCP，DDE，ActiveX 和 OLE 等功能的处理模块
17		Application Control（应用控制）	包括动态调用 VI、标准可执行程序的功能函数
18		Graphics&Sound（图形与声音）	包括 3D、OpenGL、声音播放等功能模块；包括调用动态连接库和 CIN 节点等功能的处理模块
19		Tutorial（示教课程）	包括 LabVIEW 示教程序
20		Report Generation（文档生成）	
21		Advanced（高级功能）	

（续）

序号	图标	子模板名称	功能
22		Select a VI （选择子VI）	
23		User Library （用户子VI库）	

第三节 虚拟仪器的设计及应用

一、虚拟仪器的设计方法及步骤

虚拟仪器的设计方法与实现步骤和一般软件的设计方法和实现步骤基本相同，只不过虚拟仪器在设计时要考虑硬件部分，具体步骤如下：

（1）确定所用仪器或设备的接口形式

如果仪器设备具有RS-232串行总线接口，则不用进行处理，直接用连线将仪器设备与计算机的RS-232串行接口连接即可；如果是GPIB接口，则需要额外配备一块GPIB488接口板，将接口板插入计算机的ISA插槽，建立起计算机与仪器设备之间的通信渠道；如果使用计算机来控制VXI总线设备，也需要配备一块GPIB接口卡，通过GPIB总线与VXI主机箱零槽模块通信，零槽模块的GPIB-VXI翻译器将GPIB的命令翻译成VXI命令并把各模块返回的数据以一定的格式传回主控计算机。由于计算机的RS-232串行接口有限，若仪器设备比较多，必要时必须扩展计算机的RS-232接口。

（2）确定所选择的接口卡是否具有设备驱动程序

接口卡的设备驱动程序是控制各种硬件接口的驱动程序，是连接主控计算机与仪器设备的纽带；如果有设备驱动程序，需要确定它适合于何种操作系统。如果没有，或者所带的设备驱动程序不符合用户所用的操作系统，用户就有必要针对所用接口卡编写设备驱动程序。

（3）确定应用管理程序的编程语言

如果用户有专业的图形化编程软件，如LabVIEW、LabWindows/CVI，那么就可以采用专业的图形化编程软件进行编程。如果没有此类软件，则可以采用通用编程语言，如Visual C++、Visual Basic或者Delphi。

（4）编写用户的应用程序

根据仪器的功能，确定软件采用的算法、处理分析方法和显示方式。

（5）调试运行应用程序

用数据或仿真的方法验证仪器功能的正确性，调试并运行仪器。

从上面五个步骤可以看出，在计算机和仪器等硬件资源确定的情况下，对应不同的应用程序，就有不同的虚拟仪器。由此可见软件在虚拟仪器中的重要作用。

二、虚拟电子秤系统

1. 虚拟电子秤系统组成

一定环境下测量重量的问题，在现实生活中的各个方面得到广泛的应用，而传统的测量仪器不仅本身存在较大的误差，而且其显示的结果主要靠人眼用目测的方法读出，精度低，采集到的信息还必须通过操作员加以整理、计算，费时费力，因而结果往往与理论值有较大的出入。对比于传统仪器，用虚拟仪器测量有许多无法比拟的优点，如进行远程采集、自动分析数据、网络共享、其他功能扩充等。

虚拟电子秤系统通过传感器得到反映重量信息的模拟电压信号，经过调理电路滤波放大处理后，经 VI 采集卡送入电脑处理显示并保存，其程序流程图如图 8-8 所示。

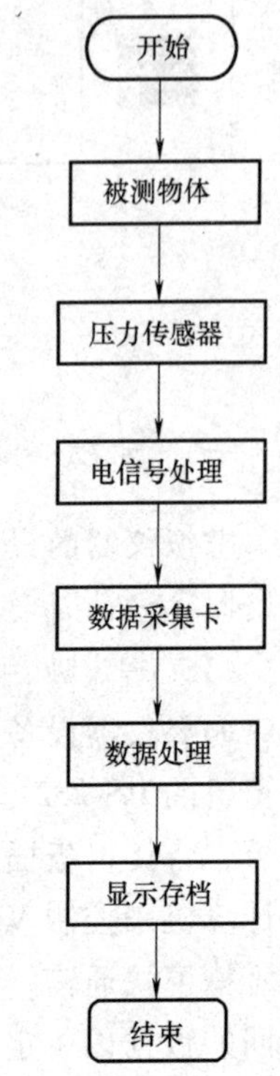

图 8-8　虚拟电子秤系统程序流程图

理论上，传感器上产生的信号不可避免地有一些干扰信号，而且采集卡采集数据时也有一定的误差，因此采集的数据与真实的数据多少会有一定的出入。采用多次测量求平均值的方法能够更好地接近真实值，可把平均值作为真实值。但实际应用中，尤其是在精度要求不高的情况下，没有必要进行这种大规模的测量，因为现在的测量技术已经相当先进，误差完全能够控制在人们可以接受的范围内，也就是说采集一个数据就足够了。因此在本设计中，共采集两组数据：一组为数组，处理后取平均值作为真实值；另一组则为一个数据，当作测量值处理，然后再对其求误差。

本系统量程为 5kg，相对误差≤0. 01g。

2. 虚拟电子秤程序设计

因程序较复杂，可用主子程序分块设计的方法。主程序由数据输入、数据处理、超重报警、判断保存四个子 VI 构成。

(1) 主面板和主程序框图

主面板和主程序框图分别如图 8-9 和图 8-10 所示。

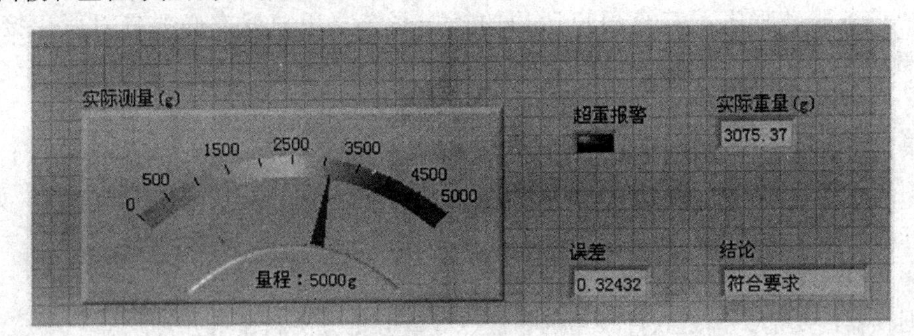

图 8-9　主面板图

(2) 数据输入子 VI

经数据输入子 VI 得到从采集卡上传来的数据信息，送数据处理子 VI 处理后，输出实际重量，并计算误差值。然后送判断保存子 VI 进行判断保存，并将得出的结论送出进行显示。

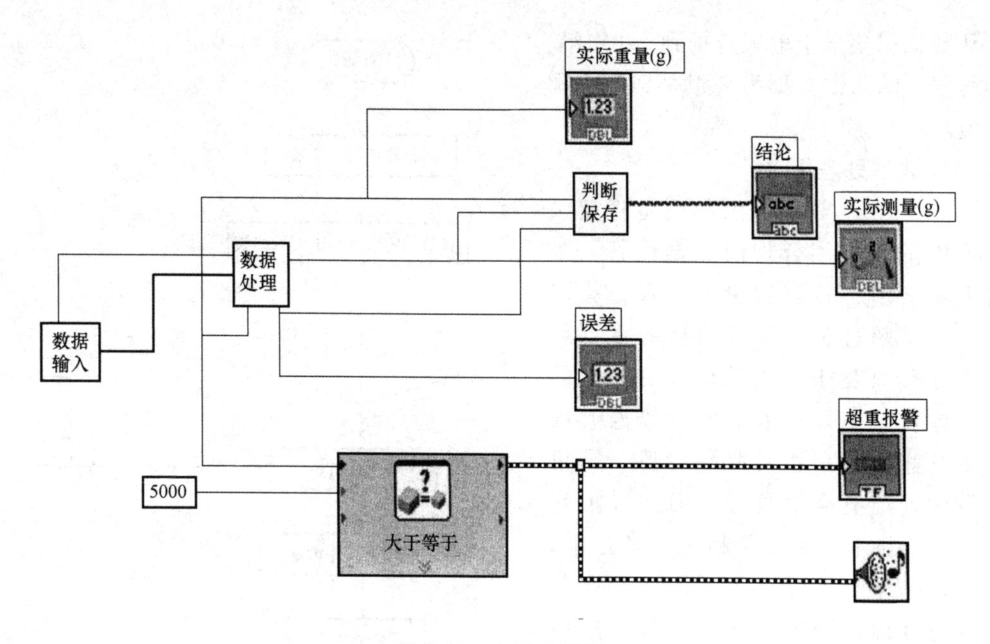

图 8-10　主程序框图

如果超出了电子秤的量程(5kg)，系统将发出嘟嘟的报警声，并且超重指示灯亮，以提示使用者。数据输入子 VI 的程序框图如图 8-11 所示。

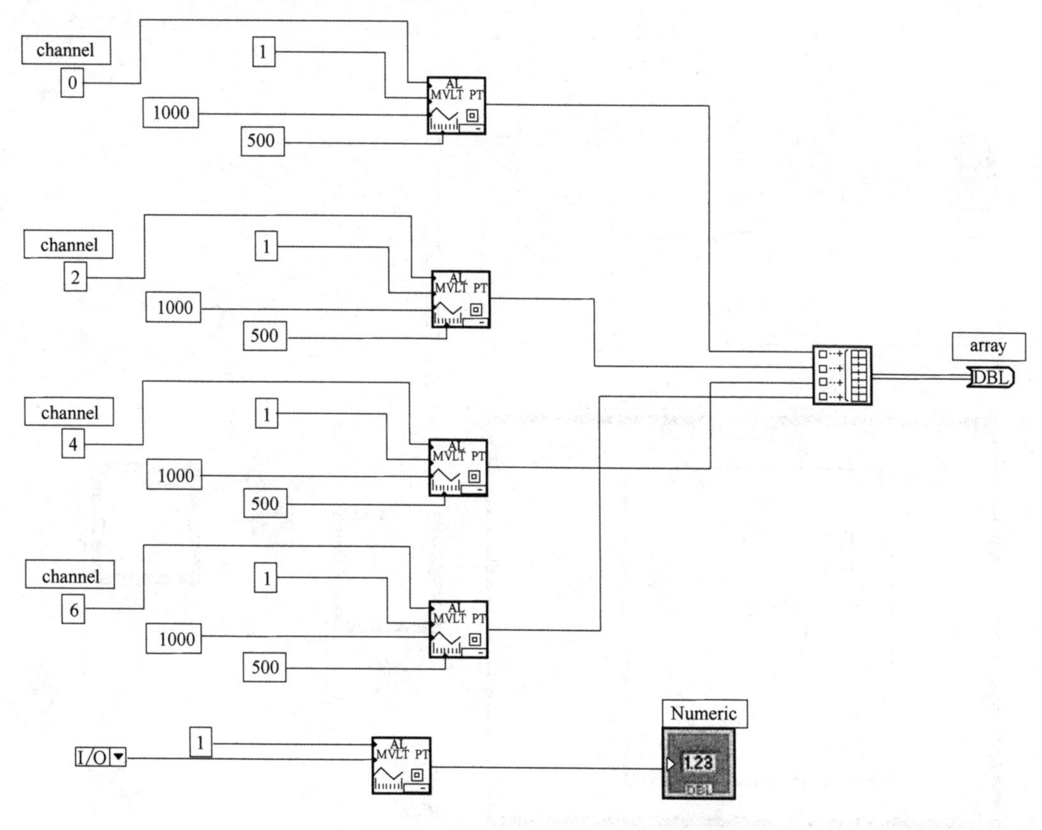

图 8-11　数据输入子 VI 程序框图

从数据采集卡上输入数据到 LabVIEW 仪器程序，输入的数据为一组采样数据和测量值。

(3) 数据处理子 VI

数据处理子 VI 的主要作用是将超过正常范围的数据用合理的数据代替，最后得出真实值，并与测量值比较，算出误差。产生超过正常范围数据的主要原因是由于传感器上产生的信号有一定的干扰，导致数据采集卡采集的数据有误差。多取些数据，然后取平均值，则可最大限度地与真实值接近，因此可把它作为真实值显示。如果是超过正常范围，可以设置一个上限和一个下限，若在其区域内则合理，否则用均值代替，然后根据重量 $y(g)$ 与电压 $x(v)$ 的关系 $y=25x$ 转换电压。数据处理子程序流程图如图 8-12 所示，数据处理子程序框图如图 8-13 所示。

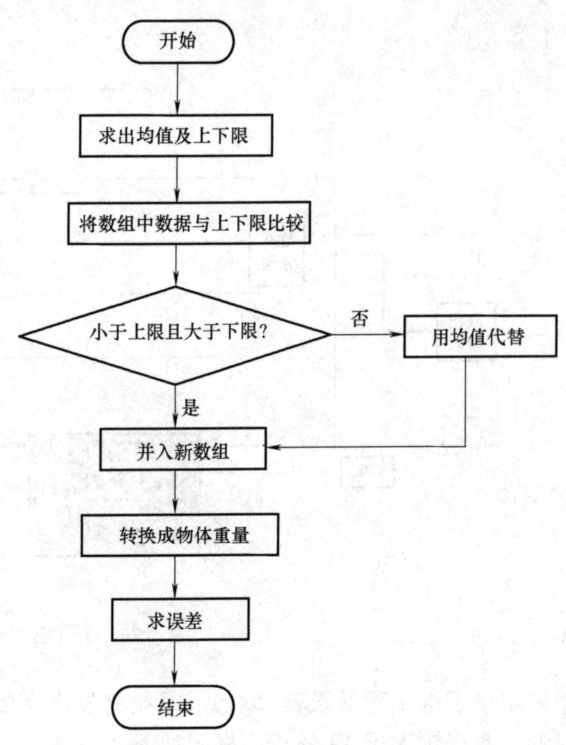

图 8-12　数据处理子程序流程图

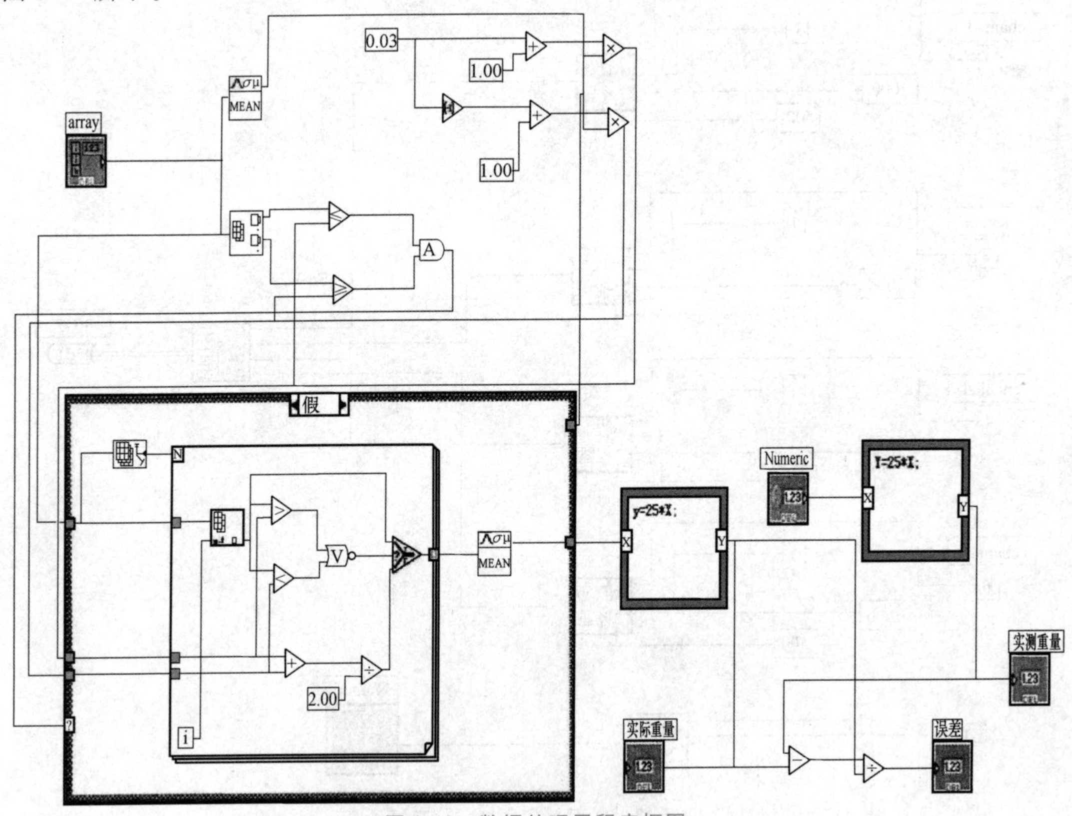

图 8-13　数据处理子程序框图

（4）判断保存子 VI

判断保存子 VI 的主要作用是采集程序运行的当前时间，得出结论，并将这些和实际重量、测量重量、误差一起写入 c：\ kg 文件中，如果输入误差大于 0.01，则判断为不符合要求，反之则合理。判断保存子 VI 的程序框图如图 8-14 所示。

主要函数说明如下：

Get date/time string：得到当前日期，并以字符串格式输出。

Format into string：其作用为将输入的数字转换成字符。

Write characters to file. vi：其作用为保存数据到 c：\ kg。

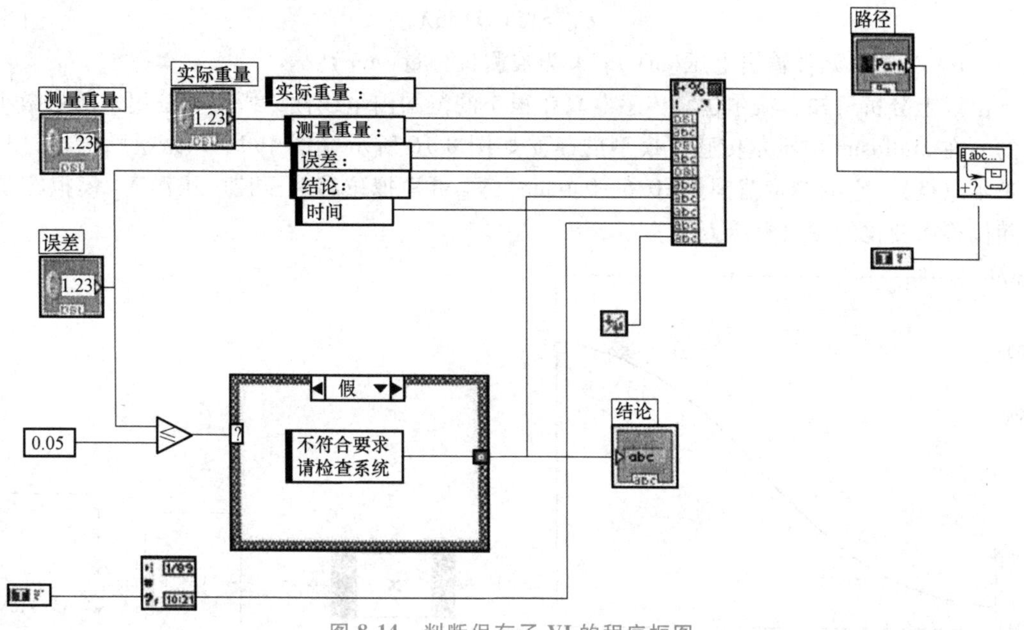

图 8-14　判断保存子 VI 的程序框图

三、位移测量系统的设计

（一）设计要求

用霍尔传感器设计一个量程范围为-0.6～0.6mm 的位移测量仪。霍尔传感器是利用霍尔效应实现磁电转换的一种传感器。当霍尔元件作线性测量时，最好选用灵敏度低一点、不等位电位小、稳定性和线性度优良的霍尔元件。当物体在一对相对的磁铁中水平运动时，在一定的范围内，磁场的大小随位移的变化而发生线性变化，利用此原理可制成位移测量器。通过本设计，要掌握以下内容：

1）了解霍尔传感器测量位移的原理。

2）掌握霍尔元件的测量电路。

3）测量电路硬件实现后，当输出模拟信号时，会用数据采集卡进行采集。

4）掌握采集后的信号在 LabVIEW 中的处理，实现位移值的显示。

（二）电路原理与设计

1. 传感器模型建立

霍尔传感器基于霍尔效应，用公式表示如下：

$$U_H = K_H IB \quad (8-1)$$

式中，U_H 为霍尔电压；K_H 为霍尔元件灵敏度；I 为控制电流；B 为垂直于霍尔元件表面的磁感应强度。

两块相对的磁铁间形成磁场，当物体在沿垂直于磁场方向运动时，在一定的测量范围内，磁感应强度与位移的关系是近似线性的，所以输出电压与位移也存在线性关系。

图 8-15 所示为实际霍尔位移传感器测量位移的特性曲线，可见在-0.6~0.6mm 之间，电压位移关系近似线性。对实验数据进行拟合，由于实际数据是经过放大后的数据，在拟合前要将数据除以放大倍数。拟合后的数学表达式为

$$U_H = 151.7155X \quad (8-2)$$

式中，U_H 为霍尔元件输出电压(mV)；X 为被测位移量(mm)。

由以上分析可知，霍尔位移传感器只在很小的范围内呈线性，所以它是用来测量微小位移的。在 Mulitisim 中霍尔传感器模型的建立如图 8-16 所示（图中 1、2 为激励电极，3、4 为霍尔电极），它的测量范围是-0.6~0.6mm。V_1 可模拟位移，压控电压源 V_2 模拟霍尔元件随位移而变化的输出电压 U_H。

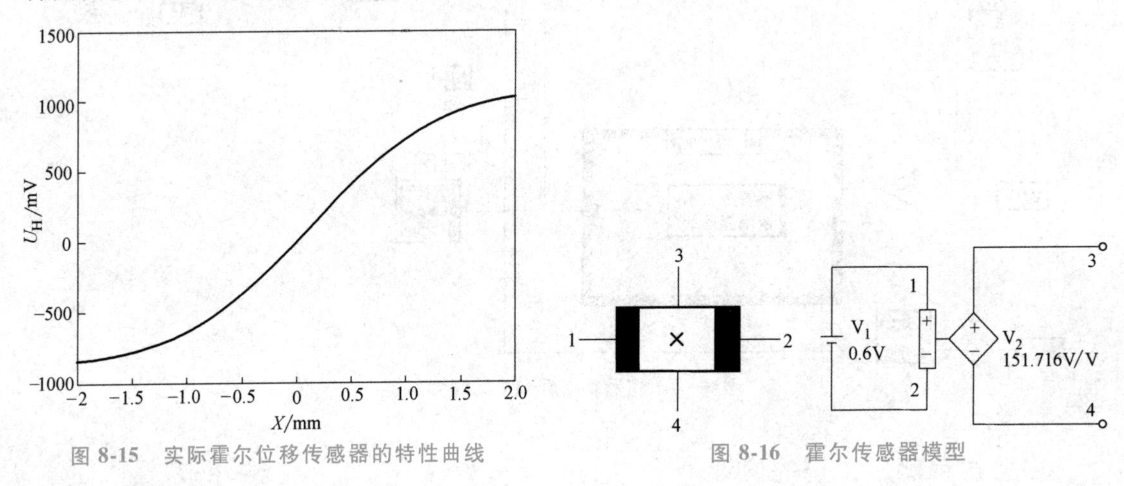

图 8-15　实际霍尔位移传感器的特性曲线

图 8-16　霍尔传感器模型

2. 放大电路设计

霍尔电动势一般在 mV 量级，在实际使用时必须加放大电路，此处加的是差分放大电路，如图 8-17 所示。

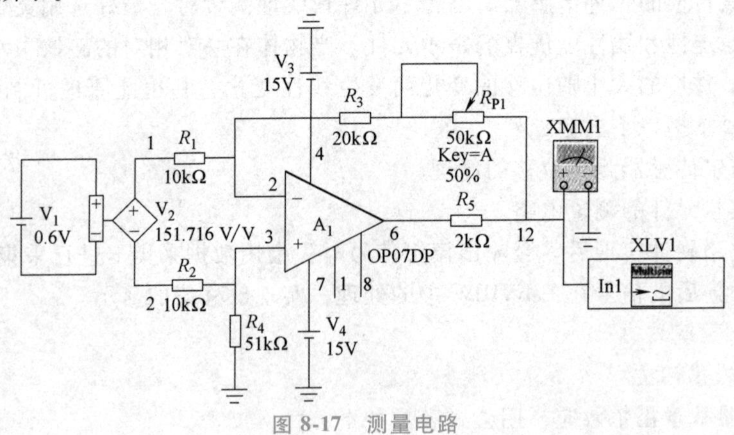

图 8-17　测量电路

根据上述传感器模型及测量电路，也可以用 MATLAB 和 LabVIEW 软件进行仿真模拟测试，在此不作介绍。下面介绍传感器硬件连接测量系统设计。

（三）测量系统设计

1. 硬件连接

霍尔位移传感器的安装如图 8-18 所示，开启电源，调节测微头使霍尔片在磁钢中间位置，再调节控制电流使霍尔调理电路输出为零。连接电路输出到数据采集卡 NI PCI6014，由于输入信号为接地信号，且输入干扰少，所以采用非参考单端方式在通道 0 进行信号采集，电路连接示意图如图 8-19 所示，其中 V_1 正极就是霍尔位移测量电路的输出电压，和数据采集卡的通道 0 相连；负极为地信号，和数据采集卡的 AISENSE 端相连。

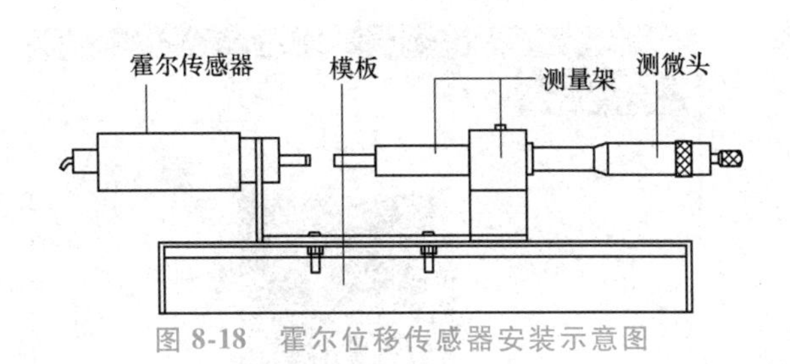

图 8-18 霍尔位移传感器安装示意图

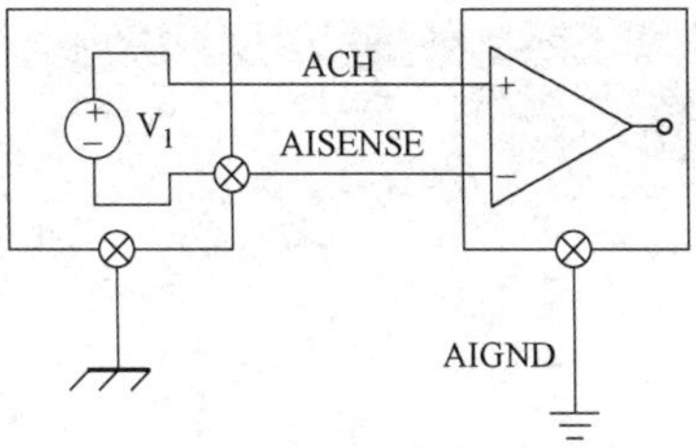

图 8-19 接地信号的连接

2. 软件设计

（1）数据采集卡的配置

连接好数据采集卡，并安装硬件驱动程序。打开资源管理程序 Measurement & Automation Explorer，如图 8-20 所示，本机系统 Devices and Interfaces 子树下可以看到数据采集卡 PCI 6014 已经安装好，且知 PCI6014 只限于 NI-DAQ 系统的数据采集。

使用前需要对数据采集卡的属性进行设置，同时测试用到的输入/输出通道是否工作。在 PCI6014 上单击鼠标右键选择“Properties...”可对设备进行设置，如图 8-21 所示。在这个对话框中可对硬件作如下设置。

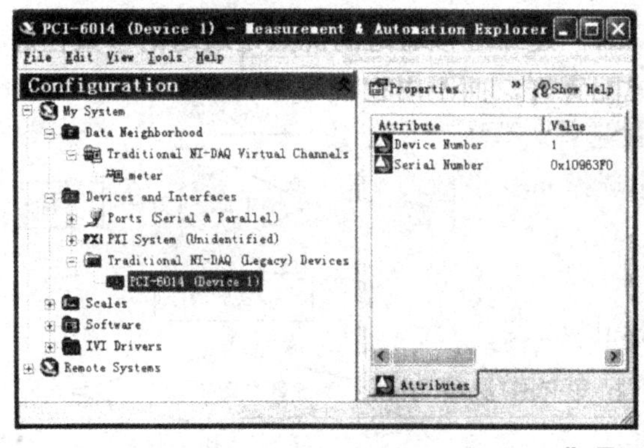

图 8-20 “Measurement & Automation Explorer”界面

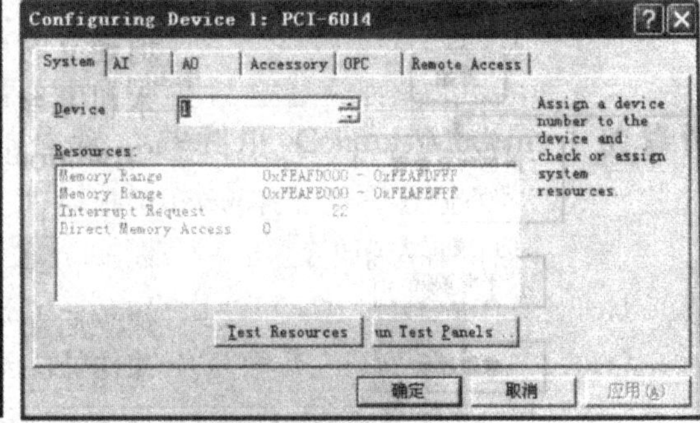

图 8-21 设备属性对话框

1）System：包括设备的编号和 Windows 给卡分配的系统资源，在这个标签下单击“Test Resources”按钮，弹出一个对话框，说明资源已通过测试。

2）AI：包括设备默认的采样范围和信号的连接方式（本设计选择非参考单端方式）。

3）AO：显示系统默认的模拟输出极性 Bipolar，双极性表示模拟输出既包含正值，也包含负值。

4）Accessory：数据采集卡的附件（I/O 接线板），选 CB-68LP。

单击“System”下的“Test Panel”选项可对设备进行详细测试，开始测试前按参考单端方式将 CB-68LP 接线端子的 68 针与 22 针、67 针与 55 针分别连接起来，这样使数据采集卡的模拟输出 0 通道为模拟输入 0 通道提供信号。模拟输出测试如图 8-22 所示，测试输出 0 通道，可选择输出直流电压或正弦波，并可调节幅度。选模拟输入标签可进行模拟输入测试，如图 8-23 所示，产生的正弦波是由模拟输出通道 0 提供的。回到模拟输出页下，还可选择输出直流电压，拖动幅值滑块选择一个电压值，单击“Update Channel”按钮，再回到模拟输入测试，观察直流电压输入情况。但测试结束后需要回到模拟输出测试面板把电压值拖回 0，然后单击“Update Channel”按钮，否则输出电压值会一直保持到关机。

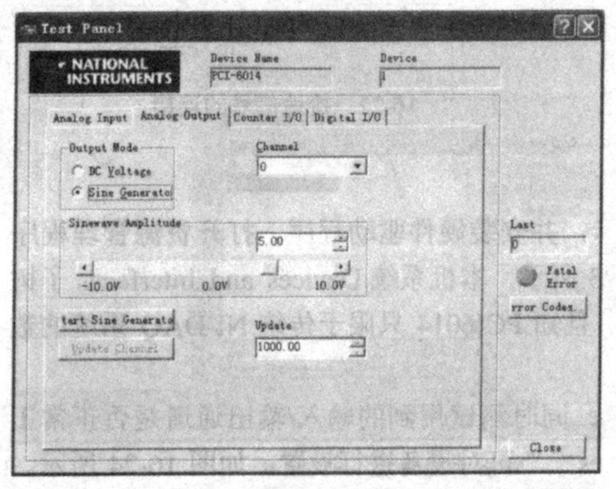

图 8-22　传统 DAQ 模拟输出测试面板

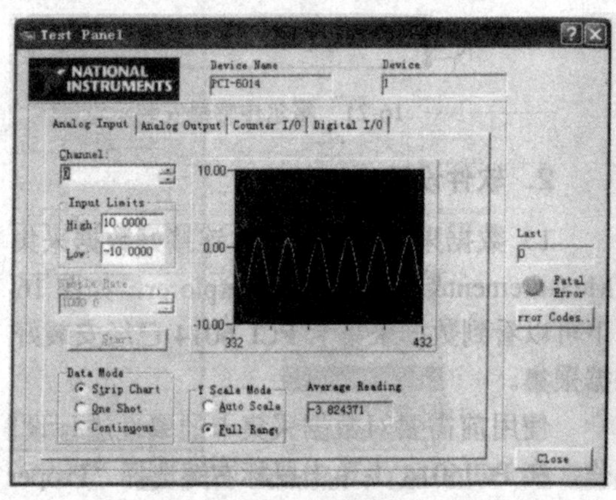

图 8-23　传统 DAQ 模拟输入测试面板

对设备测试后，需要建立一个虚拟通道 meter，建立虚拟通道的优点是通道的参数在通道建立时已配置好，而不用在程序中设置。在图 8-20 本机系统 Data Neighborhood 子树下用鼠标右键单击“Traditional NI-DAQ Virtual Channels”选择新建一个输入通道，命名为“meter”。通道设置中信号的连接方式选择非参考单端方式，其他选默认设置即可。虚拟通道建立后在编程中可被选择，在图 8-20 中有“测量通道”选项，在下拉菜单中选择 meter 通道，则程序的输入信号来自 meter 虚拟通道。

（2）虚拟仪器程序设计

从开始菜单中运行“National Instruments LabVIEW8.2”，在“Getting Started”窗口左边的 Files 控件里，选择 Blank VI 建立一个新程序。

根据设计目的来设计程序，得到图 8-24 所示的程序流程图。根据流程图得到图 8-25 所示的程序框图。因为位移值是缓慢变化的输入信号，所以采用易用函数 AI Sample Channel 进行单通道单点采集。由于电路输出数据的小范围波动，可对信号求平均值来得到一个稳定值。

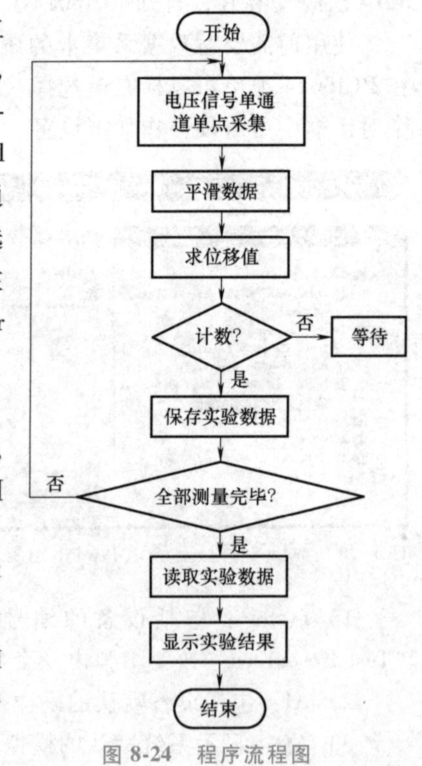

图 8-24　程序流程图

本程序还设计了数据的读取，While 循环内右上部的 Case 循环结构实现的功能是记录关键的实验数据。当位移传感器检测的位移发生变化时，按下计数键，把记录得到的位移值与位移次数组成的二维数组写入和当前程序同存储路径的一个文件中，这个文件以实验人姓名来命名，得到的文件可用 Widows 自带的记事本打开，如图 8-26 所示。在调用显示结果时，单击“显示测量结果”按钮，读文件函数输出实验记录的二维数组，编程实现显示数组值与位移曲线。

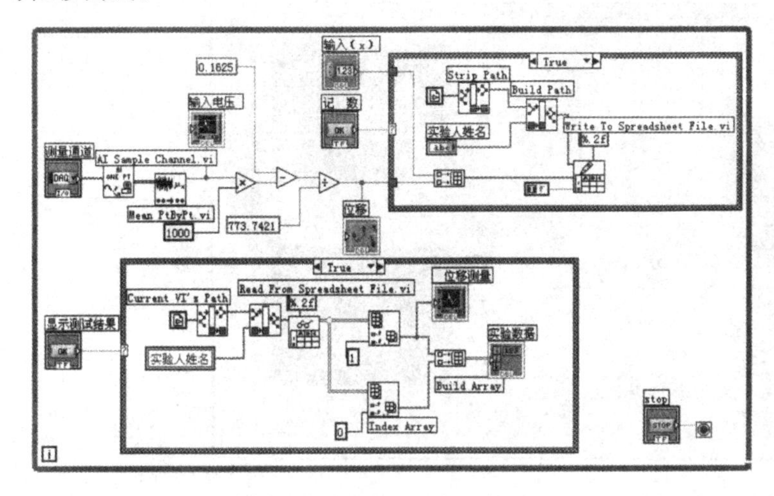

图 8-25 数据处理程序框图

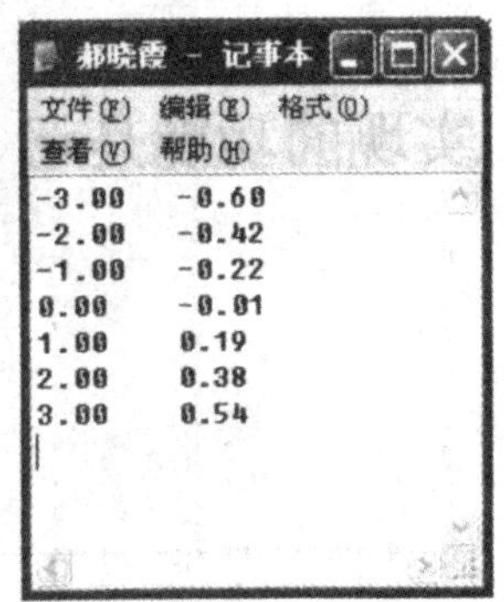

图 8-26 记录的数据

编程完成后，调整前面板中各控件的位置，并利用 Controls \ Modern 下的修饰（Decorations）子模版对前面板进行美化。调整好的前面板如图 8-27 所示。

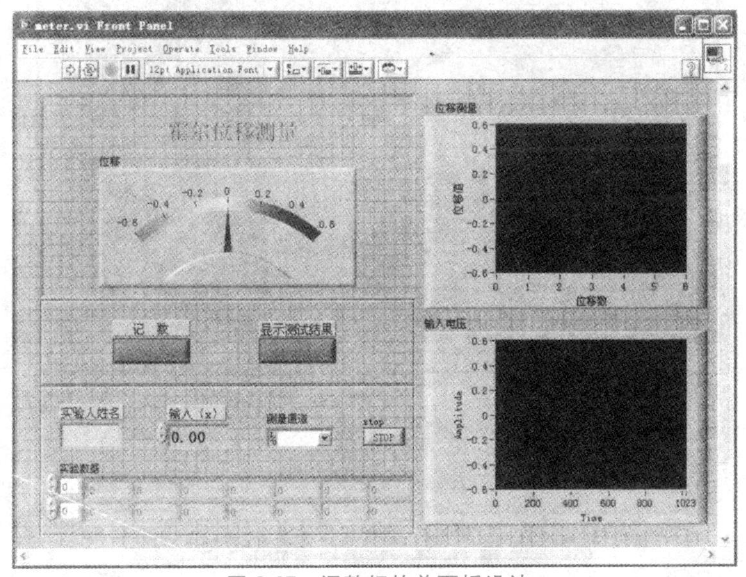

图 8-27 调整好的前面板设计

实验开始后，在前面板中输入实验者姓名，在-0.6~0.6mm 之间每移动 0.2mm 记录一个数，并在输入 x 处填入当前计数的序号，如图 8-27 所示。等全部记录完毕时，单击“显示测试结果”按钮，就刷新了位移测量波形图，同时在面板底部显示了实验数组，如

图 8-28 所示为 0~0. 6mm 处的测量面板图。输入 x 表示的是左右位移的序号，如图 8-28a 的输入 3 表示位移传感器向右移动了三次，每次 0. 2mm，即当前位置为+0. 6mm。从图 8-28b 输入电压波形可以看出当位移改变时，电压有一个缓慢的跳变，然后又趋于恒值。观察位移波形，基本呈线性关系，只有 0. 6mm 处有一点偏差，实验结果基本满足要求。

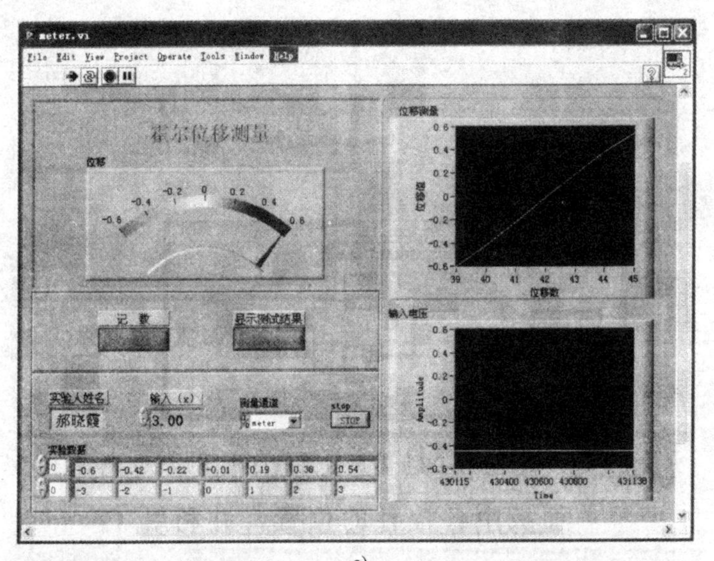

a)

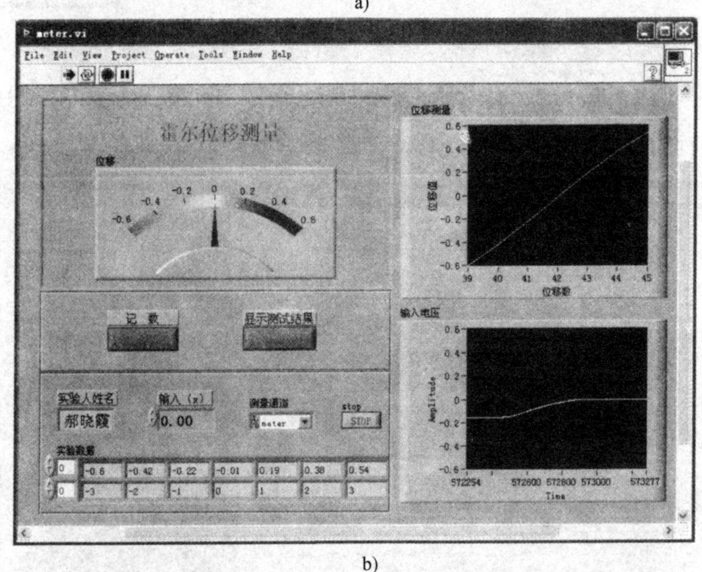

b)

图 8-28　实验结果显示

习题与思考题

8-1　什么是虚拟仪器？它与传统仪器有什么区别？

8-2　虚拟仪器硬件平台构成常用的方案有哪几种？

8-3　简述虚拟仪器软件平台 LabVIEW 的特点。

8-4　设计一个基于 LabVIEW 的虚拟仪器系统。

附录

附录 A　传感器分类表

表 A-1　传感器分类表

测量对象		测 量 原 理	传感器产品名称
A	光强光束红外光	1. 光电子释放效应	光电管、光电倍增管、摄像管、火焰检测器
		2. 光电效应	光电二极管、光电晶体管、光敏电阻、遥控接受光元件晶体光传感器、内藏 IC 的光电二极管
		3. 光导效应	光导电元件、量子型红外线传感器、分光器
		4. 热释电效应	热释电红外传感器、热释电传感器、红外线传感器
		5. 固体摄像元件	CCD 图像传感器
B	放射线	1. 气体电离电荷	电离箱、比例计数管、GM 计数管
		2. 固体电离	半导体放射线传感器
		3. 二次电子发射	耗尽型电子传感器
		4. 荧光体发光(常温)	闪烁计数管、荧光玻璃传感器
		5. 荧光体发光(加热)	热致发光
		6. 切伦科夫效应	切伦科夫传感器
		7. 化学反应	玻璃射线计、铁射线计、铈射线计
		8. 光色效应	光纤放射线传感器
		9. 发热	热量计
		10. 核反应	核反应计数管
C	声/超声波	1. 压电、电致伸缩效应	石英传声器、陶瓷传声器、陶瓷超声波传感器
		2. 电磁感应	磁铁传声器
		3. 静电效应	驻极体传声器
		4. 磁致伸缩	铁氧体超声波传感器、磁致伸缩振动元件
D	磁磁通电流	1. 法拉第效应	光纤磁场传感器、法拉第器件、电流传感器
		2. 磁阻效应	磁阻式磁场传感器、电流传感器、MR 元件、磁性薄膜磁阻元件
		3. 霍尔效应	霍尔元件、霍尔 IC、磁二极管、电流传感器、速度传感器、霍尔探针
		4. 约瑟夫逊效应	SQUID 高灵敏度磁传感器
		5. 磁电效应	铁磁性磁传感器、磁头、电流传感器、地磁传感器、光学 CT、裂纹测试仪
E	力/重量	1. 磁致伸缩	磁致伸缩负荷元件、磁致伸缩扭矩传感器
		2. 压效应	压电负荷元件
		3. 应变计	应变计负荷元件、应变式扭矩传感器

（续）

测量对象		测 量 原 理	传感器产品名称
E	力/重量	4. 扭矩	差动变压器式扭矩传感器
		5. 电磁耦合	电磁式扭矩传感器
		6. 电导率	薄板式力传感器
F	位置速度角度	1. 电磁感应	差动变压器、分相器、接近开关、电涡流测厚仪、自整角机
		2. 电阻变化	电位器、电位传感器、位置/角度传感器、扭矩传感器
		3. 温度计	滑动电位器、应变式变形传感器
		4. 光线/红外线	旋转编码器、千分尺、直线编码器、光电开关、光传感器、高度传感器、光断流器、光纤光电开关、激光雷达
		5. 霍尔效应、磁阻效应	引导开关、磁性尺、同步器、编码器
		6. 声波	超声波开关、高度计
		7. 机械变化	微动开关、限位开关、门锁开关、断线传感器
		8. 陀螺仪	陀螺仪式位置传感器、陀螺仪式水平传感器、陀螺罗盘
G	压力	1. 压力效应	陶瓷压力传感器、振动式压力传感器、石英压力传感器、压电片
		2. 阻抗变化	滑动电位器式压力传感器、薄膜式压力传感器、硅压力传感器、感压二极管
		3. 光弹性效应	光纤压力传感器
		4. 静电效应	电容式压力传感器
		5. 力平衡	力平衡式压力传感器
		6. 电离	电离真空传感器
		7. 热传导率	热电偶真空传感器、热敏电阻式真空传感器
		8. 磁致伸缩	磁致伸缩式压力传感器
		9. 谐振线圈	谐振式压力传感器
		10. 霍尔效应	磁阻式压力传感器
H	温度	1. 热电效应	热电偶、热电堆、铠装热电偶
		2. 阻抗的温度变化	热敏电阻（NTC，PTC，CTR）、测辐射热器、感温晶闸管、温度传感器、精密测温电阻 SIC 薄膜热敏电阻、薄膜铂金温度传感器、油温传感器
		3. 热释电效应	热释电温度传感器、驻极体温度传感器
		4. 电导率	陶瓷温度传感器、铁电温度传感器、电容式温度传感器
		5. 光学特性	光温度传感器、红外线温度传感器、分布式光纤温度传感器
		6. 热膨胀	液体封入式温度传感器、双金属式温度传感器、恒温槽、热保护器、压力式热保护器、活塞管式温度传感器
		7. 半导体特性	晶体管温度传感器、光纤半导体温度传感器
		8. 色温	色温传感器、双色温度传感器、液晶温度传感器
		9. 热辐射	放射线温度传感器、光纤放射线温度传感器、压电式放射线温度传感器、戈雷线圈
		10. 核磁共振	NQR 温度传感器
		11. 磁特性	磁温度传感器、感温铁氧体、感温式铁氧体热敏元件
		12. 谐振频率变化	石英晶体温度传感器

（续）

测量对象		测 量 原 理	传感器产品名称
I	气体	1. 导电率变化	电阻式气体传感器(厚膜、薄膜)、接触燃烧式气体传感器、容积控制型气体传感器 热传导式气体传感器、溶液电导率式气体传感器、半导体气体传感器、辐射热计 电阻式湿度传感器、热敏电阻式湿度传感器
		2. 门电位效应	FET 气体传感器、FET 湿度传感器
		3. 静电容量变化	金属 MOS 型气体传感器、电容式湿度传感器
		4. 原电池	氧化锆固体电解质气体传感器
		5. 电极电位	离子电极式气体传感器
		6. 电解电流	恒电位电解式气体传感器、电量式气体传感器、五氧化二磷水分传感器
		7. 离子电流	离子传感器
		8. 光电子释放效应	紫外、红外线吸收式气体传感器、化学发光式气体传感器
		9. 热电效应	热电式红外线气体传感器
		10. 光电效应	量子式红外线气体传感器
		11. 热释电效应	热释电式红外线气体传感器
		12. 膨胀	电容式红外线气体传感器
		13. 电池电流	原电池气体传感器
		14. 振子谐振频率	石英振动式气体传感器、石英振动式湿度传感器
		15. 露点	露点湿度传感器
J	溶液/成分	1. 膜电位	玻璃离子电极、固体膜离子电极、流体膜离子电极、ISFET
		2. 电解电流	极谱式色标传感器
		3. 光电效应	萤光度式色标传感器、比色传感器
		4. 核磁共振	核磁共振传感器
		5. 电气阻抗	电导率式色标传感器
		6. 红外线/紫外线吸收	紫外线吸收式色标传感器
		7. 音叉共振	音叉式密度传感器
		8. 放射线	放射线式密度传感器
		9. 生物传感器	微生物传感器、免疫传感器、氧传感器
K	流量流速	1. 电磁感应	电磁式流量传感器
		2. 超声波	超声波式流量传感器
		3. 卡罗曼涡流	涡流流量传感器
		4. 相关	相关流量传感器
		5. 转数	容积式流量传感器、涡轮式流量传感器
		6. 热传导	热线式流量传感器
		7. 光吸收/反射	激光多普勒流量传感器、光纤多普勒血流传感器
		8. 压力	差压式流量传感器、泄漏传感器

（续）

测量对象		测 量 原 理	传感器产品名称
L	物位	1. 介电常数	电容式物位传感器、介电常数物位传感器
		2. 超声波	超声波物位传感器
		3. 光特性	光纤液位传感器
		4. 微波	微波式物位传感器
		5. 应变计	半导体应变式物位传感器、浸入式物位传感器
		6. 热敏电阻	热敏电阻式物位传感器
		7. 压力	压力式物位传感器
		8. 位置变化/落体/浮子	位移式物位传感器、浮子式物位传感器
		9. 电涡流	电涡流式物位传感器
		10. 电磁感应	电磁式物位传感器
		11. 放射线	放射线式物位传感器
M	振动冲击加速度	1. 电磁感应	冲击传感器、振动传感器
		2. 压电特性	血压用柯氏声传感器、振动加速度传感器、加速度传感器、冲击传感器、振G传感器、地震传感器、加速度心音传感器、角速度传感器
		3. 阻抗变化	加速传感器、水中电话、G传感器
		4. 静电效应	加速度传感器、G传感器、加速度计
		5. 其他	地震传感器
N	速度转数	1. 电磁感应	转速表、同步感应器、电磁感应式旋转传感器、发电式旋转速度传感器
		2. 光电特性	光电式旋转速度传感器
O	其他		物体传感器、条码阅读器、超声波探测元件、照度传感器、雨量传感器、ID卡传感器、磁场强度传感器、复合传感器、电位传感器等

附录B　标准化热电阻分度表

表B-1　Pt100铂热电阻分度表（ZB Y301—1985）

分度号：Pt100　　（R_0 = 100.00Ω，-200~850℃的电阻对照）　　（单位：Ω）

温度/℃	-100	-0	温度/℃	0	100	200	300	400	500	600	700	800
-0	60.25	100.00	0	100	138.50	175.84	212.02	247.04	280.90	313.59	345.13	375.51
-10	56.19	96.09	10	103.90	142.29	179.51	215.57	250.48	284.22	316.80	348.22	378.48
-20	52.11	92.16	20	107.79	146.06	183.17	219.12	253.90	287.53	319.99	351.30	381.45
-30	48.00	88.22	30	111.67	149.82	186.82	222.65	257.32	290.83	323.18	354.37	384.40
-40	43.87	84.27	40	115.54	153.58	190.45	226.17	260.72	294.11	326.35	357.42	387.34
-50	39.71	80.31	50	119.40	157.31	194.07	229.67	264.11	297.39	329.51	360.47	390.26
-60	35.53	76.33	60	123.24	161.04	197.69	233.17	267.49	300.65	332.66	363.50	
-70	31.32	72.33	70	127.07	164.76	201.29	236.65	270.86	303.91	335.79	366.52	
-80	27.08	68.33	80	130.89	168.46	204.88	240.13	274.22	307.15	338.92	369.53	
-90	22.80	64.30	90	134.70	172.16	208.45	243.59	277.56	310.38	342.03	372.52	
-100	18.49	60.25	100	138.50	175.84	212.02	247.04	280.90	313.59	345.13	375.51	

表 B-2　Cu100 铜热电阻分度表（JJG 229—1987）

（R_0 = 100.00Ω，-50～150℃的电阻对照）　　（单位：Ω）

温度/℃	0	1	2	3	4	5	6	7	8	9
-50	78.49	—	—	—	—	—	—	—	—	—
-40	82.80	82.36	81.94	81.50	81.08	80.64	80.20	79.78	79.34	78.92
-30	87.10	86.68	86.24	85.82	85.38	84.96	84.54	84.10	83.66	83.22
-20	91.40	90.98	90.54	90.12	89.68	89.26	88.82	88.40	87.96	87.54
-10	95.70	95.28	94.84	94.42	93.98	93.56	93.12	92.70	92.36	91.84
-0	100.00	99.56	99.14	98.70	98.28	97.84	97.42	97.00	96.56	96.14
+0	100.42	100.00	100.86	101.28	101.72	102.14	102.56	103.00	103.42	103.66
10	104.28	104.72	105.14	105.56	106.00	106.42	106.86	107.28	107.72	108.14
20	108.56	109.00	109.42	109.84	110.28	110.70	111.14	111.56	112.00	112.42
30	112.84	113.28	113.70	114.14	114.56	114.98	115.42	115.84	116.26	116.70
40	117.12	117.56	117.98	118.40	118.84	119.26	119.70	120.12	120.54	120.98
50	121.40	121.84	122.26	122.68	123.12	123.54	123.96	124.40	124.82	125.26
60	125.68	126.10	126.54	126.96	127.40	127.82	128.24	128.68	129.10	129.52
70	129.96	130.38	130.82	131.24	131.66	132.10	132.52	132.96	133.38	133.80
80	134.24	134.66	135.08	135.52	135.94	136.38	136.80	137.24	137.66	138.08
90	138.52	138.94	139.36	139.80	140.22	140.66	141.08	141.52	141.94	142.36
100	142.80	143.22	143.66	144.08	144.50	144.94	145.36	145.80	146.22	146.66
110	147.08	147.50	147.94	148.36	148.80	149.22	149.66	150.08	150.52	150.94
120	151.36	151.80	152.22	152.66	153.08	153.52	153.94	154.38	154.80	155.24
130	155.66	156.10	156.52	156.96	157.38	157.82	158.24	158.68	159.10	159.54
140	159.96	160.40	160.82	161.26	161.68	162.12	162.54	162.98	163.40	163.84
150	164.27	—	—	—	—	—	—	—	—	—

表 B-3　Cu50 铜热电阻分度表（JJG 229—1987）

（R_0 = 50.00Ω，-50～150℃的电阻对照）　　（单位：Ω）

温度/℃	0	1	2	3	4	5	6	7	8	9
-50	39.24	—	—	—	—	—	—	—	—	—
-40	41.40	41.18	40.97	40.75	40.54	40.32	40.10	39.89	39.67	39.46
-30	43.55	43.34	43.12	42.91	42.69	42.48	42.27	42.05	41.83	41.61
-20	45.70	45.49	45.27	45.06	44.84	44.63	44.41	44.20	43.93	43.72
-10	47.85	47.64	47.42	47.21	46.99	46.78	46.56	46.35	46.13	45.97
-0	50.00	49.78	49.57	49.35	49.14	48.92	48.71	48.50	48.28	48.07
+0	50.00	50.21	50.43	50.64	50.86	51.07	51.28	51.50	51.71	51.93
10	52.14	52.36	52.57	52.78	53.00	53.21	53.43	53.64	53.86	54.07
20	54.28	54.50	54.71	54.92	55.14	55.35	55.57	55.73	56.00	56.21
30	56.42	56.64	56.85	57.07	57.28	57.49	57.71	57.92	58.14	58.35

（续）

温度/℃	0	1	2	3	4	5	6	7	8	9
40	58.56	58.78	58.99	59.20	59.42	59.63	59.85	60.06	60.27	60.49
50	60.70	60.92	61.13	61.34	61.56	61.77	61.98	62.20	62.41	62.62
60	62.84	63.05	63.27	63.48	63.70	63.91	64.12	64.34	64.55	64.76
70	64.98	65.19	65.41	65.62	65.83	66.05	66.26	66.48	66.69	66.90
80	67.12	67.33	67.54	67.76	67.97	68.19	68.40	68.62	68.83	69.04
90	69.26	69.47	69.68	69.90	70.11	70.33	70.54	70.76	70.97	71.18
100	71.40	71.61	71.83	72.04	72.25	72.47	72.68	72.90	73.11	73.33
110	73.54	73.75	73.97	74.19	74.40	74.61	74.83	75.04	75.26	75.47
120	75.68	75.90	76.11	76.33	76.54	76.76	76.97	77.19	77.40	77.62
130	77.83	78.05	78.26	78.48	78.69	78.91	79.12	79.34	79.55	79.77
140	79.98	80.20	80.41	80.63	80.84	81.05	81.27	81.49	81.70	81.92
150	82.13	—	—	—	—	—	—	—	—	—

附录 C　标准化热电偶分度表

表 C-1　铂铑 30—铂铑 6 热电偶分度表（B 型）

（参考端温度为 0℃）分度号 B

测量端温度/℃	0	1	2	3	4	5	6	7	8	9
	热电动势/mV									
0	0.000	0.000	0.000	0.000	0.000	-0.001	-0.001	-0.001	-0.001	-0.001
10	-0.001	-0.002	-0.002	-0.002	-0.002	-0.002	-0.002	-0.002	-0.002	-0.002
20	-0.002	-0.002	-0.002	-0.002	-0.002	-0.002	-0.002	-0.002	-0.002	-0.002
30	-0.002	-0.002	-0.001	-0.001	-0.001	-0.001	-0.001	-0.001	-0.000	-0.000
40	-0.000	0.000	0.000	0.000	0.001	0.001	0.002	0.002	0.002	0.002
50	0.003	0.003	0.003	0.004	0.004	0.004	0.005	0.005	0.006	0.006
60	0.007	0.007	0.008	0.008	0.008	0.009	0.010	0.010	0.010	0.011
70	0.012	0.012	0.013	0.013	0.014	0.015	0.015	0.016	0.016	0.017
80	0.018	0.018	0.019	0.020	0.021	0.021	0.022	0.023	0.024	0.024
90	0.025	0.026	0.027	0.028	0.028	0.029	0.030	0.031	0.032	0.033
100	0.034	0.034	0.035	0.036	0.037	0.038	0.039	0.040	0.041	0.042
110	0.043	0.044	0.045	0.046	0.047	0.048	0.049	0.050	0.051	0.052
120	0.054	0.055	0.056	0.057	0.058	0.059	0.060	0.062	0.063	0.064
130	0.065	0.067	0.069	0.069	0.070	0.072	0.073	0.074	0.076	0.077
140	0.078	0.080	0.081	0.082	0.084	0.085	0.086	0.088	0.089	0.091
150	0.092	0.094	0.095	0.097	0.098	0.100	0.101	0.103	0.104	0.106
160	0.107	0.109	0.110	0.112	0.114	0.115	0.117	0.118	0.120	0.122
170	0.123	0.125	0.127	0.128	0.130	0.132	0.134	0.135	0.137	0.139
180	0.141	0.142	0.144	0.146	0.148	0.150	0.152	0.153	0.155	0.157
190	0.159	0.161	0.163	0.165	0.167	0.168	0.170	0.172	0.174	0.176

（续）

测量端温度/℃	0	1	2	3	4	5	6	7	8	9
	热电动势/mV									
200	0.178	0.180	0.182	0.184	0.186	0.188	0.190	0.193	0.195	0.197
210	0.199	0.201	0.203	0.205	0.207	0.210	0.212	0.214	0.216	0.218
220	0.220	0.223	0.225	0.227	0.229	0.232	0.234	0.236	0.238	0.241
230	0.243	0.245	0.248	0.250	0.252	0.255	0.257	0.260	0.262	0.264
240	0.267	0.269	0.273	0.274	0.276	0.279	0.281	0.284	0.286	0.289
250	0.291	0.294	0.296	0.299	0.302	0.304	0.307	0.309	0.312	0.315
260	0.317	0.320	0.322	0.325	0.328	0.331	0.333	0.336	0.339	0.341
270	0.344	0.347	0.350	0.352	0.355	0.358	0.361	0.364	0.366	0.369
280	0.372	0.375	0.378	0.381	0.384	0.386	0.389	0.394	0.395	0.398
290	0.401	0.404	0.407	0.410	0.413	0.416	0.419	0.422	0.425	0.428
300	0.431	0.434	0.437	0.440	0.443	0.446	0.449	0.453	0.456	0.459
310	0.462	0.465	0.468	0.472	0.475	0.478	0.481	0.484	0.488	0.491
320	0.494	0.497	0.501	0.504	0.507	0.510	0.514	0.517	0.520	0.524
330	0.527	0.530	0.534	0.537	0.541	0.544	0.548	0.551	0.554	0.558
340	0.561	0.565	0.568	0.572	0.575	0.579	0.582	0.586	0.589	0.593
350	0.596	0.600	0.604	0.607	0.611	0.614	0.618	0.622	0.625	0.629
360	0.632	0.636	0.640	0.644	0.647	0.651	0.655	0.658	0.662	0.666
370	0.670	0.673	0.677	0.681	0.685	0.689	0.692	0.696	0.700	0.704
380	0.708	0.712	0.716	0.719	0.723	0.727	0.731	0.735	0.739	0.743
390	0.747	0.751	0.755	0.759	0.763	0.767	0.771	0.775	0.779	0.783
400	0.787	0.791	0.795	0.799	0.803	0.808	0.812	0.816	0.820	0.824
410	0.828	0.832	0.836	0.841	0.845	0.849	0.853	0.858	0.862	0.866
420	0.870	0.874	0.879	0.883	0.887	0.892	0.896	0.900	0.905	0.909
430	0.913	0.918	0.922	0.926	0.931	0.935	0.940	0.944	0.949	0.953
440	0.957	0.962	0.966	0.971	0.975	0.980	0.984	0.989	0.993	0.998

注：根据“国际实用温标—1968”修正。

表 C-2　铂铑 10—铂热电偶分度表（S 型）

（参考端温度为 0℃）分度号 S

测量端温度/℃	0	1	2	3	4	5	6	7	8	9
	热电动势/mV									
0	0.000	0.005	0.011	0.016	0.022	0.028	0.033	0.039	0.044	0.050
10	0.056	0.061	0.067	0.073	0.078	0.084	0.090	0.096	0.102	0.107
20	0.113	0.119	0.125	0.131	0.137	0.143	0.149	0.155	0.161	0.167
30	0.173	0.179	0.185	0.191	0.198	0.204	0.210	0.216	0.222	0.229
40	0.235	0.241	0.247	0.254	0.260	0.266	0.273	0.279	0.286	0.292
50	0.299	0.305	0.312	0.318	0.325	0.331	0.338	0.344	0.351	0.357
60	0.364	0.371	0.347	0.384	0.391	0.397	0.404	0.411	0.418	0.425

（续）

测量端温度/℃	0	1	2	3	4	5	6	7	8	9
	热电动势/mV									
70	0.431	0.438	0.455	0.452	0.459	0.466	0.473	0.479	0.486	0.493
80	0.500	0.507	0.514	0.521	0.528	0.535	0.543	0.550	0.557	0.564
90	0.571	0.578	0.585	0.593	0.600	0.607	0.614	0.621	0.629	0.636
100	0.643	0.651	0.658	0.665	0.673	0.680	0.687	0.694	0.702	0.709
110	0.717	0.724	0.732	0.789	0.747	0.754	0.762	0.769	0.777	0.784
120	0.792	0.800	0.807	0.815	0.823	0.830	0.838	0.845	0.853	0.861
130	0.869	0.876	0.884	0.892	0.900	0.907	0.915	0.923	0.931	0.939
140	0.946	0.954	0.962	0.970	0.978	0.986	0.994	1.002	1.009	1.017
150	1.025	1.033	1.041	1.049	1.057	1.065	1.073	1.081	1.089	1.097
160	1.106	1.114	1.122	1.130	1.138	1.146	1.154	1.162	1.170	1.179
170	1.187	1.195	1.203	1.211	1.220	1.228	1.236	1.244	1.253	1.261
180	1.269	1.277	1.286	1.294	1.302	1.311	1.319	1.327	1.336	1.344
190	1.352	1.361	1.369	1.377	1.386	1.394	1.403	1.411	1.419	1.428
200	1.436	1.445	1.453	1.462	1.470	1.479	1.487	1.496	1.504	1.513
210	1.521	1.530	1.538	1.547	1.555	1.564	1.573	1.581	1.590	1.598
220	1.607	1.615	1.624	1.633	1.641	1.650	1.659	1.667	1.676	1.685
230	1.693	1.702	1.710	1.710	1.728	1.736	1.745	1.754	1.763	1.771
240	1.780	1.788	1.797	1.805	1.814	1.823	1.832	1.840	1.849	1.858
250	1.867	1.876	1.884	1.893	1.902	1.911	1.920	1.929	1.937	1.946
260	1.955	1.964	1.973	1.982	1.991	2.000	2.008	2.017	2.026	2.035
270	2.044	2.053	2.062	2.071	2.080	2.089	2.089	2.107	2.116	2.125
280	2.134	2.143	2.152	2.161	2.170	2.179	2.188	2.197	2.206	2.215
290	2.224	2.233	2.242	2.251	2.260	2.270	2.279	2.288	2.297	2.306
300	2.315	2.324	2.333	2.342	2.352	2.361	2.370	2.379	2.388	2.397
310	2.407	2.416	2.425	2.434	2.443	2.452	2.462	2.471	2.480	2.489
320	2.498	2.508	2.517	2.526	2.535	2.545	2.554	2.563	2.572	2.582
330	2.591	2.600	2.609	2.619	2.628	2.637	2.647	2.656	2.665	2.675
340	2.684	2.693	2.703	2.712	2.721	2.730	2.740	2.749	2.759	2.768
350	2.777	2.787	2.796	2.805	2.815	2.824	2.833	2.843	2.852	2.862
360	2.871	2.880	2.890	2.899	2.909	2.918	2.937	2.928	2.946	2.956
370	2.965	2.975	2.984	2.994	3.003	3.013	3.022	3.031	3.041	3.050
380	3.060	3.069	3.079	3.088	3.098	3.107	3.117	3.126	3.136	3.145
390	3.155	3.164	3.174	3.183	3.193	3.202	3.212	3.221	3.231	3.240

（续）

测量端温度/℃	0	1	2	3	4	5	6	7	8	9
	热电动势/mV									
400	3.250	3.260	3.269	3.279	3.288	3.298	3.307	3.317	3.326	3.336
410	3.346	3.355	3.365	3.374	3.384	3.393	3.403	3.413	3.422	3.432
420	3.441	3.451	3.461	3.470	3.480	3.489	3.499	3.509	3.518	3.528
430	3.538	3.547	3.557	3.566	3.576	3.586	3.595	3.605	3.615	3.624
440	3.634	3.644	3.653	3.663	3.673	3.682	3.692	3.702	3.711	3.721
450	3.731	3.740	3.750	3.760	3.770	3.779	3.789	3.799	3.808	3.818
460	3.828	3.833	3.847	3.857	3.867	3.877	3.886	3.896	3.906	3.916
470	3.925	3.935	3.945	3.955	3.964	3.974	3.984	3.994	4.003	4.013
480	4.023	4.033	4.043	4.052	4.062	4.072	4.082	4.092	4.102	4.111
490	4.121	4.131	4.141	4.151	4.161	4.170	4.180	4.190	4.200	4.210
500	4.220	4.229	4.239	4.249	4.259	4.269	4.279	4.289	4.299	4.309
510	4.318	4.328	4.338	4.348	4.358	4.368	4.378	4.388	4.398	4.408
520	4.418	4.427	4.437	4.447	4.457	4.467	4.477	4.487	4.497	4.507
530	4.517	4.527	4.537	4.547	4.557	4.567	4.577	4.587	4.597	4.607
540	4.617	4.627	4.637	4.647	4.657	4.667	4.677	4.687	4.697	4.707
550	4.717	4.727	4.737	4.747	4.757	4.767	4.777	4.787	4.797	4.807
560	4.817	4.827	4.838	4.848	4.858	4.868	4.878	4.888	4.898	4.908
570	4.918	4.928	4.938	4.949	4.959	4.969	4.979	4.989	4.999	5.009
580	5.019	5.030	5.040	5.050	5.060	5.070	5.080	5.090	5.101	5.111
590	5.121	5.131	5.141	5.151	5.162	5.172	5.182	5.192	5.202	5.212
600	5.222	5.232	5.242	5.252	5.263	5.273	5.283	5.293	5.304	5.314
610	5.324	5.334	5.344	5.355	5.365	5.375	5.386	5.396	5.406	5.416
620	5.427	5.437	5.447	5.457	5.468	5.478	5.488	5.499	5.509	5.519
630	5.530	5.540	5.550	5.561	5.571	5.581	5.591	5.602	5.612	5.622
640	5.633	5.643	5.653	5.664	5.674	5.684	5.695	5.705	5.715	5.725
650	5.735	5.745	5.756	5.766	5.776	5.787	5.797	5.808	5.818	5.828
660	5.839	5.849	5.859	5.870	5.880	5.891	5.901	5.911	5.922	5.932
670	5.943	5.953	5.964	5.974	5.984	5.995	6.005	6.016	6.026	6.036
680	6.046	6.056	6.067	6.077	6.088	6.098	6.109	6.119	6.130	6.140
690	6.151	6.161	6.172	6.182	6.193	6.203	6.214	6.224	6.235	6.245
700	6.256	6.266	6.277	6.287	6.298	6.308	6.319	6.329	6.340	6.351
710	6.361	6.372	6.382	6.392	6.402	6.413	6.424	6.434	6.445	6.455

（续）

测量端温度/℃	0	1	2	3	4	5	6	7	8	9
	热电动势/mV									
720	6.466	6.476	6.487	6.498	6.508	6.519	6.529	6.540	6.551	6.561
730	6.572	6.583	6.593	6.604	6.614	6.624	6.635	6.645	6.656	6.667
740	6.677	6.688	6.699	6.709	6.720	6.731	6.741	6.752	6.763	6.773
750	6.784	6.795	6.805	6.816	6.827	6.838	6.848	6.859	6.870	6.880
760	6.891	6.902	6.913	6.923	6.934	6.945	6.956	6.966	6.977	6.988
770	6.999	7.009	7.020	7.031	7.041	7.051	7.062	7.073	7.084	7.095
780	7.105	7.116	7.127	7.138	7.149	7.159	7.170	7.181	7.192	7.203
790	7.213	7.224	7.235	7.246	7.257	7.268	7.279	7.289	7.300	7.311
800	7.322	7.333	7.344	7.355	7.365	7.376	7.387	7.397	7.408	7.419
810	7.430	7.441	7.452	7.462	7.473	7.484	7.495	7.506	7.517	7.528
820	7.539	7.550	7.561	7.572	7.583	7.594	7.605	7.615	7.626	7.637
830	7.648	7.659	7.670	7.681	7.692	7.703	7.714	7.724	7.735	7.746
840	7.757	7.768	7.779	7.790	7.801	7.812	7.823	7.834	7.845	7.856
850	7.867	7.878	7.889	7.901	7.912	7.923	7.934	7.945	7.956	7.967
860	7.978	7.989	8.000	8.011	8.022	8.033	8.043	8.054	8.066	8.077
870	8.088	8.099	8.110	8.121	8.132	8.143	8.154	8.166	8.177	8.188
880	8.199	8.210	8.221	8.232	8.244	8.255	8.266	8.277	8.288	8.299
890	8.310	8.322	8.333	8.344	8.355	8.366	8.377	8.388	8.399	8.410
900	8.421	8.433	8.444	8.455	8.466	8.477	8.489	8.500	8.511	8.522
910	8.534	8.545	8.556	8.567	8.579	8.590	8.601	8.612	8.624	8.635
920	8.646	8.657	8.668	8.679	8.690	8.702	8.713	8.724	8.735	8.747
930	8.758	8.769	8.781	8.792	8.803	8.815	8.826	8.837	8.849	8.860
940	8.871	8.883	8.894	8.905	8.917	8.928	8.939	8.951	8.962	8.974
950	8.985	9.996	9.007	9.018	9.029	9.041	9.052	9.064	9.075	9.086
960	9.098	9.109	9.121	9.123	9.144	9.155	9.160	9.178	9.189	9.201
970	9.212	9.223	9.235	9.247	9.258	9.269	9.281	9.292	9.303	9.314
980	9.326	9.337	9.349	9.360	9.372	9.383	9.395	9.406	9.418	9.429
990	9.441	9.452	9.464	9.475	9.487	9.498	9.510	9.521	9.533	9.545
1000	9.556	9.568	9.579	9.591	9.602	9.613	9.624	9.636	9.648	9.659
1010	9.671	9.682	9.694	9.705	9.717	9.729	9.740	9.752	9.764	9.775
1020	9.787	9.798	9.810	9.882	9.833	9.845	9.856	9.868	9.880	9.891
1030	9.902	9.914	9.925	9.937	9.949	9.960	9.972	9.984	9.995	10.007
1040	10.019	10.030	10.042	10.054	10.066	10.077	10.089	10.101	10.112	10.124

注：根据“国际实用温标—1968”修正。

表 C-3 镍铬—镍硅（镍铝）热电偶分度表（K 型）
（参考端温度为 0℃）分度号 **K**

测量端温度/℃	0	1	2	3	4	5	6	7	8	9
	热电动势/mV									
-50	-1.86	—	—	—	—	—	—	—	—	—
-40	-1.50	-1.54	-1.57	-1.60	-1.64	-1.68	-1.72	-1.75	-1.79	-1.82
-30	-1.14	-1.18	-1.21	-1.25	-1.28	-1.32	-1.36	-1.40	-1.43	-1.46
-20	-0.77	-0.81	-0.84	-0.88	-0.92	-0.96	-0.99	-1.03	-1.07	-1.10
-10	-0.39	-0.43	-0.47	-0.51	-0.55	-0.59	-0.62	-0.66	-0.70	-0.74
-0	-0.00	-0.04	-0.08	-0.12	-0.16	-0.20	-0.23	-0.27	-0.31	-0.35
+0	0.00	0.04	0.08	0.12	0.16	0.20	0.24	0.28	0.32	0.36
10	0.40	0.44	0.48	0.52	0.56	0.60	0.64	0.68	0.72	0.76
20	0.80	0.84	0.88	0.92	0.96	1.00	1.04	1.08	1.12	1.16
30	1.20	1.24	1.28	1.32	1.36	1.41	1.45	1.49	1.53	1.57
40	1.61	1.65	1.69	1.73	1.77	1.82	1.86	1.90	1.94	1.98
50	2.02	2.06	2.10	2.14	2.18	2.23	2.27	2.31	2.35	2.39
60	2.43	2.47	2.51	2.56	2.60	2.64	2.68	2.72	2.77	2.81
70	2.85	2.89	2.93	2.97	3.01	3.06	3.10	3.14	3.18	3.22
80	3.26	3.30	3.34	3.39	3.43	3.47	3.51	3.55	3.60	3.64
90	3.68	3.72	3.76	3.81	3.85	3.89	3.93	3.97	4.02	4.06
100	4.10	4.14	4.18	4.22	4.26	4.31	4.35	4.39	4.43	4.47
110	4.51	4.55	4.59	4.63	4.67	4.72	4.76	4.80	4.84	4.88
120	4.92	4.96	5.00	5.04	5.08	5.13	5.17	5.21	4.25	5.29
130	5.33	5.37	5.41	5.45	5.49	5.53	5.57	5.61	5.65	5.69
140	5.73	5.77	5.81	5.85	5.89	5.93	5.97	6.01	6.05	6.09
150	6.13	6.17	6.21	6.25	6.29	6.33	6.37	6.41	6.45	6.49
160	6.53	6.57	6.61	6.65	6.69	6.73	6.77	6.81	6.85	6.89
170	6.93	6.97	7.01	7.05	7.09	7.13	7.17	7.21	7.25	7.29
180	7.33	7.37	7.41	7.45	7.49	7.53	7.57	7.61	7.65	7.69
190	7.73	7.77	7.81	7.85	7.89	7.93	7.97	8.01	8.05	8.09
200	8.13	8.17	8.21	8.25	8.29	8.33	8.37	8.41	8.45	8.49
210	8.53	8.57	8.61	8.65	8.69	8.73	8.77	8.81	8.85	8.89
220	8.93	8.97	9.01	9.06	9.09	9.14	9.18	9.22	9.26	9.30
230	9.34	9.38	9.42	9.46	9.50	9.54	9.58	9.62	9.66	9.70
240	9.74	9.78	9.82	9.86	9.90	9.95	9.99	10.03	10.07	10.11
250	10.15	10.19	10.23	10.27	10.31	10.35	10.40	10.44	10.48	10.52
260	10.56	10.60	10.64	10.68	10.72	10.77	10.81	10.85	10.89	10.93

（续）

测量端温度/℃	0	1	2	3	4	5	6	7	8	9
	热电动势/mV									
270	10.97	11.01	11.05	11.09	11.13	11.18	11.22	11.26	11.30	11.34
280	11.38	11.42	11.46	11.51	11.55	11.59	11.63	11.67	11.72	11.76
290	11.80	11.84	11.88	11.92	11.96	12.01	12.05	12.09	12.13	12.17
300	12.21	12.25	12.29	12.33	12.37	12.42	12.46	12.50	12.54	12.58
310	12.62	12.66	12.70	12.75	12.79	12.83	12.87	12.91	12.96	13.00
320	13.04	13.08	13.12	13.16	13.20	13.25	13.29	13.33	13.37	13.41
330	13.45	13.49	13.53	13.58	13.62	13.66	13.70	13.74	13.79	13.83
340	13.87	13.91	13.95	14.00	14.04	14.08	14.12	14.16	14.21	14.25
350	14.30	14.34	14.38	14.43	14.47	14.51	14.55	14.59	14.64	14.68
360	14.72	14.76	14.80	14.85	14.89	14.93	14.97	15.01	15.06	15.10
370	15.14	15.18	15.22	15.27	15.31	15.35	15.39	15.43	15.48	15.52
380	15.56	15.60	15.64	15.69	15.73	15.77	15.81	15.85	15.90	15.94
390	15.99	16.02	16.06	16.11	16.15	16.19	16.23	16.27	16.32	16.36
400	16.40	16.44	16.49	16.53	16.57	16.63	16.66	16.70	16.74	16.79
410	16.83	16.87	16.91	16.96	17.00	17.04	17.08	17.12	17.17	17.21
420	17.25	17.29	17.33	17.38	17.42	17.46	17.50	17.54	17.59	17.63
430	17.67	17.71	17.75	17.79	17.84	17.88	17.92	17.96	18.01	18.05
440	18.09	18.13	18.17	18.22	18.26	18.30	18.34	18.38	18.43	18.47
450	18.51	18.55	18.60	18.64	18.68	18.73	18.77	18.81	18.85	18.90
460	18.94	18.98	19.03	19.07	19.11	19.16	19.20	19.24	19.28	19.33
470	19.37	19.41	19.45	19.50	19.54	19.58	19.62	19.66	19.71	19.75
480	19.79	19.83	19.88	19.92	19.96	20.01	20.05	20.09	20.13	20.18
490	20.22	20.26	20.31	20.35	20.39	20.44	20.48	20.52	20.56	20.61
500	20.65	20.69	20.74	20.78	20.82	20.87	20.91	20.95	20.99	21.04
510	21.08	21.12	21.16	21.21	21.25	21.29	21.33	21.37	21.42	21.46
520	21.50	21.54	21.59	21.63	21.67	21.72	21.76	21.80	21.84	21.89
530	21.93	21.97	22.01	22.06	22.10	22.14	22.18	22.22	22.27	22.31
540	22.35	22.39	22.44	22.48	22.52	22.57	22.61	22.65	22.69	22.74
550	22.78	22.82	22.87	22.91	22.95	23.00	23.04	23.08	23.12	23.17
560	23.21	23.25	23.29	23.34	23.38	23.42	23.46	23.50	23.55	23.59
570	23.63	23.67	23.71	23.75	23.79	23.84	23.88	23.92	23.96	24.01
580	24.05	24.09	24.14	24.18	24.22	24.27	24.31	24.35	24.39	24.44
590	24.48	24.52	24.56	24.61	24.65	24.69	24.73	24.77	24.82	24.86

（续）

测量端温度/℃	0	1	2	3	4	5	6	7	8	9
	热电动势/mV									
600	24.90	24.94	24.99	25.03	25.07	25.12	25.15	25.19	25.23	25.27
610	25.32	25.37	25.41	25.46	25.50	25.54	25.58	25.62	25.67	25.71
620	25.75	25.79	25.84	25.88	25.92	25.97	26.01	26.05	26.09	26.14
630	26.18	26.22	26.26	26.31	26.35	26.39	26.43	26.47	26.52	26.56
640	26.60	26.64	26.69	26.73	26.77	26.82	26.86	26.90	26.94	26.99
650	27.03	27.07	27.11	27.16	27.20	27.24	27.28	27.32	27.37	27.41
660	27.45	27.49	27.53	27.57	27.62	27.66	27.70	27.74	27.79	27.83
670	27.87	27.91	27.95	28.00	28.04	28.08	28.12	28.16	28.21	28.25
680	28.29	28.33	28.38	28.42	28.46	28.50	28.54	28.58	28.62	28.67
690	28.71	28.75	28.79	28.84	28.88	28.92	28.96	29.00	29.05	29.09
700	29.13	29.17	29.21	29.26	29.30	29.34	29.38	29.42	29.47	29.51
710	29.55	29.59	29.63	29.68	29.72	29.76	29.80	29.84	29.89	29.93
720	29.97	30.01	30.05	30.10	30.14	30.18	30.22	30.26	30.31	30.35
730	30.39	30.43	30.47	30.52	30.56	30.60	30.64	30.68	30.73	30.77
740	30.81	30.85	30.89	30.93	30.97	31.02	31.06	31.10	31.14	31.18
750	31.22	31.26	31.30	31.35	31.39	31.43	31.47	31.51	31.56	31.60
760	31.64	31.68	31.72	31.77	31.81	31.85	31.89	31.93	31.98	32.02
770	32.06	32.10	32.14	32.18	32.22	32.26	32.30	32.34	32.38	32.42
780	32.46	32.50	32.54	32.59	32.63	32.67	32.71	32.75	32.80	32.84
790	32.87	32.91	32.95	33.00	33.04	33.09	33.13	33.17	33.21	32.25
800	33.29	33.33	33.37	33.41	33.45	33.49	33.53	33.57	33.61	33.65
810	33.69	33.73	33.77	33.81	33.85	33.90	33.94	33.98	34.02	34.06
820	34.10	34.14	34.18	34.22	34.26	34.30	34.34	34.38	34.42	34.46
830	34.51	34.54	34.58	34.62	34.66	34.71	34.75	34.79	34.83	34.87
840	34.91	34.95	34.99	35.03	35.07	35.11	35.16	35.20	35.24	35.28
850	35.32	35.36	35.40	35.44	35.48	35.52	35.56	35.60	35.64	35.68
860	35.72	35.76	35.80	35.84	35.88	35.93	35.97	36.01	36.05	36.09
870	36.13	36.17	36.21	36.25	36.29	36.33	36.37	36.41	36.45	36.49
880	36.53	36.57	36.61	36.65	36.69	36.73	36.77	36.81	36.85	36.89
890	36.93	36.97	37.01	37.05	37.09	37.13	37.17	37.21	37.25	37.29
900	37.33	37.37	37.41	37.45	37.49	37.53	37.57	37.61	37.65	37.69
910	37.73	37.77	37.81	37.85	37.89	37.93	37.97	38.01	38.05	38.09
920	38.13	38.17	38.21	38.25	38.29	38.23	38.37	38.41	38.45	38.49
930	38.53	38.57	38.61	38.65	38.69	38.73	38.77	38.81	38.85	38.89
940	38.93	38.97	39.01	39.05	39.09	39.13	39.16	39.20	39.24	39.28

（续）

测量端温度	0	1	2	3	4	5	6	7	8	9
/℃	热电动势/mV									
950	39.32	39.36	39.40	39.44	39.48	39.52	39.56	39.60	39.64	39.68
960	39.72	39.76	39.80	39.83	39.87	39.91	39.94	39.98	40.02	40.06
970	40.10	40.14	40.18	40.22	40.26	40.30	40.33	40.37	40.41	40.45
980	40.49	40.53	40.57	40.61	40.65	40.69	40.72	40.76	40.80	40.84
990	40.88	40.92	40.96	41.00	41.04	41.08	41.11	41.15	41.19	41.23
1000	41.27	41.31	41.35	41.39	41.43	41.47	41.50	41.54	41.58	41.62
1010	41.66	41.70	41.74	41.77	41.81	41.85	41.89	41.93	41.96	42.00
1020	42.04	42.08	42.12	42.16	42.20	42.24	42.27	42.31	42.35	42.39
1030	42.43	42.47	42.51	42.55	42.59	42.63	42.66	42.70	42.74	42.78
1040	42.83	42.87	42.90	42.93	42.97	43.01	43.05	43.09	43.13	43.17
1050	43.21	43.25	43.29	43.32	43.35	43.39	43.43	43.47	43.51	43.55
1060	43.59	43.63	43.67	43.69	43.73	43.77	43.81	43.85	43.89	43.93
1070	43.97	44.01	44.05	44.08	44.11	44.15	44.19	44.22	44.26	44.30
1080	44.34	44.38	44.42	44.45	44.49	44.53	44.57	44.61	44.64	44.68
1090	44.72	44.76	44.80	44.83	44.87	44.91	44.95	44.99	45.02	45.06
1100	45.10	45.14	45.18	45.21	45.25	45.29	45.33	45.37	45.40	45.44
1110	45.48	45.52	45.55	45.59	45.63	45.67	45.70	45.74	45.78	45.81
1120	45.85	45.89	45.93	45.96	46.00	46.04	46.08	46.12	46.15	46.19
1130	46.23	46.27	46.30	46.34	46.38	46.42	46.45	46.49	46.53	46.56
1140	46.60	46.64	46.67	46.71	46.75	46.79	46.82	46.86	46.90	46.93
1150	46.97	47.01	47.04	47.08	47.12	47.16	47.19	47.23	47.27	47.30
1160	47.34	47.38	47.41	47.45	47.49	47.53	47.56	47.60	47.64	47.67
1170	47.71	47.75	47.78	47.82	47.86	47.90	47.93	47.97	48.01	48.04
1180	48.08	48.12	48.15	48.19	48.22	48.26	48.30	48.33	48.37	48.40
1190	48.44	48.48	48.51	48.55	48.59	48.63	48.66	48.70	48.74	48.77
1200	48.81	48.85	48.88	48.92	48.95	48.99	49.03	49.06	49.10	49.13
1210	49.17	49.21	49.24	49.28	49.31	49.35	49.39	49.42	49.46	49.49
1220	49.53	49.57	49.60	49.64	49.67	49.71	49.75	49.78	49.82	49.85
1230	49.89	49.93	49.96	50.00	50.03	50.07	50.11	50.14	50.18	50.21
1240	50.25	50.29	50.32	50.36	50.39	50.43	50.47	50.50	50.54	50.59
1250	50.61	50.65	50.68	50.72	50.75	50.79	50.83	50.86	50.90	50.93
1260	50.96	51.00	51.03	51.07	51.10	51.14	51.18	51.21	51.25	51.28
1270	50.32	51.35	51.39	51.43	51.46	51.50	51.54	51.57	51.61	51.64
1280	51.67	51.71	51.74	51.78	51.81	51.85	51.88	51.92	51.95	51.99
1290	52.02	52.06	52.09	52.13	52.16	52.20	52.23	52.27	52.30	52.33
1300	52.37									

注：根据“国际实用温标—1968 修正”。

参考文献

[1] 刘红丽，张秀菊. 传感与检测技术 [M]. 北京：国防工业出版社，2007.
[2] 马修水. 传感器与检测技术 [M]. 杭州：浙江大学出版社，2009.
[3] 施湧潮，梁福平，等. 传感器检测技术 [M]. 北京：国防工业出版社，2007.
[4] 张凤登. 现场总线技术应用 [M]. 北京：科学出版社，2008.
[5] 周润景，郝晓霞. 传感器与检测技术 [M]. 北京：电子工业出版社，2009.
[6] 周征. 传感器原理与检测技术 [M]. 北京：清华大学出版社，2007.
[7] 吕俊芳，等. 传感器调理电路设计理论及应用 [M]. 北京：北京航空航天大学出版社，2010.
[8] 刘传玺，冯文旭. 自动检测技术 [M]. 徐州：中国矿业大学出版社，2001.
[9] 侯国章. 测试与传感器技术 [M]. 哈尔滨：哈尔滨工业大学出版社，1998.
[10] 祝诗平. 传感器与检测技术 [M]. 北京：北京工业大学出版社，2006.
[11] 王俊峰，孟会启. 现代传感器应用技术 [M]. 北京：机械工业出版社，2006.
[12] 何希才，薛永毅. 传感器及其应用实例 [M]. 北京：机械工业出版社，2004.
[13] 孙运旺. 传感器技术与应用 [M]. 杭州：浙江大学出版社 ，2006.
[14] 刘传玺，齐秀丽. 机电一体化技术基础及应用 [M]. 济南：山东大学出版社，2001.
[15] 余瑞芬. 传感器原理 [M]. 北京：航空工业出版社，1995.
[16] 方佩敏. 新编传感器原理·应用·电路详解 [M]. 北京：电子工业出版社，1994.
[17] 吉野新治. 传感器电路设计手册 [M]. 张玉龙，朱锡义，黄美超，译. 北京：中国计量出版社，1989.
[18] 丁天怀，李庆祥. 测量控制与仪器仪表现代系统集成技术 [M]. 北京：清华大学出版社，2005.
[19] 刘君华. 现代检测技术与测试系统设计 [M]. 西安：西安交通大学出版社，1999.
[20] 王伯雄. 测试技术基础 [M]. 北京：清华大学出版社，2003.
[21] 周杏鹏，等. 现代检测技术 [M]. 北京：高等教育出版社，2004.
[22] 刘君华. 智能传感器系统 [M]. 西安：西安电子科技大学出版社，1999.
[23] 张靖，刘少强. 检测技术与系统设计 [M]. 北京：中国电力出版社，2002.
[24] 戚新波. 检测技术与智能仪器 [M]. 北京：电子工业出版社，2005.
[25] 徐科军. 传感器与检测技术 [M]. 北京：电子工业出版社，2005.
[26] 黄智伟. 全国大学生电子设计竞赛电路设计 [M]. 北京：北京航空航天大学出版社，2006.
[27] 陈守仁. 自动检测技术：下册 [M]. 北京：机械工业出版社，1982.
[28] 樊尚春，乔少杰. 检测技术与系统 [M]. 北京：北京航空航天大学出版社，2005.
[29] 孙传友，翁惠辉. 现代检测技术及仪表 [M]. 北京：高等教育出版社，2006.
[30] 潘新民，王燕芳. 微型计算机控制技术 [M]. 北京：电子工业出版社，2005.
[31] 贾民平，张洪亭，周剑英. 测试技术 [M]. 北京：高等教育出版社，2001.
[32] 周航慈，朱兆优，李跃忠. 智能仪器原理与设计 [M]. 北京：北京航空航天大学出版社，2005.
[33] 李军，贺庆之. 检测技术及仪表 [M]. 北京：轻工业出版社，1989.
[34] 王凯，等. SCR 烟气脱硝现场总线控制系统设计 [J]. 自助化仪表，2014，35 (4) 67-71.
[35] 刘传玺，等. 自动检测技术 [M]. 3 版. 北京：机械工业出版社，2015.
[36] 付华，等. 智能仪器 [M]. 北京：电子工业出版社，2013.
[37] 何金田，刘晓旻. 智能传感器原理、设计与应用 [M]. 北京：电子工业出版社，2012.
[38] 刘君华. 智能传感器系统 [M]. 2 版. 西安：西安电子科技大学出版社，2010.